铬冶金

阎江峰　陈加希　胡　亮　编著

北　京
冶　金　工　业　出　版　社
2008

内 容 提 要

本书共分8章，在简要介绍了铬冶金发展简史、铬矿资源及分布、铬物理化学性质的基础上，系统阐述了铬的选矿、铬铁冶炼、金属铬的制取、铬基合金加工、职业卫生与环境保护等方面的内容，其中重点而详细地叙述了各种铬铁的冶炼技术、工艺、流程、设备以及生产过程中必须注意的关键事项等。本书可供冶金行业、尤其是从事铬资源开发、冶炼、加工的科研、生产、设计人员阅读，亦可供高等院校相关专业教学参考。

图书在版编目(CIP)数据

铬冶金/阎江峰等编著．—北京：冶金工业出版社，2007.2（2008.11重印）

ISBN 978-7-5024-4194-4

Ⅰ．铬…　Ⅱ．阎…　Ⅲ．炼铬　Ⅳ．TF791

中国版本图书馆CIP数据核字(2007)第005616号

出版人　曹胜利

地　址　北京北河沿大街嵩祝院北巷39号，邮编100009

电　话　(010)64027926　电子信箱　postmaster@cnmip.com.cn

责任编辑　杨盈园　美术编辑　李　心

责任校对　侯　瑂　李文彦　责任印制　牛晓波

ISBN 978-7-5024-4194-4

北京百善印刷厂印刷；冶金工业出版社发行；各地新华书店经销

2007年2月第1版，2008年11月第2次印刷

850mm×1168mm　1/32；13印张；348千字；406页；2001-4000册

45.00元

冶金工业出版社发行部　电话：(010)64044283　传真：(010)64027893

冶金书店　地址：北京东四西大街46号(100711)　电话：(010)65289081

（本书如有印装质量问题，本社发行部负责退换）

目　录

1 铬冶金简史

1.1 铬的发现

铬属于化学周期表第ⅥB族过渡金属元素(或称铬分族元素,即铬、钼、钨),是其中最晚发现的一个。1766年俄国列曼在乌拉尔发现一种具有鲜艳红橙色的未知矿物,1797年法国化学家L.N.沃克林(Vauquelin)分析此西伯利亚红铅矿(即现称为铬铅矿$PbCrO_4$),发现了一个新元素。他用碳酸钾分解铅铬矿,分离铅后再用酸处理铬酸钾的方法制得铬酸酐(CrO_3),随后在坩埚中用木炭加热还原铬酸酐,获得具有银白色金属光泽的金属铬。后来因该元素的化合物有各种颜色被命名为Chromiun(取自希腊语χρωμα,Chroma颜色),铬。1798年W.H.克拉普罗特(Klaproth)也制得金属形态的铬。同年发现了铬铁矿。

1.2 铬铁合金生产

铬铁是以铬和铁为主要成分的铁合金,是钢铁工业的重要原料。1820年斯托达(Stordart)和法拉第(Faraday)成功地在还原铬矿石时加入铁,制成铬铁合金。1821年P.贝尔蒂尔(Berthier)在坩埚内加热木炭、氧化铬与氧化铁的混合物生产铬铁。这种方法一直使用到1857年E.C.弗雷米(Fremy)用塔斯马尼亚(Tasmania)铁铬矿,在高炉内冶炼得到含Cr7%~8%的塔斯马尼亚生铁。1870~1880年,高炉生产的铬铁含Cr30%~40%,C10%~20%。用电炉取代高炉冶炼高碳铬铁是一个重大进步。H.穆瓦桑(Moissan)对电炉冶炼铁合金做了许多研究,并于1893年发表了关于在电炉内还原铬矿生产含Cr67%~71%,C4%~6%高碳铬铁的文章。1900年,法国P.L.T.埃鲁(Héroult)将电炉冶炼法转入大规模工业生产。1886 年 E.G. 奥德斯杰纳(Odelstjerna)描述了瑞典用电炉生产含 70%Cr 高碳铬铁的情况。1895 年,德国的戈尔德施米特(Goldschmidt)用铝热法还原铬矿石,制得了低碳铬铁。F.M. 贝克特(Becket)及其合作者在 1906~1940 年,开展硅还原铬矿生产低碳铬铁的工艺,在 500 kW 单相双极电炉(炉产量 400 kg)至 12000 kW 三相电炉(炉产量 10 t)内试验和生产,以满足生产不锈钢的需要。1920 年左右,瑞典特乐尔赫坦铁合金厂制定了三步法生产低碳铬铁工艺,即电硅热法,亦称瑞典法。1939 年 R. 波伦(Perrin)获得了用液态硅铬铁合金与铬矿-石灰熔体反应,生产低碳铬铁专利,通称波伦法,亦称热兑法。这一方法经过不断改进,已成为生产低碳铬铁的主要方法。1949 年 H. 埃拉斯姆斯(Erasmus)获得了真空固态脱碳法生产 C0.01%的低碳铬铁的专利。在美国联合碳化物公司马里塔(Marietta)厂生产名为辛普雷克斯低碳(低硫)铬铁(Simplex Ferrochrome)。

在 20 世纪初,生产中碳铬铁的方法有 3 种:(1)用铬矿石精炼高碳铬铁;(2)在贝塞麦炉内吹炼高碳铬铁;(3)生产低碳铬铁时配加高碳铬铁。因用贝塞麦炉吹炼高碳铬铁生产的中碳铬铁含氮高,故氧气转炉很快被用来生产中碳铬铁。在 20 世纪 70 年代10 t 氧气顶吹转炉,10 t 氧气底吹转炉和 25 tCLU(Creusst-Loire and Uddeholm Process)转炉先后投产生产中碳铬铁。

随着铬矿的块矿日益减少、粉矿增加,而贫铬矿经选矿后得到的又全是精矿粉,这些均要通过烧结、球团和压块等方法生产人造块矿。日本昭和电工公司 1970 年在其子公司——周南电工公司建成铬精矿制球、固态预还原、电炉(15000 kW)熔炼的 SRC 法(Solid-state Reduction of Chromite,铬矿固态还原法)的年产 6 万 t 高碳铬铁厂。南非米德尔堡钢和合金公司使用 ASEA 的技术,于 1983 年在克鲁格斯厂投产 1 台 16 MV·A 直流电弧等离子炉(后又扩容为 400 MV·A),用铬粉矿生产高碳铬铁。瑞典铬公司 1986 年在马尔摩投产一座年产 7.8 万 t 高碳铬铁的等离子铬法工厂。

铬铁合金是铁合金的一个重要品种,铬铁生产的发展与整个铁合金生产发展是分不开的,而铁合金生产在钢铁工业的带动下得到了不断发展。从铁合金冶炼方法、发展规模和技术装备水平等方面进行总结,铬铁生产分三个发展时期:高炉冶炼时期,高炉与电炉大规模发展时期,走向现代化时期。

1860~1960年为高炉生产占绝对优势的发展时期。当初主要是为了满足炼钢脱氧和少量合金化的需求,主要产品是高碳铬铁,其数量不多、质量不高,高炉技术已能满足钢铁生产的要求。这时的还原电炉技术还处于发展的起步阶段。1900年世界钢产量约为2800万t,铁合金产量约17万t。其中高炉铁合金约16万t,而电炉铁合金产量仅1万t左右。

1908~1960年,高炉与电炉都在迅猛发展,但电炉的发展更快,其产量逐渐赶上高炉产品的产量。20世纪初,随着世界钢铁工业的飞跃发展,要求铁合金不仅具有很强的脱氧能力,而且为了进行多元素合金化,还应具有脱硫、脱磷、脱杂质的能力,中低碳铬铁应运而生。中低碳铬铁不能在高炉中生产,于是开发了电炉技术。尤其随着远距离输电的实现,电炉技术大量发展起来。到1960年,世界产钢达3.4亿t,铁合金产量达560万t,此时电炉铁合金产量和高炉产量各约为280万t。

1960年至今,电炉逐步取代高炉并占绝对优势。1960年以后,电炉铁合金产量首次超过高炉铁合金产量,且继续高速发展。1995年世界钢产量约1600万t,其中电炉铁合金产量达80%以上。同时电炉设备技术加快了大型化、全封闭化(半封闭)、机械化和过程控制等现代化步伐,电炉炉气净化和余热回收利用达到实用阶段,出现了无公害的铁合金厂;电子计算机控制生产过程得到应用。

我国吉林铁合金厂于1956年开始生产高碳铬铁。1959年开始生产硅铬合金(硅铬铁合金)与低微碳铬铁。吉林铁合金厂、北京钢铁研究总院与北京钢铁设计研究总院共同研制的6000 kV·A真空电阻炉于1972年投产,用真空固态脱碳法生产微碳铬铁。上海铁合金厂与北京钢铁研究总院于1973年开始研究顶吹氧气转炉(1 t)吹炼中碳铬铁,1979年建成1台2.5 t顶吹氧气转炉生产中碳铬铁。

我国在生产规模方面，20世纪60～70年代，随着钢铁工业的发展与布局的需要，建成了一批较大型的铁合金电炉车间和多品种铁合金车间。随着世界还原电炉大型化、机械化和自动化的进展，80年代中期至90年代期间，除建设或技术改造一批新的6300 kV·A、12500 kV·A、16500 kV·A半封闭及全封闭式还原电炉车间外，还建成了具有当今世界技术和装备水平25000 kV·A、30000 kV·A、31500 kV·A及50000 kV·A的大型现代化还原电炉车间。当时我国有重点铁合金企业18家，地方中、小型骨干企业57家以及小型企业千余家，形成多品种、多容量(规模)多种生产方法的大、中、小型相结合的行业格局，年设备生产能力约为500万t；产量雄踞世界首位，迈上了大型铁合金电炉技术的新台阶。我国不仅是铁合金生产大国，而且还向菲律宾、伊朗、巴勒斯坦等国出口成套铁合金工程和设备技术。20世纪末，我国铁合金产能约达700万t，实产约达500万t。我国早先是铬铁的净出口国，1995年，我国出口铬铁已达到15万t，1999年出口铬铁约5.7万t。而到2000年，出口铬铁又增至12万t。但从2002年开始，由于不锈钢等特钢产量大幅提高，使铬铁消费量提高很快，我国已由铬铁的净出口国变为净进口国。2002年，我国进口高碳铬铁65080 t，中低微碳铬铁6562 t，共进口71642 t；出口高碳铬铁36900 t，中低微碳铬铁15054 t，共计51954 t；全年净进口19688 t。估计2004年铬铁需求达到50～60万t，进口量达到45万t，占总需求量的四分之三。铬铁已成为影响我国国民经济发展的重要战略物资。

铬铁能改善钢和铸件的物理化学和机械性能，提高钢和铸件的质量。现代优质合金钢的生产，需要大量消耗铬铁合金，尤其是不锈钢的生产消耗了铬矿资源的80%。铬铁是生产合金钢的重要合金剂，广泛地应用于高合金钢，使钢获得很高的使用价值。铬铁的应用是随着合金钢的开发应用而不断发展的。1821年P.贝尔蒂尔得到的铬铁仅含有17%～60%的铬而含有非常高的碳。他用这种铬铁制成刀具来考核其耐蚀性，结果是令人失望的，尽管刀具非常硬,可是却特别易生锈。如今看来,这是由于P.贝尔蒂尔合金中含铬太低而含碳过高,但当时使各个研究者所得的结论产生了分歧,并使铬铁合金耐腐蚀性的研究工作几乎完全中断。当时由于关于铬对钢抗蚀性的作用的研究受阻,故而对铬铁合金的研究方向转向了机械性能,特别是耐磨性能,而铬铁合金也确实在这方面获得了应用。1869年鲍尔(Bauer)建立了铬钢工厂,这是最早生产铬钢的特殊钢厂(Chrome Steel Works),专门生产含0.5%铬的低合金钢。1872~1874年,伊兹(Eads)在美国圣路易斯城建造了一座跨越密西西比河的大桥,使用高碳铬铸钢制造桥的拱架。这标志着合金钢工业规模生产和应用的开始。在19世纪后期,低合金钢的军工产品,坚固而美观的工具均已出现,铬含量高低不一,最多有达到25%的。如法国人开始用铬钢制造军械,尤其是装甲钢板,英国人开始用铬钢制造炮弹。

1895年,低碳铬铁出现以后,就可以配制出含碳量很低的铬铁合金,从而为不锈钢的诞生奠定了必要的物质基础。

铬铁生产与钢铁工业有非常密切的关系,并随着钢铁工业的发展而迅速发展。同时,铬铁也越来越广泛用于有色冶金和化学工业,如用作生产铬化物和镀铬的阳极材料。由此可知,铬铁生产是一个重要的工业部门,有着广阔的发展前景。

1.3 金属铬生产

由于铬与碳亲和力强,很难制得无碳金属铬。早在1856年由S.C.德维尔(Deville)、E.C.弗雷米(Fremy)和F.沃勒(Wöhler)等用钠、铝和锌还原氯化铬制取纯铬。H.戈尔德施米特(Goldschmidt)在1895~1908年间用铝热法还原氧化铬的工业规模生产金属铬成功。1854年W.本生(Bunsen)报道电解氯化铬水溶液制得电解铬。1905年H.R.卡尔弗特(Carveth)和B.E.柯里(Curry)报道用电解铬-铵-矾水溶液制得电解铬。这种方法在美国采用了约30年。主要问题是电效率低、能耗高和成本贵。美国矿务局经10年的研究,于1946~1950年多次报道电解铬-铵-矾水溶液生产电解铬的生产工艺。1932年A.E.阿克耳(Arkel)报道用碘化铬热分解法制得高纯度铬(Cr 99.99%),供特殊用途。

我国自1958年开始研制金属铬。锦州铁合金厂在60年代初的半工业试验基础上建成我国铝热分解法金属铬生产厂,以后又改用氢氧化铬法生产氧化铬以减轻生产过程的铬害和提高铬回收率。1959年吉林铁合金厂试验铬-铵-矾水溶液电解法生产电解铬。

1.4　铬合金生产

20世纪初,L.B.吉耶(Guillet)于1904~1906年和A.M.波特万(Portevin)于1909~1911年在法国,W.吉森(Giesen)于1907~1909年在英国分别发现了铬合金的耐腐蚀性能。P.蒙纳尔茨(Monnartz)和W.博尔歇斯(Borchers)于1908~1911年在德国提出了不锈钢和钝化理论的许多观点。随后,在欧美工业不锈钢牌号相继问世。1913年,H.布里尔利(Brearly)在研制舰载炮炮筒用钢时发明了含C<0.7%,Cr 12%~13%的可硬化马氏体不锈钢并获得专利;1911年,美国C.丹齐曾(Dantsizen)在从事电阻丝研究时研制了一种铁素体不锈钢,成分为C 0.07%~0.15%,Cr 14%~16%。1909~1912年,德国的E.毛雷尔(Maurer)和B.施特劳斯(Strauss)在研究热电偶保护套时,对高铬钢及铬-镍钢进行了对比分析,结果在1912年将耐蚀性很高的铬-镍不锈钢商品化,并于1929年取得了低碳18-8(Cr约18%,Ni约8%)不锈钢的专利权。

冶金学家经历了100多年的研究,终于在20世纪初,基于对铬在钢中作用的深入认识,发明了不锈钢,找到了具有工业实用性的不锈钢雏形,结束了钢必然生锈的时代。从此,不锈钢不断发展和完善,得到了广泛的应用。近年来,加铬铸铁也日益得到广泛应用。

我国合金钢的发展经历了一个从仿效原苏联到自主发展,最后向国际标准靠拢的过程。20世纪50年代,学习原苏联,仿制或试制了若干原苏联标准规定的合金钢种,质量要求高的合金钢靠从原苏联进口。50年代末至70年代,随着我国工业的发展,合金钢的应用范围逐步扩大。为节约稀缺的镍、铬元素和满足军工及尖端技术需要,开展了锰系合金钢的开发和仿制工作,研制了若干新钢种,如 1Cr18Mn8Ni5N、55SiMnVB、42Mn2V、30CrMnMoRE 等。1980 年,我国合金钢已能基本自给。20 世纪 80 年代以来,我国工业飞速发展,国际交往不断扩大,合金钢产品进入了国际市场。为适应国际市场的竞争和国内高质量产品需要,引进了一批技术先进的设备及生产线,对钢的生产工艺、技术装备和检测技术进行技术改造。由于新技术、新工艺及新装备的开发应用,合金钢的内在质量有了显著提高。宝钢的建成投产,则标志着我国钢铁企业规模战略的成功实施,并已具有了国际竞争能力。

金属铬是脆性金属,不能单独作为金属材料,但与铁、钴、镍、钨、钛、铝、铜等金属可以冶炼成合金,成为具有耐热性、热强性、耐磨性及特殊性能的工程材料。早在 20 世纪 30 年代末期,英、德、美等国为适应新型航空发动机的需要,开始研究、发展了高温合金。20 世纪 40 年代初,英国首先在 80Ni-20Cr 合金中加入少量铝和钛,形成 γ' 相使之强化,研制成第一种有一定高温强度的镍基合金 Nimonic。同期美国用假牙材料 Vitallium(Co-27Cr-5Mo-0.5Ti)钴基合金 HS21 制成活塞式航空发动机用涡轮增压器叶片,并研制出镍基合金 Inconel 制作喷气发动机的燃烧室。20 世纪 60 年代初,美国 D.V. 斯克拉格斯(Scruggs)等研制出弥散强化型 Cr-MgO 合金(Chrome-30),有较好的室温塑性,在 1000～1200℃温度,材料表面形成 $MgO \cdot Cr_2O_3$ 尖晶石结构,因此该合金具有抗高温氧化和抗熔蚀性。这种铬基合金已用作制造燃气机的火焰稳定器、高温热电偶套管等零件。我国于 1956 年开始研制 WP-5 航空发动机用高温板材合金 GH3030 并取得成功,于 1957 年通过试飞鉴定。目前,中国研制和生产的高温合金牌号上百种,包括铁基合金、钴基合金和镍基合金,而铬是其重要的合金元素。

金属铬作为合金剂,已广泛用于航空、宇航、核反应堆、汽车、造船、化工、军工等工业的特种合金。粉状铬用于特殊钢的焊条涂料,以及用于电热材料如镍铬丝等。

2 铬矿资源及分布

2.1 铬在地壳中的丰度和分布

元素丰度是指元素在厚度 16 km 内地壳中的平均含量。地质学家在综合各种岩石的大量分析结果的基础上，经过计算得出地壳内元素的丰度。按质量比例计算的地壳组成表，最初是由美国科学家克拉克于 1889 年编制的，后来经过充实和修正，表中数据便更加准确了。因此，各种元素在地壳中含量的平均值，又称为克拉克值。不同的研究者所得出的铬在地壳中的丰度值稍有差异，其质量比例大致在 0.006%～0.035%范围内，属于含量较多的元素，大体与铜、锌、镍相当。但要形成一个铬矿体，铬必须富集到比其在地壳中的正常值丰度高相当多的程度，通常可采品位要在 30%以上。

铬在地表生物圈中的分布见表 2.1。由表可见，铬主要赋存于超镁铁质岩中。

表 2.1 铬的分布

物质	铬的质量分数/%	物质	铬的质量分数/%
土壤	$(5\sim3000)\times10^{-4}$（平均 100×10^{-4}）	陆生植物	0.23×10^{-4}
火成岩	100×10^{-4}	海生植物	1×10^{-4}
页岩	90×10^{-4}	陆生动物	0.075×10^{-4}
砂岩	35×10^{-4}	海生动物	$(0.2\sim1)\times10^{-4}$
花岗岩	2×10^{-4}	植物组织	$(0.8\sim3.5)\times10^{-4}$
闪长岩	68×10^{-4}	哺乳类动物	$(0.025\sim0.85)\times10^{-4}$
辉长岩	340×10^{-4}	硬组织	$(0.2\sim0.85)\times10^{-4}$
纯橄榄岩和橄榄岩	2700×10^{-4}	哺乳类血液	0.26×10^{-4}
煤	60×10^{-4}	血浆	0.24×10^{-4}
淡水	$(0.0001\sim0.08)\times10^{-4}$	红细胞	0.0015×10^{-4}
海水	0.00005×10^{-4}		

2.2 铬矿类型

自然界中没有纯铬,已发现含铬矿物有50余种,但大部分含铬量较低,分布分散,工业利用价值较低。立方晶系的铬尖晶石为主要工业铬矿物,其化学通式为[$(Fe,Mg)(Cr,Al,Fe)_2O_4$]或[$(Fe,Mg)O\cdot(Cr,Al,Fe)_2O_3$],它包括$Cr_2O_3$、$Al_2O_3$、$Fe_2O_3$、FeO、MgO等五种基本组分。根据铬尖晶石中主要组分的相对含量,可将铬尖晶石划分为很多种类。通常采用的是按主要成分质量分数比的分类法(白文吉、许文斗,1976)和按矿物基础晶胞中主要成分原子数的分类法(H.B. 巴甫洛夫,1959)。

在尖晶石族中可依据三价元素将其分为三个系列,见表2.2。

表2.2 尖晶石族分类

二价元素 \ 三价元素	尖晶石系 Al	磁铁矿系 Fe	铬铁矿系 Cr
Mg	尖晶石	铁镁矿	铬镁矿
Fe	铁尖晶石	磁铁矿	铬铁矿
Zn	锌尖晶石	锌铁尖晶石	人造石
Mn	锰尖晶石	黑镁铁锰矿	人造石
Ni	人造石	镍磁铁矿	人造石

铬矿按尖晶石矿物组成分类如图2.1所示。

在实际应用中常用“铬尖晶石”一词统称各类铬尖晶石矿物。在这些尖晶石类矿物中,最有工业利用价值的有铬铁矿[$FeCr_2O_4$]、镁铬铁矿[$(Fe,Mg)Cr_2O_4$]、铝铬铁矿[$Fe(Cr,Al)_2O_4$]、富(硬)铬尖晶矿[$(Fe,Mg)(Cr,Al)_2O_4$]四种,它们统称为铬矿。由于这些矿物由铬铁矿[$FeCr_2O_4$]中部分氧化铁被异质同晶物主要是MgO所取代而成,相互共生,难以区分,因此实际工作中又将含铬高的铬尖晶石矿物统称为铬铁矿。

铬尖晶石在我国目前发现的大型矿山中以铝铬铁矿为主,其次为含镁铝铬铁矿、含铁铝铬铁矿、铝铬尖晶石、富铁铝铬铁矿。

在中小型矿床中以含铁富铁铬铁矿、高铁铬铁矿为主,其次为含铁铬铁矿、富铁铬铁矿、富铬高铁铬铁矿和铬铁矿等。上述矿物在各矿床中发育不同。

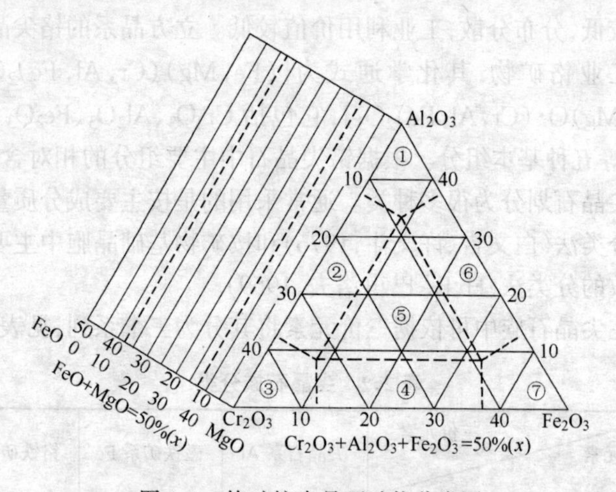

图 2.1　铬矿按尖晶石矿物分类图

①—尖晶石;②—铝铬铁矿;③—铬铁矿;④—铁铬铁矿;
⑤—铁铬尖晶石;⑥—铁尖晶石;⑦—磁(镁)铁矿

铬矿除含有多种尖晶石族矿物外,还含有其他岩石杂质,即脉石矿物。按 Cr_2O_3 含量可将铬矿分为以下几类:最高级铬铁矿(>54%);高级铬铁矿(50%~54%);中级铬铁矿(38%~50%);低级铬铁矿(32%~37%);可选铬铁矿(5%~38%)。

铬矿矿石矿物与脉石矿物的空间分布状态多种多样,构造类型复杂多变,有块状、浸染状、网环状、条带状、团块状(豆状、瘤状、空心豆状、似显微网环嵌晶状)、斑杂状、假斑嵌晶状、松鸡羽毛状、戈壁砾石状和脉状矿石等,但工业矿石主要为块状的和浸染状的。根据造矿物铬尖晶石在矿石中的含量和分布,又可将块状矿石分为两种,将浸染状矿石分为四种,具体可见表 2.3。

中国矿石类型主要有致密块状-稠密浸染矿石和稠密-中等浸染矿石两种,前者含铬较富,后者含铬较贫。

按用途分类,商品铬矿分为冶金、耐火材料及化工三类。不同用途的铬矿对成分有一定的要求，冶金级含 Cr_2O_3 大于 46%，Cr/Fe 比值大于 2；化工级 $Cr_2O_3$40%～46%，Cr/Fe 比值 1.5～2，SiO_2 小于 5%；耐火材料级 $Cr_2O_3$30%～40%，SiO_2 小于 6%。美国和前苏联对三类商品铬矿按用途分类列入表 2.4 中。

表 2.3 铬矿按造矿矿物的含量和分布分类

编 号	铬矿类型	铬尖晶石含量/%
Cr_{1a}	致密块状铬矿	>95
Cr_{1b}	准致密块状铬矿	80～95
Cr_2	稠密浸染状铬矿	50～80
Cr_3	中等浸染状铬矿	30～50
Cr_4	稀疏浸染状铬矿	20～30
Cr_5	星散浸染状铬矿	10～20

表 2.4 铬矿按用途分类

成 分	美国矿业局			前苏联 ГМТУ9—58—70		
	冶金	耐火材料	化工	冶金	耐火材料	化工
Cr/Fe	⩾3			⩾3		
Cr_2O_3/%	⩾48	⩾34	⩾44	⩾50	⩾45	⩾50
$(Cr_2O_3+Al_2O_3)$/%		⩾58				
Fe_2O_3/%		⩽17				
SiO_2/%	⩽8	⩽6	⩽5	⩽7	⩽8	⩽8
S/%	⩽0.08					
P/%	⩽0.04			⩽0.008		
CaO/%		⩽1			⩽1.3	

除上述主要工业矿物外，还有铬铅矿，存在于前苏联、巴西、匈牙利、菲律宾和美国等。还有铬电气石、铬石榴石（钙铬榴石）、铬云母、铬透辉石、铬绿泥石、铬蛇纹石和铬金红石等含铬矿物，因含铬量低、分布少，不能形成工业铬矿体，所以无工业价值。绿宝石是绿柱石中少量铝的位置被铬取代而成，红宝石则因刚玉晶体含有微量铬染上鲜艳的红色。

2.3　铬矿物理性质及形态特征

铬矿通常呈不规则粒状致密集合体出现,颜色为褐色－黑色,具有金属光泽,面上有绿色或者黄色斑点或者条纹,密度 4.0～4.8 g/cm^3,硬度 5.5～7.5,比磁化系数 450×10^{-6} cm^3/g。

铬矿的物理性质与化学组成和矿物结构有关。高铁铬铁矿与磁铁矿性质相似,硬度高,磁性中至强,呈黑色金属光泽,薄片不透明,具有棕黑色至黑色条纹或斑点。高铝铬铁矿为黑色,呈亚金属至沥青光泽,带有淡棕色至绿棕色条纹或斑点,薄片具咖啡色,硬度很高、无磁性。大部分铬铁矿系铁黑色,呈亚金属光泽,易擦出棕色条纹或斑点,无磁性或弱磁性,薄片部分的颜色为樱桃色或棕红色至咖啡色。更多的矿石与铁铝氧石($FeO\cdot Al_2O_3$)的颜色接近。某些高铬铬铁矿具有明显的紫色条纹或斑点。纯尖晶石类矿物的物理性质列于表 2.5 中。

表 2.5　纯尖晶石类矿物的物理性质

矿　物	颜　色	莫氏硬度	密度/g·cm^{-3}		熔点/℃	磁 性
			观测	计算		
$MgO\cdot Al_2O_3$	不　定	7.5～8	3.55	3.55	2135±20	无
$FeO\cdot Al_2O_3$	瓶　绿	7.5～8	4.39	4.39	1440	无
$MgO\cdot Cr_2O_3$	淡　绿	—	4.2±0.1	4.43	—	无
$FeO\cdot Cr_2O_3$	橙红、深红	5.5	5.09	5.09	1670	无
$MgO\cdot Fe_2O_3$	红棕、黑	—	4.56～4.65	4.51	1750	强
$FeO\cdot Fe_2O_3$	黑	5.5～6.5	5.175	5.2	1591	强

$FeCr_2O_4$ 及 $MgCr_2O_4$ 的定压比热容可用下式表示:

$$c_p = a + bT + cT^{-2}$$

式中　T——温度,K;

a、b 及 c——常数,数值见表 2.6。

表 2.6　$FeCr_2O_4$ 及 $MgCr_2O_4$ 的定压比热容常数表

化合物	a	b	c	准确度
$FeCr_2O_4$	38.96	5.34	−7.62	±0.4%(298~1800K)
$MgCr_2O_4$	40.02	3.56	−9.58	±0.3%(298~1800K)

前已述及,铬矿矿石由造矿矿物与脉石矿物构成,造矿矿物铬尖晶石以各种空间方式镶嵌其中。铬尖晶石的粒度变化范围较大,微粒(0.1~0.2 mm)、细粒(1 mm 左右)、中粒(2~4 mm)、粗粒(4 mm 以上)至伟晶(>5 mm)均可见及,常见者多为过渡型,如中细粒、中粗粒等。其空间组合或分布形式有粒状结构、聚粒结构及致密集合体结构。铬尖晶石晶形发育程度有自形(晶边平直)、半自形(晶顶稍呈浑圆状)、它形(晶边以弧形凹线为主)三种,常见者为半自形－它形、自形－半自形等。各种铬尖晶石可呈矿石矿物形式存在于铬矿矿石中,也可呈副矿物形式出现于岩石中。铬尖晶石在不同矿床中结晶形态和粒度大小也不同。有的颗粒周围嵌有磁铁矿,环状边缘宽窄不一,有的沿裂隙存在,当磁铁矿化强烈时,铬尖晶石外形变得不规整。磁铁矿化强弱与矿石类型和超基性岩蚀变程度有关,一般在稀疏和中等浸染状矿石中,磁铁矿化现象常见,而在稠密和致密块状矿石中磁铁矿化极微或根本没有。另外当脉石矿物中星点状、带状磁铁矿析出越多时,相应的铬尖晶石磁铁矿化越明显。

磁铁矿呈两种形态产出,一为沿铬尖晶石颗粒边缘及裂隙交代产出(脉和壳宽度为 0.01~0.1 mm),另一种是尘点状、细脉状分布于蛇纹石网眼中。磁铁矿粒径 0.02~0.04 mm。铂族矿物颗粒细小,与铬尖晶石橄榄石和金属硫化物共生,粒径多数为 0.005~0.015 mm。黄铁矿、黄铜矿颗粒细小,分布于蛇纹石中,粒径约 0.05 mm。叶蛇纹石呈细粒状、叶片状集合体。有的在铬尖晶石裂隙中呈脉状产出。绿泥石细粒状集合体,环绕铬尖晶石生成。

铬矿石有块状的和粉状的。较贵的块矿石都去掉了碎矿和粉矿，跳汰机精矿为细矿。随着对铬矿石的不断采掘，块矿石数量逐渐减少，粉矿石越来越多。

2.4 铬矿的化学组成与化学结构

按照矿物学鉴定，铬矿的主要工业矿物铬铁矿属尖晶石磁铁矿类，其化学通式为[$(Fe,Mg)O\cdot(Cr,Al,Fe)_2O_3$]，$Cr_2O_3$ 不超过62%。这类矿物最简单的代表矿物是尖晶石 $MgO\cdot Al_2O_3$ 和磁铁矿 $FeO\cdot Fe_2O_3$。尖晶石矿物是典型的等价类质同象置换矿物，这种置换无论是二价或三价均可出现，所形成的典型尖晶石矿物见表2.2，另外有的是 TiO_2、CoO、V_2O_3 等类质同象置换矿物。此外，也可出现异价类质同象置换的可能，即二价阳离子置换三价阳离子，或相反。因此，尖晶石基体中可以出现大量不同的矿物成分，而这些矿物之间又没有明显的界限。例如，纯铬铁矿可以看成是其中的 Fe_2O_3 被 Cr_2O_3 置换了的磁铁矿。但是在自然界中很少出现这种理想成分为 $Cr_2O_3$68%的纯铬铁矿，同样，在自然界中也几乎见不到纯的铬尖晶石 $MgO\cdot Cr_2O_3$。

工业上最有利用价值的尖晶石铬矿物组成如下：

铬铁矿[$FeCr_2O_4$]　　含 $Cr_2O_3$47%～60%

镁铬铁矿[$(Fe,Mg)Cr_2O_4$]　　含 $Cr_2O_3$50%～65%

铝铬铁矿[$Fe(Cr,Al)_2O_4$]　　含 $Cr_2O_3$35%～55%

富(硬)铬尖晶矿[$(Fe,Mg)(Cr,Al)_2O_4$]　　含 $Cr_2O_3$35%～50%

天然铬铁矿为固相溶液，主要组分为含二价元素 Mg、Fe 的尖晶石[$(Fe,Mg)Al_2O_4$]及铬铁矿系尖晶石[$(Fe,Mg)Cr_2O_4$]，并往往带有数量不多的磁铁矿系组分。在天然铬矿中，FeO 含量有较大的变化范围，二价元素 Zn、Mn 及 Ni 含量极微，所有三价系列尖晶石矿物的相互溶解度具有宽广的范围。

尖晶石族的化学成分可用通式 $n\mathrm{RO}\cdot m\mathrm{R_2O_3}$ 表示。大多数尖晶石 $R_2O_3:RO=1$，具有化学式 $RO\cdot R_2O_3$。但是某些尖晶石 R_2O_3 对 RO 的比例是非化学计量的。当 $R_2O_3:RO>1$ 时，化学式为$(RO\cdot R_2O_3)\cdot m\mathrm{R_2O_3}$；当 $R_2O_3:RO<1$ 时，化学式为 $n\mathrm{RO}(RO\cdot R_2O_3)$。

典型的尖晶石结构与镁铝尖晶石矿物（$MgO\cdot Al_2O_3$）结构相同，并因此而得名，如图 2.2 所示。

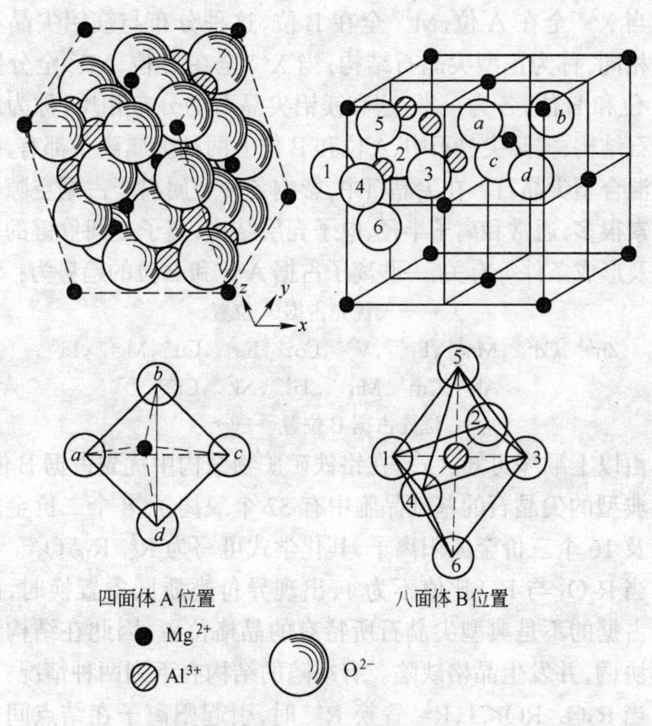

图 2.2　尖晶石的晶格结构

尖晶石属立方晶系，最小晶胞包含 8 个 $MgO\cdot Al_2O_3$。每一晶胞有 64 个四面体（A 位）和 32 个八面体（B 位）空隙，而其中只有 8 个 A 位和 16 个 B 位被各种金属离子占据，因此晶胞中还有 72 个空隙。这种缺位是由离子之间的化学价的平衡作用等原因决定的。如果用 A、B 分别表示各种金属离子，则尖晶石化学式可写为 AB_2O_4。例如磁铁矿 $FeO\cdot Fe_2O_3$ 中，Fe^{2+} 和一半 Fe^{3+} 占据了 16 个 B 位，另一半 Fe^{3+} 占据了 8 个 A 位，结构式为 $Fe^{3+}[Fe^{2+}Fe^{3+}]O_4$。一般来说，每种金属离子都有可能占据 A 位或 B 位，形成异质同晶物，因此可以用较普遍的结构式表示：

$$(X_{1-x}{}^{2+}M_x{}^{3+})[X_x{}^{2+}M_{2-x}{}^{3+}]O_4$$

A位　　　　　B位

当X^{2+}全在A位，M^{3+}全在B位，这种分布与镁铝尖晶石的分布相同，称为正型尖晶石结构；当X^{2+}全在B位，M^{3+}全分别占据A位和B位，各为一半，这和镁铝尖晶石的分布相反，称为反型尖晶石结构；实际尖晶石中，A位和B位上两种金属离子都有，称为正反混合型尖晶石。在尖晶石中，影响各种金属离子占据空隙位置的因素很多，通常和离子半径、电子壳层结构、离子之间价键的平衡作用及形成条件等有关，一些离子占据A位和B位的趋势为：

←——优先占据A位置

Zn^{2+}，Cd^{2+}，Mn^{2+}，Fe^{3+}，V^{3+}，Co^{2+}，Fe^{2+}，Cu^{+}，Mg^{2+}，Li^{+}，

Al^{3+}，Cu^{2+}，Mn^{3+}，Ti^{4+}，Ni^{2+}，Cr^{3+}

优先占据B位置——→

由以上顺序可知，Cr^{3+}在铬铁矿矿物结构中优先占据B位。

典型的尖晶石的基础晶胞中有32个氧离子，8个二价金属阳离子及16个三价金属阳离子，其化学式可写为$R_8^{2+}R_{16}^{3+}O_{32}$。

当R_2O_3与RO比值不为1，出现异价类质同象置换时，阳离子所占据的不是典型尖晶石所特有的晶格位置，因此在结构中发生不协调，并发生晶格缺陷。有缺陷的结构有下列两种情况：

当R_2O_3:RO<1，R^{2+}置换R^{3+}时，引起阳离子在结点间分布有剩余，化学式为：

$$R_8^{2+}[(R_{16-x}^{3+}R_x^{2+})R_{0.5x}^{2+}]O_{32}$$

当R_2O_3:RO>1，R^{3+}置换R^{2+}时，在晶格中形成空位，化学式为：

$$(R_{8-1.5x}^{2+}R_x^{3+})R_{16}^{2+}O_{32}$$

在铬铁矿晶格质点格架中氧离子数是固定的，同时晶格电荷受中性法则约束。

铬矿中各种氧化物间相互结合的方式各种各样，所以见到的是含铬量虽然常常相同，但熔点和抗熔渣侵蚀性却不相同的矿石。譬如Cr_2O_3与FeO紧密结合的铬矿石所需的还原温度，由于FeO也一起被还原，要比绝大部分Cr_2O_3与MgO结合的铬矿石低。这

种特性也与结晶学常数一致。在铝尖晶石和铁尖晶石这两种尖晶石中，均为空间晶群 O_h^7 的面心立方晶格。虽然同样是氧原子的立方最密球堆积，但是铝尖晶石和铬尖晶石的堆积还是比铁尖晶石紧密，这种现象可从表 2.7 中清楚地看出：

表 2.7 尖晶石矿物晶体晶格常数表

序　号	尖晶石晶体种类	立方晶格常数/pm
1	尖晶石	810.2
2	铬尖晶石	833
3	铬铁矿	836.1
4	磁铁矿	839.1

天然铬铁矿除含有多种尖晶石族矿物外，矿石中其他少量金属矿物为赤铁矿、黄铁矿、黄铜矿、磁黄铁矿、镍黄铁矿及微量铂族矿物（铂族矿物有硫铱锇钌矿、砷铂矿、硫砷铱矿、铱硫砷铂矿、锑钯矿、铱铂矿、硫砷铑铱铂矿、锇铱矿、硫钌矿）。脉石矿物主要为蛇纹石（$3MgO \cdot 2SiO_2 \cdot 2H_2O$）、石英（$SiO_2$）、绿泥石、碳酸盐类矿物，其次是铬云母、滑石、蛭石、透闪石等。故 Cr_2O_3 含量通常为 30% ~ 55%。其他成分为 FeO0% ~ 18% 及 $Fe_2O_3$2% ~ 30%，$Al_2O_3$0% ~ 33%，MgO6% ~ 25%，$SiO_2$0.5% ~ 12%，CaO0% ~ 3%，TiO_2<2%，V_2O_3<0.2%，MnO<1%。含 Cr_2O_3 低于 35%，Cr_2O_3/FeO 低于 1.6 的铬铁矿为贫矿。

在铬铁矿中各组分一般存在以下相互关系：SiO_2 的含量与 Cr_2O_3 含量无关；MgO 含量随 Cr_2O_3 含量的增高而下降；总 FeO 含量随 Cr_2O_3 含量的增高而下降；Al_2O_3 含量随 Cr_2O_3 含量的增高而规律地降低。各类岩浆岩中铬的含量具有随岩石酸性程度的增大而降低的趋势。超镁铁岩中铬的丰度约为 2000×10^{-6}，酸性岩中仅达 20×10^{-6}。铬的这种分配特征和铬的矿源与成矿仅与幔源超铁镁岩石紧密相关的事实是一致的。这种紧密关系表现为两个方面：铬矿体与岩体在空间上紧密伴生，岩体含矿；造岩与造矿元素均来自同一源区，岩体与矿体是同一演化产物中的不同成员，铬矿体的产出特征反映了铬矿床的形成与特定的幔源岩浆的演化具有不可分割的联系。

铬矿中除尖晶石外，硅酸对铬矿石结构性能也很重要。硅酸视其含量及在铬矿石中的结合方式可强烈地改变矿石的特性。化学组成几乎相同的某些铬矿石，往往具有很矛盾的性能，就是由于硅酸在铬矿石中的结合方式不同所引起的。如果铬矿石含硅酸3%～5%，则不会产生明显的不良后果。当铬矿石含硅酸5%～10%时，就已经能够出现明显的性能上的差别。如果铬矿石中的硅酸以橄榄石（$2MgO \cdot SiO_2$）形式存在，那么铬矿石的难熔性改变得还很小，即这种矿石还适于用作铬铁合金精炼用的炉底矿石。反之，如果硅酸不是以橄榄石的形式，而是以蛇纹石（$3MgO \cdot 2SiO_2 \cdot 2H_2O$）或滑石（$3MgO \cdot 4SiO_2 \cdot H_2O$），即橄榄石的风化产物（含水硅酸镁）的形式存在的话，则铬矿石就会失掉它的主要性能。作矿石的薄切片进行显微镜检查，就可以确定出铬矿石中存在的是橄榄石还是蛇纹石。加热至1000℃以上时，化学结合水即跑掉，因而矿石组织遭到破坏。矿石碎成很多小块，这对用作铬铁合金精炼炉底矿石以及耐火材料都是不希望的。这种矿石的一个特征是在风化时要分离出三价铁，因而可以把这种矿石的三价铁含量，当作风化程度的量度。

在铬铁矿矿石中，除铬之外，镍、钴、铂族元素（铂、钯、锇、铱、钌、铑）和金刚石等也为有用组分。有时，在矿床的超镁铁质围岩中，还赋存有石棉、滑石、菱镁矿及玉石等非金属矿产可以综合利用。

世界主要铬矿的参考成分见表2.8。

表2.8　世界主要铬矿的化学成分　　　　（%）

矿　种	Cr_2O_3	总 FeO	Cr/Fe	SiO_2	Al_2O_3	MgO	CaO	S	P
南非精矿	50.7	21	2.1	2	12	12			0.002
南非粉矿	44.5	25.2	1.5	2	15	10			0.003
南非球团矿	40.4	19.2	1.5	9	13	13			0.002
南非块矿	41.2	25.7	1.4	4.3	16.3	9.9	0.46		0.005
津巴布韦精　矿	55.1	27.4～28.4	2.1～2.3	1～1.6	12.6～13.1	8.8～9.2			0.004

续表 2.8

矿 种	Cr_2O_3	总 FeO	Cr/Fe	SiO_2	Al_2O_3	MgO	CaO	S	P
津巴布韦块矿	47	16.2～18.5	3.2	5.2～6.7	11.7～12.8	15.5～16.8			0.003
独联体粉矿	53.5	12.6	3.7	5	8	18			0.003
独联体碎矿	55.4	12.2	4	4	8	17			0.008
独联体块矿	51.1	13.1	3.4	5	9	19			0.002
印度精矿	52.8	15.2	3.1	3.7	12.4	12.1	0.56	0.012	0.006
印度块矿	51.9	15.4	3	4.2	13.1	11.2	0.19		0.006
菲律宾精矿	47.9	17	3.2	12.1	18.2	16.3			
菲律宾铬砂	42	23.1	1.6	0.06～0.07	20.2				11～12
菲律宾块矿	47.6	15	2.7	6.1					
土耳其精矿	45.9	13.2	3.1	5	11.9	15	2.3		0.004
土耳其块矿	41	13.8	2.6	8	15.1	18.7	0.6		0.005
芬兰块矿	26	15.3	1.5	17	9.5	18	2		
芬兰球团矿	39.5	22.7	1.6	7.3	12.2	13			0.89
新西兰块矿	50	14.1	3.1	2.1	15.6	13.7			0.006
马达加斯加块矿	40.4	17.2	2.1	13	10.7	14.2	0.18	0.013	0.005
阿尔巴尼亚块矿	42.5	12.8	2.9	9.8	10.2	21.8	1.5		0.018
阿尔巴尼亚精矿	47.9	15	2.8	8	10.7	17.5	1		0.014
巴西块矿	42		2.1						
巴西粉矿	38.5	24.4	1.4	12.1	10.4	12			
巴基斯坦矿石	50	14.1	3.1	5.5	10	17.5	0.73	0.005	0.004
伊朗矿石	48.5	14	3	6.8	14.5	12.1	1.67		
越南矿石	43	24.1	1.6	12	8.9	8.3	0.22		
印度尼西亚矿石	39.5	14.8	2.4	7	16	17.5			0.004
中国西藏矿石	43.9	13.3	2.9	7	15.1	15.3	1.8		0.009
中国新疆矿石	35.8	14.1	2.2	6.2	17.9	17.9	1.5		0.006
中国甘肃矿石	33.7	15.9	1.9	12	11.5	19.9	0.66		
中国内蒙古矿石	21.3	10.6	1.8	16.5	13.3	25.9	0.57		
中国青海矿石	33.3	11.6	2.5	13.4	8.8	21.8	1.76		

我国铬矿资源特点是资源不足，规模不大，贫矿多，富矿少。除西藏矿石品位较高，可作冶金级富矿外，其他矿床矿石均需选矿提纯富集。作冶金用，除提高 Cr_2O_3 的品位外，还需提高铬铁比。作耐火材料用需降低 SiO_2 的含量。

2.5　铬矿矿床分布及类型

铬矿石（铬铁矿，即铬尖晶石类矿物的天然集合体）是世界经济中获得铬的唯一工业来源。

世界铬铁矿矿床主要分布在东非大裂谷矿带、欧亚界山乌拉尔矿带、阿尔卑斯－喜马拉雅矿带和环太平洋矿带。近南北向褶皱带中的铬铁矿资源量，占世界总量的90%以上。中国铬矿成矿条件不理想，尚未在前寒武纪地质区中发现南北向铬铁矿带。西藏－云南的铬铁矿床属阿尔卑斯期褶皱带；新疆－甘肃、青海－内蒙古的铬铁矿床在海西期近东西的褶皱带中；它们都不具备生成特大矿床的条件。

铬元素在地壳中的丰度虽然较高，但能成为具有工业价值的矿床分布并不均衡，有富矿的国家不多，其中南非、哈萨克斯坦和津巴布韦占世界已探明铬铁矿总储量的85%以上，占储量基础的90%以上，仅南非就占去了约3/4的储量基础。而英国、法国、德国等完全没有铬矿产地，美国和加拿大仅有贫矿。

中国仅有罗布莎、大道尔吉、贺根山、萨尔托海等少量铬矿，其中西藏罗布莎铬铁矿为我国最大的铬矿生产基地。勘探储量为396万t。该矿具有储量大、品位高、生产流程简单的特点。铬铁矿中有用成分 Cr_2O_3 平均含量达52%，为全国少见。

铬铁矿的工业类型矿床中以晚期岩浆矿床（或称后期岩浆矿床）为主，其次为早期岩浆矿床，热液矿床，风化矿床。后三者工业价值不大。中国所有具有工业价值的铬铁矿床均属于晚期岩浆矿床类型，矿体均以纯橄榄岩及其变质的蛇纹岩或滑石的碳酸岩为围岩。

铬铁矿矿床按其围岩（容矿岩石）组合、侵位方式、形态产状、岩石和矿石的结构和构造等特征,可分为层状型、豆荚状型和似层状型三种。

层状型铬铁矿床(Stratiform Chromite Deposits)又称 Bushveld(布什维尔德)型,因南非布什维尔德大型矿床而得名。层状型矿床最具有工业价值,如南非、津巴布韦、美国、俄罗斯、哈萨克斯坦的一些大型矿床都是层状的,但在我国尚未发现层状型铬铁矿矿床。层状型铬铁矿床产于大型层状镁铁—超镁铁杂岩中,矿床规模巨大,总储量占世界储量的90%以上。铬铁矿呈典型的层状堆积层,赋存于层状火成岩体的下部层位,矿层由浸染状和块状铬尖晶石集合体与橄榄石和辉石等造岩矿物构成,厚自1 cm至1 m以上不等。延伸较远,可达数公里至数十公里以上,矿层稳定。这类矿床的典型代表是南非布什维尔德和津巴布韦大岩墙。南非 Bushveld 杂岩体是南非的一个巨大的分异岩盆。该杂岩体由5个岩浆岩体组成,东西长460 km,南北宽240 km,大致呈盆地形状。岩石类型有纯橄榄岩、橄榄岩、辉石岩、苏长岩、辉长岩、斜长岩及花岗岩等。铬铁矿层产于超基性岩的西部和东部露头中,矿层厚由几厘米到两米。它们的总储量很大。即使假定最大垂直采矿深度只有300 m,也能提供23亿t储量,如果把品位较低的矿石也计算进去并把垂直采矿深度增加到1200 m,储量数字还能增加10倍。最大矿山体可能是LG3和LG4铬铁矿层,它们见于 Bushveld 杂岩体的西部,Cr_2O_3 的含量为50%,Cr/Fe = 2.0,走向长度63 km,厚50 cm。按垂直深度为30 m计算,总资源为1.56亿t,品位大约 Cr_2O_3 为45%。Bushveld 铬铁矿带总共含有29个铬铁矿层或层组。在这个带上面,是含铂的 Merensky 层,在杂岩体的基性部分的顶部有含钒的磁铁矿层。层状型铬铁矿床中的铬铁矿一般是富铁的,但突出的例外是津巴布韦—罗得西亚的大岩墙,那里的矿石是高铬的。

豆荚状型铬铁矿床(Podiform Chromite Deposits)又称阿尔卑斯型或扁透镜型,矿体侧向延伸有限,以断续出露的豆荚状为特征,故名豆荚状型铬铁矿床,其次为块状、板状、巢状、雪茄状和脉体。哈萨克斯坦的南肯皮尔赛矿床群、土耳其的古列明、菲律宾的巴拉望等矿床属于这类矿床，也是我国铬铁矿床的主要类型。含矿岩体由方辉橄榄岩、纯橄榄岩和少量二辉橄榄岩组成，往往伴有不同组合的堆晶岩或其他蛇绿岩成分构成蛇绿岩套。矿体主要赋存于蛇绿岩套下部层位的斜辉辉橄榄岩相中，个别在斜辉辉橄榄岩相上部的纯橄榄岩相内。它们形成于具有古大洋型地壳的构造环境中，后因板块构造运动而侵位于造山带中，故常被构造肢解成具不同组合的岩块。因此，该类型铬铁矿及其含铬岩体属于大洋岩石圈的一部分。而不同于非造山带稳定地区原地形成的各类中小型侵入杂岩体中的铬铁矿床。铬铁矿矿体形态复杂（以豆荚状为主）、规模大小悬殊、造矿矿物铬尖晶石化学成分变化较大，是该类型矿床的特点。规模大小从几千克到几百万吨。开采的主要是储量 10 万 t 以上的矿体。已知的这类矿床，含铬铁矿在 100 万 t 以上的全世界不超过 12 个。大多数豆荚状矿床是高铬型的，但这些矿床也是高铝铬铁矿的唯一来源。铬铁矿层为 1～40 cm。

似层状铬铁矿床虽不具大型层状铬铁矿的规模，但其成矿机制相似，均由岩浆分异作用形成。矿体由浸染状矿石组成，并沿一定层位集中，形成不连续的矿层。这类矿床既可产于造山带蛇绿岩建造的堆晶杂岩中，也可产于地台区的分异型侵入杂岩体中。

世界各地超镁岩类型多种多样，但能赋存铬铁矿床的岩体仅限于造山带内蛇绿岩套中的超镁铁岩体和侵位于稳定地台区的不同规模的分异型侵入杂岩以及晚造山期侵入的似层状同心环状岩体。含铬岩体可概括为两大建造类型：一是蛇绿岩建造型，二是非蛇绿岩建造型。豆荚状铬铁矿主要赋存于蛇绿岩型超镁铁岩（地幔橄榄岩）中；层状和似层状铬铁矿主要与非蛇绿岩型超镁铁岩有关，一部分似层状铬铁矿产于蛇绿岩套堆晶杂岩中。因此，豆荚铬铁矿与层状和似层状铬铁矿的含铬岩体类型或岩相有明显区别。

我国铬铁矿矿床主要赋存于蛇绿岩中，主要矿床分布于下列蛇绿岩带内（白文吉，1986）：

（1）雅鲁藏布江－象泉河蛇绿岩带；

(2) 藏北班公湖－怒江蛇绿岩带；

(3) 准噶尔蛇绿岩带；

(4) 祁连山蛇绿岩带；

(5) 内蒙古蛇绿岩带。

我国同心状镁铁质－超镁铁质岩铬铁矿矿床，产于古老变质岩组成的克拉通区，杂岩体具同心式或对称式岩相分带，面积一般只有几平方公里或更小。铬铁矿矿体为小型不规则矿体，造矿矿物铬尖晶石含铁高。图2.3给出了我国铬铁矿矿床分布图。

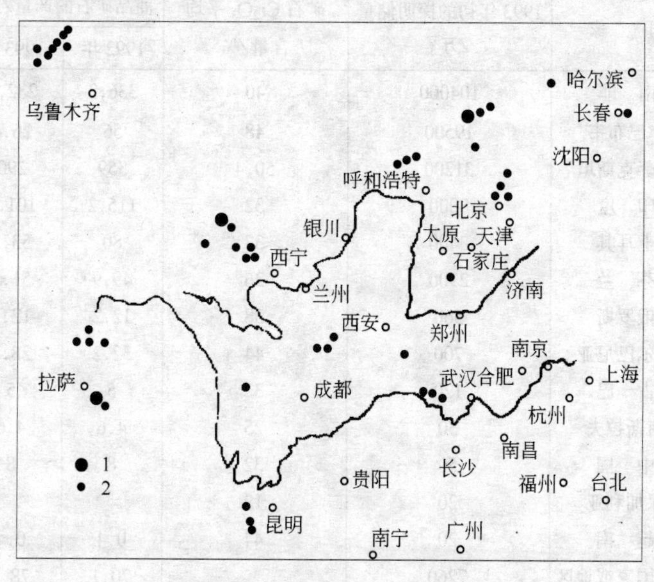

图2.3 我国铬矿分布示意图

1—中型矿床；2—小型矿床

除原生铬铁矿矿床之外，表生铬铁矿矿床也属于一个工业类型，但在铬铁矿原料的世界储量和开采量中不具特别重要意义（占1%～2%）。俄罗斯萨拉诺夫矿床群和津巴布韦大岩墙的砾状矿石、日本的滨海砂矿、肯皮尔赛矿床的疏松状矿石都属于这一类型。近年来，由于发现了新矿床（例如巴布亚新几内亚的拉穆－里韦尔大矿床），这一工业类型的意义有所增大。我国海南岛尚有表生的砂铬矿(滨海砂铬矿、河床砂铬矿和残坡积砂铬矿),但规模不大。

2.6 铬矿储量及产量

世界铬矿藏集中分布于非洲南部。1986 年美国资料统计确认世界总储量为 34 亿 t,其中南非地区 23 亿 t,占 67.6%,津巴布韦 10 亿 t,占 29.7%。1993 年世界铬铁矿探明储量和产量概括于表 2.9。

表 2.9 1993 年世界铬铁矿储量和产量

国 家	1993 年初的探明储量/万 t	矿石 Cr_2O_3 平均含量/%	商品矿石的产量/万 t	
			1992 年	1993 年
南 非	104000	40	336.3	282.7
津巴布韦	19500	48	56	26.4
哈萨克斯坦	31200	50.4	359	290
印 度	8000	32	115.2	101.1
土耳其	3400	37	80	53.3
芬 兰	2900	26	49.9	51.1
俄罗斯	560	38	12.2	12.1
阿尔巴尼亚	700	44	32.2	28.1
古 巴	120	32	5	5
南斯拉夫	50	25	4.6	4.6
中 国	50	32	8	8
保加利亚	20	12		
越 南	20	44	0.4	0.4
其他国家或地区	7260		70.1	78.5
总 计	177780		1128.9	941.3

据美国矿业局统计,1994 年铬铁矿总储量为 16 亿 t,与表 2.9 结果相近,储量基础为 70 亿 t。截至 2001 年,世界铬铁矿探明储量为 36 亿 t,储量基础为 76 亿 t。仍然主要分布于南非(储量占 83.3%),津巴布韦(8.89%)和哈萨克斯坦(3.89%)。

世界生产铬铁矿矿石的国家可分为三类。第一类国家为南非、津巴布韦和哈萨克斯坦,世界铬铁矿储量主要集中在这 3 个国家,直到最近,南非和哈萨克斯坦都是世界上铬铁矿矿石的主要生产国,保证了世界经济 60%～65%的铬铁矿矿石需求量。印度、土耳其、芬兰、阿尔巴尼亚等属于第二类国家,它们具有中等规模的原料基地,有相当规模的产量,利用有利的市场行情,出口商品铬铁矿矿石。中国、古巴、马达加斯加、前南斯拉夫等属第三类国家,这些国家商品铬铁矿矿石产量较少。最近,根据美国地质调查署的统计数据表明,上述世界储量和产量格局仍然维持不变,如表 2.10所示。

表 2.10　2003 年与 2004 年世界铬铁矿储量和产量　(万 t)

国家或地区	储　量	储量基础	矿山产量	
			2003 年	2004 年
南　非	100000	200000	741	800
哈萨克斯坦	29000	47000	293	320
印　度	2500	5700	221	230
其他国家	17000	107300	295	350
总　计	148500	360000	1550	1700

注:储量与储量基础按发货品位 45% Cr_2O_3 计。

近 20 年来,世界铬铁矿产量基本稳定在 1000 万 t 以上,并呈上升趋势,2003～2004 年的情况见表 2.11。

表 2.11　世界铬铁矿年产量　(万 t)

年　份	1985	1986	1987	1988	1989	1990	1991	1992
世界总产量	1051.6	1109.4	1091.7	1166.6	1190.1	1261.2	1329.8	1128.9
年　份	1993	1994	1995	2000	2001	2002	2003	2004
世界总产量	941.3	965	1210	1440	1240	1576	1550	1700

据美国矿业局统计,2001 年世界铬铁矿产量比上年减少 13.89%,几个主要的铬铁矿生产国包括南非、哈萨克斯坦、印度和土耳其四国产量合计占世界总产量的 78.23%,其中南非占

43.55%,是世界铬铁矿及铬矿产品的主要供应者,其铬矿产品主要出口到西方工业化国家。相当一段时期,世界铬铁矿产能一直在较低的负荷下运行,主要原因是世界经济不景气,西方国家不锈钢消费日益饱和,产能严重过剩,从而导致对铬铁矿消费低迷,价格持续走低。2003 年,中国成为推动世界钢产量增长的主要动力,引领世界钢铁工业的发展。同时,中国已成为世界上最大的、发展最快、贸易量最多的不锈钢消费国。虽然政府努力抑制经济增长,但至 2005 年初,仍未能遏制不锈钢需求继续增长的势头,并使中国市场铬需求大幅增长,全球铬市供给紧缺,铬价上涨。

2.7　铬矿消费结构

铬矿主要消费进口国为日本、美国、前西德和法国,1973 年四国进口占世界总进口量的 72.1%,日本和美国的进口量分别为世界总进口量的 29.7%及 23.2%。由于中国经济的迅速发展,目前已成为世界巨大的铬矿消费进口国。铬铁矿消耗量与钢产量有大致的比例关系,约为钢产量的百分之一,钢铁工业是铬铁矿的主要消费者。铬铁矿消费比例大致为冶金工业用量占 75%,耐火材料及铸造业占 10%,化学工业占 15%,但具体到不同发展阶段及不同国家又有所差异。1967 年世界铬矿石消费比例为:60%用于冶金工业,30%~35%用于耐火材料,10%~15%用于化学工业。据联合国经济和社会理事会 1973 年的报告,世界铬铁矿消费量的 76%用于冶金工业;13%用于耐火材料;11%用于化学工业;近年来,随着冶金工业的发展,80%用于生产不锈钢,剩余 20%用于耐火材料及化学品。由于耐火材料及化学工业中铬的三废治理成本增加,迫使其对铬进行回收循环使用或寻找替代品,预计它们需用的铬将减少。在美国,据 1973~1983 年统计,平均约 70%用于冶金工业,18%用于耐火材料,12%用于化学工业;1983~1992 年平均消费构成为冶金占 87%,耐火材料占 3%,化工占 10%。日本据 1977~1979 年统计,约 88%用于冶金工业,8%用于耐火材料,4%用于化学工业。据我国 1984~1985 年统计,约 80%用于冶金工业;4%用于耐火材料;16%用于化学工业。我国这种消费结构,预计今后随着钢铁工业的发展及不锈钢需求的增长,冶金工业所占比例会有所增加。

2.8 中国铬矿资源开发利用趋势

铬矿是重要的战略资源,广泛应用于冶金、化工、耐火材料工业,是冶炼不锈钢的重要原料。随着我国经济建设步伐的加快,我国对铬矿的需求也在不断增长。然而,我国是一个铬矿资源十分贫乏的国家,且集中分布在西部边远省区,开发利用条件差,矿床规模小,贫矿多,富矿少。我国广大地质工作者虽然经过不懈的努力,探获的铬铁矿石储量仍很少,生产量也很低,远远满足不了国内对铬矿的需求。每年所需铬矿85%以上依赖进口,长期利用国外铬矿资源已成为我国的必然选择。

1935年,在我国东北开山屯一带发现了蛇纹岩,1936年在其中发现了铬铁矿原生矿床。至1942年,开山屯附近共采铬铁矿矿石2639 t。此后,在内蒙古满莱庙一带发现了铬铁矿转石,在宁夏发现了小松山超镁铁质岩,并在其中发现原生铬铁矿矿化。中华人民共和国成立后,铬铁矿矿床地质找矿工作全面展开,为了查明国内铬矿资源,并对铬铁矿矿床地质特征、矿质来源、成矿机理等进行了系统研究。从1954年以来,我国地质工作者先后在内蒙古、河北、青海和新疆等地开展铬矿勘查工作,1963年又对新疆萨尔托海、鲸鱼和陕西松树沟进行重点勘查,收到可喜效果。1965年组队进藏,经过10年勘查,发现并探明安多东巧、曲松罗布莎、香卡山、那曲依拉山等规模相对较大的铬铁矿富矿床。1967年在甘肃又找到大道尔吉铬矿。截至1993年,全国用于铬矿勘查的钻探工程量达292.6万m,同时完成大量物探(重、磁测量)工作,已发现与铬矿有成因关系的基性和超基性岩体11443个,出露面积11147 km^2,大部分做了不同程度的地质工作,并对含矿的28个岩体进行过铬矿床评价,但未取得重大突破。

截至1994年底全国共探明铬铁矿产地58处,分布于41个矿床(点)中，其中中型铬铁矿床4处，小型铬铁矿床(点)37处，共探明储量A+B+C+D级1325.5万t，保有储量A+B+C+D级1119.3万t，其中Cr_2O_3>32%的矿石582.7万t，占保有储量的52.06%。截至2001年底，我国共有铬铁矿产地54处，保有储量251.9万t(矿石)，基础储量595.2万t，仅分别占世界铬铁矿储量和储量基础的0.07%和0.08%，属于铬矿资源缺乏的国家，主要分布在西藏、内蒙古、新疆和甘肃四省区，它们分别占全国总储量的35.9%、17.8%、16%和13.7%，合计占总储量的84.3%。这些省区运输线路长，交通不便。如西藏罗布莎铬铁矿路途远，运输困难。绝大部分铬铁矿需要坑采，只有6%左右适合露采。

我国目前尚未发现有储量大于500万t的大型铬铁矿床，储量超过100万t的中型矿床也只有4个，它们分布在西藏的罗布莎、甘肃的大道尔吉、新疆的萨尔托海、内蒙古的贺根山。其余均为储量在100万t以下的小型矿床。储量最大的罗布莎矿床，396万t储量分布在7个矿体中，最大的矿体长只有325 m。

在全国保有储量中，贫矿与富矿(Cr_2O_3>32%)的储量大体各占一半，富矿储量仅占全国总储量的49%。冶金级矿石占38%，主要分布于西藏、青海；化工级矿石占38%，主要分布于内蒙古、甘肃；耐火级矿石占24%，主要分布于新疆。

采用中国陆壳的铬元素丰度值和我国现有探明铬矿石储量等资料，所求得的我国陆壳深1 km范围内铬铁矿石资源潜力为3100万t左右。只相当于探明储量(A+B+C+D级)的一倍多一点。这一数值比其他主要金属矿产都低，大体与铁矿相当，表明我国铬矿勘查程度高于其他金属矿，预测今后我国铬矿资源分布格局及其特点不会有较大变化。

我国已建成年产21.3万t铬铁矿的矿山规模，其中西藏年产12万t矿石，新疆年产5万t矿石，内蒙古年产0.2～0.3万t精矿，甘肃大道尔吉年产成品矿2万t。西藏是铬铁矿的主要产区，从事铬铁矿开采的企业达26家，其中有国有企业10家、集体企业13家、乡镇及其他企业3家，年产铬铁矿已达12万t左右。主要矿山有罗布莎铬矿、山南7号、香卡山铬矿。新疆是第二大铬铁矿产区，拥有国有矿山1处、民办乡镇矿山9处，主要矿山有萨尔托海铬矿、鲸鱼铬矿。甘肃是第三大产区，主要生产矿山是大道尔吉铬矿。其他矿山还有青海的玉石沟、百经寺、三岔；内蒙古的贺根山和索伦山等矿山。

我国铬铁矿床开发利用程度较低，自1958年对铬铁矿进行开发以来，到1992年底的34年间，共计开采铬铁矿石153.1万t，年均4.5万t。20世纪90年代初，产量处于10万t左右，1995年以后每年产量在15～20万t。据《国土资源综合统计年报》，2001年度我国铬铁矿生产矿山只有31处，其中中型矿山1处，小型矿山30处，从业人员1749人，全年生产铬铁矿18.19万t，比上年减少12.55%。

据统计，1996～2002年共消费铬铁矿1505.06万t，年均消费88.48万t，而国产矿仅占其中的14.921%，即224万t。近年铬铁矿消费呈逐渐上升趋势，2002年表观消费量达到132.27万t。估计2002年产量不会超过18万t，只能满足消费量的13.61%。1986～2002年我国铬铁矿供需情况见图2.4。由图2.4可知，我国铬铁矿消费呈逐渐上升趋势，供需矛盾日益突出。

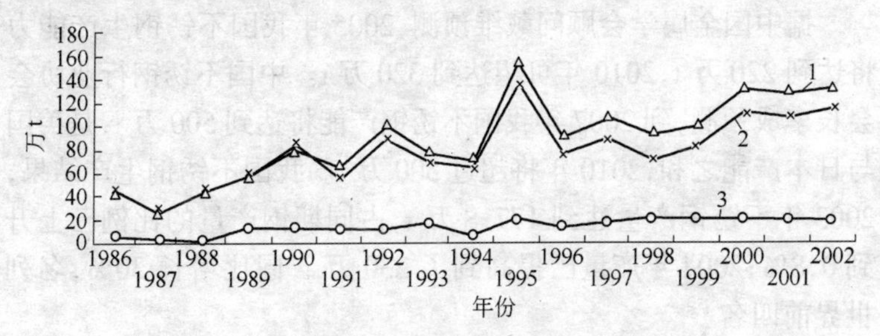

图2.4　1986～2002年中国铬矿供需情况

1—表观消费量；2—进口量；3—产量

铬铁矿的主要消费者是冶金工业，冶金用铬铁矿的最大消费领域是冶炼铬铁，进而生产不锈钢。过去，我国不锈钢的产量与消费量一直很低，据1985～1992年的资料，年均不锈钢产量仅占同期钢产量的0.33%，低于世界平均水平(1990年为1.4%)。按1990年资料，世界人均占有不锈钢产量为2 kg，而我国仅为0.14 kg。因此，近年来随着我国国民经济的发展，人民生活水平的改善，建筑规格的提高，对不锈钢的需求迅猛增加。1990～1999年我国不锈钢的消费增长率保持在20%左右的水平，2001～2003年出现异乎寻常的高速增长，增长率超过20%。2001年我国不锈钢表观消费量为240万t，增长率30%。人均消费达到了1.9 kg，而同期世界人均消费3.7 kg。2002年我国不锈钢的消费量已达到了320万t的规模，增长率33%，是美国消费量的1.5倍，日本的2倍，居世界第一位。2003年不锈钢的消费量继续高速增长，达到了400万t，增长率为25%，2004年不锈钢消费量达到了445万t，人均消费为3.4 kg。我国不锈钢需求量至少在2010年前将保持大幅增速。有人认为，到2007年中国不锈钢表观消费量将达到500万t，相当于目前整个欧洲的消费量。由于不锈钢需求的快速增长，我国不锈钢供需矛盾很大，进口量逐年增加，净进口量由1997年的50万t增加到2002年的243万t，增长了近5倍。同时，巨大的不锈钢供需量刺激了国内钢厂发展不锈钢产能的积极性。

据中国金属学会顾问戴维预测，2005年我国不锈钢生产能力将达到220万t，2010年可望达到320万t。中国不锈钢行业协会会长李成预测，到2007年我国不锈钢产能将达到500万t，是美国与日本产能之和，2010年将超过500万t。我国不锈钢生产结果，2003年不锈钢产量达到177.8万t，占同期钢产量的比例已上升到0.8%；2004年产量已提高到了230万t，同比增长30%，名列世界前四名。

如果根据戴维的预测，2010年实现320万t不锈钢的生产能力，那么铬铁的消费量约为81万t(我国不锈钢90%以上为奥氏体不锈钢，主要原料为高碳铬铁，世界高碳铬铁产量占世界铬系铁合金产量的90%以上，80%的铬铁用于生产不锈钢，我国的废钢比例为25%)，而冶炼81万t铬铁大约需要铬铁矿182万t(按

2.25 t 矿石炼 1 t 铬铁计算)。

另一方面,中国已成为最大的粗钢生产国,2001～2003 年我国钢产量分别为 1.51 亿 t、1.82 亿 t、2.18 亿 t。2003 年 1～11 月,中国内地钢产量首次超过 2 亿 t,超过排第二位和第三位的日本和美国两国钢产量的总和,为 20019.7 万 t。如果今后年产 2.2 亿 t 钢,按吨钢消耗铬铁矿石 7.4 kg 计算,每年将消耗冶金用铬铁矿石 163 万 t,按其用量占总消耗量的 90%计算,年需消耗铬铁矿石 181 万 t。

由上述分析可知,今后我国冶金用铬铁矿石年需要量约为 180 万 t,再加上耐火材料及化学工业用矿石 45 万 t(占 20%),共需要铬铁矿 225 万 t 左右,然而国内铬铁矿产量不足消费量的 10%。更为严重的是可供规划和设计利用的矿产地少,现有铬铁矿资源保证程度极低。目前我国可利用的铬铁矿产地 6 处,保有储量 113 万 t,约占全国总保有储量的 11.55%;暂难利用矿区 15 处,保有储量 130.9 万 t,约占全国保有储量的 13.38%。据有关资料统计,我国现有铬铁矿的经济储量和基础储量占资源总量的比重分别是 36.20%和 46.24%,如果基础储量能按 70%的转化率转化为储量,按目前的开采水平和矿山实际回采率 31.7%计算,预计到 2009 年,我国铬铁矿资源将面临枯竭。要解决国内铬矿资源的需求,须同时依靠国内和国外资源。

3 铬及其化合物的理化性质

3.1 铬的物理性质

铬是元素周期表第四周期第ⅥB族元素，原子序数24，相对原子质量51.996。铬原子的外层电子构型为(Ar)$3d^5 4s^1$，这6个电子易于脱离，从而使铬显示金属特性，铬的最大化合价为+6。

铬的基本形态（20℃）是体心立方（$a = 28.844 \sim 28.848\ \mu m$，空间群$O_h^9$）。在1840℃左右时，转变到面心立方结构（$a = 38.0\ \mu m$左右，空间群$O_h^5$）。

在自然界中存在的铬是四种同位素的混合物，质量数分别为50、52、53和54。它们的丰度、质量过剩（$\Delta = M - A$，其中M为同位素重量，A为质量数）、热中子捕获截面（σ_c）见表3.1。

表3.1 铬的稳定同位素

质量数 A	丰度/%	Δ/meV	σ_c
50	4.31	-50.249	17
52	83.76	-55.411	0.8
53	9.55	-55.281	18
54	2.38	-56.931	0.38

已知铬有五个放射性同位素，它们的特性列于表3.2。另有两个放射性同位素（A为46、47）是否存在尚未确定。通常用于示踪技术的放射性同位素是^{51}Cr。通常使用的化学形式是三价铬和铬酸盐的稀酸溶液。

表3.2 铬的放射性同位素

A	半衰期	Δ/meV	衰变形式	辐射能/meV	生产方式
48	23~24h	-43.1	EC	γ,0.116,0.31,VX射线；e^-,0.111,0.31；子代放射性形式^{48}V	$^{46}Ti(\alpha,2n)$

续表 3.2

A	半衰期	Δ/meV	衰变形式	辐射能/meV	生产方式
49	41.7～41.9 min	−45.39	β^+	1.54 max; e^-,0.058,0.084,0.148; γ,0.063,0.091, 0.153,0.511,VX 射线	$^{48}Ti(\alpha,3n)$ $^{47}Ti(\alpha,2n)$ $^{46}Ti(\alpha,n)$
51	27.5～27.9d	−51.447	EC	γ,0.320(9%),VX 射线; e^-,0.315	$^{50}Cr(n,\gamma)$
55	3.52～3.6 min	−55.11	β^-	2.59max	$^{54}Cr(n,\gamma)$
56	5.9 min	−55.3	β^-	1.5max;e^-(0.020,0.077); γ,0.026,0.083,MnX 射线; 子代放射性形式^{56}Mn	$^{54}Cr(t,p)$

注:EC—电子捕获; β^+—正电子发射; β^-—电子发射; γ—伽马辐射; e^-—电子湮没或转换; α—$^4_2He^{2+}$; n—中子; t—$^3H^+$; p—$^1H^+$。

铬是高熔点重金属,常温下为银白色的闪光固体金属,是所有金属中最硬的。铬在常温下具有反磁性。由于铬的各种优良性能,铬已成为金属材料领域重要的合金元素。表 3.3 列出了铬的一些物理性质。需要说明的是,表 3.3 中的有些性质数据在不同文献中稍有差异。

表 3.3 铬的物理性质

性 质	数 据	性 质	数 据
颜 色	灰	摩尔热容 /J·(mol·K)$^{-1}$	Cr(s) 5.58(25℃)
相对原子质量	51.996		Cr(l) 39.3(在 b.p. 时)
原子体积 /cm^3·mol^{-1}	7.29		Cr(g) 20.8(25℃)
熔点(m.p.)/℃	(1903±10)℃	蒸汽压 /Pa	(965℃) 3.2×10^{-4}
熔化热($\Delta H_f^\ominus$) /kJ·mol^{-1}	14.6		(1093℃) 2.8×10^{-3}
沸点(b.p.)/℃	2642		(1197℃) 2.7×10^{-2}
蒸发热($\Delta H_r^\ominus$) /kJ·mol^{-1}	341.8(在 b.p. 时)		(1288℃) 2.4×10^{-1}
升华热($\Delta H_s^\ominus$) /kJ·mol^{-1}	396.6(25℃)		(m.p.) 984

续表 3.3

性　质	数　据
电离能/eV	第 1:6.764,第 2:16.49,第 3:31,第 4:(51),第 5:73,第 6:90.6,第 7:161.1,第 8:185,第 9:290±1,第 10:246±2
内层电子的键能/keV	(K)6,(LⅡ)0.585,(LⅢ)0.575,(MⅡ,Ⅲ)0.042,(MⅣ,Ⅴ)0.002
kX 射线发射光谱/μm	(α)22.9353,(α)22.8965,(β)20.8479,(γ)20.7089
磁化率/c·g·s	3.49×10^{-6}
接触电位/μV·℃$^{-1}$	51.1
电阻率 ρ/$\mu\Omega$·cm	0.5(−260℃),13(20℃),18(152℃),20(200℃),31(407℃),40(600℃),47(652℃),66(1000℃)
电阻率的温度系数/℃$^{-1}$	0.003(0℃)
压缩率 $\Delta V/V_0$	0.8×10^{-6} (20℃;100～510 kg/cm^2)
拉伸弹性模量/kg·cm^{-2}	253 700
硬度 莫氏	9
硬度 维氏	110(99.96%,挤压,1100℃退火)
	160(99.96%,挤压,400℃退火,滚压)
硬度 白氏	125(约 20℃,铸造)
	70(700℃,铸造)
	500～1250(电解)
	70～90(电沉积,退火)
原子序数	24
密度/kg·cm^{-3}	7.14(20℃)
晶体结构	<1840℃;体心立方,A2 型,空间群 O_h^9,$a=28.8$ μm 原子间距 24.98 μm 晶格能 337.2 kJ/mol
	>1840℃;面心立方,A1 型,空间群 O_h^5,$a=38.0$ μm
摩尔熵/J·(mol·K)$^{-1}$	(25℃) Cr(s)23.8,Cr(g)174.1
	(227℃) Cr(s)36.8,Cr(g)184.9
	(727℃) Cr(s)56.5,Cr(g)199.2
	(1237℃) Cr(s)70.7,Cr(g)207.9
	(1727℃) Cr(s)82.4,Cr(g)214.6
	(2227℃) Cr(g)220.1
	(2727℃) Cr(g)223.8
电子构型和基态	(未电离原子) $3d^5$ $4s^1$;$^7S_3$
	(Cr^{+1}) $3d^5$;$^6S_{5/2}$
	(Cr^{+2}) $3d^4$;$^5D_0$
	(Cr^{+3}) $3d^3$;$^4F_{3/2}$
原子半径/μm	12.7～12.8
离子半径/μm	Cr^{+6}5.2～5.3,Cr^{+3}6.4,Cr^{+2}8.3
3p 轨道半径/μm	Cr^{+2}4.14,Cr^{+3}4.11
3d 轨道半径/μm	Cr^{+2}4.24,Cr^{+3}4.01

续表 3.3

性　质	数　据	性　质	数　据
电子亲和势/eV	1.6	线性热膨胀系数 α	8.2×10^{-6}(20℃)
功函/eV	4.58		6.25×10^{-6}(−100～+200℃)
反射系数/%	67(波长:300000 pm)	单位长度变化分数/℃	10.60×10^{-6}(270～730℃)
	70(波长:500000 pm)		14.90×10^{-6}(730～1100℃)
	63(波长:1000000 pm)		19.4×10^{-6}(1100～1590℃)
	88(波长:4000000 pm)	抗张强度 σ/MPa(电解铬经电弧模铸,重结晶)	(846℃)2 (2390℃)20 (2379℃)30 (2016℃)35 (2298℃)40 (2862℃)50 (2475℃)60 (2080℃)70 (1833℃)80
发射系数 ελ	0.34(λ=650 000 pm,室温)(未氧化的,光滑表面 Cr(s))		
热导率/J·cm^{-2}·℃$^{-1}$	0.67(20℃)		
	0.76(426℃)		
	0.67(760℃)		

3.2 铬的化学性质

3.2.1 氧化还原性能

在常温下铬的性质并不活泼,与空气、水等许多化学物质都不反应,但与氟起反应。在高温时则不同,其反应物质及产物见表 3.4。铬被腐蚀的速率与温度的关系见表 3.5。

铬的基态电子构型为 $1s^22s^22p^63s^23p^63d^54s^1$。其最外层电子分布比较有利,因为半满的轨道增加了稳定性。可能是因为存在大量的交换能,半满层得到的态是特别稳定的。铬的最高氧化值是+6,相当于 $3d$ 和 $4s$ 电子的总和,但也有+5、+4、+3、+2、+1、0 等。最重要的是氧化值为+6 和+3 的化合物,氧化值为

+5、+4 和 +2 的化合物都不稳定。

表 3.4　铬的高温化学性质

反应剂	产　物	反应剂	产　物
H_2	(吸附)	Cl_2	$CrCl_3$(约 600℃)
B	硼化物	Br_2	溴化物(红热)
C	碳化物	I_2	CrI_2,CrI_3(750~800℃)
Si	硅化物(约 1300℃)	NH_3	氮化物(850℃)
N_2	氮化物(900~1200℃)	NO	氮化物,氧化物
P	磷化物	H_2O	Cr_2O_3,H_2(红热)
O_2	氧化物涂片(600~900℃)	H_2S	硫化物(约 1200℃)
	燃烧成 Cr_2O_3(2000℃)	CS_2	Cr_2S_3
S	硫化物(700℃)	HF	CrF_2(红热)
Se	硒化物	HCl	$CrCl_2$(红热)
Te	碲化物	HBr	$CrBr_2$(红热)
F_2	CrF_4,CrF_2(红热)	HI	CrI_2(750~850℃)

表 3.5　铬的腐蚀速度

温度/℃	腐蚀速度/$mg\cdot(cm^2\cdot h)^{-1}$			
	O_2	H_2O	SO_2	CO
700	0.019	0.002	0.007	0.011
800	0.040	0.015	0.016	0.014
900	0.093	0.048	0.135	0.056
1000	0.265	0.090	0.149	0.128

作为一个典型的过渡元素,铬能生成许多有色的顺磁性的化合物。铬在羰基、亚硝基及金属有机配合物等化合物呈强还原性。

在水溶液体系中,铬的最低氧化态为 +2,而最稳定和最重要的氧化态为 +3。Cr(Ⅲ)能形成一些二元化合物如 Cr_2O_3、Cr_2S_3 和 CrX_3(X=F,Cl,Br,I)。然而 Cr(Ⅲ)的水溶液化学几乎完全是上千种已知配合物和螯合物的化学，只有极少的 Cr^{4+} 和 Cr^{5+} 化合物被分离出来。这些氧化态的化合物通常作为瞬时中间产物存在于 Cr^{6+} 化合物还原的过程中。实际上不存在 Cr^{4+} 和 Cr^{5+} 的水溶液化学，因为这些铬离子会迅速地歧化为 Cr^{3+} 和 Cr^{6+}。Cr(Ⅵ)化合物中除了 CrF_6 以外都是氧合的化合物，它们都是十分有效的氧化试剂。Cr^{6+}、Cr^{5+} 和 Cr^{4+} 还能形成一系列过氧化物。一般说来，低价铬化合物具有碱性，高价铬化合物具有酸性。但仅两价的 $Cr(OH)_2$ 为典型碱性化合物，三价 $Cr(OH)_3$ 具有两性，Cr(Ⅳ)、Cr(Ⅴ)、Cr(Ⅵ)呈现酸性。

各种价态铬的标准氧化还原电位如下：

$Cr_2O_7^{2-} + 14H^+ + 6e^- \rightarrow 2Cr^{3+} + 7H_2O$ +1.33 V

$Cr_2O_7^{2-} + 14H^+ + 8e^- \rightarrow 2Cr^{2+} + 7H_2O$ +0.9 V

$Cr_2O_7^{2-} + 14H^+ + 12e^- \rightarrow 2Cr + 7H_2O$ +0.4 V

$CrO_4^{2-} + 4H_2O + 3e^- \rightarrow Cr(OH)_3 + 5OH^-$ −0.13 V

$Cr^{3+} + 3e^- \rightarrow Cr$ −0.91 V

$CrO_2^- + 2H_2O + 3e^- \rightarrow Cr + 4OH^-$ −1.2 V

$Cr(OH)_3 + 3e^- \rightarrow Cr + 3OH^-$ −1.3 V

$Cr^{3+} + e^- \rightarrow Cr^{2+}$ −0.41 V

$Cr^{2+} + 2e^- \rightarrow Cr$ −0.5 V

氧化还原电位说明 Cr(Ⅵ)有强氧化性，特别是在酸性介质中。重铬酸钾(钠)和铬酸酐是应用最广泛的氧化剂，在有机合成中用于制取香料、医药。

铬与酸反应放出氢气。氢卤酸、硫酸和草酸均能溶解铬，加热时溶解更为迅速。它与稀硫酸反应较缓慢，在氢卤酸中隔绝空气时生成亚铬离子 Cr^{2+}。它不受磷酸的攻击并能经受甲酸、柠檬酸和酒石酸等多种有机酸的侵蚀，但乙酸对铬有轻微的腐蚀。

3.2.2 络合性能

铬与有自由电子对的分子、有机基因、多种离子形成配价键，构成稳定络合物。

皮革工业中使用最广泛的铬鞣剂,在制备及水溶液陈化时,碱式硫酸铬形成$(H_2O)_3—Cr—O—Cr(H_2O)_3$型多核络合物。后者在鞣革时同皮中的胶原生成多个交联键,从而使皮变成革,并赋予形成的革以弹性、柔软、光滑等优良性能。不仅如此,通过Cr的桥梁作用,还可以使Al、Zr等经多核络合物而同皮中胶原络合,这就是Cr—Al,Cr—Zr等复合鞣剂。这些复合鞣剂有与铬鞣剂同样的鞣制效果,但可减少铬的消耗并降低铬的污染。

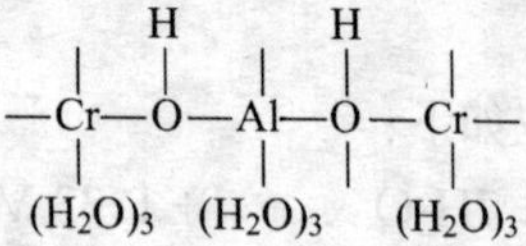

```
        H         H                            H         H
   |    |    |    |    |                  |    |    |    |    |
 —Cr—O—Al—O—Cr—                 —Cr—O—Zr—O—Cr—
   |         |         |                  |         |         |
(H2O)3   (H2O)3   (H2O)3             (H2O)3   (H2O)3   (H2O)3
              (a)                                 (b)
```

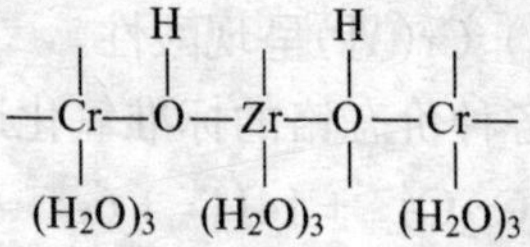

CrO_4^{2-}及Cr^{3+}可同木材中的纤维素、木质素以及多种二糖、邻甲氧苯基形成配位络合物(也生成某些共价化合物),并通过铬的桥梁作用将难以同木材结合的As^{5+}、Cu^{2+}、Zn^{2+}、F^-等一起牢固地固定在木材内,使处理过的木材具有防虫灭菌及阻燃等优良性能,这就是含铬水性木材防腐剂及阻燃剂的工作原理。

络合作用使乙酸铬、氟化铬、氟铬酸盐可用于媒染。Cr^{3+}与木质素磺酸盐形成的络合物用作钻井泥浆稀释剂与稳定剂。

$Cr_2(SO_4)_3$难溶于水,但形成碱式硫酸铬$[Cr(OH)\cdot SO_4(H_2O)_5]$、铬钾矾$[KCr(SO_4)_2\cdot(H_2O)_{12}]$及铬铵矾$[(NH_4)Cr\cdot(SO_4)_2\cdot(H_2O)_{12}]$后,由于存在$Cr(H_2O)_5(OH)^{2+}$、$Cr(H_2O)_5SO_4^+$等络离子而使溶解度大增,从而可用于鞣革。

3.2.3　钝化作用

铬的氧化还原电位处在Zn和Fe之间,似乎应当被稀酸溶解,且将在空气和水中像Fe那样生锈。实际上铬在这些介质中均极稳定,仅在较高温度才与氧及其他非金属化合。这是因为金属铬遇空气迅速氧化形成了一层极薄而致密的Cr_2O_3膜,将内部金属与外部介质隔绝，从而保护内部金属不再氧化，这就是铬的钝化作用。

未经钝化的铬能将铜、锡和镍从它们的盐水溶液中置换出来。然而，一经钝化，铬变得与贵金属相似，不再受矿物酸侵蚀。铬不溶于硝酸、发烟硝酸和王水，因为它们对铬表面产生了钝化作用。其他能产生钝化作用的氧化剂有氯气、溴以及氯酸与三氧化铬的溶液等。铬在空气中因表面氧化会慢慢变得钝化，其效果自然要比上述氧化剂差。

镀铬就是利用电解将铬沉积在阴极的金属表面，形成一层光亮、致密的高硬度铬保护层。

另一种金属保护法是用铬酸盐或重铬酸盐溶液处理金属表面。此时 Cr^{6+} 同金属表面作用，在后者表面形成坚硬致密的氧化物保护膜，这就是冷却用循环水中铬系水质稳定剂的阻蚀原理，是许多铬酸盐生产装置可用碳钢制作的缘故，也是铬酸盐类颜料具有防锈功能的原因。

一般认为钝化作用是铬表面吸附了氧或形成氧化物层所产生，但至今尚未得出令人满意的解释。已经钝化的铬可通过还原过程，例如用氢气处理或将铬浸在稀硫酸中与锌接触，来重新活化。

3.3　二元铬合金中的金属间充相

铬与其他元素（B组分原子）生成多种二元合金，如按它们的组成和结构分类，有 σ 相（berthollide 贝陀立合金）、Laves 相和 Cr_3Si 型化合物三种。它们结构差别主要与半径比（r_A/r_B）及电子数/原子数比率相关。

σ 相与一般化合物不同，组成可在较宽的范围内变化仍保持 $D8_6$ 四面体构型。铬合金中的 σ 相见表 3.6。半径比接近 1，电子数/原子数比率也在很窄的范围内变动。从铬分族（Cr，Mo，W）和镍分族（Ni，Pd，Pt）相互合金中不存在 σ 相可知，电子因素对该类金属间充相的形成是起作用的。

表 3.6　二元铬合金中 **σ** 相：$D8_6$（四面体）构型

B组分	B/%（原子数比）	r_A/r_B	电子/原子比	T/℃
Mn	76～84	0.98	6.76～6.84	1000
Tc	55～75	0.94	6.55～6.75	700
Re	约 63	0.93	约 6.63	1200
Fe	50～56	1.01	7.02～7.14	600
Ru	32～35.5	0.96	约 6.68	1200
Os	约 40	0.95	约 6.75	1000～1300
Co	37～42	1.02	7.11～7.26	1200

Laves 相有三种晶体类型：C15，$MgCu_2$ 型（立方堆积）；C14，$MgZn_2$ 型（六方堆积）；C36，$MgNi_2$ 型（六方堆积）。这些结构的差别在于层的堆积次序。构成 Laves 相的决定因素是构成原子之间的相对大小。A 原子比 B 原子大，原子半径的理想比率是 1.224（见表 3.7）。

表 3.7　二元含铬的 Laves 相

化合物	c/μm	a/μm	c/a	电子/原子比	r_A/r_B	类型
$CrBe_2$	69.75	42.85	1.638	3.33	1.136	C14
$NbCr_2$		69.90		5.67	1.145	C15
$TaCr_2$		69.79		5.67	1.144	C15
$TaCr_2$	80.62	49.25	1.637	5.67	1.144	C14
$TiCr_2$		69.43		5.33	1.140	C15
$ZrCr_2$	82.79	50.89	1.627	5.33	1.250	C14
$ZrCr_2$		71.93		5.33	1.250	C15
$HfCr_2$	82.37	50.67	1.625	5.33	1.232	C14
$HfCr_2$		70.11		5.33	1.232	C15

Cr_3Si 型（立方，A15）是组成为 A_3B 化合物的基本类型。A 原子有钛族、钒族和铬族元素，B 原子则有 Mn，Fe，Co，Ni，Cu，Al，Si 以及 Pt 族元素。铬族元素与 Fe，Co，Ni 和 Cu 等构成的 Cr_3Si 型化合物中原子排列及有效体积与纯金属结构中的几乎相同。典型

的化合物见表3.8。

表3.8 二元铬合金中 Cr_3Si 相:A15(立方)构型

化合物	$a/\mu m$	r_A/r_B
Cr_3Si	45.50	0.972
Cr_3Ru	46.83	0.957
Cr_3Os	46.77	0.948
Cr_3Rh	46.56	0.953
Cr_3Ir	46.68	0.945
Cr_3Pt	47.06	0.924
Cr_3Ga	46.45	0.909
Cr_3Ge	46.23	0.936

3.4 铬与非金属的二元化合物

铬能与氢及ⅢA,ⅣA,ⅤA,ⅥA族及非金属元素形成二元化合物。这些化合物中的铬常呈现反常的氧化态,化合物的性质与金属互化物相似。按照Hagg's规则,如非金属原子的半径 r_n 对金属原子的半径 r_m 的比率 r_n/r_m 不超过0.59,则该二元化合物形成具有简单晶体结构的间充相。表3.9列出了铬与非金属元素形成的各种二元化合物(除氧以外)。

表3.9 铬与非金属元素的二元化合物

化合物	结构	晶体常数/μm				熔点/℃
		a	b	c	β(°)	
CrH	hcp	27.27		34.41		
CrH_2	fcc	38.61				
Cr_4B	正交	42.6	73.8	147.1		1750
Cr_2B	四方	51.8		43.1		1890
Cr_5B_3	四方	54.6		106.4		2000
CrB	正交	29.6	78.1	29.4		2050
Cr_3B_4	正交	29.9	130.2	29.5		1950
CrB_2	六方	29.7		30.7		约2200

续表 3.9

化合物	结　构	晶体常数/μm				熔点/℃
		a	*b*	*c*	*β*(°)	
$Cr_{23}C_6$	立方	106.38				1550(分解)
Cr_7C_3	六方	139.8		45.2		1665
Cr_3C_2	正交	28.21	55.2	114.6		1895
Cr_3Si	立方	45.6				约 1710
Cr_5Si_3	四方	91.7		46.36		约 1600
CrSi	立方	46.2				约 1600
$CrSi_2$	六方	44.22		635.1		约 1550
Cr_3Si_2	四方	91.6		46.4		
Cr_2N	六方	47.4		44.5		1650
CrN	立方	41.4				1500 解离
Cr_3P	四方	36.1		45.6		
Cr_2P						
CrP	正交	53.6	31.1	60.2		
CrP_2						
Cr_2As	四方	36.1		63.3		
Cr_3As_2	四方					
CrAs	正交	34.9	62.2	57.4		
CrS	单斜	38.3	59.1	60.9	101°36′	
Cr_7S_8	六方	34.6		57.6		
Cr_5S_6	六方	59.8		115.1		
Cr_3S_4	单斜	约 59.7	约 34.3	约 113.6	91°9′～91°38′	
Cr_2S_3	六方	59.4		111.9		
Cr_2S_3	三方	59.4		167.9		
CrSe	六方	37.1		60.3		
Cr_7Se_8						
Cr_3Se_4	单斜	63.2	36.2	117.7		
Cr_2Se_3						
CrTe						

铬与氧组成一系列化合物：CrO、Cr_2O_3、CrO_2、Cr_2O_5、CrO_3 及过氧化物 CrO_5、CrO 是碱性氧化物，常温下不稳定，在空气中很快与氧化合成 Cr_2O_3。CrO_2 为优良的磁性材料，可以 CrO_3 热分解来制备。CrO_3 热分解如加以控制也可得到五价铬的氧化物 Cr_2O_5。不过实际形成的氧化物相中 O:Cr 总小于理论值 2.5，其变化范围为 2.385～2.430。Cr_2O_5 在空气中加热至 380℃ 开始分解。CrO_3 是酸性氧化物，橙红色晶体，热稳定性差，超过熔点开始气化，而且发生：$4CrO_3 = 2Cr_2O_3 + 3O_2$ 的反应。Cr_2O_3 是两性氧化物，绿色晶体不溶于水。在铬氧化物中，Cr_2O_3 最稳定，几乎自然界全部的铬都呈 Cr_2O_3 存在。

在 CrO_3 溶液中，电解沉积金属铬时会生成 CrH(hcp)和 CdH_2(fee)，CrH_2 的组成尚未确定。与过渡金属氢化物一样，它们也具有导电性，磁性和其他典型的金属性质。

硼化铬可用多种方法制备，如用碳化硼还原氧化铬，硼与氧化铬反应，电解硼酸盐与氧化铬混合熔体等。它们是具有金属导电性的耐高温固体。由于 r_n/r_m 大于 0.59，这些硼化物是介于间充相和金属互化物之间。5 个硼化物具有四种典型的结构：带孤立的硼原子（Cr_2B, Cr_4B），带硼原子链（δ-CrB）；带硼原子双链（Cr_3B_4）；有六方二维的硼原子网构成晶格，Cr 则位于 hcp 晶格中。

碳化铬可自金属铬或氧化铬与碳在真空下反应制备，是一种间充相，具有高硬度、耐高温、耐腐蚀等特征。但在空气中加热至 600℃ 以上时，碳化铬会氧化。

铬与硅在高温下直接反应或使 Cr_2O_3-SiO_2 混合物在铜存在时用铝还原都可制得类金属性的硅化铬，它们在化学上是惰性的。化合物中同时具有金属性的 Cr—Si 键和共价性的 Si—Si 键。与硼化铬的结构相似，随着硅原子数增加，从以孤立硅原子为特征的结构（如 Cr_3Si）转变到具有孤对、链、层及三维硅原子骨架的结构。

制备氮化铬的方法有：硼化铬与氨反应，铬在 N_2 或 NH_3 中加热反应；$CrCl_3$ 在 NH_3 中加热等。氮化铬是具有金属性质的耐高温物质，因 $r_n/r_m \leqslant 0.59$，为 σ 相的金属间充相。

在真空石英封管中加热铬和磷；电解磷酸盐和氯化铬的混合熔体；卤化铬与磷化物或磷蒸气反应都能制得磷化铬。结构特征是存在磷原子对、链等集合。铬与砷在惰性气氛中加热也能生成砷化铬。

硫化铬的制备方法有：在真空封管中加热铬和硫；$CrCl_3$，Cr_2O_3 或 Cr 与 H_2S 反应；高硫化物热分解等。它们是间充相，硒化铬和碲化铬也一样。

还有一类硫代铬酸盐，除 $NaCrS_2$ 外，还制得分子式为 MCr_2S_4 的一系列硫代铬酸盐（M＝Cu，Hg，Fe，Sn，Co，Zn，Pb，Ni，Cd，Mn）。

4 铬矿的选矿

勘探到的铬矿矿藏,经采选得到各种品级的矿产品,可满足不同工业应用领域的生产需要。铬矿的采矿方式由矿层形式所决定,分散矿床经常用露天方式开采,地下采掘主要用于大型矿层。大部分含铬量较高的富矿不需进行选矿;分散性矿床经精选后可得到含量为50%的铬矿。

除化工级和耐火材料级铬矿输送至化工厂和耐火材料厂以外,高品级的铬矿输送至铁合金厂冶炼成铬铁合金,作为钢铁工业的合金剂,或冶炼成金属铬,用作特种合金的添加剂。

4.1 铬矿的选矿方法

由于铬是用途最多的金属,而且在"战略金属"中列第一位。当今世界拥有铬矿资源的国家或资源缺乏的国家,都在加紧铬矿石选矿的研究,其选别方法有:

(1) 重选:如跳汰、摇床、螺旋溜槽、重介质旋流器等。

(2) 磁电选:包括高强场磁选、高压电选。

(3) 浮选和絮凝浮选。

(4) 联合选:如重选-电选。

(5) 化学选矿:处理极细粒难选贫铬矿。

在上述铬矿选矿方法中,生产上主要采用重选方法,常采用摇床和跳汰选别。有时重选精矿用弱磁选或强磁选再选,进一步提高铬精矿石的品位和铬铁比。

铬尖晶石含铁较高或与磁铁矿致密共生的矿石,经选矿后得到的精矿中,铬品位和铬铁比都偏低,可以考虑作为火法生产铬铁的配料使用,或用湿法冶金处理。例如重铬酸钠法、氢氧化铬法、还原锈蚀法、氯化焙烧酸浸或电解法等。用湿法冶金处理低级铬铁精矿已有生产实践。

在铬矿床中常伴生有铂族(铂、钯、铱、锇、钌和铑)、钴、钛、钒、镍等元素。当铂含量大于0.2～0.4 g/t,钴含量大于0.02%,镍含量大于0.2%时应考虑综合回收。铬铁矿石中伴生的铂族元素如呈硫化物、砷化物或硫砷化物状态,可以用浮选法回收。矿石中的橄榄石和蛇纹石,可以考虑综合回收,供生产耐火材料、钙镁磷肥或辉绿岩铸石等使用。在超基性岩体浅部有时还有风化淋滤成因的非晶质菱镁矿,也是很好的耐火材料原料。

4.2　铬矿的工业要求

铬矿的工业要求如下:

(1) 冶金用铬铁矿。

1) 一般工业要求见表4.1。

表4.1　冶金用铬铁矿一般工业要求　(%)

类型		三氧化二铬(Cr_2O_3)		有害杂质平均允许含量		
		边界品位	工业品位	SiO_2	P	S
原生矿	富矿	≥25	≥32	≤10	≤0.07	≤0.05
	贫矿	≥5～8	≥8～10			
砂矿		≥1.5	≥3			

注:1. 可采厚度0.5～1.0 m,夹石剔除厚度0.3～0.5 m;
2. 铬铁比在勘探中必须查清,具体要求与有关部门商定。火法冶炼时,为得到合格的铬铁,其比值最低在2以上;湿法提炼金属铬则不受其限制。

2) 火法炼铬铁用铬铁矿富矿或精矿的品级划分见表4.2。

表4.2　冶炼铬铁用铬铁矿富矿或精矿品级划分

品级	Cr_2O_3/%	Cr_2O_3/FeO	P/%	S/%	SiO_2/%	用途
Ⅰ	≥50	≥3			<1.2	氮化铬铁
Ⅱ	≥45	≥2.5～3	<0.03	<0.05	<6	中低碳和微碳铬铁
Ⅲ	≥40	≥2.5	<0.07	<0.05	<6	电炉碳素铬铁
Ⅳ	≥32	≥2.5	<0.07	<0.05	<8	高炉碳素铬铁

注:1. 高炉冶炼碳素铬铁不小于20 mm和不大于75 mm;
2. 电炉冶炼铬铁合金不大于40～60 mm(粉矿或精矿粉均可);
3. 铬铁比(Cr_2O_3/FeO)中的FeO,表示所有铁的氧化物折算成FeO的质量。

3）耐火材料用铬铁矿见表4.3。

表 4.3 耐火材料用铬铁矿 （%）

品 级	Cr_2O_3	SiO_2	CaO	用 途
Ⅰ	>35	<8	<2	用作天然耐火材料
Ⅱ	>30～32	<11	<3	制造铬砖及铬镁砖

注：1. 块度要求 50～300 mm；

2. 矿石中不允许有>5～8 mm 夹石。

随着钢铁工业的发展，冶炼新技术的应用，对耐火材料提出了更为苛刻的要求，原料的高纯度和制品的高密度已经成为耐火材料发展的必然趋势。为适应这一转变，优质镁、铝、铬系列材料相继提出了铬精矿中 SiO_2 含量小于 2%的要求。在镁铬砖高温烧成中，SiO_2 含量过高会增加镁橄榄石硅酸盐相，减少砖的直接结合程度，从而影响镁铬砖的一系列高温性能和使用寿命。

（2）化工制铬盐用铬铁矿。

化工制铬盐用铬铁矿的基本要求是：

Cr_2O_3≥30%；Cr_2O_3/FeO≥2～2.5；SiO_2 少量。

（3）辉绿盐铸石用铬铁矿

辉绿盐铸石用铬铁矿的要求是：

Cr_2O_3>10%～20%；SiO_2<10%。

4.3 国内铬矿选矿

我国于20世纪60年代末先后建成了陕西商南铬矿、河北省遵化铬矿、北京密云铬矿等小选厂。20世纪70年代以来，又对内蒙古锡盟赫格敖拉铬矿、甘肃省的大道尔吉铬矿以及西藏、新疆等地的铬矿进行了选矿研究。由于资源缺乏，我国铬矿石的选矿一直处于落后状况。仅有的几个小型选厂均采用单一重选（摇床）选别贫铬矿，如商南、遵化和密云选矿厂采用摇床处理结晶粒度较细的贫铬矿石，可从含 $Cr_2O_3$4%～20%的原矿中分选出含 $Cr_2O_3$30%～45%，回收率62%～82%的精矿。

近来我国在铬矿石的选矿研究方面取得了一些进展，如有关单位对某地区的难选矿采用阶段磨矿、螺旋溜槽选别，使铬精矿品位由原矿的22.4%提高到35%，回收率为80.18%，对易选贫铬矿则采用跳汰、摇床联合选别流程，铬精矿品位由原矿的19%提高到40%。

众所周知，天然铬矿石中，SiO_2 含量小于2%的低硅铬矿石几乎是不存在的，必须通过选矿提纯才可获得。因此，研究耐火级铬矿石的选矿降硅工艺对发展镁、铝、铬系列耐火材料具有特别重要的意义。

新疆萨尔托海和西藏红旗两地铬矿石性质近似。主要矿物为铬尖晶石，含量约为85%～90%，铬矿物粒度一般为1～5 mm，最小0.3～0.5 mm。脉石矿物主要为绿泥石、蛇纹石，呈细小鳞片状集合体和胶状纤维状分布于铬矿物晶粒间及裂隙中，粒径最大0.15 mm×0.075 mm，一般小于0.008 mm。矿石性质说明，含硅矿物在铬矿中嵌布极细，必须适当细磨才能单体解离。

采用一次磨矿到0.3 mm—二次螺旋溜槽——次离心选矿机流程选别，获得了较好的选别效果。

新疆铬矿石：当入选矿石中，Cr_2O_3 含量为33.65%，SiO_2 含量为6.01%时，可获得 Cr_2O_3 含量为37%，SiO_2 含量为1.76%的低硅铬精矿。

西藏铬矿石：当入选矿石中，Cr_2O_3 含量为48.46%，SiO_2 含量为3.91%时，可获得 Cr_2O_3 含量为53.26%，SiO_2 含量为0.98%的高纯铬精矿。

新疆铬矿经过吨级以上连续扩大试验，获得了含 $Cr_2O_3$37.45%、$SiO_2$1.8%的精矿。

采用阶段磨矿——段跳汰—三段摇床流程时甘肃大道尔吉铬矿进行的试验室试验，可从含 $Cr_2O_3$32.56%的原矿中，获得含 $Cr_2O_3$45.82%，回收率96.68%的精矿。采用阶段磨矿—两段摇床流程对内蒙古锡盟赫格敖拉铬矿进行的试验表明，可从含 $Cr_2O_3$22.41%的原矿中获得含 $Cr_2O_3$34.18%、回收率为77.45%

的精矿。

铬铁矿电炉直接炼钢新工艺要求优质高纯铬精矿，采用跳汰—摇床—离心选矿机组合流程对两类铬矿石进行分级深选，可获得品位高、铬铁比大、有害杂质含量低的高级铬精矿。

甲矿样属天然风化的残坡积矿床。铬铁矿主要分布于铁质高岭石中，以中粗粒块状构造为主，次为中细粒和微细粒的浸染状，也有压碎结构。Cr_2O_3 含量为 52.51%。

乙矿样属岩浆后期矿床。铬铁矿以块状结构矿石为主，次为橄榄石和斜方辉石等。Cr_2O_3 含量为 48.15%。

两种矿样的铬铁矿与混合脉石的磁性差较小，不宜用强磁选分离。由于它们均系块状结构，以中、粗粒为主，故主体流程不考虑浮选。

两种矿石的密度分别为 4.5445 g/cm^3 和 5.3369 g/cm^3，混合脉石的密度各为 2.7684 g/cm^3 和 2.7343 g/cm^3，铬铁矿与混合脉石在水介质中的分离密度差比值为 2.0040 和 2.5001，属易重选分离的矿石，故采用重选是有效的方案。

按破碎粒度分级重选，即将原矿筛分成 +0.56 mm 粒级（甲矿产率为 26.57%，乙矿为 83.42%）和 −0.56 mm（甲矿产率为 73.43%，乙矿为 16.58%）粒级，0.56 mm 以上进跳汰，0.56～0 mm（包括跳汰尾矿棒磨至 −0.56 mm 的矿石）进摇床−离心选矿机进行分选。

试验结果，铬精矿 Cr_2O_3 品位各为 60.22% 和 56.08%、铬铁比（Cr/TFe）各为 3.88 和 3.87、回收率各为 80.28% 和 88.11%。还分别产出一个次精矿，Cr_2O_3 为 41.92% 和 37.65%，废弃尾矿中的 Cr_2O_3 损失率低，只有 1.08% 和 0.9%。电选可将乙矿品位由 56% 提高到 58% 以上，可作为深度精选或处理难选中矿的一种补充手段。

4.4 国外铬矿选矿

国外铬矿石除菲律宾和芬兰属尖晶石类型外，其他均为铬铁矿。其选矿方法,重选仍占主导地位。南非的铬铁矿选矿厂主要采用破碎、筛分、洗矿,拣选或重介质等选矿方法来处理结晶粒度粗的较富的块矿。哈萨克斯坦南肯皮尔赛矿区顿河选厂采用重介质—跳汰—摇床—磨矿—螺旋选矿机—强磁流程选别含 $Cr_2O_3$39%、嵌布粒度粗细不均的中富铬矿和高黏土富铁化铬矿石,可获得含 $Cr_2O_3$51.1%、回收率 80.1%的精矿。土耳其古莱曼矿区凯夫达格(Kefdag)选矿厂采用阶段磨矿和多段干式低、高磁场磁选流程,可从 $Cr_2O_3$30%~33%的细粒嵌布的铬矿石中,获得含 $Cr_2O_3$47%~48%、回收率 83.4%的精矿。南斯拉夫的拉杜沙选矿厂用 16 胺作捕收剂(820 g/t),可从含 $Cr_2O_3$30.86%的铬矿石中,获得产率为 46.4%、含 $Cr_2O_3$54%、回收率 80.7%的精矿。美国丹佛选矿公司,采用跳汰摇床选别含 Cr_2O_3 为 20.60%的铬矿石,可获得含 $Cr_2O_3$48.6%的铬精矿,回收率达 75%。美国俄勒岗州库斯坎堤矿,采用螺旋溜槽作铬铁矿粗选,铬品位由 12%提高到 25%。美国俄勒冈州底芬斯选厂采用包括有摇床、洗矿、干式弱磁选、干式强磁选和浮选的复杂流程来处理难选的高铁贫铬($Cr_2O_3$6%)海滨砂矿,生产出含 $Cr_2O_3$40%、回收率 65%的精矿。菲律宾的阿库冶矿业公司、土耳其的卡瓦克以及塞浦路斯等国的铬矿山亦采用螺旋溜槽来选别铬矿石,印度的多德卡尼亚和基他巴鲁则采用摇床选别铬矿石,精矿含 Cr_2O_3 为 47.5%~54.1%,回收率为 70%~82%。芬兰凯米铬矿采用高磁场磁选别含 Cr_2O_3 为 26.5%的原矿,可获得含 Cr_2O_3 为 45.6%的精矿,回收率为 77%。

对于用机械选矿方法难以处理的某些铬矿石,则采用选矿—化学联合流程或单一的化学方法。化学选矿方法包括:选择性浸出,氧化还原,熔融分离,硫酸及铬酸浸出,还原及硫酸浸出等。如加拿大矿冶研究中心采用氧化还原法可从含 $Cr_2O_3$35.5%~41.6%,Cr/Fe1.1~1.48 的低质量摇床精矿中获得含 $Cr_2O_3$90%,回收率 93%的精料。哈萨克斯坦顿斯克矿区的铬矿采用重力选矿可以获得很高的指标。使用含 $Cr_2O_3$30%~45%的铬矿进行富选,结果得到含 $Cr_2O_3$54.3%~57.3%的精矿。采用两步化学处理法，可以使精矿得到进一步除硅和除磷。首先用硫酸或盐酸处理，然后再用苛性钠处理，大约可以除去与其他矿物（铁的氧化物和硅酸盐）相结合的磷达70%。以同晶形杂质存在于纯铬铁矿里的磷（约为30%）是不能除掉的。采用化学处理方法，例如氯化法，可将铬矿中的铁以$FeCl_2$升华物状态除掉。

近年来，由于入选矿品位和铬铁比明显下降，特别是像美国、加拿大、巴西等铬矿资源缺乏的国家正加紧低品位铬矿石的选别研究，尤以细粒铬矿石的选别和综合利用取得了较大的进展。采用化学选矿法处理难选铬矿石并从中回收伴生有用元素发展更为迅速。

4.5 铬铁矿选矿实例

4.5.1 南肯皮尔赛矿区顿河铬铁矿选厂(哈萨克斯坦)

南肯皮尔赛矿区位于哈萨克斯坦的阿克纠宾斯克州，其储量和质量均占独联体国家的第一位。该穹窿分布的矿群是1936年苏联地质学家大卫·德洛格夫发现的，被称为顿斯克矿床群。穹窿带西侧，有“青年”等10多个矿床，矿床以16°～75°角倾斜。东部有11个矿床以0°～50°角倾斜。1991年1月1日，这些矿床的平衡表内A+B+C_1级储量3.19372亿t，C_2级储量0.98706亿t，平衡表外储量35.2万t。从整体看，大部分矿床沿一定层面产出。“青年”矿床是本区最大的矿体，规模为1500 m×400 m，厚度达140 m，确认矿量6500万t，$Cr_2O_3$44.8%。连同准备开发的“中央”矿床，赋存在地表以下1300 m左右，估计矿量可达2亿t。

该矿区1938年开始露采，所属顿河选矿厂（Донск）于1954年和1965年先后建成1号和2号破碎筛分厂，年处理现原矿250万t，其中富矿150万t。Cr_2O_3>45%；贫矿100万t。1973年12月又建成年处理原矿100万t的贫矿选矿厂。由于富铬矿的储量不断消耗，所以就不得不开采贫矿。1970年时，约有占开采量52%的铬矿，其含量Cr_2O_3为30%～45%。1981年“青年”矿开始坑内开采,1992 年产量 360 万 t,超过南非的 336 万 t。1995 年,顿斯克采选公司计划生产 230 万 t 商品铬铁矿,向俄罗斯提供 81 万 t,其中,铬铁合金生产 48.8 万 t,耐火材料生产 12.2 万 t,化学工业级 20 万 t。年生产能力已达 400 万 t,由“哈萨克斯坦 40 周年”矿和“青年”矿生产。前者露采,有约 200 万 t 的生产能力。

4.5.1.1 *矿石性质*

南肯皮尔赛铬铁矿床系含有中铬、高黏土和富铁化的铬铁矿。矿体的围岩属于不同程度蛇纹石化的纯橄榄石及其过渡变质的超基性岩石。

矿石的金属矿物为镁铬铁矿,主要脉石为纯橄榄岩蛇纹石。铬尖晶石的结晶粒度有细粒、(达 1 mm)、中粗粒(1～3 mm)、粗粒(3～5 mm)和团块(5 mm 以上)。铬尖晶石以单晶和集合体浸染在纯橄榄岩蛇纹石中。矿石中 Cr_2O_3 和 SiO_2 的含量取决于铬尖晶石的浸染状态,见表 4.4。

表 4.4　南肯皮尔赛矿区铬矿石的 Cr_2O_3 与 SiO_2 的浸染关系

矿　　石	Cr_2O_3/%	SiO_2/%
致密矿石	55～63	5～1
密浸染的矿石	45～55	10～5
中等浸染矿石	30～45	15～8
稀浸染矿石	15～30	30～15
贫浸染矿石	5～15	>30

顿斯克矿分为坚硬矿(块矿)、松软矿和粉矿。粒度为 0.5～2 mm的中晶粒矿占多数。含硅胶结物的铬矿中二氧化硅和磷的含量最高,而含铁胶结物的铬矿中,铁的氧化物含量较高。磷主要集中于碳酸盐、磷酸盐和磷灰石,其含量波动于 0.003%～0.05%之间。

送入破碎筛分厂的富矿化学成分如下:Cr_2O_3>45%;Fe11%～22%;CaO1.3%;P0.003%～0.01%;S0.04%。Cr_2O_3 含量低或其他成分不符合技术要求的矿石送选矿厂处理。

顿河选厂所处理的贫矿包括过去堆积矿和正在开采的矿石($Cr_2O_3$45.6%),其混合原矿含 $Cr_2O_3$39%。

4.5.1.2 *破碎*

进入破碎筛分厂的原矿块度为1000~0 mm,经一段破碎到300~0 mm。富矿筛分成300~50 mm、50~10 mm、10~0 mm三个级别,前两个级别进行手选,成品矿石出厂;贫矿送入选矿厂进行第二段破碎,碎至100~0 mm。破碎筛分厂设备联系见图4.1。

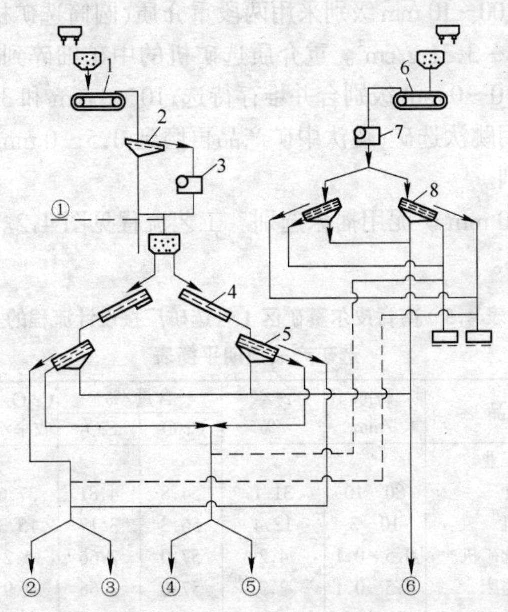

图4.1 南肯皮尔赛顿斯克1号和2号破碎筛分厂设备联系图

1—1-18-120板式给矿机(1台);2—1700 mm×5100 mm格条筛(1台);3—2100 mm×1500 mm颚式破碎机(1台);4—ПЭB_2-4×12电振给矿机(2台);5—ГИZ-CA惯性筛(2台);6—板式给矿机(1台);7—900 mm×1200 mm颚式破碎机(1台);8—ГИТ31重型筛(2台)

①—送选矿厂;②—250~50 mm粒级;③—脉石;④—50~10 mm粒级;⑤—脉石;⑥—10~0 mm粒级

破碎筛分厂和选矿厂处理每吨矿石的电、水和材料消耗的设计指标如下:

电/kW·h	28.55
水(包括回水在内)/m^3	13.2
球/kg	0.8
棒/kg	1.3
材板/kg	0.225

4.5.1.3　选矿

顿河选厂原设计工艺流程包括以下作业：

原矿 100～10 mm 级别采用两段重介质(圆筒选矿机)选矿，介质密度 2.7～3.31 g/cm^3。重介质选矿机的中矿细碎到 10～0 mm 后与原矿 10～0 mm 级别合并堆存待选；10～3 mm 和 3～0 mm 级别分别采用跳汰选矿；跳汰中矿产品再磨到 0.5～0 mm 后用螺旋选矿机选别。

0.5～0 mm 矿泥用摇床选别。工艺流程见图 4.2。设计指标列于表 4.5。

表 4.5　南肯皮尔赛矿区 1 号选矿厂按设计流程的选矿产品预期平衡表

产　品	粒度/mm	产率/%	含量/%		Cr_2O_3 回收率/%	年产量/t
			Cr_2O_3	SiO_2		
用于铁合金工业						
精矿：重介质	80～10	31.1	54.8	4.81	37.6	297000
跳汰机	10～3	12.4	56.3	3.17	15.3	118000
螺旋选矿机	0.5～0.1	4.2	57.0	2.66	5.2	40000
矿砂摇床	0.5～0.1	2.3	57.0	2.66	2.9	22000
矿泥摇床	0.1～0	6.6	57.0	2.66	8.3	63000
用于耐火材料工业						
精矿：跳汰机	30～0	15.6	57.0	2.66	19.5	148000
总　计		72.4	55.9	3.59	88.8	688000
尾矿：重介质	80～10	8.4	5.8		1.1	80000
矿砂摇床	0.5～0.1	7.5	23.1		3.8	70000
螺旋选矿机	0.1～0	7.6	27.5		4.6	72000
跳汰机	10～3	2.0	19.0		0.8	19000
跳汰机	3～0	2.1	20.0		0.9	20000
总　计		27.6	18.5	26.10	11.2	261000
原矿	300～0	100.0	45.6	9.8	100.0	949000

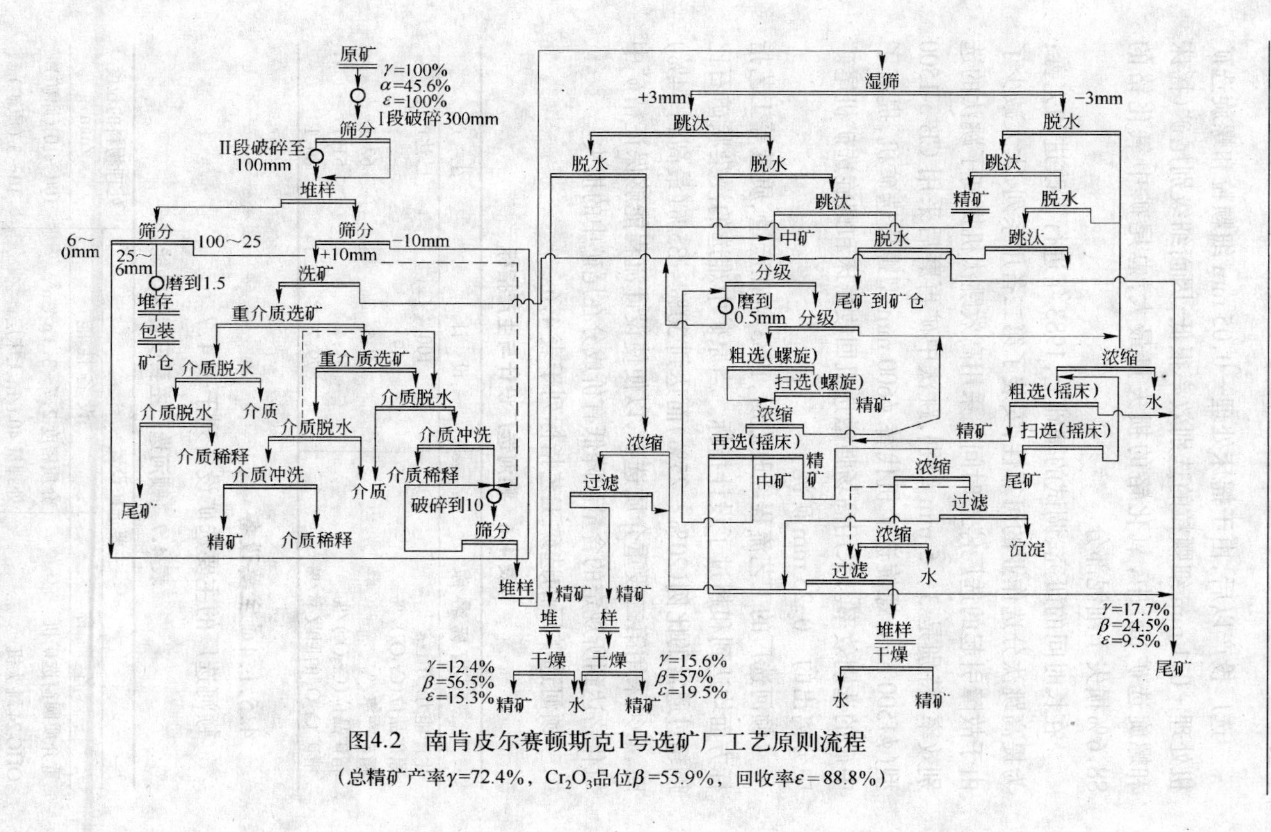

图4.2 南肯皮尔赛顿斯克1号选矿厂工艺原则流程

（总精矿产率γ=72.4%，Cr_2O_3品位β=55.9%，回收率ε=88.8%）

选厂投产以后，由于摇床处理 －0.05 mm 细颗粒和螺旋选矿机处理 －0.1 mm 细颗粒的选别效率很低，因而细级别尾矿（摇床和螺旋选矿机）中，氧化铬的损失量最大，总尾矿中氧化铬的 88.6％损失于细泥部分。

在长时间的研究、调试的基础上，1983 年进行了改进和完善：为提高跳汰分选作业的可靠性，安装了第二备用系列，大大减少了由于故障引起的选厂停产时间。采用高效跳汰机提高了跳汰的选别效率，特别是 3～5 mm 级别，跳汰中矿再磨后采用 CB-3-1500 型（ϕ1500 mm）螺旋选矿机代替 ϕ600 mm 型螺旋选矿机，提高了中矿的选别效率。采用高场强磁选机回收摇床和螺旋选矿机尾矿中分离出的 －0.25 mm 矿泥。

顿河选厂的工艺流程经改进后，1983 年在产量、质量等工艺指标方面均达到和超过了设计指标。当原矿中难选的浸染状矿石比例超过通常的比例（20％～25％）而达到 30％～35％（最高到 44％）时，必须采用第二段重介质选矿，以便使设计流程能够保证精矿中氧化铬达到所规定的含量和降低有价成分在尾矿中的损失。

顿河选矿厂的选矿工艺指标列于表 4.6。

表 4.6　顿河选厂设计与生产指标

指标名称	设计	生产
生产能力/万 $t \cdot a^{-1}$	100	已达产
原矿品位（Cr_2O_3）/%	39	
精矿产率/%	60.5	62.3
精矿品位（Cr_2O_3）/%	51.4	51.1
精矿 Cr_2O_3 的回收率/%	79.7	80.1

4.5.1.4　主要设备

顿河选厂的主要选矿设备列于表 4.7。

表 4.7　顿河选厂主要设置的性能

主要选矿设置		处理物料的粒度/mm
名　称	设备性能	
重介质圆筒选矿机	介质密度 2.7～3.3 g/cm^3	100～10（原矿）
ОПС-24 跳汰机	处理量 40 t/h，无床层	10～3（原矿）

续表 4.7

主要选矿设置		处理物料的粒度/mm
名 称	设备性能	
OПМ-25 跳汰机	处理量 40～70 t/h,床层粒度 10～16 mm	3～0.5（原矿）
CKO-22 型摇床		0.5～0.05（原矿）
CB-3-1500 型 3 头螺旋选矿机	ϕ = 1500 mm, 处理量 11～130 t/h,给矿浓度 28%～35%,耗水量 8～15 m^3/h	0.5～0.1（再磨的跳汰中矿）
OP-317 型琼斯强磁选机	介质板间隙,处理量	-25(矿泥)

4.5.2 古莱曼矿区选矿厂(土耳其)

古莱曼(Guleman)铬矿位于土耳其东部,矿区内有凯夫达格(Kefdag)和索里达格(Sondog)矿床,矿石的化学性质列于表 4.8。

表 4.8 凯夫达格和索里达格矿石的化学成分 (%)

化学成分	Cr_2O_3	FeO	SiO_2	Al_2O_3	CaO	MgO	Cr/Fe
索里达格块矿 48%	48.49	13.48	7.49	9.43	0.38	18.72	2.95
索里达格块矿 44%	45.25	12.89	8.87	10.10	0.39	20.45	3.09
索里达格精矿 48%	50.70	14.45	4.96	10.49	0.32	17.29	3.08
凯夫达格矿石 48%	38.65	11.87	11.31	11.21	0.33	23.13	2.88

古莱曼铬矿每年生产 35 万 t 原矿,并将原矿分为含 Cr_2O_3 38%～48%的富块矿(每年 20 万 t)和含 $Cr_2O_3$33%的贫矿(每年 15 万 t)。富矿供出口或作为炼制高碳铁铬合金等用。每年 15 万 t 贫矿中 12.5 万 t 由凯夫达格选厂处理,2.5 万 t 由索里达格选厂处理。

索里达格选厂建于 1957 年,用重选方法生产含 $Cr_2O_3$46%～48%的铬精矿,凯夫达格选厂采用强磁选方法处理含 $Cr_2O_3$33%的贫矿,所得精矿含 $Cr_2O_3$48%,并送往彼埃拉译(省)冶炼厂。

凯夫达格选矿厂的工艺流程见图 4.3。原矿(+200 mm)直接用卡车运到凯夫达格选厂原矿仓,然后进行筛分。筛上 +80 mm 块矿用颚式破碎机进行破碎,碎后物料与筛下 -80 mm 物料一起用筛孔 10 mm 的筛子进行筛分。将第二次筛分的筛上物料细碎到 -10 mm 占 75%的粒度与筛下物料一起装入两个 200 m^3 的粉矿仓。再将粉矿给入旋转式干燥机，将水分降至1%。干燥后的矿石用球磨机磨至-0.3 mm 80%的粒度，并用旋流分级机将该矿石分级成两种物料，然后分别装入120 m^3 的各矿仓内。

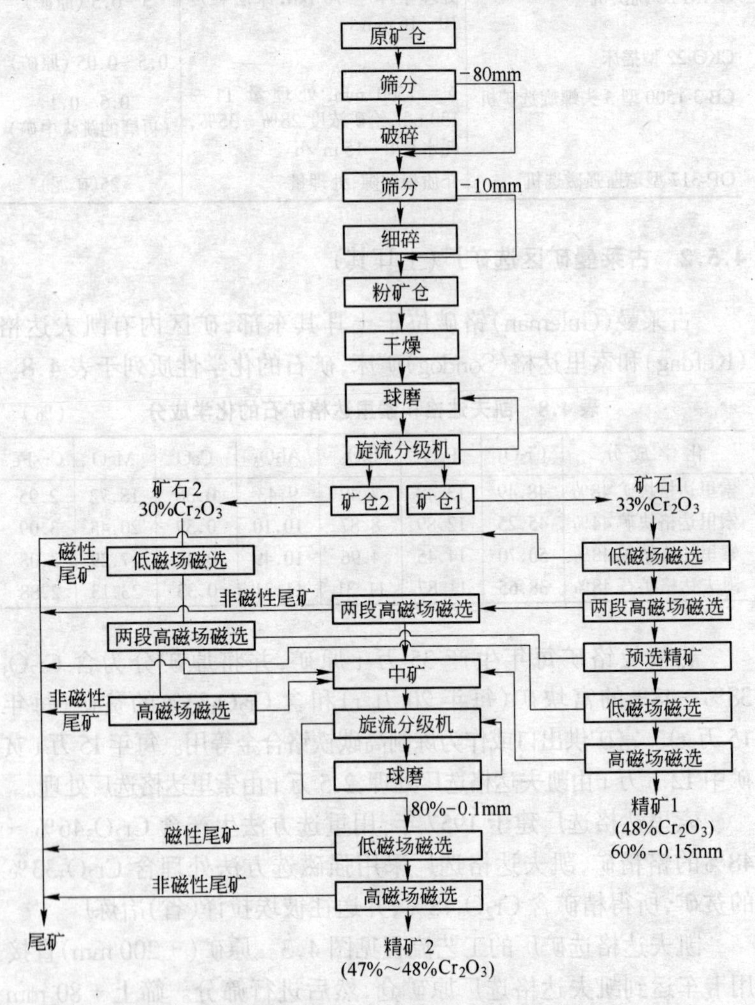

图4.3　凯夫达格选矿厂工艺流程

含 Cr_2O_3 33%的第一种矿石用低磁场磁选机进行粗选，弱磁和非磁性部分再经两段高磁场磁选机进行再选，获得预选精矿，预选精矿再继续经低、高磁场磁选机再选获得含 $Cr_2O_3$48%，回收率53.8%的最终精矿，其产量为每小时 12.5 t。

含 $Cr_2O_3$30%的第二种矿石经低、高磁场磁选机处理后，非磁性部分与一些作业的中矿一起经分级、磨矿、然后再经低、高磁场磁选获得含 $Cr_2O_3$47%~48%，回收率 29.6%的最终精矿，其产量为每小时 7 t。两种矿石的总精矿回收率为 83.4%。

4.5.3 俄勒冈州底芬斯选矿厂(美国)

美国最大的铬铁矿是俄勒冈州西南的沿海砂矿，虽然矿床辽阔，但品位很低，属高铁矿床。海滨砂矿含有石英、橄榄石、辉石、钛铁矿、金红石、锆石、石榴石、铬铁矿、磁铁矿、角闪石和绿帘石。俄勒冈海滨砂矿（Shepaid 矿床）含 $Cr_2O_3$9.4%，FeO14.1%，$SiO_2$34.8%，$Al_2O_3$14.4%，CaO8.1%，MgO3.5%，Cr/Fe 为 0.5%。

在第二次世界大战期间，俄勒冈的海滨砂矿曾用摇床或汉弗莱螺旋选矿机进行重选。其精矿经干燥后再磁选，但回收率只有65%左右。俄勒冈州库斯县底芬斯(Dèves)选矿厂所处理的砂矿含 $Cr_2O_3$6%，采用重－磁－浮联合流程(图 4.4)选别后，获得粗精矿含 $Cr_2O_3$25%，精选精矿 40%；重选部分的回收率和富集比分别为 85%和 5:1。在浮选作业中，添加胺类、甲酚、煤焦杂酚油，以便浮石榴石，并抑制铬铁矿。

俄勒冈州海滨铬砂矿不同试样采用其他选矿方法获得的选别结果列于表 4.9。

表 4.9 美国俄勒冈州产铬砂矿的选矿 (%)

试样	原矿 Cr_2O_3 品位	重选精矿			重选、静电选精矿			重选、静电、磁选精矿		
		产率	Cr_2O_3 品位	铬回收率	产率	Cr_2O_3 品位	铬回收率	产率	Cr_2O_3 品位	铬回收率
A	20.1	63.5	27.0	85.3	41.9	40.5	84.5	30.8	45.6	69.7
B	12.8	44.5	27.7	96.7	29.4	42.1	90.2	23.0	46.4	83.4
C	11.3	38.5	27.1	92.5	26.1	42.3	91.6	22.3	45.2	83.5
D	9.9	22.4	32.3	73.0	19.6	36.2	71.6	9.8	44.6	44.2
E	15.16	66.0	22.3	97.6	41.4	34.1	93.1	18.8	43.8	54.5
F	13.58	43.0	29.6	94.4	33.1	37.1	93.7	14.7	45.4	49.3
G	13.33				35.8	36.7	98.7	16.3	43.6	53.1

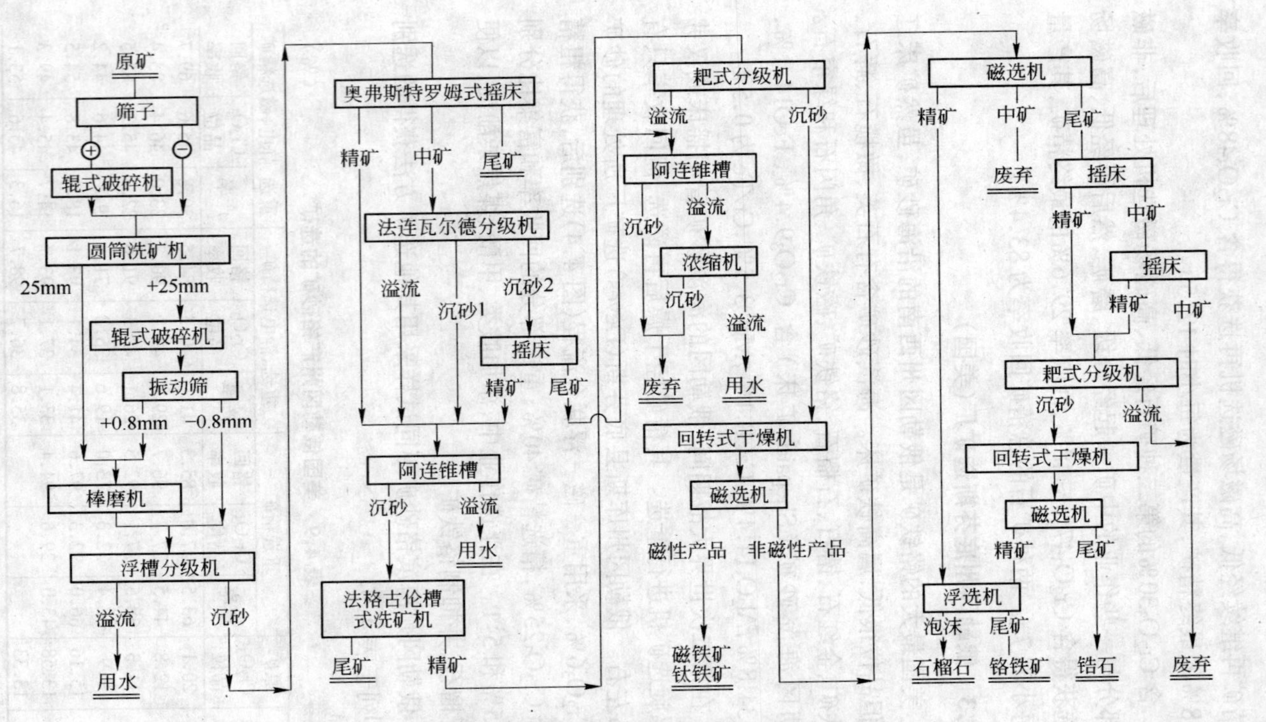

图4.4 俄勒冈州铬公司底芬斯选矿厂黑砂的选矿流程图

5 铬铁冶炼

5.1 基础理论

5.1.1 物理化学原理

铬铁冶炼生产的基本任务是利用还原剂把有益元素铬从矿石或氧化物中还原提取出来,或者对铬铁初级产品进行精炼,以得到较纯或高纯的产品。

实现化学反应的条件及反应进行方向是由化学反应自由能变化 ΔG 决定的,ΔG 称为吉布斯自由能变化,影响这个热力学函数的因素有温度、浓度(活度)、压力及添加剂,其影响关系体现在 Van't-Hoff 等温方程式中:

$$\Delta G = \Delta G^{\ominus} + RT\ln Q = -RT\ln K + RT\ln Q$$

式中,K 是反应的平衡常数,Q 是在实际条件下,化学反应产物的活度乘积与反应物的活度乘积之比,同时要考虑活度的适当方次。一个反应能进行,其 ΔG 值必为负值。$\Delta G^{\ominus}$ 是一个非常重要的热力学量,它是标准状态下反应的自由能变化,标准状态体系的压力为 1.013×10^5 Pa(1 atm),参加反应的固态或液态物质都是纯物质或活度为 1 的状态,此时 $\Delta G^{\ominus} = -RT\ln K$。

元素氧化物稳定性由元素氧化形成氧化物的 ΔG 所决定,其 ΔG 值代表了元素对氧的化学亲和力大小,即其还原的难易程度。在标准状态下,各种氧化物生成自由能与温度的关系如图 5.1 所示。

氧化物在 $\Delta G^{\ominus}$-T 图中位置越低者,其稳定性越高,因此在图中位置较低的元素,能还原位置较高的氧化物,铬铁生产中常用的还原剂有碳、硅和铝。元素氧化物稳定性顺序为 CaO, MgO,

Al_2O_3,TiO_2,SiO_2,V_2O_3,MnO,Cr_2O_3,FeO,P_2O_5。如果氧化产物是凝聚物质,那么随着温度的升高,稳定性降低($\Delta G^{\ominus}$增加);若形成气相氧化物 CO、SiO(g)、Al_2O(g)等,元素对氧的化学亲和力随温度的提高而增加。因此在高温条件下采用碳作为还原剂制取铁合金,碳可以还原最稳定的氧化物;在铁合金熔炼过程中,高价氧化物离解和还原的同时可能会生成气态和凝聚态的低价氧化物,而元素的还原效果决定于它的低价氧化物的稳定性,选择还原剂时应考虑这一点。

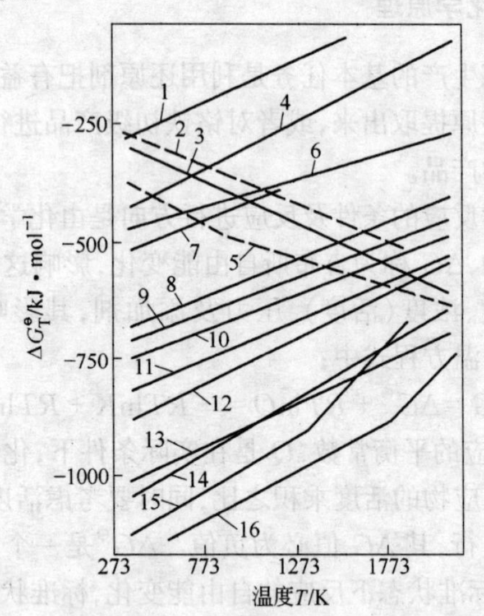

图 5.1　氧化物标准生成自由能与温度的关系

1—$2Cu + O_2 = 2CuO$;2—$2Si + O_2 = 2SiO(g)$;3—$2C + O_2 = 2CO$;
4—$2Ni + O_2 = 2NiO$;5—$4Al + O_2 = 2Al_2O(g)$;6—$2Fe + O_2 = 2FeO$;
7—$2/5P_2 + O_2 = 2/5P_2O_5$;8—$4/3Cr + O_2 = 2/3Cr_2O_3$;
9—$2Mn + O_2 = 2MnO$;10—$4/3V + O_2 = 2/3V_2O_3$;11—$Si + O_2 = SiO_2$;
12—$Ti + O_2 = TiO_2$;13—$Zr + O_2 = ZrO_2$;14—$4/3Al + O_2 = 2/3Al_2O_3$;
15—$2Mg + O_2 = 2MgO$;16—$2Ca + O_2 = 2CaO$

在铬铁冶炼时,矿石中除了有益的氧化物外,还有许多杂质,如 Al_2O_3,SiO_2,FeO,P_2O_5 等。FeO 和 P_2O_5 直线的位置在 $\Delta G^{\ominus}$-T

图的上部,这些氧化物不稳定,在生产过程中几乎全部被还原;而 Cr_2O_3 的直线比较靠下,它比 FeO 要稳定,在生产过程中大部分被还原;SiO_2 直线的位置比 Cr_2O_3 的更低,它比 Cr_2O_3 更稳定,在生产中有小部分被还原;Al_2O_3,CaO,MgO 等直线的位置在图的下部,这些氧化物都很稳定,在生产中几乎不被还原。

有时氧化物的稳定性也用标准生成热 $\Delta H_{298}^{\ominus}$值来表示,$\Delta H_{298}^{\ominus}$是在 1.013×10^5 Pa(1 atm)和温度 25℃(298K)时,由稳定元素生成 1 mol 化合物反应的热效应,稳定元素的生成热为零。生成热在有关手册中可以找到,几种氧化物的标准生成热见表 5.1。

表 5.1 氧化物的标准生成热 (kJ/mol)

氧化物	MgO	Al_2O_3	SiO_2	FeO	Fe_3O_4	Fe_2O_3	Cr_2O_3	CrO_3	CaO
$-\Delta H_{298}^{\ominus}$	602.06	1674.72	858.29	270.05	1117.04	822.71	1143.00	610.44	635.97

$\Delta G_{298}^{\ominus}$与 $\Delta H_{298}^{\ominus}$的关系为 $\Delta G_{298}^{\ominus}=\Delta H_{298}^{\ominus}-T\Delta S_{298}^{\ominus}$,当 $\Delta H_{298}^{\ominus}$绝对值较大时,$\Delta G_{298}^{\ominus}$和 $\Delta H_{298}^{\ominus}$的差别不大,按 $\Delta H_{298}^{\ominus}$值判断氧化物的稳定性。由上表数据(若生成热不按摩尔化合物来计算,而按摩尔氧来计算)可以明显地看出,氧化物的生成热越大,氧化物就越稳定,因而就越难还原,还原时需要的温度也越高,消耗的热能也越大。

氧化物的生成热大,能定性地说明该金属与氧的亲和力强,或者说该金属争夺氧的能力强,这样的金属能把生成热小的氧化物还原成金属,并放出热量。金属热还原法就是由此而来。

铁合金的冶炼伴随着铁合金熔体和炉渣的形成,合金和炉渣之间不断地进行反应。炉渣熔化后称为熔渣,渣中有用氧化物是炉渣的重要组成部分,这些氧化物被还原后变成合金。在不同的组成和温度条件下,炉渣可以形成化合物、固溶体、溶液以及共晶。炉渣的成分和性质对合金成分和质量有直接影响,可以通过调节它们来提高合金产品产量和质量。

按照矿石发生还原和熔化的部位以及熔渣和金属分离状况,矿热炉的炉渣有初渣和终渣之分。初渣是在软熔带形成的,属于非均质渣，即渣中有多相物质共存，例如 SiO_2 在炉渣中呈饱和状态，有利于硅的还原，因而存在固相 SiO_2。在铬铁电炉中，初渣形成发生在铁和铬的还原之后。终渣是在焦炭层中形成的。初渣在通过焦炭层时其化学组成和物理性质均发生极大变化。终渣在炉内对合金起一定精炼作用，其组成和性质基本上是稳定的。

在长期生产实践中，人们习惯用碱度（R 或 B）来评价炉渣的性质和作用，以终渣碱度来推算需要添加的熔剂数量。根据氧化物含量和不同生产条件，炉渣碱度可分成二元碱度（$CaO\%/SiO_2\%$）、三元碱度（$(CaO\% + MgO\%)/SiO_2\%$）或多元碱度（如 $(CaO\% + MgO\%)/(SiO_2\% + Al_2O_3\%)$）。当 $R<1$ 时称作酸性渣；当 $R=1\sim2$ 时叫做弱碱性渣；当 $R>2$ 时称作强碱性渣。

CaO 的相对分子质量是 MgO 的 1.4 倍，即单位质量 MgO 的作用相当于 1.4 倍质量的 CaO。因此三元碱度可以修正为：$(CaO\% + 1.4\times MgO\%)/SiO_2\%$。

由于硅的还原，原料和终渣组成的二元和三元碱度有一定差别。尽管可以用改变熔剂数量的办法来调整入炉原料的碱度，但终渣碱度并不一定能够达到期望值。这是因为硅是从硅酸盐炉渣中还原出来的，终渣碱度取决于硅的利用率。炉膛温度高有利于硅的还原，可以提高硅的利用率，从而在入炉原料中 SiO_2 数量相同的情况下提高炉渣碱度。CaO，MgO，Al_2O_3 在冶炼过程不被还原，碱性氧化物与 Al_2O_3 之比在入炉原料配比和终渣成分中基本维持不变，也可以用它作为炉渣碱度：$(CaO\% + MgO\%)/Al_2O_3\%$。

在电炉冶金过程中，单纯使用碱度的概念来研究炉渣的作用是远远不够的。合理的渣型不仅能在流动性、精炼作用等方面适应冶炼过程，还必须在导电能力、传热和传质等方面满足埋弧电炉的特性。炉渣的导电性与炉渣的组成和炉渣温度有关，它直接影响电极工作端的位置。由于容量和几何尺寸的差异，即使冶炼相同的品种，不同电炉所选用的渣型仍有一定差别。

铬铁冶炼过程是高温多相物理化学过程，它所用的矿石是复杂的物质,在原料的处理、矿石的焙烧、氧化物的还原、金属的氧化精炼等过程中,都有物理化学反应发生。根据反应过程中参加反应的物质和反应产物存在的状态不同,则可以分成不同类型的反应:

(1) 气-固相反应:这类反应包括吸附、碳的燃烧、石灰石分解、金属氧化、氧化物 CO 还原等。

(2) 固-固相反应:冶炼过程中的烧结、固相间转变、金属氧化物的碳热还原(直接还原)、碳化物-氧化物交互反应等都是重要的固-固相反应。例如铝热法还原生成金属铬的反应:

$$Cr_2O_3 + 2Al = Al_2O_3 + 2Cr$$

真空脱碳法生成低碳铬铁的反应:

$$2Cr_2O_3 + Cr_7C_3 = 9Cr + 3CO$$

碳直接还原各种氧化物的反应:

$$SiO_2 + 2C = Si + 2CO$$

(3) 液-固相反应:固体料的熔化和溶解,液体合金的冷却和凝固结晶,矿热炉冶炼过程熔滴下落过程与固体料层间反应都是属于液-固相反应。在各种冶炼炉内和合金包内熔渣、铁合金液与耐火材料间反应也属于液-固相反应。

(4) 液-液相反应:这是熔渣与合金液间的一类反应。矿热炉冶炼的有渣法熔炼和电硅热法冶炼时炉料熔化后熔渣与液体铁合金间反应都是属于液-液相间呈镜面状态的反应。采用热兑法(或称波伦法)生产低碳铬铁时的反应:

$$2(Cr_2O_3) + 3[Si] = 4[Cr] + 3(SiO_2)$$

是具有强烈搅拌的熔渣、合金液间的液-液相反应。

(5) 气-液相反应:这是熔体与气体间的反应。矿热炉下部 FeO 以熔融态被 CO 还原性气体所还原:

$$(FeO) + CO = [Fe] + CO$$

高碳铬铁采用吹氧冶炼方法生产中低碳铬铁过程中的脱碳反应:

$$4/3[Cr] + O_2 = 2/3(Cr_2O_3)$$

$$2[Fe]+O_2=2(FeO)$$

$$3[C]+Cr_2O_3=2[Cr]+3CO$$

铬铁冶炼过程中除发生上述各种化学反应以外,还发生各种相态变化,下面介绍各种含铬体系的相态情况。

Cr—Fe 系　铬与铁形成连续的固溶体和液态熔体。铬铁相图如图 5.2 所示。

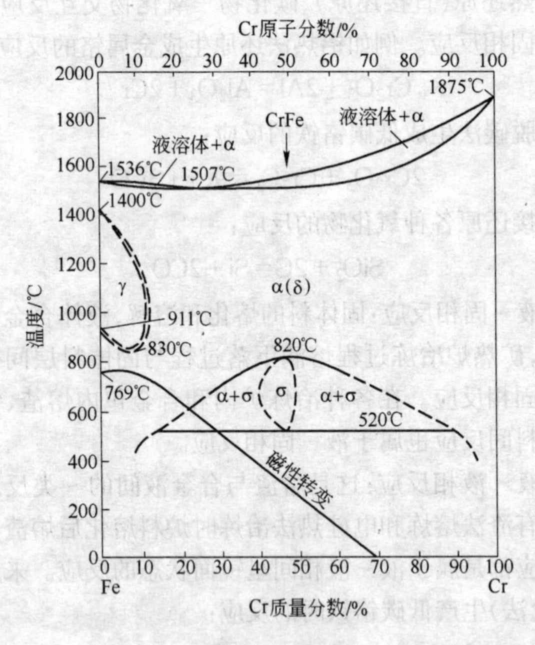

图 5.2　铬铁相图

铬属于可使铁的 γ 相区收缩的合金元素。铁对铬的最大溶解度,1000℃时为 12%,因此铁铬合金可分成三种,即

(1) 具有 $\gamma \longleftrightarrow \alpha$ 转变的合金;

(2) 具有部分 $\gamma \longleftrightarrow \alpha$ 转变的合金;

(3) 没有 $\gamma \longleftrightarrow \alpha$ 转变的合金。

当温度超过 820℃、合金元素铬含量超过 13%时,在整个浓度范围内会产生一系列无间隙的 α 固溶体。但当温度不高于820℃、含铬为16%～17%时,就会出现硬而脆,且无磁性的 σ 相,化学成分大致相当于 FeCr。这种脆化现象可通过有目的的退火处理而重新消除。

Cr—C 系 铬和碳形成 $Cr_{23}C_6$、Cr_7C_3、Cr_3C_2 碳化物。铬碳相图如图 5.3 所示。

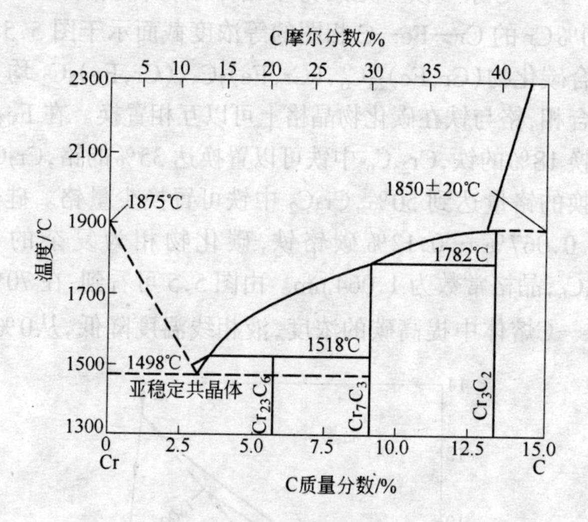

图 5.3 铬碳相图

借助同位素 C^{14},用内摩擦法在 1323～1873 K 温度范围内求得碳在铬中的扩散系数 D_{Cr} 与温度的关系如下:

$$D_{Cr}=8.7\times10^{-3}\exp(-26500/RT)$$

铬的碳化物在真空中加热时按下式分解:

$$Cr_{23}C_6\rightarrow Cr_7C_3\rightarrow Cr_3C_2\rightarrow Cr(g)+C(gr)$$

在 1500～2000 K 温度范围内,铬形成碳化物反应的吉布斯自由能 $\Delta G_T^\ominus$(单位:J/mol)与温度的关系式为:

$$23Cr(s)+6C(gr)=Cr_{23}C_6(s)$$

$$\Delta G_T^\ominus=-411480-38.55T$$

$$7Cr(s)+3C(gr)=Cr_7C_3(s)$$

$$\Delta G_T^{\ominus} = -188790 - 18.54T$$

$$3Cr(s) + 2C(gr) = Cr_3C_2(s)$$

$$\Delta G_T^{\ominus} = -89999 - 17.2T$$

固态铬中碳的溶解度与温度的关系式为:

$$\lg[\%C]_{Cr} = -9887/T + 4.3 \quad (973 \sim 1673\ K)$$

Cr—Fe—C 系　该三元系为多相体系,其液相面图如图 5.4 所示,70% Cr 的 Cr—Fe—C 相图的等浓度截面示于图 5.5。该体系中复合碳化物$(Cr,Fe)_{23}C_6$、$(Cr,Fe)_7C_3$、$(Cr,Fe)_3C_2$ 均是可置换型组合相,铬与铁在碳化物晶格上可以互相置换。在 Fe_3C 中铬可以置换 18% 的铁,$Cr_{23}C_6$ 中铁可以置换达 35% 的铬,Cr_7C_3 中铁可以置换的铬量达到 50%,Cr_3C_2 中铁可置换少量铬。硅热法生产的含 0.067% ~ 0.12% 碳铬铁,碳化物相为复杂的$(Cr_{0.9}, Fe_{0.1})_{23}C_6$,晶格常数为 1.064 nm。由图 5.5 可看到,在 70% Cr 的 Cr—Fe—C熔体中提高碳的浓度,液相线温度降低,从0% C时的

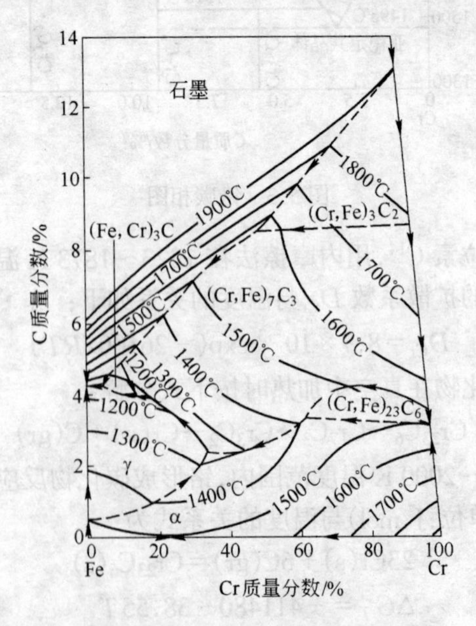

图 5.4　Cr—Fe—C 系液相面图

1640℃降低到 3%～3.2%C 的近 1400℃ 共晶温度；但当提高到 8%C 时温度又上升至 1700℃。

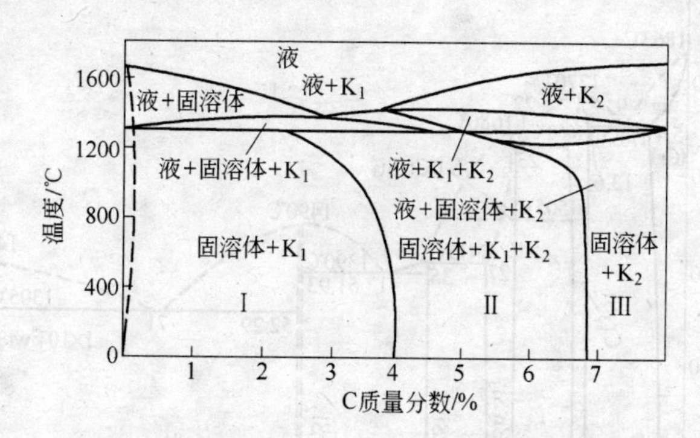

图 5.5 70%Cr 的 Cr—Fe—C 相图等浓度截面

（未绘 σ 相）

$K_1 = Me_{23}C_6$；$K_2 = Me_7C_3$

碳素铬铁中含有的碳主要是以$(Cr,Fe)_7C_3$ 状态存在，而精炼铬铁中的碳主要是以$(Cr,Fe)_{23}C_6$ 状态存在。当碳素铬铁中碳含量（约 4%）和硅含量（0.6%以下）较低时，碳素铬铁由碳化物$(Cr,Fe)_{23}C_6$（约 75%）和该碳化物与 α 固溶体的共晶体所组成。随着碳含量的增高，便出现了析出物$(Cr,Fe)_7C_3$，并在硅含量高的情况下，生成化合物$(Cr,Fe)_3Si$。

Cr—Si，Cr—Fe—Si 系 Cr—Si 系如同 Cr—Fe—Si 系一样，在用硅热法冶炼铬、铬铁以及生产硅铬合金时有重要意义，二元系 Cr—Si 中，铬与硅形成 Cr_3Si、Cr_5Si_3、CrSi、$CrSi_2$ 等一系列硅化物，它们是比碳化铬更稳定的化合物。硅铬相图如图 5.6 所示。

三元系 Cr—Fe—Si 即硅铬合金体系，该系为铬、铁的硅化物，是含有足够硅量的铬铁。关于液态硅铬合金的结构和性质，有人研究了 Fe—Cr—Si 三元系中个别几部分，当合金中的铁含量为 15%和 25%时，发现有硅化物（Cr，Fe）Si 和$(Cr,Fe)Si_2$。第一个合金的含硅量为 32%～35%，在 1773 K 时熔化；第二个合金的含硅量为 52%，在 1623～1673 K 时熔化。

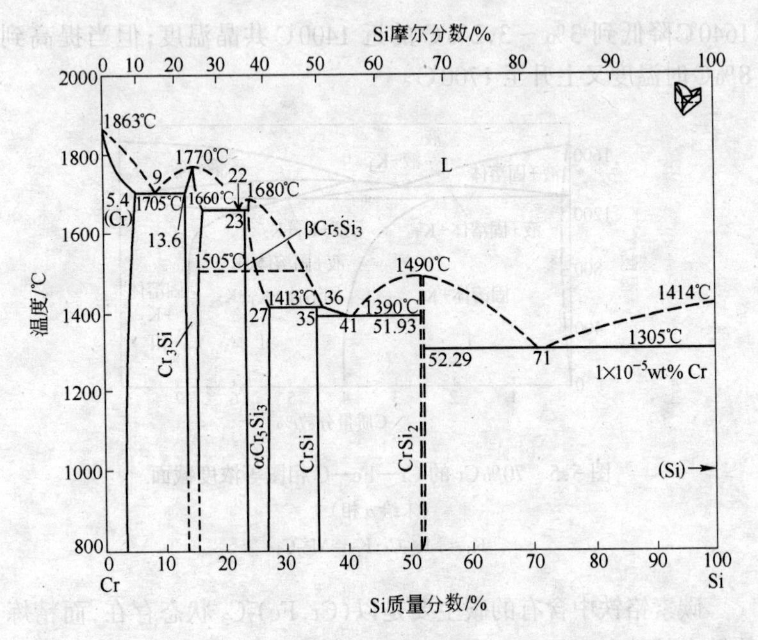

图 5.6 硅铬相图

含 Si 60%的硅铬合金系由硅和(Fe,Cr)Si_2 组成;含 Si 50%的由(Fe,Cr)Si_2 组成;含 Si 40%的由(Fe,Cr)Si_2 和(Fe,Cr)Si 组成;含 Si 30%的由(Fe,Cr)Si 和$(Fe,Cr)_3Si_2$ 组成;含 Si 20%的由$(Fe,Cr)_3Si_2$ 和 α-固溶体组成。硅化物与碳相互作用时,生成 $M_mSi_nC_p$ 三元相。

铬的硅化物较碳化物稳定,因此当 Fe—Cr—Si 合金中的硅含量增高时,碳含量下降(图 5.7)。

Cr—Si—C 系　该系的相组成中有:硅和碳在铬中的固溶体,硅和碳,碳化物,硅化物,α-SiC 和 β-SiC 变体和三元的硅碳化物 $Cr_5Si_3C_x$。

Cr—Fe—Si—C 系　表 5.2 给出经过微区域 X 光分析相平衡研究所提出的化合物成分。同 Cr—Si—C 系一样,Cr—Fe—Si—C 系饱和碳熔体相平衡浓度截面熔体是硅和碳化物 β-SiC 而不是石墨。

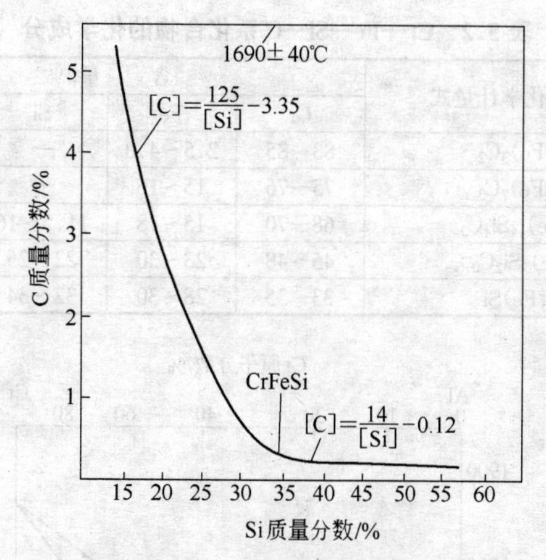

图 5.7　硅铬铁合金中含硅量与含碳量的关系

Cr—Al 系　该系相图以及铬的铝化物 $CrAl_7$、Cr_2Al_{11}、$CrAl_4$、Cr_4Al_9、Cr_5Al_8 和 Cr_2Al 的结晶特点示于图 5.8。

铝化物 Cr_4Al_9 在高温区存在，早期曾错误地认为是 $CrAl_3$ 形式，但实际上 $CrAl_3$ 仅仅是在较低的温度下存在。经过仔细地反复论证，未能证实铝化物 CrAl 存在的可能性。合金中铝浓度不大的区域形成固溶体，在 1350℃，铝的溶解度最大，近 46%(摩尔分数)。

Cr—Al 系中铬的浓度不大时固态下铬的最大溶解度为 0.375%(摩尔分数)，此时温度 661℃。高于这个温度到 790℃有铝化物 $CrAl_7$ 存在，而在 790～940℃时有 Cr_2Al_{11}存在。从状态图上铝浓度高的一侧看，当含铬 0.19%(摩尔分数)时相应合金的共晶温度也为 661℃。

Cr—P 系　该系中铬与磷可以形成 Cr_3P、Cr_2P、CrP 和 CrP_2 等磷化物。磷在液态铬中的溶解度较大，但在固态铬中磷的溶解度不大，并且在合金结晶过程中磷以磷化物的形式析出。在 1350～1680 K 范围内，生成 Cr_3P 和 Cr_2P 反应的吉布斯自由能变化，可按如下方程式计算：

表 5.2 Cr—Fe—Si—C 系化合物的化学成分

化合物的化学计量式	含量/%			
	Cr	Fe	Si	C
$(Cr,Fe)_3C_2$	83～85	2.5～4.0	—	13
$(Cr,Fe)_7C_3$	75～76	15～16	—	9
$(Cr,Fe)_{14}Si_4C_3$	68～70	15～18	11.5～16	4～5
$(Cr,Fe)_5Si_2C_{0.6}$	45～48	23～30	22～25	2
$(Cr,Fe)Si$	33～35	28～30	32～34	未测定

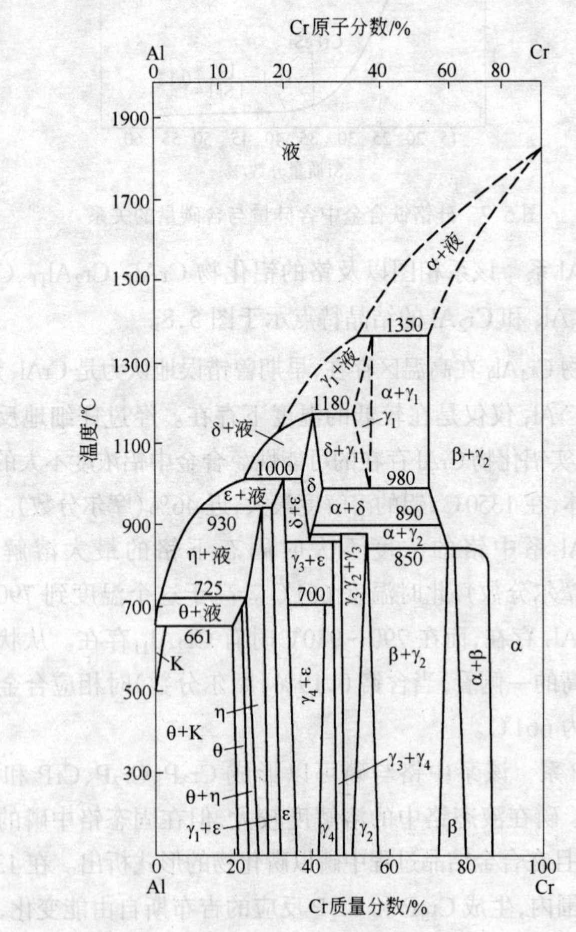

图 5.8 Cr—Al 系相图

$$3Cr(s) + 1/2P_2 = Cr_3P$$

$$\Delta G_T^{\ominus} = -252660 + 193.8T \quad (J/mol)$$

$$2Cr(s) + 1/2P_2 = Cr_2P$$

$$\Delta G_T^{\ominus} = -228360 + 153.98T \quad (J/mol)$$

这些数据说明铬和磷形成比铁和磷更稳定的磷化物。这就可以解释为什么铬合金用氧化法脱磷(类似钢液溶池脱磷)效果不大。从 Cr—Fe,Cr—Fe—Si 系的合金中脱磷,不是通过形成 $Ca_3(PO_4)_2$,而是通过用钙或钡处理液态合金生成无氧的化合物 Ca_3P_2 或 Ba_3P_2 来达到。在这个条件下脱磷反应可以表示为:

$$2[P] + 3Ca = Ca_3P_2(l,s)$$

$$2[P] + 3Ba = Ba_3P_2(l,s)$$

Cr—H 系　固态、液态铬和铁铬合金都可以溶解氢,并且随着温度和氢分压 p_{H_2} 的提高,氢的溶解度增加。分子氢在铬(铬铁)中的溶解过程反应可以写成:

$$H_2 \xrightleftharpoons{Cr,\ Cr—Fe} 2[H]$$

平衡时,平衡常数 $K_H = [H]^2/p_{H_2}$,平衡溶解度 $[H] = Kp_{H_2}^{0.5}$,符合金属中气体溶解度[G]随气体分压 p_g 而改变的西沃特(Sivert)定律:$[G] = Kp_g^{0.5}$。

1973 K 下氢在铬铁(70%Cr)中的溶解度为:

p_{H_2}/kPa	13.3	1.3	0.13	0.013
$[H]/cm^3 \cdot g^{-1}$	0.174	0.056	0.017	0.006

Cr—N 系　N 与 Cr 形成固溶体 $[N]_{Cr}$ 和两个稳定的氮化物 Cr_2N(11.87%N)和 CrN(21.22%N)。氮化物 Cr_2N 有六方晶格(a = 0.474 nm, c = 0.447 nm),密度 6.5 g/cm^3,$-\Delta H_{298}^{\ominus}$为 105.5 kJ/mol,熔点为 1650℃。CrN 有立方晶格(a = 0.4148 nm),密度6.18 g/cm^3,$-\Delta H_{298}^{\ominus}$为 118.1 kJ/mol,在 1500℃时被分解。随着温度的增加,氮化物的热力学稳定性下降。两个氮化物都可以溶解碳形成碳氮化

合物 $Cr_2(C,N)$ 和 $Cr(C,N)$。在氮化物和碳氮化物中的铬原子可以被铁原子所置换，形成铁铬氮化物 $(Cr,Fe)_2N$ 和 $(Cr,Fe)N$，以及铁铬碳氮化物 $(Cr,Fe)_2(C,N)$ 和 $(Cr,Fe)(C,N)$。

氮在金属中的溶解度随温度而改变，温度为1898℃时，氮在液态铬的溶解度为4.2%；在1600℃的过冷熔体中为6.5%。图5.9所示为氮在铬铁合金中的溶解度与含铬量的关系。氮在铬中的溶解热为109000±16700 J/mol。

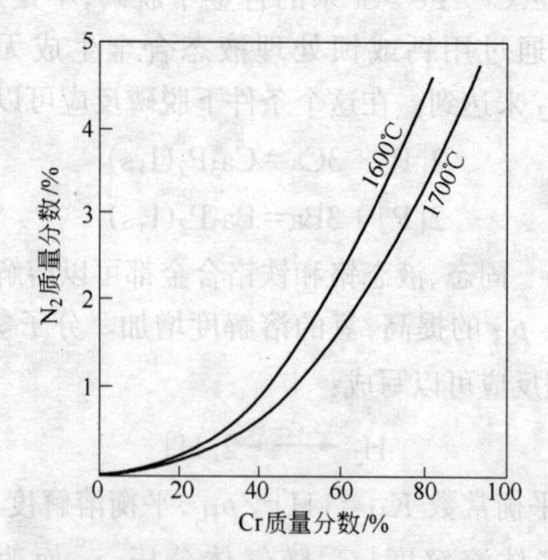

图5.9　氮在铬铁熔体中的溶解度与含铬量的关系曲线

($p_{N_2}=1.013\times10^5$ Pa)

由图5.9可知，铬铁组成影响氮气溶解度，铬含量高，氮含量也高。碳、硅可降低氮的溶解度，碳、硅含量高的铬铁氮含量较低。

氮溶于铬中后，使其熔点大为下降。在1070～1270 K的温度下，为氮所饱和的固态铬，含氮量可达21%。

Cr—S系　铬与硫形成 CrS、Cr_7S_8、Cr_5S_6、Cr_3S_4、Cr_2S_3 等硫化物。CrS 熔点为1565℃，当温度低于800℃时分解成 Cr_5S_6 和 Cr。液态铬铁中硫的溶解度可达2%。铬与硫的亲和力大于铁与硫的亲和力。

Cr—O系　铬与氧形成固溶体和 CrO_3、CrO_2、Cr_2O_3、Cr_3O_8、Cr_2O_5、Cr_3O_4 和 CrO 等氧化物。其中以 Cr_2O_3 最为稳定。温度在

973～1593 K 范围内氧在固态铬的溶解度可用下式表示：

$$\lg[O]_{Cr}=(-7900/T)+2.58$$

气体在合金中的溶解度与合金组成有关。同样铬铁组成影响氧气溶解度，铬含量高，氧含量也高。碳、硅可降低氧的溶解度，碳、硅含量高的铬铁氧含量较低。

氧化物中氧化性最强的是 CrO_3，它受热时分解按如下顺序析出氧：

T/K	300～463	463～550	550～640	640～820	820
稳定相	CrO_3	Cr_3O_8	Cr_2O_5	CrO_2	Cr_2O_3

铬氧化物分解压力与温度的关系示于图 5.10。

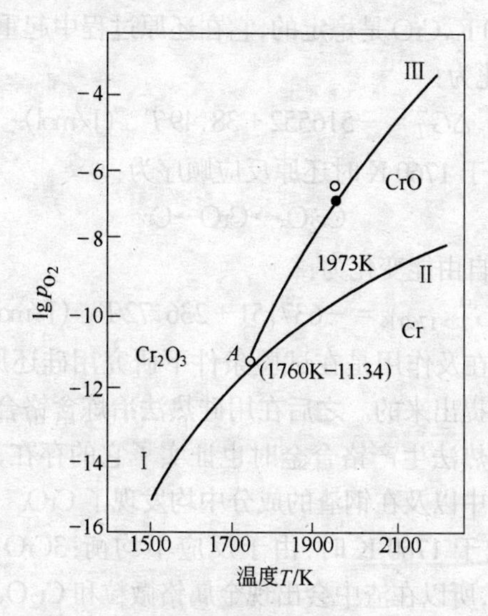

图 5.10 铬氧化物的分解压力与温度的关系

对于图中各曲线的方程式为：

$$4/3Cr+O_2=2/3\ Cr_2O_3 \qquad (\text{I})$$

$$\lg p_{O_2(\text{I})}=(-40162/T)+11.635$$

$$2Cr + O_2 = 2CrO \quad (\text{II})$$

$$\lg p_{O_2(\text{II})} = (-26870/T) + 4.01$$

$$4CrO + O_2 = 2CrO_3 \quad (\text{III})$$

$$\lg p_{O_2(\text{III})} = (-66546/T) + 26.74$$

当温度高于 2173 K 时，反应(Ⅰ)自由能变化为：

$$\Delta G^{\ominus}_{T>2173\,K} = -755013 + 171.21T \quad (J/mol)$$

低于 1760 K，Cr_2O_3 氧化物是稳定的，反应(Ⅰ)写成：

$$2Cr(s) + 3/2O_2 = Cr_2O_3(s)$$

$$\Delta G^{\ominus}_{T<1760\,K} = -1153703 + 275.21T \quad (J/mol)$$

因此，低于 1760 K，Cr_2O_3 将按下式还原：

$$Cr_2O_3 \rightarrow Cr$$

高于 1760 K，CrO 是稳定的，它在还原过程中起重要作用，反应(Ⅱ)自由能变化为：

$$\Delta G^{\ominus}_{T} = -516552 + 38.49T \quad (J/mol)$$

当温度高于 1760 K 时还原反应顺序为：

$$Cr_2O_3 \rightarrow CrO \rightarrow Cr$$

反应(Ⅲ)自由能变化为：

$$\Delta G^{\ominus}_{T>1760\,K} = -637151 + 236.72T \quad (J/mol)$$

CrO 的存在及作用是在试验条件下研究用硅还原铬氧化物的热力学时首先提出来的。之后在用硅热法冶炼含铬合金，以及以后用铝热法和碳热法生产铬合金时也证实了它的存在，在铬铁、铬钢的非金属夹杂中以及在钢渣的成分中均发现了 CrO。

在温度低于 1760 K 时，由于反应不均衡：$3CrO = Cr + Cr_2O_3$，CrO 发生分解，所以在渣中会出现金属铬微粒和 Cr_2O_3。

当渣水淬时，CrO 是稳定的。在酸性渣中所有的铬均处于二价状态，随着渣碱度的增加，Cr^{2+} 减少，例如在冶炼铬铁时若渣中 $CaO/SiO_2 = 1.6 \sim 1.62$，渣中 Cr^{2+} 大约为渣中总铬的 40%～60%。六价铬(Cr^{6+})的 CrO_3 是强氧化剂，在氧化气氛炼钢的渣相中和在铬矿与石灰一起经过焙烧冶炼铬矿熔体生产铬铁时它均可以形成。

在利用催化剂时,75% Al_2O_3 + 15% Cr_2O_3 的有机合成中有六价铬生成。

Cr_2O_3—CaO 系　此系在生产含铬铁合金时,解释氧化物被碳、硅和铝还原有重要的实际意义。在氧化条件下,Cr_2O_3—CaO 系形成一系列易熔组分,如图 5.11 所示。

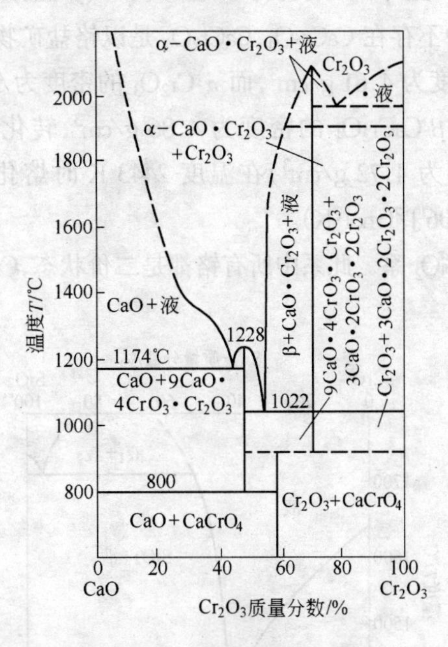

图 5.11　Cr_2O_3—CaO 系相图

利用这个系的特点得到氧化物 Cr_2O_3 和石灰熔体,在炉外把熔体与硅铬合金进行热兑的硅热法或与铝热法来生产铬铁。Cr_2O_3—CaO 系中有亚铬酸钙 $CaCr_2O_4$,当温度为 1843 K 时,菱形 β-$CaCr_2O_4$ 转变为六角形的 α-$CaCr_2O_4$,同时体积增加 3%。在氧化条件下,形成铬酸钙 $CaCrO_4$(四角形,a = 0.725 nm, c = 0.634 nm, ρ = 3.09 g/cm^3)。含30% ~ 60% Cr_2O_3 的液相线温度不超过 1773℃。铬酸钙在温度 1333 K 时,按包晶分解反应生成亚铬酸盐型铬酸钙 $9CaO\cdot 4CrO_3\cdot Cr_2O_3$,在温度 1501 K 时,熔化并分解为亚铬酸钙

$CaCr_2O_4$。Cr_2O_3—CaO 系中结合最稳定的化合物是亚铬酸钙 CaO·Cr_2O_3。

对于反应:$4\ CaCr_2O_4 + 3O_2 = 4\ CaCrO_4 + 2\ Cr_2O_3$,其标准自由能变化方程式为:

$$\Delta G_T^{\ominus} = -481850 + 483.94T \quad (J/mol)$$

自然界中不存在 $CaCr_2O_4$,$CaCr_2O_4$ 是以铬盐矿物的形式存在。γ-Cr_2O_3 的密度为 4.61 g/cm^3,而 α-Cr_2O_3 的密度为 5.21 g/cm^3,熔点为 2603 K;β-$CaCr_2O_4$ 的密度为 4.86 g/cm^3,转化温度 1843 K;$CaCr_2O_4$(密度为 4.72 g/cm^3)在温度 2443 K 时熔化。$CaCr_2O_4$ 的 $\Delta S_{298\,K}^{\ominus}$值为 106 J/(mol·K)。

Cr_2O_3—SiO_2 系　此系中所有铬都是二价状态,CrO—SiO_2 系相图见图 5.12。

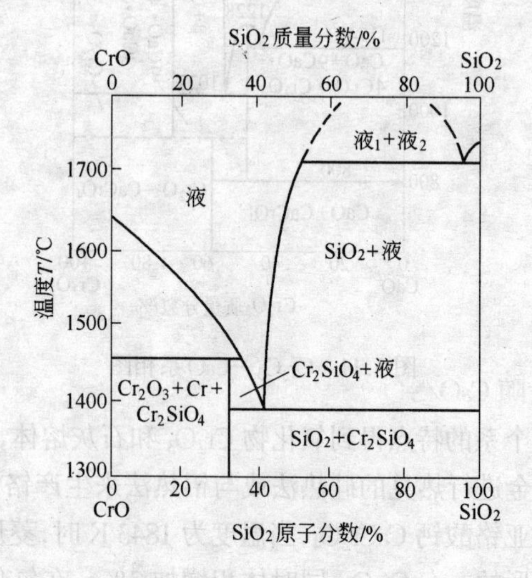

图 5.12　CrO—SiO_2 系相图

此系中仅仅生成单一的化合物正硅酸铬 2CrO·SiO_2(Cr_2SiO_4),并按包晶反应分解。纯态一氧化铬(CrO)在低温下是不稳定的,在空气中按 3 CrO→Cr_2O_3 + Cr 不成比例地分解,这是由于 CrO 氧化物被包裹在其中的缘故。SiO_2 与稳定的 CrO 生成正硅酸盐。从元素到 CrO 的生成热为 $\Delta H^{\ominus}_{298\,K} = 399.9$ J/mol，熵增值 $\Delta S^{\ominus}_{298\,K} = 58.28$ J/(mol·K)。

此系中加入 CaO（CaO/SiO_2 碱度增高时）可降低 CrO 的浓度。铬占铬氧化物总含量（等于4%～10%，折算成 Cr_2O_3）的40%～60%以二价铬的形式存在于复杂成分（MgO 6%～18%，Al_2O_3 5%～12%，SiO_2 20%～28%，CaO 45%～54%）的渣中。

Cr_2O_3—Al_2O_3 系　此系中形成连续固溶体系列 $(Al,Cr)_2O_3$。当 Cr_2O_3 含量低于10%（摩尔分数）时，固溶体呈红色（红宝石色）；含量高于10%时，呈绿色。

Cr_2O_3—CaO—Al_2O_3 系　此系中存在的化合物有 $CaAl_2O_4$，$CaCr_2O_4$，$10CaO \cdot 8Al_2O_3 \cdot Cr_2O_3 \cdot 2CrO_3$。最后一种化合物，在温度1773 K时，分解为以 $CaCr_2O_4$ 和 $CaAl_2O_4$ 为基的固溶体。

Cr_2O_3—CaO—SiO_2 系　此系中有两个较大的不相混熔的区域。在温度1680 K时，出现形成 $Ca_3Si_2O_7$，α-$CaSiO_3$ 和 Cr_2O_3（42% SiO_2，7% Cr_2O_3 和51% CaO）的极其易熔的共晶体。另一共晶体在温度1691 K时熔化（61.5% SiO_2，3% Cr_2O_3 和34.5% CaO）。在此系中有以化合物 $Ca_3(CrO_4)_2$ 形式存在的五价铬。还可能形成 $5CaO \cdot Cr_2O_3 \cdot SiO_2$ 和 $Ca_3Cr_2(SiO_4)_3$（石榴石，钙铬榴石）。温度在1643 K时，$Ca_3Cr_2(SiO_4)_3$ 以固相分解为 α-$CaSiO_3$ 和 Cr_2O_3。此系中还有二价铬，其数量随 CaO/SiO_2 的增加而减少。冷却时，按反应式 $3CrO = Cr_2O_3 + Cr$ 进行分解。

Cr_2O_3—Al_2O_3—SiO_2 系　此系中存在 $(Cr,Al)_2O_3$ 和溶解在 $3Al_2O_3 \cdot 2SiO_2$ 中的 Cr_2O_3 溶液，按下列反应形成溶液：

$$Al_6Si_2O_{13} + 3Cr_2O_3 = 6(Cr_{0.5},Al_{0.5})_2O_3 + 3SiO_2$$

$$\Delta G^{\ominus}_T = -29162 + 0.25T \quad (J/mol)$$

当温度为1850 K时，系统中 $Al_6Si_2O_{13}$，Cr_2O_3 和 SiO_2 形成共晶体。

Cr_2O_3—CaO—MgO—SiO_2 系　此系中有以下化合物：$MgCr_2O_4$，$CaMgSiO_4$，$CaMg(SiO_4)$，Ca_2SiO_4，$Ca_2MgSi_2O_7$，$Ca_3Si_2O_7$，$CaSiO_3$

和 $CaMg(SiO_3)_2$。$MgCr_2O_4$ 与 SiO_2 相互反应的热力学数据列于表 5.3 中。

表 5.3　$MgCr_2O_4 + SiO_2 = MgSiO_3 + Cr_2O_3$ 反应的热力学数据

温度 T/K	$\Delta H_T^\ominus$/kJ·mol^{-1}	$\Delta S_T^\ominus$/J·(mol·K)$^{-1}$	$\Delta G_T^\ominus$/kJ
298.16	−3.70	0.10	−3.73
600	−3.31	1.26	−4.07
800	−3.55	0.90	−4.27
1000	−3.93	0.45	−4.38
1200	−3.76	0.62	−4.50
1400	−3.65	0.69	−4.62
1600	−3.75	0.62	−4.74
1800	−4.02	0.46	−4.85

5.1.2　生产工艺分类

铬铁生产的特点是所采用工艺手段的多样性。这是由于合金组分或工业纯元素的物理化学性质不同而决定的。

选择生产方法和工艺的最重要因素，是铬铁化学成分和生产技术经济指标。

按所用的冶炼设备、操作方法和热量来源分类，铬铁的主要生产工艺划分见表 5.4。

表 5.4　铬铁生产方法分类表

<table>
<tr><th colspan="2">根据设备</th><th colspan="2">根据还原方法</th><th>根据操作方法</th><th>产品</th></tr>
<tr><td colspan="2" rowspan="2">电炉法</td><td colspan="2">碳还原法</td><td>埋弧电炉法</td><td>高碳铬铁、硅铬合金</td></tr>
<tr><td>硅还原法</td><td rowspan="2">放热法</td><td>电弧炉－钢包冶炼法</td><td>中、低、微碳铬铁</td></tr>
<tr><td colspan="2">铝热法</td><td>铝还原法</td><td>铝热法（包括铝硅或硅发热与电炉并用法）</td><td>金属铬</td></tr>
<tr><td rowspan="2">其他</td><td>电解法</td><td colspan="2">电解还原法</td><td></td><td>电解金属铬</td></tr>
<tr><td>转炉法</td><td colspan="2"></td><td>氧气吹炼</td><td>中、低碳铬铁</td></tr>
</table>

续表5.4

根据设备		根据还原方法	根据操作方法	产品
其他	感应炉法			
	真空加热炉法	真空固体脱碳法		微碳铬铁、氮化铬铁
	高炉法	碳还原法		
	团矿法			
	熔融还原法	碳还原法		
	等离子炉法	碳还原法		

5.1.2.1 按热量来源分类

根据热量来源的不同铬铁生产分为电热法、电硅热法、金属热法、碳热法。

A 电热法

电热法冶炼过程的热源主要是电能,电力装置将电能转变成热能,用于还原、熔化、加热以及精炼金属与合金。电热法是铬铁生产的主要方法。在还原电炉(矿热炉)内以电能为热能,用碳作还原剂,还原矿石中的氧化物生产铬铁合金,采用连续式的操作工艺。还原剂是碳质材料。常用的还原剂是冶金焦。生产某些特殊品种也使用木炭和石油焦,也可用煤和木屑代替部分冶金焦。电热法冶炼铬铁消耗电能多,故要注意降低电耗与合理利用能源。很多金属极易和碳生成碳化物,故用碳作还原剂生产的合金除硅质合金外,含碳量都很高。为了得到低碳合金,就不能用碳作还原剂,而只能用低碳硅质合金作还原剂。因此,低碳的铁合金是电硅热法生产的。

B 电硅热法

电硅热法的冶炼过程的热源主要是电能,其余为硅氧化时放出的热量。使用硅(如硅铁或硅铬合金)作为还原剂还原矿石或炉渣中的氧化物,并加石灰作熔剂来生产铬铁合金。生产是在精炼电炉中进行间歇式作业。得到的产品含碳量都较低。目前用这种方法生产微碳铬铁,中、低碳铬铁等。成品的含碳量主要取决于原料的含碳量。

用电硅热法生产铬铁时，电极会使合金增碳，为了得到微碳铬铁，可采用金属热法。

C　金属热法

金属热法的冶炼过程的热源主要是由硅、铝等金属还原剂还原精矿中氧化物时放出的热量，生产采用间歇式在筒式熔炼炉中进行。这种方法又称为炉外法。常用的还原剂有铝、硅、铝镁合金等，按照所采用还原剂的类型分为铝热法、硅热法、钙热法；在许多情况下，可同时使用数种还原剂。

采用铝热法可以不必引入电能，但大部分这类工艺规定在电弧炉中进行炉料（氧化物）的预熔化，以便强化冶炼过程，节约贵重的还原剂和更完全地从炉料中提取主元素。用金属热法熔炼出来的铁合金、合金和工业纯金属，其特点是碳和一系列其他杂质的含量低。在这种情况下，很容易获得含铁量很低的铬基合金。熔炼过程的特征是主元素的回收率高，建车间和必要装置的基建投资低，但耗铝多，成本高。用金属热法可获得数十种各类铁合金和合金。为此使用了多种工艺设备方案。炉外积块法、同时排放炉渣和金属的冶炼法、预熔化还原氧化物和熔剂的电炉法、金属热重熔法等。目前，该法已把废渣用于耐火材料、炼钢和建筑工业部门中。

D　碳热法

碳热法的冶炼过程的热源主要是焦炭的燃烧热，使用焦炭作还原剂还原矿石中的氧化物。采用此方法的生产是在高炉中连续进行的。

5.1.2.2　按使用的设备分类

根据使用的设备不同，铬铁生产可分为高炉法、电炉法、炉外法、转炉法及真空电阻炉法。

A　高炉法

高炉法所使用的主体设备为高炉。高炉法是最早采用的铬铁生产方法。高炉法冶炼铬铁和高炉冶炼生铁基本相同。高炉法生产铁合金,劳动生产率高,成本低。但它需要消耗大量优质焦炭。由于形成大量气体并随之带走热量,而不可能达到很高的温度。此外,高炉内存在氧化带,以及高炉冶炼条件下金属被碳充分饱和,所得合金中含有大量碳。因此高炉法只能制得含铬在30%左右的特种生铁。

B 电炉法

电炉法是生产铬铁的主要方法,所使用的主体设备为电炉。电炉通常是按其加热方式来分类的。在实际应用中也常按照其结构、用途、电源特点、加热元件等特点来命名。电炉主要有还原电炉(矿热炉)、电阻炉和感应炉。

矿热炉是从矿石中提取有用元素的电炉。矿热炉的热能来自于电弧、炉料和炉渣的电阻热以及化学反应放出的热量。按照其结构形式,矿热炉可以分为敞口炉、矮烟罩电炉、封闭炉和半封闭炉等。按照冶炼工艺方法,矿热炉又可分成埋弧电炉和精炼电炉。

还原电炉法还原矿石生产铬铁的设备是埋弧电炉。炉料加入炉内并将电极插埋于炉料中,当电流通过气相空间和具有很高电阻的炉料时放出热量,依靠电弧和电流通过炉料而产生的电阻电弧热,进行埋弧还原冶炼操作。熔化的金属和熔渣集聚在炉底并通过出铁口定时出铁出渣,生产过程是连续进行的。过程本身的特征是在电弧燃烧区可获得很高的温度,热源呈化学中性,使过程可在任意气氛(还原性,氧化性,中性)下进行,也可在真空中进行,并且通过实现其操作的全盘自动化可以很容易地和很快地改变设备功率。为回收炉口冒出的大量一氧化碳气,并改善劳动条件、保护环境,现趋向应用半封闭、封闭或封闭旋转电炉。用此方法主要生产高碳铬铁和硅铬合金。

精炼炉(电弧炉)法用硅(硅质合金)作还原剂生产含碳量低的铁合金产品,依靠电弧热和硅氧反应热进行冶炼。炉料从炉顶或炉门加入炉内,整个冶炼过程分为引弧、加料、熔化、精炼和出铁等五道工序,生产是间歇进行的。采用电硅热法生产,渣量大,其设备特点是以较小容量变压器配较大的炉壳。主要生产品种有中、低、微碳铬铁。

炉外热兑法(波伦法)采用熔渣炉将矿石和熔剂一起熔化制成炉渣熔体;在炉外将炉渣熔体与固态或液态金属还原剂热兑制成纯度较高的铁合金。通常熔渣炉采用可倾翻的敞口电炉结构形式。

电阻炉是以电阻热直接加热或间接加热炉料的电炉。如冶炼真空铬铁的电阻炉以石墨棒为加热元件,热能通过辐射作用传递给炉料。

感应炉是利用感应电流在金属炉料中产生的电阻热来加热熔化金属的。氮化铁合金和许多复合合金是在感应炉中熔炼的。

直流电炉、等离子电炉、低频交流电炉是冶炼铬铁的新型电炉,具有功率密度高、电极消耗少、冶炼电耗低、功率因数高等优点。使用中空电极加料的直流等离子电炉可以利用廉价的粉矿来生产铁合金,使元素回收率得到提高。用这些方法可以获得超低碳、氧、氢和低含量非金属夹杂物的合金以及氮化铬铁。

电炉冶炼具有以下特点:

(1) 电炉使用电这种最清洁的能源。其他能源如煤、焦炭、原油、天然气等都不可避免地将伴生的杂质元素带入冶金过程。只有采用电炉才能生产最清洁的合金。

(2) 电是唯一能获得任意高温条件的能源。

(3) 电炉容易实现还原、精炼、氮化等各种冶金反应要求的氧分压、氮分压等热力学条件。

C 炉外法(金属热法)

炉外法是用硅、铝或铝镁合金作还原剂,依靠还原反应产生的化学热来进行冶炼的,所使用的主体设备为筒式熔炉。所用的原料有精矿、还原剂、熔剂、发热剂以及钢屑、铁矿石等。生产的主要品种为金属铬等。

D 氧气转炉法

氧气转炉法使用的主体设备为转炉,按其供氧方式,有顶、底、侧吹和顶底复合吹炼法。使用的原料是液态高碳铁合金、纯氧、冷却剂及造渣料等。将液态高碳铁合金送入转炉,高压氧气经氧枪向火炉内吹炼,依靠氧化反应放出的热量脱碳。生产是间歇进行的。生产的主要品种有中低碳铬铁、中低碳锰铁等。

E 真空电阻炉法

生产含碳量极低的微碳铬铁、氮化铬铁、氮化锰铁等产品时采用真空电阻炉法,其主体设备为真空电阻炉。真空炉法的脱碳反应是在真空固态条件下进行的,冶炼时将压制成形的块料装火炉内,依靠电流通过电极时的电阻热加热,同时真空抽气。生产是间歇进行的。

F 电解法

电解法是基于水溶液或溶盐的电解来制取超纯金属,但电解法需要消耗大量的电能和必须采用超纯原料。

5.1.2.3 按操作方法和工艺分类

根据生产操作工艺特点不同,铬铁生产分为熔剂法、无熔剂法,无渣法、有渣法以及连续式和间歇式等冶炼方法。

A 熔剂法和无熔剂法

根据冶炼过程是否加造渣材料,将冶炼工艺分为熔剂法和无熔剂法。

熔剂法冶炼采用碳质材料、硅或其他金属作还原剂,生产时要加造渣材料调节炉渣成分和性质。通常使用含 CaO、MgO 和其他组分的材料作熔剂,它们与氧化物－还原反应产物形成更加牢固的化合物。主元素氧化物的还原按以下反应进行:

$$2MeO \cdot SiO_2 + 2C + CaO = 2Me + CaO \cdot SiO_2 + 2CO$$

$$2MeO + Si + CaO = 2Me + CaO \cdot SiO_2$$

$$3MeO + 2Al + CaO = 3Me + CaO \cdot Al_2O_3$$

当熔剂氧化物与 SiO_2 和 Al_2O_3 形成化合物时,由于减少了体系的吉布斯能,从热力学观点,还原过程变得更有可能进行。在这种情况下,减少了炉渣黏度,降低(或提高)了炉渣熔点,减少了铁合金中的杂质,从而能更完全地提取主元素并提高铁合金质量。

无熔剂法生产铁合金一般多用碳质材料作还原剂,生产时不用加造渣材料调节炉渣成分和性质。电炉冶炼也可采用无熔剂法，这可使电耗降低，炉子的生产率增加，但主元素的还原程度却减小了。炉渣含有大量的主元素氧化物，这样的炉渣通常用于碳热还原法。在这种情况下，减少了熔剂消耗，提高了主元素的总收得率。但只有在使用优质矿石和精矿条件下才能实施无熔剂法。

炉料中加或不加熔剂冶炼的工艺方案选择，由其经济性、提高每炉生产率的可能性来决定。这一依据很重要，因为决定还原剂类型的不仅有工艺或铁合金品种所确定的物理化学过程，同时还有使用过程进行的实际手段，所采用的炉子类型、所得合金的化学成分及其应用范围。

B 有渣法和无渣法

电热过程分无渣法和有渣法两种，它们由生产铁合金时所形成的相对渣量而确定，或按相对于金属质量的百分比，或按渣比，即炉渣与金属质量之比来表示。

无渣过程的铁合金熔炼，通常渣量不大，约为金属量的3%～10%(譬如硅铬铁的熔炼)。无渣过程的炉渣是由矿石、精矿、非矿物材料中为数不多的氧化物以及熔炼时未还原的氧化物组成。无渣法采用碳质还原剂，在还原电炉中连续冶炼。

有渣法在还原电炉或精炼电炉中进行冶炼，选用合理的渣型制度和碱度，其渣铁比受不同品种和相应采用的原料条件等因素影响，一般为0.8～1.5，产品为高碳铬铁。有渣过程形成大量炉渣。用硅热法制取铬铁时，渣比为2.5～3.5。

C 连续和间歇工艺

铬铁生产分为连续的和间歇的。连续工艺是根据炉口料面的下降情况，往封闭的矿热还原电炉连续加入炉料，并间断(或连续)排放出合金和炉渣。炉料在炉中始终保持一定的料面高度。电极插入炉料保持一定深度；金属和炉渣间断或连续地放出。在这种情况下，使用大功率电炉，而作为还原剂可采用炭素材料。采用埋弧还原冶炼，操作功率几乎是均衡稳定的。

在连续熔炼过程中，炉内实际上始终处于同一水平的炉料上层部分称为料面。随着炉料下沉,主要向电极周围加料,电极周围的炉料呈锥形。锥体的上部水平比料面周边上的炉料水平要高出0.3~0.5 m。在封闭炉中,炉料加在电极间的料面。在炉子工作过程中,由于炉料氧化物被碳还原,形成大量的一氧化碳(CO),其含量在气相中占80%~95%。由于气体局部集中逸出,在料面的某一位置可能呈“蜂窝”状,这时要求立即用新炉料填满。封闭炉操作时,引向电极的电流($I_{电极}$)分为通过电弧放电的电弧电流($I_{弧}$)和通过熔池阻抗的电流 I_0,部分电流从电极上部沿电极侧面流向导电炉料(炉料电流)。在连续熔炼过程中,电弧放电得到很大发展,此时大部分电流穿过电弧,形成了高度集中的热能,为加速还原过程提供了必需的温度条件。

电极底部(工作端)周围气体空穴的大小,取决于电流在炉料和电弧之间的分配。炉料的电阻越小,通过炉料从一根电极到另两根电极(炉内3根电极),到炉墙炭砖,到炉底炉渣和金属熔体的回路电流就越大。炉料的电阻取决于炉料中炭素还原剂的数量、还原剂的电阻以及炉料中出现液相的温度和数量。

炉料的矿石(氧化物)部分包括具有一定熔点的简单或复杂矿物。简单矿物由一种氧化物的晶体组成,复杂矿物为不少于两种的不同元素氧化物的化合物。炉料中矿物部分的熔点越高和炉料中液相数量越少(当炭素还原剂和氧化物的质量比不变时),则绝大部分电流经过电弧电路,导致电极周围形成气体空穴。电极工作端周围气体空穴的形状和大小,也取决于炉料矿物部分中出现液相的温度及其数量。

炉料氧化物(矿石)部分中的各种矿物在不同的温度下熔化。高熔点矿物的液态氧化物相(渣)在最热的料层下部形成,电极下端的气体空穴从而得到高度扩展。只要金属相的密度大于氧化物熔体的密度,化学反应产物(金属熔体)就聚集在炉底上。

连续过程的特点是热量的合理利用,热量从输入熔池的电能获得,氧化物和金属的熔化过程始终被料层遮蔽。因此,不存在敞开熔体表面的热损失。废气热量部分用于炉料的加热,因此在炉料中进行着排除挥发物质、化合水和吸附水的过程,氧化物开始在固相中被还原,并保证了吸热反应所需要的热量。这种吸热反应是在炭素还原剂表面当凝聚的高价元素氧化物与气态的低价元素氧化物接触时进行的。

连续过程主要是在装有炉盖的封闭和密封电炉中进行的,这就保证了含85%~90%CO烟气的捕集和净化。具有很高燃烧值的料面气体,可作为燃料和气态还原剂,在各种设备(通常在管状炉)中用来加热和预还原炉料,还可用于焙烧石灰石和从CO制取化工产品。

间歇式冶炼法是将炉料集中或分批加入炉内,冶炼过程一般分为熔化和精炼两个时期。在熔化期电极是埋入炉料中的,而精炼期电弧是暴露的。精炼完毕,同时排出合金和熔渣,再装入新料继续进行下一炉熔炼。由于间歇式冶炼法是一个周期一个周期地进行,因而也称周期冶炼法,鉴于冶炼各个时期的操作工艺特点不同,操作功率也不同,冶炼中、低、微碳铬铁等都采用间歇式冶炼法。

5.2 原料的质量要求及处理工作

原料不仅关系着铬铁冶炼能否正常进行,而且也影响着铁合金技术经济指标高低。因此,搞好原料的管理和准备,力求做到精料入炉是非常重要的。

5.2.1 原料的质量要求

5.2.1.1 一般质量要求

A 原料的品位和纯洁度

冶炼要求原料尽可能高的品位。纯洁度高的原料可以取得高产、优质、低消耗的效果。如果品位低会造成如下影响:

(1) 使用低品位原料时,金属的回收率低。冶炼中渣铁比常常较大,一般可达1.5~2.0。渣中含有大量的贵重元素,这些元素一般不再回收。一般而言,原料的品位低、杂质多、渣量大,元素的回收率就低。

(2) 原料品位低影响电极的稳定性。用低品位原料生产时杂质多、渣量大,坩埚内积存的液态炉渣比用高品位原料时多,其导电性比未熔料强,影响电极的下插,当渣面升高时,必然导致电极上抬。

用低品位原料生产时,炉子的坩埚区比用高品位原料生产时小。因为低品位原料杂质较多,熔点低,坩埚区边缘易为低熔点的半熔态炉料所填充,这些半熔态炉料阻碍了热的传播,增大了电耗,并使热量集中在电极周围,造成局部反应剧烈,增加了刺火塌料,电流波动,影响电极的稳定。严重时甚至会出现翻渣,以致造成跳闸。

1 t 铁合金多出 0.5 t 炉渣时,炉渣所带走的热量仅使电耗增加 4%左右,但其对炉况的影响,就可使电耗猛增 20%甚至更多。

B 原料中的有害杂质

原料中的杂质以硫磷最为有害,因为它们进入铬铁合金后,最终将影响钢和钢材的质量。

冶炼铬铁合金时,有 40%~60%磷进入合金中,合金中要求 P<0.04%。在冶炼过程中除磷目前还没有非常有效的方法。

冶炼硅质合金时,硫大部分与硅生成化合物并随炉气逸出,仅在冶炼铬铁合金时,硫挥发较少。硫在冶炼铬铁合金时,有 10%进入合金中,合金中要求含 S<0.02%。

铬铁合金中允许硅含量为 1.5%~5%,在原料中 SiO_2 的存在对合金影响不大,但其含量过高,就需要加入大量的石灰石,以保持适宜碱度。但相应使渣量增加,从而影响冶炼技术经济效果。

矿石(或精矿)中 MgO 含量大于 10%,冶炼时炉渣熔点升高,黏度增大,耗电增多。如加大石灰石量,则造成高碱废渣,冲淡 MgO 的比例。这时渣量大,相应渣中带走的铬也多,影响铬的回收率。

C 原料的粒度

原料粒度是否合适对冶炼进程是有很大的影响。原料粒度过大会造成不易熔化，还原困难，导电性增加，使渣量增大，炉况恶化，冶炼的各项技术经济指标变坏。但如原料粒度过小，粉末多，则会使炉料的透气性不好，电极周围压力大，造成刺火。而且粉末料易熔化，会使上层炉料烧结而悬料，导致塌料，其结果是电极不稳，刺火塌料频繁，未还原料直接进入坩埚，同样会使技术经济指标变坏。因此对矿热炉的原料粒度应有严格的要求。

对精炼炉的原料也有同样的要求，一定规格的原料有利于均匀混合加速熔化。如 CaO 的熔化温度约为 2200℃ 以上，当与铬矿均匀混合时，其熔化温度就可大大降低，同时使反应的接触界面增加，有利脱硅，又可使冶炼时间缩短，改善了技术经济指标，有利于提高产量。

5.2.1.2 铬矿

铬铁生产使用的铬矿有块矿、易碎矿和粉矿，粉矿包括精矿和块矿的筛下物。块矿用于埋弧电炉生产高碳铬铁和一步法硅铬合金。铬铁比高、Cr_2O_3 含量高的易碎矿和精矿主要用于生产低碳铬铁。

铬矿的质量指标有主元素含量、铬铁比、杂质含量及粒度(见表 4.2)。铬矿的 Cr_2O_3 含量愈高愈好，一般不应低于 40%，硫低于 0.05%，磷低于 0.07%。铬矿的粒度小于 60 mm，含水量小于 5%。

铬矿的熔化性是指铬矿熔化的难易程度。当铬矿中铬尖晶石的晶粒大、结构致密，$MgO/\Sigma FeO$ 比值大、高熔点物质(MgO，Al_2O_3)多以及铬铁矿的脉石矿物熔点高，则该铬矿难熔。难熔矿用于冶炼高碳铬铁，易熔矿用于冶炼精炼铬铁。

在选择矿石时，粒度组成起了很重要的作用。因为它常常决定着生产技术经济指标。矿石的块度多大为宜，没有一个通用规定，因为块度大小既与矿石的品级、电炉的容量及炉型有关，又与生产方法有关。对无渣和有渣矿热还原法生产来说(特别是在使用封闭式电炉的情况下)，其所用的矿石块度比大多数精炼法要大一些。

粉矿和浮选精矿如不采取特殊措施以防止矿粉飞扬，不能直接入炉,因为这个损失量可达到入炉矿石量的15%以上。矿石在这种情况下的损失量和生产上所带来的操作困难,可采用对粉矿预先成块的各种方法(压块法、造球法等)来解决。但在每种具体情况下,采用何种方法为宜,应视其经济效果而定。

通常,不管是矿石的化学成分或者是其粒度,甚至同一产地,有时是同一矿床,变化也极大。因此,为了保证固定配料,即固定工艺制度,工厂里必须备有足够容量的机械化料仓,以保证矿石得以按块度进行必要的分级和按化学成分均矿,并在必要的情况下进行破碎或成块。

5.2.1.3 硅石和石英

对于硅石和石英来讲,除上述所要求的主要元素含量应高,有害杂质含量应尽量低以外,尚要求成渣杂质如氧化钙、氧化镁,特别是氧化铝的含量应很低。另外。吸水率不得超过5%,并在破碎和加热过程中不会产生大量粉末。

5.2.1.4 还原剂

正确选择还原剂并进行相应的制备,在很大程度上决定着生产技术经济指标。

在熔炼铬铁时,按化学性质的不同,可以使用很多元素作矿石氧化物的还原剂。相对而言,使用碳、硅及铝在经济上是比较合算的,最广泛使用的是碳。假如熔炼的合金需要避免增碳时,则使用较为昂贵的硅和铝。

可以利用作炭素还原剂的材料有:木炭、褐煤或烟煤、石油焦、各种半焦、废木块等。熔炼铬铁用的碳质还原剂应具有下列特性:反应性能良好;电阻率高;化学成分相宜;强度大;块度适宜;透气性和热稳定性良好;价格不高。

碳质还原剂的反应性能应理解为对一定氧化物的一定反应的化学活性。它与碳晶粒的大小、排列秩序和特点有关,与材料的密度、气孔率、其表面特性及对反应气体的吸附性有关,并与其各种杂质的含量等有关。

还原剂的反应性能系以其参与 $CO_2 + C = 2CO$,即碳还原二氧化碳的反应速度值表示。有时反应性能按 $C + O_2 = CO_2$,即碳的燃烧反应或按碳与 SiO_2 的相互反应情况来确定。

几乎所有炭素材料在加热至高温(1500～2000℃)时,其化学活性都逐渐拉平,接近所谓"石墨限",但是各种还原剂在冶炼过程中也都分别显现出自己特有的性能和固有的反应能力,因为每种材料的石墨化速度不一样,而且这些反应过程在炉内进行的完全程度也不一样。曾经研究用各种还原剂还原 Al_2O_3 和 SiO_2 混合物于 1850℃时在真空中的还原速度。结果表明,这些氧化物与碳即使在高温下也具有不同的反应能力。

如果还原剂的反应能力强,则反应过程在比较低的温度下,即在电炉上部便开始进行,且还原得较为充分。

还原剂的电阻高,可用较高的工作电压进行操作,也就是说,在电炉设备的电气参数更为适宜的情况下操作。在其他条件相同的情况下,还原剂的电阻越高,电极插入炉料就越深,这样可以减少已被还原的元素的挥发量,改善热利用率。

还原剂的灰分组成中有害杂质的含量应极少,因为它们在很大程度上都进入成品中。最好是灰分中含有大量有用元素,无渣法冶炼使用的还原剂中,成渣物含量应很少。

还原剂透气性好,粉料含量低,挥发分含量少,无烧结现象,这些可使炉口料面的气体逸出通畅,从而使电炉易于维护。

还原剂在备料、配料和加料过程中,粉末产生量应很少,这就需要还原剂有相应的机械强度,否则会增大粉料的废弃量,且由于平炉口料面的透气性下降,而使炉况恶化。

木炭是一种很好的还原剂,它具有很高的电阻率和反应能力,而且杂质含量也少。木炭可减轻炉料烧结现象,这对熔炼高硅硅合金和封闭炉操作尤为重要。

木炭是一种多孔高碳物质。它是将木材置于干馏炉或不同类型的木炭窑中,在隔绝空气或空气进入量极少的条件下加热而成。木炭的单体成分取决于炭化的最终温度及所使用的木材种类。由于木炭在生产和运输等过程中混入杂质,致使其灰分含量和组成波动很大。

木炭和焦炭相比,其机械强度较低,具有自燃性,灰分和水分的含量波动很大(5%～40%)。这对正确地确定还原剂的配比产生了困难。此外,木炭价格昂贵,因此都在力争用其他木材废料代替它,以便获得好的经济效果。这些废料有:锯末、刨花、木屑、木质素等。使用此类木材废料可减少炉料烧结现象,改善透气性,提高炉料电阻,降低被还原元素的挥发量、热损失及粉尘抽出量;可以调整炉内温度,并对那些熔点大大低于还原所需温度的矿石也能进行还原。为了应用木质废料取得良好效果,必须使其块度与矿石的块度相配合,以便炉内不发生炉料分层现象。

石油焦和沥青焦是优质还原剂,它们具有足够的机械性能,很高的反应能力和较低的灰分与挥发分。但这些还原剂在熔炼温度下易于石墨化,这使其反应性能恶化,电阻下降。由于存在这个缺点,以及其价格昂贵,致使它们只能用于熔炼金属硅或其他要求杂质含量极低的铁合金。熔炼这些铁合金必须使用杂质含量很低的炉料。

泥煤压块和泥煤焦在国外也被成功地用作还原剂,其特点是:反应性能好、气孔率高、杂质含量少且导电率低。由于这些材料价格高昂(按其中含碳量为单位计算)及运输费用大,限制了它们的普遍应用。

已被广泛应用作还原剂的还有煤。最好使用块度约为25 mm的块煤,这可改善炉料的透气性。应当使用灰分较低的煤(无烟煤)或使用灰分成分与所熔炼合金相适应的煤。气煤、长焰煤及褐煤反应性能最好,并且价格低廉,电阻很高。

在铁合金生产中,使用最为普遍的是最便宜的一种还原剂——冶金焦“碎块”(高炉用焦经筛选后的筛下焦)。由于炼焦用煤的质量及焦化厂生产焦炭的条件不同,碎焦块的质量也各异,但是它们有一个共同的缺点,就是电阻不高,反应性能欠佳,灰分和硫、磷的含量较高,同时水分含量也较高,而且还不稳定。

焦炭中含有的硫主要是有机硫及大量的硫化物,还有少量的硫酸盐和极少量以碳中固溶体状态存在的元素硫。焦炭的磷含量也各不相同。焦块具有海绵状组织，并有大量的裂纹，其气孔率波动于35%～55%范围内，焦炭的视密度为0.8～1 t/m³。

焦炭的性质依其块度不同而变化，如表5.5所示。

表5.5 焦炭性质随块度变化情况

块度/mm		25～50	13～25	6～13	6
含量/%	挥发分	2.0	2.5	4.0	6.0
	灰　分	6.0	6.5	8.0	10.0
	固定碳	92.0	91.0	88.0	84.0

块度为25～40 mm的焦块的电阻比焦粒(10～25 mm)低10%～15%。生产铁合金用焦炭在破碎时产生的粉末量应尽量少，这一点是非常重要的，而且灰分成分应尽可能有利于所炼的铁合金品种。

为了改善生产技术经济指标，加之缺少炼焦用煤，使得人们在铁合金生产用还原剂方面，进行了大量的研究工作，试用了气煤焦与褐煤焦、型焦、各类半焦及硅石焦等。用气煤、长焰煤等炼制的焦炭电阻高、反应性能良好。采用成型的方法可以得到需要成分和形状的焦炭，省掉了焦炭破碎工序，减少了粉末量。应用半焦生产铁合金是有前途的。当温度在900℃以下时，半焦的电阻为普通焦的1000倍，但温度较高时，它便接近于普通焦块的电阻。半焦的挥发分约为15%，机械强度不大，但这不影响它在铁合金炉中的应用，正如其灰分含量高一样，因为灰分中的主要成分是二氧化硅。可采用各种不同方法用褐煤炼制焦炭和半焦。此时应选用低灰分褐煤或是灰分的主要成分与炉料的矿石部分相适应的一些褐煤。

一些工厂在熔炼硅铬合金时，部分还原剂利用电极厂形成的含碳化硅的石墨化废料(其中含SiC约28%、$SiO_2$19%、C49%，余量为Fe、Al_2O_3及其他)和刚玉生产的废料(SiC约63%、$SiO_2$22%、C9%，余量为Fe、Al_2O_3及其他)来代替。应用这些废料生产低硅质合金尤为适宜,因为其炉料中含有大量的 Fe,可使 SiC 迅速而充分地分解。

炉料中配入废料的数量有一最佳值。废料的使用效果系与其中的 SiC 含量有关,如果其含量低于 20%时,这种废料不经预先制备就不合适了。废料应进行筛选,筛出粒度最小而 SiC 含量最大的部分,然后将其成型。大粒焦炭可用于生产电极。这种方式可极大地提高废料的有效利用率,并可改善劳动条件。

5.2.1.5 含铁材料

熔炼硅质合金的炉料中,采用含铁材料作成分调节剂。主要含铁材料是炭素钢屑,不准使用有色金属、合金钢屑和生铁屑,但铬钢屑可例外。钢屑不应夹带外来杂质,锈蚀严重和沾有油污的钢屑不能入炉。钢屑含铁量应大于 95%,弯曲长度不超过100 mm。除钢屑外,也可以选用炭素钢的铁鳞(轧钢铁皮)和铁精矿球团等。

5.2.1.6 熔剂

铬铁冶炼中,作为造渣添加剂的,首先是石灰和萤石,其次是硅石和铝土矿,有时尚用高品位铁矿。要求熔剂纯度高,有害杂质的含量少。石灰应含 $CaO>90\%$、$SiO_2<3\%$、MgO 及其他倍半氧化物小于 3%;碳和磷的含量应尽量少。用回转窑煅烧的石灰质量较好,但是对于生产硅钙合金,则必须使用竖窑烧制的大块石灰,其中 $CaO>94\%$。

5.2.2 原料的准备

5.2.2.1 原料的储备

为了保证生产的正常进行,铬铁厂必须有适当的原料储备,其数量是根据每日生产的需要量、运输路程的远近,以及发运的均衡情况而定,一般不少于 15 天的用量。

原料储备应有专用的料仓或料场。料场应配有门式或桥式抓斗吊车,及各种装卸机械。

料场底应铺混凝土,各种原料应严格分开,立桩标明,以防混堆而造成废品。

料场容量可按下列各种原料的堆密度进行计算(单位:t/m^3):

名 称	硅 石	焦 炭	铬 矿	钢 屑
堆密度/t·m^{-3}	1.5～1.8	0.5～0.6	2.5～3.0	1.8～2.5

5.2.2.2　*原料的干燥*

原料的干燥也很重要,特别是焦炭更需干燥。因为使用湿焦有以下几方面缺点:

(1) 焦炭孔隙度大,故吸水性很强。焦炭中水分的波动,首先影响到炉料中固定炭配比的准确性,其次水分的蒸发也消耗热量。特别当塌料时,湿料直接进入坩埚区,吸收大量的热,使耗电量增加。上述因素直接影响炉况的稳定性,造成操作困难,产量下降,单位电耗增加。

(2) 湿焦破碎后,其粉末常把筛孔堵塞或使筛孔变小,结果焦末筛不下来,使焦炭中粉末增多。

(3) 湿焦炭装入到闭炉,易使料管堵塞产生悬料,当料崩塌时,会带入空气,炉内压力迅速增高,有可能产生爆炸事故。

综上所述,对入炉前的焦炭进行预干燥是很有必要的。

干燥焦炭可用转筒干燥机。其生产流程如图 5.13 所示。转筒干燥机的直径为 1.5 m;长 12 m,通入转筒的热风温度为 200℃,这种干燥机每小时每立方米容积能蒸发水分 24 kg。

其他的原料如碎铬矿,如水分较高时,亦应干燥后使用,其道理基本上与湿焦应干燥相同。

5.2.2.3　*破碎与筛分*

由于入炉的原料有一定的粒度规格,而使用直接从矿山开采运来的矿石往往不能满足这个要求,因此必须先进行破碎筛分达到所规定的粒度才能入炉使用。

目前,破碎铬矿和硅石的设备大多使用颚式破碎机。矿石在不动颚板和可动颚板之间进行破碎,偏心轴旋转时,通过连杆与推板使可动颚板作前后往复运动,达到压矿排矿的目的。颚式破碎机如图 5.14 所示。

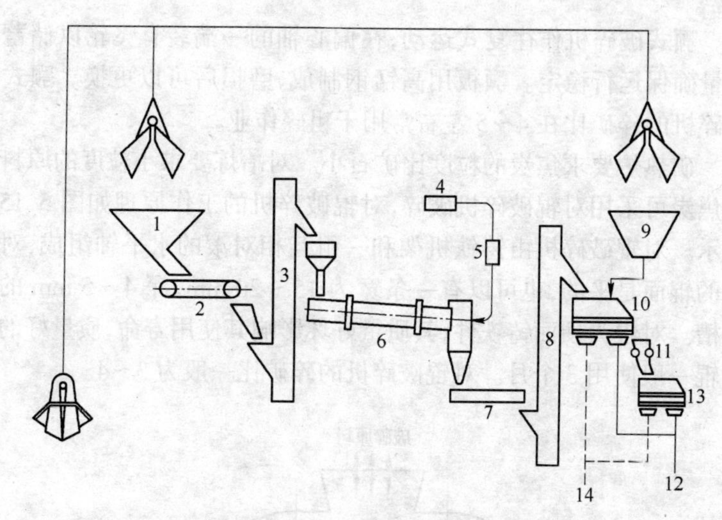

图 5.13 焦炭干燥生产流程示意图

1—干燥料仓;2—皮带;3—板链重力式提升机;4—加热炉;5—引风机;6—ϕ1.5 m×12 m 转筒干燥机;7—槽式摆动给料机;8—板链重力式提升机;9—不经干燥料仓;10—振动筛;11—对辊破碎机;12—合格焦炭;13—振动筛;14—焦粉

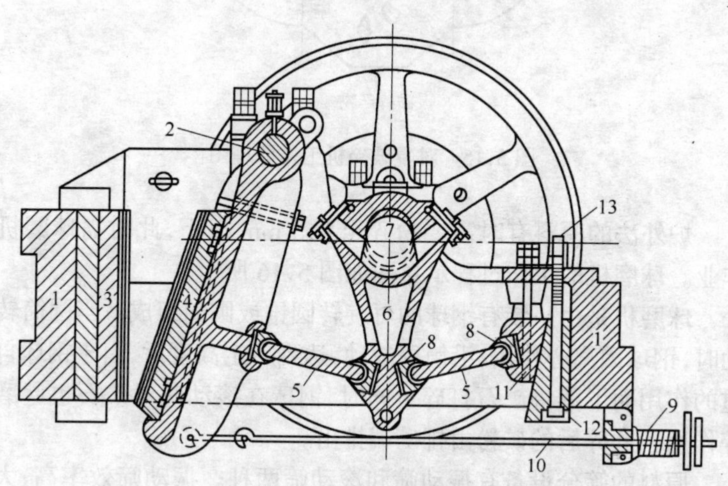

图 5.14 颚式破碎机

1—机架;2—动颚轴;3—固定颚板;4—可动颚板;5—肘板;6—连杆;7—偏心轴;8—滑块;9—弹簧;10—拉杆;11、12—楔铁;13—螺栓颚式破碎机作往复式运动,在偏心轴的一端装有飞轮以储蓄能量确保运行稳定。颚板用高锰钢制成,磨损后可以更换。颚式破碎机的碎矿比在 4～5 左右常用于粗碎作业。

矿热炉要求焦炭的粒度比矿石小。对冶炼要求小粒度的原料或焦炭可采用对辊破碎机破碎,对辊破碎机的工作原理如图 5.15 所示。对辊破碎机由铸铁机架和一组互相对滚的水平轴组成,对辊的辊面是平的,也可以有一条宽为 15～20 mm,深 4～5 mm 的小槽。对辊为硬面铸铁件,其质量好坏影响其使用寿命,质量好的对辊一般使用 3 个月。对辊破碎机的碎矿比一般为 3～4。

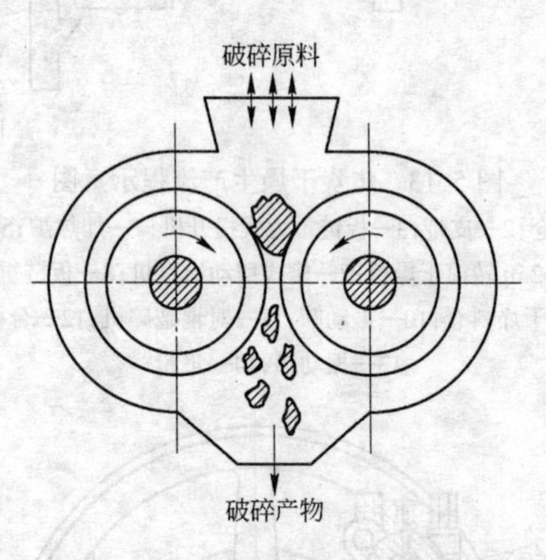

图 5.15　对辊破碎机工作原理图

炉外法的原料有时需要粉碎至 0.5 mm 以下,此时需球磨机作业。球磨机的工作过程示意图如图 5.16 所示。

球磨机是由一装有钢球的可旋转圆锥或圆筒组成。当圆筒转动时,钢球因离心作用,沿筒壁滚动,达到一定高度后,由于钢球自重的作用而下落将矿石打碎。同时,钢球在滚动时对矿石也起磨碎作用。磨碎后的矿粉由排矿端排出。

原料的筛分设备有振动筛和滚动筛两种。振动筛效率高,大厂多采用这种设备。振动筛有上、下两层筛网,上层筛网的筛孔大,下层筛网的筛孔小。例如用振动筛筛焦炭时,上层筛网的筛孔是焦炭粒度的上限,下层筛网的筛孔是焦炭粒度的下限。大于上限的焦炭不能通过筛孔而进入对辊破碎机,经破碎后重新入筛;小于下限的焦炭和焦末,经筛孔落下,作其他用途,二筛网间的焦炭经皮带运输机进入料仓。偏心振动筛工作原理如图 5.17 所示。

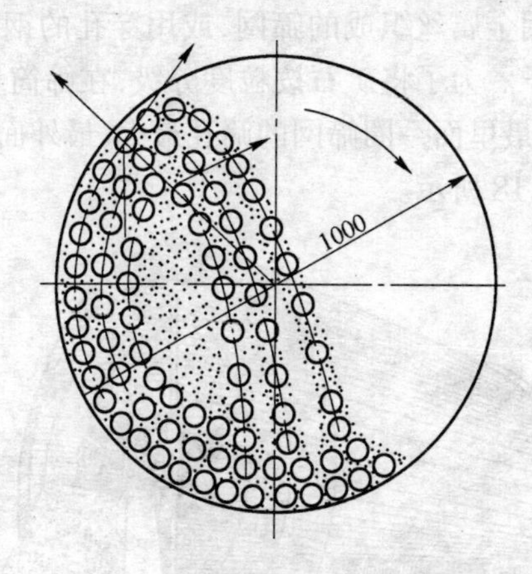

图 5.16 球磨机工作过程示意图

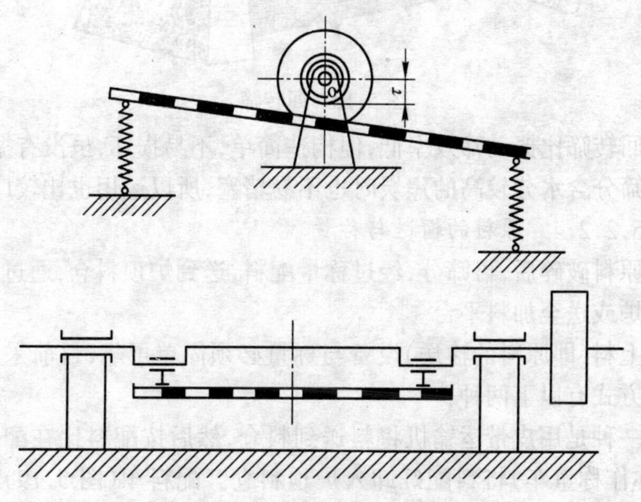

图 5.17 偏心振动筛工作原理

偏心振动筛具有一个偏心的曲柄轴,在振动筛的两端用弹簧支起,弹簧随着筛子振动。当皮带轮转动时,带动曲柄轴有偏心重量,所以发生振动。曲柄轴在两个固定轴承中旋转,两个轴承支装在固定的底座上。

回转筛是用金属丝织成的筛网,或用穿孔的钢板做成圆筒形或圆锥形的筛子。为了将矿石按粒度分级,在筛筒里面装有2~3圈同心的筛网,最里面一圈筛网的筛孔最大,最外面一圈筛网的筛孔最小,如图5.18所示。

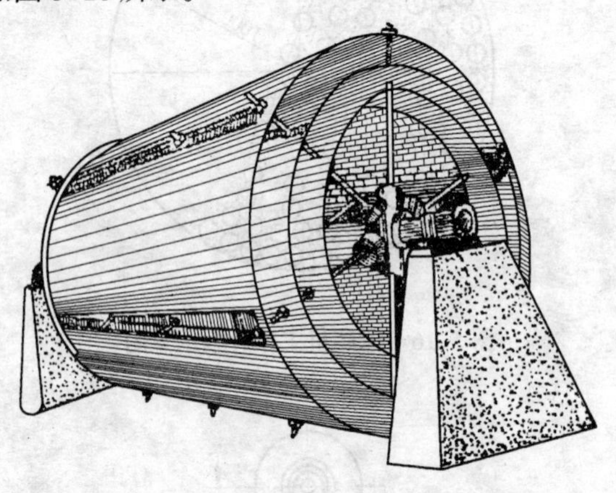

图5.18　回转筛

回转筛比振动筛效率低,但构造简单,不易损坏,虽没有振动,但在筛分含水分较高的焦炭时也不易堵塞,所以运用也比较广泛。

5.2.2.4　原料的输送与称量

原料破碎后,再筛分,经过称量配料,送到炉顶料仓,通过料管加入炉或送至加料平台。

上料(即原料的输送)设备与称量必须简单可靠,目前采用的上料方式有以下两种:

一种是用皮带运输机将料送到料仓,然后按配料比在配料车(又称作称量车)将料配好卸入炉顶料仓。配料车(图5.19)上装有可开式料斗和称料用的弹簧秤,配料车挂在电葫芦上。电葫芦沿着炉子周围的单轨运行,如图5.20所示,配料工借电钮装置开动料仓的给料机，依次将炉料按要求配比称好，送至一定的料仓。

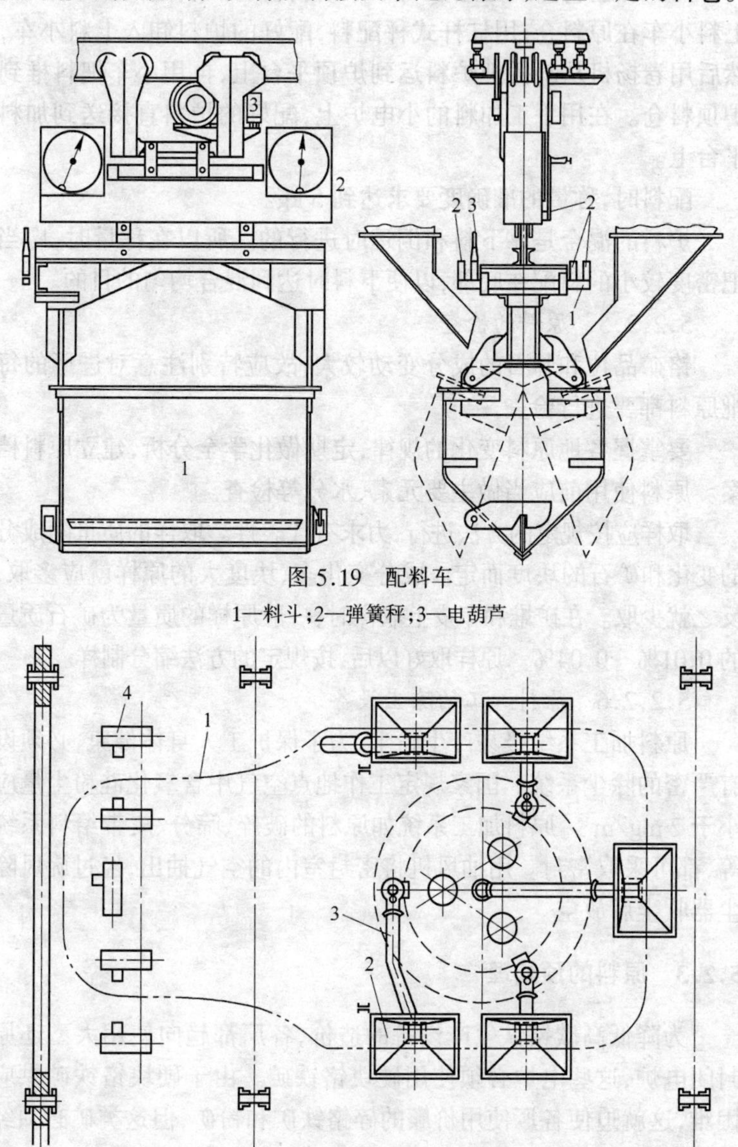

图 5.19　配料车

1—料斗；2—弹簧秤；3—电葫芦

图 5.20　配料车运行线路示意图

1—配料车轨道；2—炉顶料仓；3—下料管；4—给料仓的给料机

另一种上料方式是用上料小车沿斜桥将炉料送到炉顶平台。上料小车在原料仓,用杠杆式秤配料,配好的炉料卸入上料小车,然后用卷扬机从斜桥把炉料运到炉顶平台上,再用小车把料推到炉顶料仓。在用手工加料的小电炉上,配好的炉料直接送到加料平台上。

配料时,称量的准确度要求达到5 kg。

炉料的混合是靠下料和倒运时进行的。所以在称量时,应当把密度较小的料配在底部,以便下料时达到混合均匀的目的。

5.2.2.5 原料的检查

铬矿品位和脉石的成分变动较大,故应特别注意对进厂的每批原料都要进行检查。

要掌握各地原料变化的规律,定期做化学全分析,建立原料档案。原料使用前应当做主要元素、水分等检查。

取样应按规定的方法进行,力求有代表性。取样的质量随成分的变化和矿石的块度而定。成分变化多、块度大的原样就应多取,反之就少取。在矿堆和车皮上取样时,一般原样的质量为矿石质量的0.01%~0.04%。原样取好以后,按规定的方法缩分制样。

5.2.2.6 原料加工的除尘设备

原料加工系统极易产生粉尘,为了保护工人身体健康,必须设有严密的除尘系统。国家规定工作地点空气中含氧化硅粉尘量应小于2 mg/m^3。原料加工系统如原料的破碎、筛分、皮带给料系统等,都可采取密封。用抽风机将密封室内的空气抽出,经过旋风除尘器收尘后放空。

5.2.3 原料的预处理

为降低高碳铬铁生产设备的造价,各厂都趋向使用大型还原封闭电炉,这些电炉必须使用硬块铬铁矿。由于硬块铬铁矿供应困难,这就迫使各厂使用价廉的碎铬铁矿和粉矿,但这类矿必须经过预处理才能入炉。因此铬矿粉的预处理是铬铁生产厂的重要环节。

5.2.3.1 造球工艺

铬矿资源中块矿只占总量的20%,其余80%是粉矿。有相当一部分铬矿属于易碎矿石,在开采和贮存过程中极易碎裂成细小的颗粒。即使强度高的块矿在加工过程也产生大量的细粉。粉矿直接入炉不仅会造成大量有用元素随炉渣和炉气流失,还会直接威胁电炉的运行安全。此外,生产过程产生的大量粉尘也需要造块处理。目前球团和造块工艺已经成为铬铁生产工艺流程的重要组成部分,主要球团生产工艺有冷压块(又称冷固结球团)、热压块、蒸汽养生球团、碳酸化球团、烧结球团、预还原球团等。常用造球设备有压块机、圆筒造球机(图5.21)、圆盘造球机(图5.22)等。

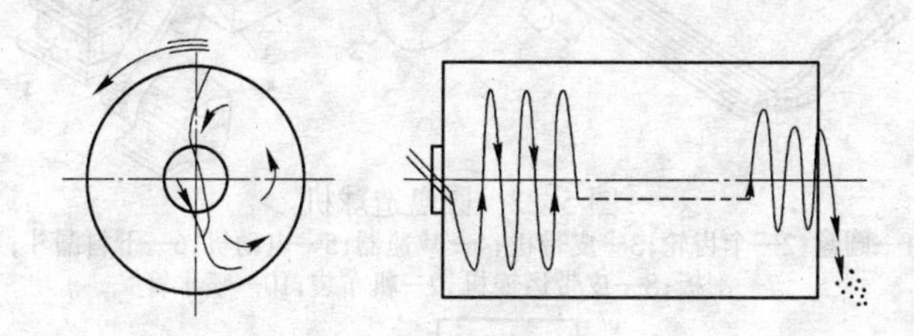

图5.21 圆筒造球机工作示意图

A 冷压块和碳酸化球团工艺

与烧结工艺和其他球团制造工艺相比,冷压块工艺具有投资少,流程短的优点,在印度、日本、美国和中国上海等许多铁合金生产厂家得到广泛应用。冷压块有球形、枕形和砖形等几种。

铬铁矿粉冷压块工艺流程如图5.23所示,它包括筛分和球磨,配入糖浆和石灰,混料,压块,干燥等工序。此法的优点是建设投资和经营费用都比较低,设备简单,操作方便,压块工序和电炉生产可以不同步进行,生产管理方便。尽管压块机有辊皮磨损快、消耗较多(一般每压20000～30000 t压块就需要更换辊皮),但是,铬铁生产厂家仍较愿意采用铬铁矿粉压块工艺,因此它还是应用较广的一种处理铬矿粉的工艺。

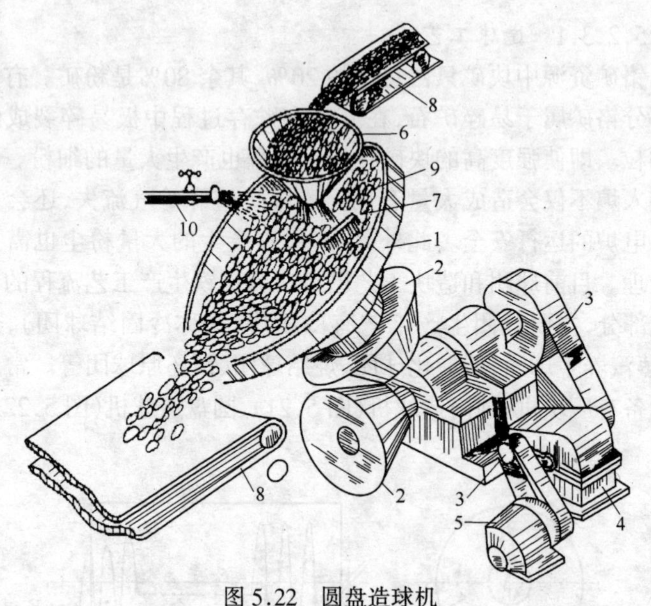

图 5.22　圆盘造球机

1—圆盘；2—伞齿轮；3—皮带机；4—减速器；5—电动机；6—下料漏斗；7—刮板；8—皮带运输机；9—帆布袋；10—喷水管

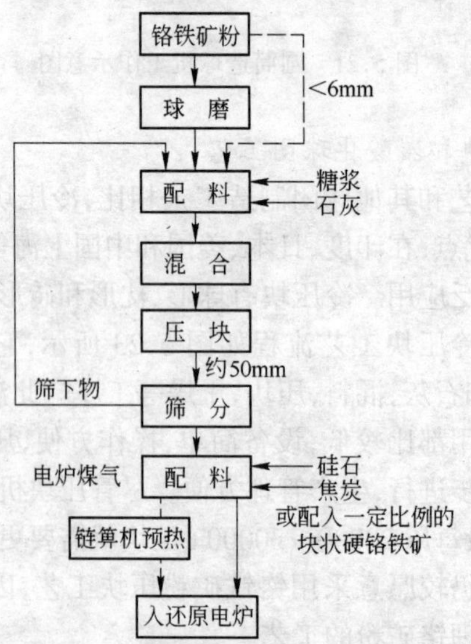

图 5.23　铬铁矿粉冷压块工艺

为了获得机械强度高的球团,压球机必须有足够大的压缩比和成形压力。成形压力越大,矿石颗粒之间的间隙越小,球团内部组织越致密,分子之间的结合力越大。提高成形压力有利于液相黏结剂在球团内部渗透和均匀分布。但是成形压力过大会使球团发脆,降低落下强度。采用强力混碾机可以使各种原料均匀混合获得致密的带有塑性的球团,从而提高球团强度。混碾工序可使球团强度提高10%以上。

冷压块的黏结剂有消石灰、水泥、水玻璃、纤维素,以及造纸、制糖工业废液。铬矿冷压球团采用石灰和糖蜜作黏结剂,其加入量为铬矿质量的5%。生石灰需经消化后使用,因为石灰消化过程体积膨胀会破坏球团的结构和强度。粒度小于100 mm的石灰消化时间应大于2 h。消石灰的添加数量为5%~15%。

为了改善球团还原性质有些工艺在球团内添加焦炭粉。经过养生和干燥的冷压块具有较高的强度。养生时间3~4 h可达到强度指标值的80%,10~12 h达到最大强度。

冷压块工艺通常采用碳酸化工序固结,以提高球团的强度。其原理是利用CO_2气体与球团中CaO作用,生成的$CaCO_3$将矿石颗粒结合成一体。

碳酸化球团工艺中配料、磨料、加湿、成球或压块等前段工序与其他工艺大体相同。湿球的水分对碳酸化固结过程影响较大。如果水分过多,矿石颗粒被水膜包围,就会不利于CO_2气体在球团内部渗透和扩散,也不利于黏结剂的添加和球团脱模。视原料条件,合适的水分含量为8%~15%。碳酸化过程的工作温度为65~75℃,气体中CO_2浓度为10%~30%。试验表明,CO_2浓度为10%时碳酸化边界层厚度为8~9 mm,CO_2浓度高于16%,碳酸化层不再增厚。直径30~35 mm的球团,固结时间为2 h;球径在10~20 mm时,仅需1.5 h球团就达到足够强度。球团干燥温度为200℃,干燥时间为24 h左右。

碳酸化球团的抗压强度为500~800 N/个球,气孔率为25%~30%,在1.5 m落下试验中,粒度大于5 mm比例可达85%以上。

B 蒸汽养生球团(COBO法)

蒸汽养生工艺早已应用于建材工业，用于制造墙体材料。这一工艺的基本原理是在高温蒸汽的作用下由热液反应形成化学键产生凝胶物质，将固态颗粒粘结在一起，使球团具有一定强度。

矿物原料中含有游离或化合的 CaO 和 SiO_2。在蒸汽养生条件下，SiO_2 部分溶解并与 $Ca(OH)_2$ 按下式作用，生成微晶胶凝物质从溶液中析出，反应式如下：

$$2Ca(OH)_2 + SiO_2 + nH_2O = $$
$$2CaO \cdot SiO_2 \cdot H_2O + (n+1)H_2O$$

硅酸盐的水化产物通常简写成 CSH。随着反应的进行，CSH 微晶的长大，无数的晶体连接成骨架，将矿石颗粒粘结成一体。不稳定的 CSH 在蒸养过程会逐步转变成稳定的 CSH，使球团的强度得到进一步提高，反应式如下：

$$2CaO \cdot SiO_2 \cdot H_2O + (n+1)H_2O \longrightarrow CaO \cdot$$
$$SiO_2 \cdot H_2O + Ca(OH)_2 + nH_2O$$

控制料的水分和粒度范围是极端重要的。为使粒级有良好的组合，瑞典工艺采用二级磨碎。前级采用棒磨机，将原料磨碎到粒度小于 0.5 mm；有占总料量 1/3 的料在球磨机中继续磨细到小于 50 μm。球磨机中设有烧嘴，在磨料的同时进行干燥，使出料水分含量小于 0.5%，出料温度为 60～70℃。

矿石中活性高的游离 SiO_2 和 CaO 数量很少，为了提高球团强度需要在配料时添加适量的硅粉尘和消石灰，其质量比各为 3%左右。经过预湿和强力混合以后，含水量在 5%～6%的混合料进入成球盘造球。成球的同时进行喷雾加湿使生球团的水分为 10%～12%。合理选择成球盘高度，调整成球盘的倾角、转速，控制球团在盘上停留时间能使球团具有合适的球径和良好的物理性质。生料在盘上的停留时间约为 20 min，筛除小于 8 mm 粉料以后，湿球团进入带式干燥机将水分降低到 5%以下。

干燥球团在高压釜内完成蒸汽养生过程。成品球团的强度与蒸汽养生过程压力和温度条件有关。饱和蒸汽压与温度存在着对应关系,蒸汽压力越大,温度越高,所得到的成品球团强度越好。试验表明,当蒸汽压力为 0.2 MPa 时,球团的抗压强度为 481 N/个球;压力增加到 0.4 MPa,温度达到 155℃,抗压强度达到 527 N/个球。

压力釜工作温度约 150~250℃,工作压力为 1.6 MPa,蒸养处理 1~5 h 后球团抗压强度达到 800~1200 N/个球。

C　热压块工艺

热压块工艺利用煤的液化性质黏结矿石固体颗粒。当加热到一定温度后,煤发生热分解,产生气体和液相,同时形成胶质相。沥青是褐煤分解产生的黏结物质,沥青的熔点为 70~80℃。随着煤的软化和熔化,煤的塑性逐渐增加。胶质体的数量和质量取决于煤的性质和对其加热速度,胶质体越多,煤的黏结性能越好。热压块温度通常在煤的软化温度以上,即 400~500℃。

热压块原料粒度应小于 3 mm。经过烟气加热的矿石和煤混合物被强制喂入压球机成形。胶质体的数量与加热速度有关。在一定温度范围内球团中的煤会脱除挥发分使球团产生裂纹。煤在 400℃以上会发生自燃,成型以后必须对热压块采取急冷措施。

D　成型机理和常用黏结剂

影响球团成型的主要因素有矿石粒度组成、矿石颗粒形状、矿石表面性和润湿性、液体黏结剂的表向张力等。

分子间的作用力是球团主要的结合力。两个分子比较接近时,它们之间存在着引力;当分子彼此非常接近时,分子力变为斥力。分子之间的相互作用可以近似用下式表示:

$$f=\left(\frac{\lambda}{r^{s}}\right)-\left(\frac{\mu}{r^{t}}\right)$$

式中,λ 和 μ 为大于 0 的比例系数;系数 s、t 的范围是:$9<s<15$,$4<t<7$;r 为分子之间的距离。式中的第 1 项代表斥力为正,第 2 项代表引力为负。分子之间的力为短程力,其特点是随着分子间距的增大而急剧减少。当大部分颗粒之间的相互作用进入短程力

的作用范围,分子之间的引力可以使球团保持一定的强度。造球和压块的基本原理是改变分子之间的接触状态。矿石粉的粒度越小,其成球性能越好;成型压力越大,球团的机械强度越高。

矿石颗粒与水和液体黏结剂接触时,矿石颗粒表面被湿润。水膜表面张力作用形成的液键使矿物颗粒凝聚在一起。在毛细力的作用下,球团变得致密。温度改变时球团的强度将随水分的蒸发、毛细力的消失、分子之间的距离变化而改变。

粉矿成型常用的黏结剂可以分成陶瓷结合型、水泥黏结型、化学结合型、有机结合型等几种类型。

(1) 陶瓷结合型黏结剂。陶瓷结合型黏结剂在高温状态与矿石或脉石矿物生成液相,冷却以后成为陶瓷结合相,可以大大提高球团矿的抗压强度。

膨润土的主要矿物是含蒙脱石的黏土矿。蒙脱石是含水的铝硅酸盐,呈层状结构,天然膨润土晶粒是由 15～20 个层状组织叠成,层厚为 2 nm。各层之间可以彼此移动,其结构式为$(Al,Mg)_2(OH)_2(Si,Al)_4O_{10}\cdot nH_2O$,其比表面积为 100 m^2/g。膨润土具有吸水膨胀的特性,天然钙基膨润土的体积膨胀率为 200%,通过活化处理的钠基膨润土体积膨胀率为 600%～900%。吸水膨胀的膨润土细微颗粒浸润和充填在矿石颗粒之间,促进矿石颗粒间相互滑动,从而提高湿球的强度。它能改变矿石特性增加固相键桥和液相键桥,提高了生球和干球团的抗压强度和落下强度。膨润土结构中含有化合水,为了保持其结构的稳定性不宜干燥后使用。蒙脱石结构在温度为 800～1000℃ 时被破坏,以膨润土作黏结剂的球团高温强度有所降低。

(2) 水泥型黏结剂。水泥是多种矿物组成的胶凝材料。这些组分的水化反应是错综复杂的。水泥的凝结和硬化是由高能量和不稳定系统转变成低能量稳定系统的过程。水泥中的矿物组分经过溶解、水化、结晶三个步骤形成铝酸盐、铁酸盐和硅酸盐组成的水泥矿物。硅酸盐水泥的主要矿物组成是硅酸三钙,其水化反应生成的胶体与晶体致密结构成坚硬的整体,称为水泥石。硅酸盐的水化产物具有较高的强度,但是水化时间相当长。

化学活性高的高炉水淬渣可以代替部分水泥作黏结剂,也可以添加少量膨润土。为了进一步提高黏结剂的活性,增大与其矿石的结合力,还需要添加适量的 NaOH 或 KOH 作为活化剂,添加一定量的 Na_2CO_3 作为催化剂。当矿石粒度为 0～5 mm 时,高炉渣或水泥的加入量为 4%～10%,Na_2CO_3 的添加量为 0.1%～1%,水的加入量为 9%～11%。活化剂 NaOH 的浓度为 30%～45%。球团需要在温度为 30～40℃的环境养生 24 h,强度才能达到使用要求。

随着温度的变化,水泥石的水分发生变化,伴随失水过程水泥石发生收缩。水泥石的脱水温度为 200～500℃,收缩量达 2.55%。在 200℃时其抗压强度可以降低 60%以上。因此,采用水泥做黏结剂时,随着温度升高球团性能急剧变坏。但添加 NaOH 的球团高温性能较好,这是因为碱性氧化物与矿石在稍高的温度即可以形成液相,改善颗粒之间的接触,对高温强度起着补偿作用。

(3) 化学结合型黏结剂。这类黏结剂有水玻璃、磷酸、卤水、铬酐、消石灰等。

消石灰和纸浆废液常在铬矿压块中用作黏结剂。在养生过程中,消石灰与空气中的 CO_2 作用生成 $CaCO_3$ 和水。新生成的碳酸盐分散在矿物颗粒四周形成网状结构,使球团具有一定的强度。糖蜜也参与反应生成了蔗糖酸钙。也有人认为,糖蜜在这里起催化作用。增加碳酸化处理措施可以提高球团强度。将温度为 100～120℃的电炉烟气通入装有球团的料层,烟气中的 CO_2 含量为 10%左右,碳酸化时间为 24 h,球团强度可以提高 20%。在温度为 800℃时 $CaCO_3$ 开始热分解,在温度 1000℃时,$CaCO_3$ 分解完毕。温度高于 1000℃时球团的强度有所下降。

(4) 有机结合型黏结剂。有机黏结剂有纤维素、焦油、腐殖酸钠、淀粉等。

大部分有机黏结剂具有表面活性,可以改变矿物颗粒与黏结剂接触界面性质,增加矿物表面吸附黏结剂的能力,通过化学键和分子力使矿物颗粒结合起来。

有机黏结剂可分为两种:一种是亲水性的或水溶性的,如纸浆废液、化纤废液、制糖废液、腐殖酸盐碱液、淀粉等;另一种是疏水性的,如焦油、煤沥青和石油沥青等。如使用疏水黏结剂原料,必须经过干燥处理,使矿石水分含量在2%以下。

腐殖酸盐碱溶液是一种水溶性胶体,用作矿石粉和煤炭粉成型的黏结剂。腐殖酸盐碱溶液对煤和矿物有较好的亲和力,能很好地湿润矿物表面,使其粘结在一起。腐殖酸存在于泥炭和年轻的褐煤之中,是一种溶于碱而不溶于酸的黑色无定形酸性有机物质,由一系列结构复杂的大分子芳香羧酸组成。腐殖酸盐碱溶液的制备是使泥炭或褐煤中不溶于水的腐殖酸与烧碱作用生成溶于水的腐殖酸盐,其主要反应如下:

$$[R]\begin{matrix}\diagup COOH\\ \diagdown OH\end{matrix} + 2NaOH = [R]\begin{matrix}\diagup COONa\\ \diagdown ONa\end{matrix} + 2H_2O$$

式中,R代表腐殖酸本体。由于反应是在固相和液相之间进行的,含腐殖酸的原料需粉碎到一定粒度才能使用。腐殖酸煤与NaOH的比例为100:5,反应温度为90~100℃,反应时间为1~1.5 h,反应过程需充分搅拌。制备的黏结剂腐殖酸含量约60 mg/mL,腐殖酸钠溶液的pH值为1:3左右,密度为1.02~1.03 g/cm^3,表面张力和黏度都接近于水的相应值。

球团干燥时,随着水分的蒸发,有机黏结剂浓缩成胶体,最后收缩固化,矿石颗粒紧密地结合成一体。因此,球团有较好的低温强度。有机黏结剂在400℃以上开始分解,在500℃以上开始碳化。黏结剂发生热分解后粘结作用大大减弱,但有机黏结剂形成的焦化物仍有一定粘结作用,其作用大小取决于残碳数量。

有机黏结剂发展很快,几种新型球团矿用有机黏结剂已经投入工业规模生产,如纤维素衍生物类有机黏结剂(Peridur),丙烯酸胺和丙烯酸钠聚合物黏结剂(Alcotac)。这些有机黏结剂的特点是用量少而球团强度高，球团抗爆裂性能好，有利于提高生产率和降低消耗。

实际球团生产常将几种黏结剂一起使用，利用各种物质的优点取长补短，使球团有更好的综合性能和热稳定性。

球团的主要性能有抗压强度、落下强度等机械性能；抗爆性、还原粉化率等热稳定性；粒径和粒径分布、电阻率、熔化性和还原性等冶金性能。原料自身的性质和粒度组成、黏结剂和添加剂的性能和配比、成型工艺条件、干燥和养生制度等因素对球团性能有很大影响。

原料表面形状和粗糙程度对球团成球性有很大影响。原料粒度大球团强度差，粒度过大则根本不能成球；原料粒度小有利于成球，但细磨矿石会增加磨矿成本。对于压块工艺来说，合适的粒度级配有利于提高球团强度。

原料水分含量是成球和压块的重要条件。水分过低球团难以成型，对于碳酸化球团水分过低则难以固结。原料水分过高会造成加入黏结剂困难，对于冷压块还会造成难脱模的后果。

球团干燥温度不宜过高，因为过高的温度会使球团产生裂纹因而降低室温强度，但是温度过低会延长干燥时间降低干燥设备的效率。因此，干燥温度和时间都需妥善确定。

5.2.3.2 焙烧工艺过程

原料矿石中通常含有大量的高价氧化物、化合水、碳酸盐和硫化物。焙烧是在适当温度和气氛条件下，使矿石发生脱水、分解、氧化、还原过程，改善入炉矿石的物理性质和化学组成。

矿石焙烧可分成几种类型：

(1) 煅烧是高温下分解碳酸盐矿物和水化物的过程。例如，煅烧石灰石生产石灰的过程；提取金属铬的工艺中低烧铬的浸出物的过程等。

(2) 氧化焙烧是将矿物在氧化气氛中进行焙烧，使硫化物全部转变成氧化物，或使低价氧化物氧化成高价氧化物，生成可溶性盐类。例如，铬生产过程中的钠化焙烧使铬的矿物氧化成高价氧化物，生成可溶性的盐类。

在铬矿冶炼之前进行氧化焙烧会破坏主要的铬尖晶石矿物，并使部分 Fe^{2+} 转变为 Fe^{3+}：

$$(Fe,Mg)O\cdot(Cr,Al,Fe^{3+})_2O_3 + 3/4O_2 =$$
$$MgO\cdot(Cr,Al,Fe^{3+})_2O_3 + 1/2Fe_2O_3$$

铬矿焙烧之前采用加入石灰或白云石的方法引入或使铁更易氧化：

$$(Fe,Mg)O\cdot(Cr,Al,Fe^{3+})_2O_3 + (Ca,Mg_m)O + 1/4O_2 =$$
$$(Ca,Mg_{m+1})O\cdot(Cr,Al,Fe)_2O_3 + 1/2Fe_2O_3$$

焙烧结果使 Fe_2O_3 沿铬矿晶界析出，从而使铬矿出现液相的熔化温度大幅度降低（200～300℃）。

(3) 还原焙烧使矿石中的高价金属氧化物转化为低价金属氧化物或金属。为了保持还原气氛，需要在焙烧过程添加焦粉或煤。

焙烧过程所采用的单元设备有反射炉、单膛炉、竖炉、回转窑、多层焙烧炉、沸腾炉。

生产真空铬铁的原料氧化铬铁是用回转窑在温度 950～1000℃下氧化焙烧高碳铬铁粉制得的。通过调整回转窑的转速、温度分布和下料速度，控制氧化条件来保证氧化铬铁的氧含量。

5.2.3.3 烧结工艺

烧结是利用矿石出现熔化或矿石与熔剂之间的固－固反应产生液相来润湿和粘结矿石颗粒，冷却后形成多孔的具有足够强度的烧结矿的工艺过程。烧结过程是物质表面能降低的过程。粉矿具有较高的分散度，其比表面积大于相同质量的块矿。烧结后的矿物表面积减少，体系的自由能 ΔG 降低。这是一个自发进行的过程。

烧结工艺流程由配料、混合、烧结和冷却等工序组成。根据工艺条件和矿石的特点决定是否采用成球工序。为了得到强度足够高的球团，矿石需要经过干燥、磨细，对湿料还要进行轮碾，使矿石、黏结剂与水分充分混合。采用润磨机磨细可以减少原矿的干燥工序。

烧结系统的主体设备有带式烧结机、烧结盘、竖炉、回转窑等。辅助设备有混配料设备、成球盘、助燃风机和冷却风机、运输设施和除尘设备等。

烧结料中一般配入相当数量的固体燃料和熔剂。碳的燃烧提供烧结热量,碳也会与烧结料发生还原反应。气体燃料也常用于烧结工艺。

烧结过程由矿石的分解、还原和氧化、固相反应、熔化以及冷却结晶等几个阶段组成。固相间的反应促进了低熔点物质的形成。烧结过程产生的低熔点化合物和共溶混合物液相是烧结矿固结的基础。液相的组成、数量和性质决定了烧结矿的性质,但有些矿物如硅酸二钙在冷却过程中发生晶型转变引起体积变化会导致烧结矿粉碎。所以,烧结过程应避免或减少此类矿物的生成,或采取措施抑制其晶型转变。烧结矿在冷却过程产生内应力也会影响强度性质。

烧结过程是在接触面上进行的,表面积越大,越容易烧结。烧结速度随着粉矿的分散度的增大而加快。粉末的表面能与颗粒形状和结构缺陷有密切关系,烧结矿的密度是随着粉矿的粗糙度而增加。烧结的推动力随着粒度的减少而增大,也随着晶格空穴、畸变等活化部位数量增多而增大。

烧结温度低于矿石熔化温度。在烧结温度,固体氧化物之间发生化学反应。固体氧化物之间的化学反应开始温度远远低于反应物的熔点。一般相当于化学反应物开始出现显著扩散作用的温度,即泰曼温度。金属的泰曼温度为熔点的0.3~0.4倍,硅酸盐则为熔点的0.8~0.9倍。一些固相物质起始反应出现反应产物的开始温度数据见表5.6。

表5.6 固相反应出现反应产物的开始温度

反应物质	固相反应产物	出现反应产物的温度/℃
$SiO_2 + Fe_2O_3$	Fe_2O_3 在 SiO_2 中的固溶体	575
$SiO_2 + Fe_3O_4$	$2FeO \cdot SiO_2$(还原气氛)	990~1100

续表 5.6

反应物质	固相反应产物	出现反应产物的温度/℃
SiO_2 + (Fe_3O_4, Fe_xO)	$2FeO \cdot SiO_2$(还原气氛)	950
$CaO + Fe_2O_3$	$CaO \cdot Fe_2O_3$	500～675
$MgO + Fe_2O_3$	$MgO \cdot Fe_2O_3$	600
$MgO + Al_2O_3$	$MgO \cdot Al_2O_3$	920～1000
$MgO + FeO$	镁质浮氏体	700
$FeO + Al_2O_3$	$FeO \cdot Al_2O_3$	1100
$CaO + SiO_2$	$CaO \cdot SiO_2$	500～600
$2MgO + SiO_2$	$2MgO \cdot SiO_2$	680
$2CaO + Fe_2O_3$	$2CaO \cdot Fe_2O_3$	400

从微观上分析，烧结过程是一个传质过程。粉矿颗粒通过扩散相互接触和反应生成固相或液相反应产物。扩散系数和烧结速率均按指数关系随温度升高而增大。

添加熔剂的作用是增加液相量和降低液相黏度，改变矿物组分扩散途径。但熔剂量过多将造成烧结矿品位下降。熔剂量一般是矿石质量的3%～4%，熔剂粒度应尽可能细小。

烧结过程伴随着晶粒长大和产物致密化过程进行。未烧结的粉料颗粒之间存在大量孔隙。随着颗粒的接触、物质的迁移作用和晶粒长大，料层中的孔隙发生收缩、合并。大量孔隙的消失使烧结产物孔隙率降低，致密度增加。试验表明，粉末成型与否对烧结过程的收缩速率影响不大，但成型工艺改善了原料颗粒的接触程度和矿石的烧结强度。

铬尖晶石熔点很高，且难以形成低熔点的液相，其烧结性主要取决于脉石的性能和所添加的熔剂。

工业规模生产烧结铬矿的工艺有日本钢管富山厂和芬兰奥托昆普的烧结球团工艺、巴西珀居卡(Pojuca)和挪威埃肯的烧结盘工艺、带式烧结机工艺等。其烧结能力多在10 t/h以上。

典型的铬矿烧结工艺条件如表5.7所示。

表 5.7 典型铬矿烧结工艺条件

原料配比	粉矿或精矿/t	焦粉/t	熔剂/t	水分/%
	100	20	3.6~4	8~10
烧结温度/℃	1300~1450			

某些工业废渣、除尘器回收的粉尘可以用作铬矿烧结熔剂。采用烧结法可以回收浸出渣中铁和铬等有用元素。铬浸出渣中含有可溶性六价铬,对环境造成污染。在烧结过程中,六价铬还原成三价铬使烧结矿中 $Cr^{6+}<0.01\%$,从而消除了六价铬的危害。

高温条件下发生的氧化反应对矿石之间形成结合键起着重要作用。空气中煅烧的铬矿,其结构发生很大改变。在 700℃以上,蛇纹石等脉石中的结晶水开始脱除;在 800~1200℃下,尖晶石中的 FeO 发生氧化转变成 Fe_2O_3。这种氧化首先发生在尖晶石的表面和晶粒缺陷处,形成含 MgO 高的尖晶石固溶体。尖晶石中陪伴氧化物 R_2O_3 的数量大于二价氧化物,过剩的 Fe_2O_3 与其他陪伴氧化物 R_2O_3 从尖晶石中分离出来,形成条状的固溶体。在加热和冷却过程中尖晶石晶粒内部的裂隙和缺陷数量大大增加。由于硅酸盐中的氧化镁与游离的陪伴氧化物反应,脉石中的硅酸镁和添加含 MgO 高的硅酸盐可以抑制尖晶石的氧化。在 1200~1400℃时,Fe_2O_3 分解成 Fe_3O_4 和浮氏体 Fe_xO,从而形成铁尖晶石的固溶体。在氧化煅烧中尖晶石颗粒表面生成了赤铁矿而变得粗糙,这对于还原反应和烧结过程都是有利的。陪伴氧化物向硅酸盐的扩散和硅酸盐中的 MgO 向尖晶石的扩散是烧结反应的限制性环节。这种相互扩散导致脉石与尖晶石颗粒结合在一起。

烧结铬矿具有以下优点:

(1) 经过烧结的铬铁矿尖晶石的矿物结构与原矿截然不同。矿石中的 Fe^{2+} 转变成 Fe^{3+},有些铁离子脱离了尖晶石集中在晶粒表面。在料层上部还原性炉气中氧化铁极易还原成游离铁,这种还原方式加强了还原过程的自催化作用。尽管矿石的氧化性增大,但还原剂的消耗并没有增加,有的反而减少了焦耗。

(2) 无论是烧结矿还是烧结球团矿，其气孔率很高，比表面积很大，这有利于提高还原反应的速度。采用烧结矿生产产量可以提高 10%～17%。

(3) 烧结矿强度高、粒度均匀，使电炉透气性改善。与块矿和冷压球团相比，烧结矿结构疏松，高温电阻率比块矿和冷压球团大得多。冶炼产品单位电耗降低，幅度为 200～300 kW·h/t。

铬铁矿粉造球烧结工艺流程如图 5.24 所示。铬铁矿粉经磨碎后造球，再经预热烧结后加入还原电炉，冶炼高碳铬铁。不论是用链箅机－回转窑，还是用环形烧结窑都进行热装料。压块工艺可使用块度小于 6 mm 的铬铁矿粉，而球团使用的铬铁矿粉，用前必须经过研磨，达到过 200 目的颗粒大于 80%(环形窑，允许大于 60%)的标准。预热温度一般都高于 700℃。芬兰奥托昆普公司托尔尼奥电冶炼厂的 24000 kV·A 封闭式还原电炉，采用铬粉矿球团冶炼，节电效果显著。如全部用球团(经 1120℃预热)作原料冶炼含 Cr 50.5%、C 7.4%、Si 2.9%的炉料级铬铁时，每吨合金电耗仅 2500 kW·h。而用块矿(经 960℃预热)作原料冶炼时，电耗达 3670 kW·h/t，用此法降低电耗 1170 kW·h/t。

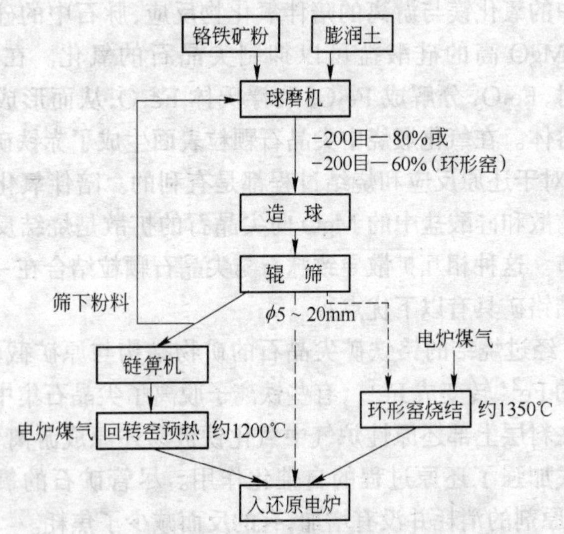

图 5.24 铬铁矿粉造球烧结工艺流程图

5.2.3.4 固体还原工艺

铬、铁等元素的还原可以在矿石呈固体状态下完成，在较低的温度完成还原过程可以降低还原能耗。

A 铬矿球团预还原工艺和机理

铬铁矿粉造球的预还原工艺方法，有日本昭和电工公司的“SRC”法(铬矿固态还原法)和加拿大的“DRC法”。

SRC法为链算机－回转窑预处理法，所获球团随后热装入电炉生产高碳铬铁。SRC工艺流程分成3个阶段，即制粉和造球阶段、预热和干燥阶段、预还原阶段，如图5.25所示。链算机－回转窑预还原过程见图5.26。

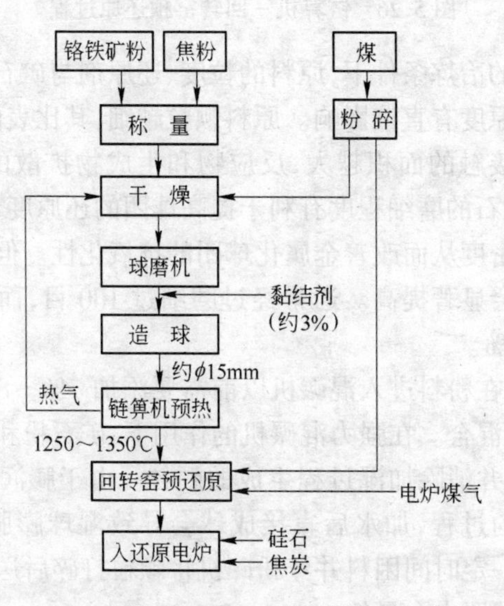

图5.25 SRC工艺流程图

a 制粉和造球阶段

未经干燥处理的矿石和焦炭含有一定水分，给原料输送、配料和磨粉带来一定困难。进入干燥筒的回转窑废气温度一般为300～400℃，干燥后原料含水量应低于2%。

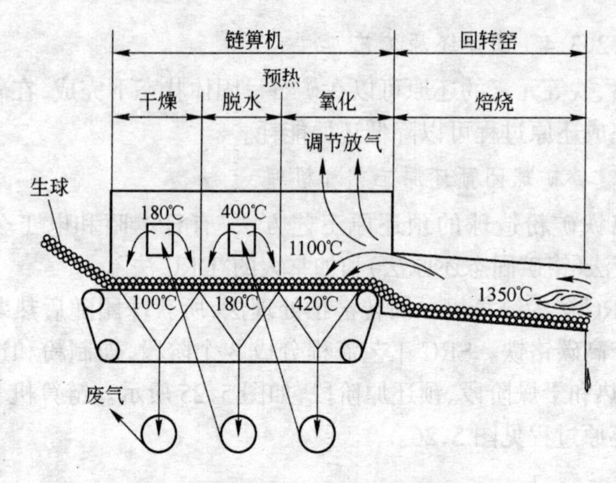

图 5.26　链箅机－回转窑预还原过程

在相同的冶炼条件下,原料的粒度、还原剂与矿石的混匀程度对球团的还原度有直接影响。原料颗粒越细,其比表面积越大,矿石与还原剂接触的面积越大,反应物和生成物扩散的距离越小。因此,改进矿石的磨细程度有利于提高球团的还原度,也有助于增加球团的致密度从而改善金属化球团的抗氧化性。但原料粉磨过细制粉成本会显著提高。通常经过磨细过 100 目,而小于 200 目的颗粒占 80%。

造球时,在粉料进入混碾机以前需要添加 7%～8%的水进行预湿,并充分混合。在强力混碾机的作用下,矿石粉和黏结剂充分混合和润湿,并消除加湿过程生成的颗粒。由于膨润土吸水膨胀是一个缓慢的过程,加水后直接成球会导致湿球膨胀出现裂纹。湿料需经过一定时间困料并经粉碎机将颗粒打碎后送至圆盘造球机成球。湿球团水含量约 10%～12%。

熔剂用硅石分两部分加入。一部分在预还原前加入,其目的是增加球的强度和破坏部分铬铁矿的结构以加速碳和铬、铁氧化物的反应,使还原反应开始温度较低。另一部分在入电炉冶炼前加入。SiO_2 加入量根据矿石中 MgO、CaO、Al_2O_3 的含量,使炉渣组成中 SiO_2 为 20%～45%。SiO_2＜20%则反应缓慢,SiO_2＞45%

则使球与球粘结。预还原过程生成镁橄榄石 $2MgO \cdot SiO_2$ 与 $MgO \cdot Al_2O_3$ 尖晶石的混合固溶体，但不妨碍还原产生的 CO 外泄。

b 干燥和预热阶段

生球团的干燥和预热是在链箅机上完成的。为了适应球团的升温制度，链箅机分成 2～3 个室。干燥室温度为 150℃左右，预热室温度为 400～500℃或更高。在中温段球团的抗压强度和落下强度都很差，链箅机所起的作用是使球团在进入回转窑之前具备足够的强度和抗磨性。生球升温过快会导致球团爆裂，降低球团的抗氧化性，也会增加回转窑内粉料数量，使窑出现结圈。在氧化气氛中预热球团时，温度过高或时间过长会导致球团中的碳烧损。

c 回转窑内的固态还原

回转窑内部可分成预热带和还原带。尽管在预热带球团温升速度较大，但由于该温度区间，矿石并不发生还原或分解反应，消耗的热量并不多。还原产生的 CO 气体在该部位燃烧，则有助于向球团供热。在 1200℃以上矿石中的铁和铬的氧化物开始还原，吸收入量热能。为了使球团在还原带得到充分还原，必须保证窑内还原带的供热强度，使其温度维持在 1300℃以上；使球团在高温带的停留时间与还原速度相匹配(见图 5.27)。

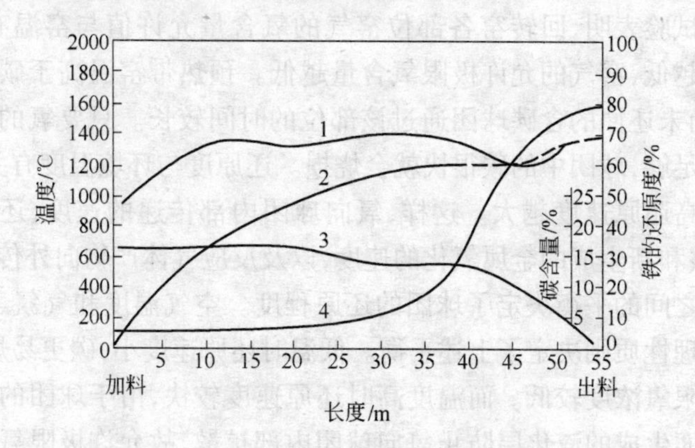

图 5.27 回转窑的温度、还原度、碳量沿窑长分布

1—窑气温度；2—料层温度；3—碳含量；4—球团中铁的还原度

铬矿球团预还原工艺典型参数如表 5.8 所示。

表 5.8　铬矿球团预还原工艺典型参数

项　目	参　数	项　目	参　数
回转窑转速/$r \cdot min^{-1}$	0.4～0.8	填充率/%	18～22
窑内停留时间/h	4.0～6.0	吨球团烟气量/m^3	4000～6000
窑头温度/℃	1300～1450	窑尾温度/℃	700～800

预还原后，球团金属化率约为 60%，各阶段球团强度如表 5.9 所示。

表 5.9　铬矿预还原后不同阶段球团强度

不同阶段	湿　球	干　球	焙烧后	预还原后
抗压强度/MPa	0.2～0.4	>1.0	1.8～3.5	6.5～8.0

铬矿还原工艺对回转窑内气氛的要求是十分严格的。一方面为了使铬矿球团在窑内充分还原以及还原以后的金属不再发生氧化，窑内必须有良好的还原气氛。另一方面，回转窑的热量是由煤粉燃烧提供的，窑内又必须有足够的供氧量才能使煤粉在较长的距离内完全燃烧。

试验表明，回转窑各部位窑气的氧含量允许值与窑温有关。温度越低，窑气的允许极限氧含量越低。预热带窑温高于碳的燃点，尚未还原的含碳球团通过该部位的时间较长。只要氧的传质速度足够，球团中的碳很快就会烧损。还原度与环境温度有关，温度越高还原速度越大。这样，氧向球团内部传递的速度、还原速度、碳和新生成的金属氧化的速度，以及反应气体产物向外传递的速度之间的平衡决定了球团的还原程度。空气温度和气氛、球团的物理性质则决定了上述平衡。低温时还原速度小，碳更易烧损，故极限氧浓度较低。而温度高时还原速度较快，由于球团的收缩和表面生成的渣化层防止氧向球团内部扩散，故允许极限氧浓度有较高的数值。预还原工艺采用逆流操作使得上述条件得以满足。窑头烧嘴部氧分压较高，使燃料得以充分燃烧。在窑尾部，燃料和还原产生气体已经与窑气充分混合燃烧，加上存在过剩的燃煤使窑尾处氧分压很低。

d 预还原球团的结构

预还原球团断面呈现明显分层结构，分成外壳、中间多孔层和内核三部分。外壳厚约1～2 mm，是致密的不含碳和金属颗粒的氧化烧结层。这是球团表层碳烧损后形成的。主要矿相是铬尖晶石、橄榄石和玻璃相。中间层和内核中可见大量弥散分布的金属颗粒、完整的$(Cr,Fe)_7C_3$晶形结构，再结晶的镁铝尖晶石相、镁橄榄石与少量的玻璃相。内核直径约8～10 mm，可见少量残碳。中间层气孔体积约占一半。

e 金属化球团的再氧化

由于金属化球团的比表面积较高，新生成的金属具有较高的反应活性，球团在还原窑内存在着再氧化的可能。球团的再氧化大大降低球团还原度。防止球团氧化的措施有以下几项：

(1) 改进生球团质量，减少球团爆裂；

(2) 加大窑的充填率，使球团在料层内停留时间加长，还原气氛加强，减少球团在料层表面氧化的机会；

(3) 提高出窑热球团的冷却强度，在料罐顶部覆盖还原剂、熔剂或矿石，减少空气与热球团接触；

(4) 改进球团表面抗氧化层的结构。

球团的再氧化不仅与环境气氛有关，也与球团的结构有关。球团的抗氧化能力主要取决于外壳的致密程度。球团外壳氧化烧结层的厚度是由窑气的氧分压分布决定的；外壳的致密度是由原料的粒度、还原度和球团收缩率、窑温和球团的软熔性能决定的。致密的烧结层限制了氧向内扩散，同时，还原反应产生的压力高于环境压力的CO气体可以穿过软化外壳向外传递，这使得球团在冷却以后仍有较高的抗氧化能力。

为了减少回转窑结圈，除了改进燃煤质量以外，还应尽量避免球团软化温度过低。

SRC法的优点有：从能源消耗来讲，预还原工艺可以以煤或焦炭代替电,因而电耗减少,每吨电耗仅2000～1100 kW·h;总能耗也比较低;可使用粉状铬矿;可用焦末或无烟煤作还原剂;电炉烟尘减少,有利于炉气的净化和利用;铬的回收率可达94%～95%;炉况稳定;炉子生产率高。但也存在一些问题,如炉料电阻低,(球团金属化率不超过70%)需要调整操作制度。

DRC法与SRC法类似,所不同的是铬铁矿粉成球后在旋转床还原炉上进行预还原。球团在炉床上铺3层(即3个球的高度,约35 mm),气流和带料的旋转床成反方向运动(图5.28)。用旋转床还原炉进行预还原,铬的金属化率可达80%,铁的金属化率可达95%。

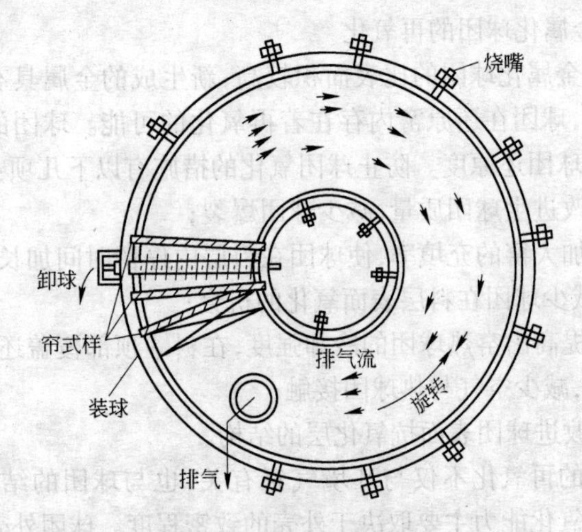

图5.28 旋转床预还原炉

B 炉膛旋转炉(RHF)直接还原工艺

炉膛旋转炉用于直接还原铬矿球团。炉膛旋转炉呈环形结构。烧嘴分布在环形炉膛圆周的两侧面,向炉膛内部提供热能。加料口与卸料口相邻,热球团卸出后立即向炉膛充填生球团。旋转炉膛与固定烟罩之间采用砂封,以维持炉膛的密闭性。

经过磨细和充分混合的矿石和煤在成球盘上制成球团,生球团在旋转炉内被加热到直接还原温度。在还原过程,炉膛上静止的球团随炉体运动，之后金属化球团在出料部位卸出。炉内气流方向与球团和炉膛的运动方向相反，高温烟气与料层进行热交换，使球团温度得到提高。调整喷火炉内燃料的数量和风量可以准确控制炉膛温度和炉内气氛。废气用于助燃空气的预热和余热锅炉回收热能。

由于球团在预热和还原过程始终处于静止状态，炉膛旋转炉对生球团物理性能要求不高。炉膛内部分成两个燃烧带。预热带是氧化性气氛，还原带处于还原性气氛。在还原炉内铬矿球团的金属化程度可达 90%。球团还原速度取决于还原剂的反应性和矿石的性质。球团在还原带停留 20～35 min 即可以达到预定的还原度。料层厚度不应超过 3 个球团高度。还原产生的 CO 气体覆盖着静态的料层有利于防止球团发生氧化。试生产表明，球团不会粘结在炉衬上。

该工艺的特点是球团在炉内停留时间短、能耗低、操作稳定。工艺参数容易控制、设备重量小、占地少。其设计规模为年产量 5 万～25 万 t。但目前未见炉膛旋转炉直接还原铬矿球团的工业规模生产。

C 铬矿直接还原工艺(CODIR 法)

铬矿直接还原工艺是由德国克鲁勃公司和南非萨曼柯公司联合开发的。该工艺使用粉煤在回转窑内将粉铬矿直接还原成铬铁，在电炉中完成最终还原和渣铁分离过程。1990 年在南非米德堡(Middleburg)建成一座年产 12 万 t 的直接还原铬铁厂。

CODIR 工艺流程见图 5.29。该系统由配料站、回转窑、冷却筒、余热锅炉和收尘装置、熔炼电炉组成。按一定配比混合的粉铬矿和煤连续加入回转窑内，得到金属化程度高的金属－熔渣团块。电炉完成最终还原和渣铁分离。

还原窑身上装有多台风机随窑体一起转动，二次风顺着气流方向送入窑内，使还原产生的 CO 球团和未完全燃烧的挥发分充分燃烧，从而扩大高温区长度，改善窑内温度分布。为了提高窑温，装置采用预热空气或富氧空气助燃。采用 23% 的富氧鼓风的

CODIR法热损失减少9%,产量提高15%。

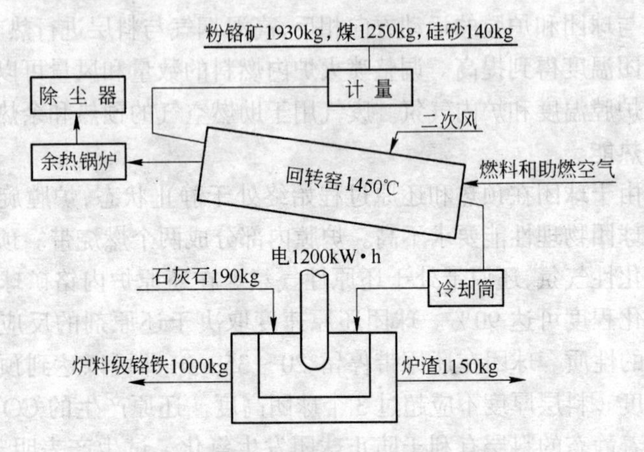

图5.29　CODIR法铬矿直接还原工艺流程

米德堡厂直接还原工艺典型参数如表5.10所示。

表5.10　南非米德堡厂铬矿直接还原工艺典型参数

项　目	参　数	项　目	参　数
回转窑长度/m	80	回转窑直径/m	4.8
电炉容量/MV·A	40	还原温度/℃	1450
金属化率/%	90	冶炼电耗/kW·h·t^{-1}	1200

直接还原的最大优点是直接使用粉铬矿,简化了粉矿成球、干燥、烧结工序;采用低价值粉煤作还原剂使冶炼电耗和生产成本大大降低。该工艺特别适用于电价昂贵的地区。

直接还原工艺的主要难点在于合金熔炼。由于原料的金属化程度很高,还原剂配入量很少,炉料电阻率较大,电炉操作电压很高。熔炼是间断进行的,每炉渣铁需全部放尽。与精炼电炉一样,炉衬极易损毁,耐火材料消耗大。

直接还原的另一难点是产品质量的控制。由于加热炉料和还原反应所需的热能全部来自于粉煤或焦粉,煤或焦粉的成分不可能不对产品质量产生严重影响。直接还原所需的还原剂量是常规工艺的3～4倍。如果磷以同样的分配比例进入金属,合金中磷将增加2倍以上。为此,还原剂的磷、钛等杂质含量必须相当低。

上述各种铬铁矿粉预处理方法各有其特点,压块工艺比较简单;冷固球团和烧结球团比较成熟;固体还原工艺比较先进,特别是用旋转床预还原炉更好,它克服了用回转窑时出现的缺点,总能耗也比较低。几种工艺综合能耗(按标准煤计)比较如表5.11所示。

表5.11 不同工艺的综合能耗对比

不同工艺	综合能耗/kg·t⁻¹
铬铁矿原硬块矿工艺	2166
铬铁矿粉压块工艺	2174
铬铁矿粉球团预热工艺	1951
铬铁矿粉SRC法	1366
铬铁矿粉DRC法	1548

5.3 在高炉和热风化铁炉中冶炼铬铁

由于许多铬矿石的FeO含量也很高,所以在高炉中同时还原氧化铬和氧化铁是合适的。但是铬矿石的MgO和Al_2O_3含量高以及其中的Cr_2O_3含量对炉渣起稠化作用,所以需要采取特别的冶金措施。

含铬铁矿石的还原要消耗大量热量,因此只有含铬量低的铬铁才能在高炉中冶炼,且在冶金上和经济上可行。在铁－硅－碳系统中,当含铬量为8%～20%、含碳量约为4%和温度约为1200℃时,形成一低熔点的三元共晶体。此时在Fe-Cr系中,在800～1500℃产生的均匀固溶体,有助于此共晶体的形成。当熔液的含铬量低时,进而出现对Fe-Cr二元系中理想性能喇乌尔特直线的正偏差。铬在熔液中的溶解度增高,即与此有关,但是熔液中含铬量增加,三元共晶体的液相温度即增高(图5.30)。譬如含铬量由19.1%增加到34.0%,含铬生铁的熔点即由1200℃增加到

1300℃。

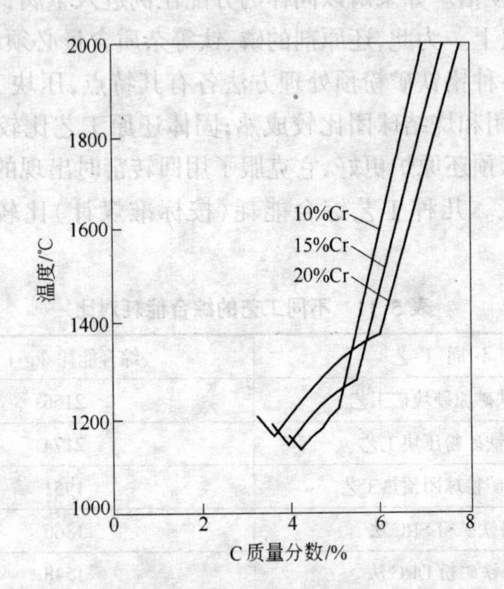

图 5.30　含硅为 0 时增加含铬量对 Fe-Cr-C 系中的三元共晶点位置的影响

含铬 15%时，Fe-Cr-C 系的共晶点在含碳稍低于 4%，1200℃左右时产生(图 5.31)，且增加含硅量共晶点将向含碳量低的方向移动。在这时，硅还原所需的较多热量同时也会有利于铬的还原。根据 H. 马伦巴赫(Marenbach)试验，在高炉中还原铬和生产铬铁的含铬实际上限约为 40%。

1880 年，第一次在高炉中生产了高碳铬铁。风温 600℃时每吨特种生铁的焦炭消耗量为 5000～6000 kg。获得的含铬生铁流动性很坏，熔渣很黏稠。

1940～1945 年，德国用 Al_2O_3 和 MgO 含量也很高的赛格尔兰含锰的铁矿和铬矿生产了含铬 15%～25%的特种生铁。这种特种生铁含有不多于 Cr 40%、Mn 2%～3%、C 7%～8%、Si 0.5%～1.0%。粉状铝矿经压制成块，块矿则经破碎。在 SiO_2 含量同时也很高的情况下，想办法用 MnO、FeO 和碱含量高的炉渣助熔剂

克服 Al_2O_3 和 MnO 含量高的炉渣的黏滞性。特别希望熔渣的含锰量超过 5%。实践证明,表 5.12 所示炉渣成分合适。

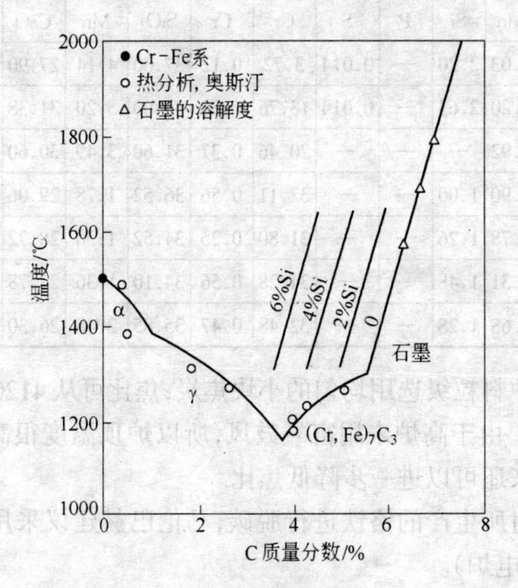

图 5.31 含铬量稳定在 15% 时, Fe-Cr-C 系中的液相线位置

表 5.12 比较合适的炉渣成分 (%)

成 分	SiO_2	Al_2O_3	CaO	MgO	Mn
含 量	34～37	10～14	28～30	20	5

炉缸中的温度不够高时,就会生成还原不充分的 Cr_2O_3 含量超过 5% 的黏滞熔渣。流动性也不好的特种生铁的 Mn、Si 和 C 含量也就要下降。

铬的回收率平均为 90%～95%,当生铁的含铬量提高到 30%～40% 时;铬的回收率下降到 80%～85%。表 5.13 所示为生铁和炉渣的化学成分。

表 5.13 含铬特种生铁和炉渣的化学成分

出铁编号	出炉生铁或铬铁的化学成分/%						炉渣的化学成分/%					
	C	Mn	Si	P	S	Cr	Cr	SiO_2	Mn	CaO	MgO	Al_2O_3
7429	3.65	5.03	2.20	—	0.014	3.72	0.12	37.00	4.14	27.90	13.90	12.50
7435	4.34	5.20	2.63	—	0.014	13.76	0.56	34.00	5.20	31.38	16.58	8.60
7440	6.47	5.92	—	—	—	20.46	0.37	31.60	3.49	30.60	20.64	8.30
7453	6.88	3.90	1.00	—	—	32.11	0.56	36.52	1.78	29.06	19.25	8.74
7457	7.02	3.78	1.26	—	—	31.80	0.25	34.52	1.30	28.72	21.01	9.40
7458	7.06	3.31	1.48	—	—	34.28	0.56	34.10	1.36	27.78	22.02	9.76
7464	7.10	5.68	1.28	—	—	32.48	0.47	35.85	2.48	26.30	22.72	8.20

根据炉料粒级选用均匀的小块焦炭,焦比可从 4120 kg/t 降到 3500 kg/t。由于高炉未用富氧鼓风,所以炉顶温度很高。充分利用煤气看来还可以进一步降低焦比。

为了对所生产的铬铁进行脱碳,马伦巴赫建议采用热装双联法(高炉 - 电炉)。

20 世纪 60 年代,美国国内缺少高品位的铬矿资源以及铬含量低的铬钢和铬镍不锈钢生产的不断增长,曾对含铬的特种生铁进行了生产探索。为了节约昂贵的低碳铬铁,用氧气顶吹转炉代替电炉生产铬钢。在这种情况下,含铬生铁由高炉或热风化铁炉出来送给炼钢转炉,用氧吹炼。

1962 年 11 月,在田纳西州罗克伍德的一座炉缸直径为 3.05 m 的高炉中,进行了生产含铬约 15% 的生铁试验。所生产的含铬生铁的成分见表 5.14。

表 5.14 含铬生铁的成分 (%)

成 分	C	Mn	Si	P	S	Cr
含 量	5.29	0.15	2.30	0.024	0.013	15.11

在试验期间生产了 890 t。

在这次初步试验之后,米德堡钢厂于 1963 年,在一座炉缸直径为各 37 m 的高炉中,用低磷南非铬矿生产了含铬特种生铁。

考虑到在转炉中生产含铬钢时的吹炼情况,矿石和焦炭中的低含磷量对获得含磷量低的生铁是极其重要的(表 5.15)

表 5.15 生产含铬特种生铁时的操作数据

生铁的化学成分/%	C	Si	P	S	Cr	
	5.2	2.7	0.05	0.008	14.9	
炉渣的化学成分/%	SiO_2	Al_2O_3	CaO	MgO	S	Cr_2O_3
	30~39	19~21	35~37	9~10	1.3	0.10 以下
平均风温/℃	630					
生铁平均日产量/t	298					
焦比/$kg \cdot t^{-1}$	1390					
炉顶平均温度/℃	427					
高炉煤气成分/%	CO	CO_2				
	35	5				
高炉灰量/$kg \cdot t^{-1}$	57					

在生产试验中出现了下列困难:

(1) 送风过强时炉顶温度高;

(2) 含铬生铁的凝固倾向强;

(3) 主要由被带走的铬矿石组成的炉顶灰很细。

这次试验与马伦巴赫在 1.65 m 的小高炉中进行的试验相比,焦比有了显著的改善,但是所炼生铁的含磷量(0.05%)对放在氧气顶吹转炉中直接炼钢还是显得太高。

采用更高的风温和富氧鼓风,还可进一步降低焦比和提高产量。把过热的特种生铁水,盛在经预热的盛铁桶中,送给吹氧转炉。在 10 t 试验转炉中进行较长时间的试验表明,可以把平均含 Cr 14.77%、C 5.05% 和 Si 2.05% 的含铬特种生铁,吹炼成含 Cr 11.58%、C 0.09% 和 Si 0.005% 的铬钢。

根据试验结果,设计了一套包括一座较大的高炉、两座 90 t 的吹氧转炉、一座 500 t 的混铁炉、一座 200 t 的感应加热混铁炉和一座 110 t 的钢水真空处理设备的生产车间。

前苏联曾有人试验在电炉中冶炼铬钢时添加低磷铬矿来限制铬铁的消耗量。在前西德进行的在高炉中冶炼含铬 1.0%～1.2%的铁矿(西非科纳克里矿石)的试验,得出了含铬 0.7%～0.8%的生铁。预吹炼含铬生铁时,可以得到含 Fe 30%～40%、Mn 8%～12%、SiO_2 12%～25%、Cr 6%～9%、V 1.5%～2.0%和 P_2O_5 3%～8%的炉渣。这种渣由于 P_2O_5 含量高,所以几乎不能用来生产含铬量高的铁。在前捷克斯洛伐克,曾有人试验在回转盛铁桶中用氧或空气进行氧化处理,而将含铬 1.5%的生铁脱铬至 0.1%以下。这种渣也可用来生产含铬生铁。

琼斯－劳林钢公司的阿利奎帕厂在低炉身还原电炉或热风化铁炉中,装入大量合金废钢,炼出如表 5.16 所示成分的生铁。

表 5.16　生铁的成分

成　分	C	Si	Cr	Ni
含　量	4.3～5.3	约 0.5	15～18	≤7.0

这种特种生铁与高炉生铁相比,由于焦比低和选用低,磷废钢面含磷量低。这种生铁可以采用高碱度(CaO/SiO_2 = 5～8)的造渣制度。在吹氧转炉中,吹炼成含 C 0.006%和 Cr 10%～14%的钢,随后再添加合金炼成铬镍钢。

特别是在低、微碳铬铁的价格猛烈上涨时,钢铁工业对这个方法很感兴趣。转炉中生产的铬镍钢,不难达到规定的含氢量和含氮量。吹氧转炉产量高也被认为是经济上的优点。可能遇到的困难是炉温控制和冶炼终点的掌握。转炉炉衬的严重耗损亦不容忽视。

前西德用废钢和焦炭在热风化铁炉中,生产成为合成生铁的高合金铬镍生铁。这种生铁中的合金元素含量经转炉吹炼后能正好符合希望达到的钢成分。为了免去在吹氧转炉中的造渣操作,在热风化铁炉中也进行脱硫。因为铁中含铬量增加,就要增加脱磷的困难,而且铁中含铬量超过 5%时,根本就不可能再脱磷,所以必须选好废钢和焦炭,使装入热风化铁炉中的炉料含磷量,保持尽可能低。

图 5.32 所示为在热风化铁炉中熔化铬镍铁的一段过程以及算出的炉料中铬、镍含量与热风化铁炉中的实际铬、镍含量的比较。图 5.32 分别表示测得的铁水中的铬、镍含量和算出的炉料的铬、镍含量。

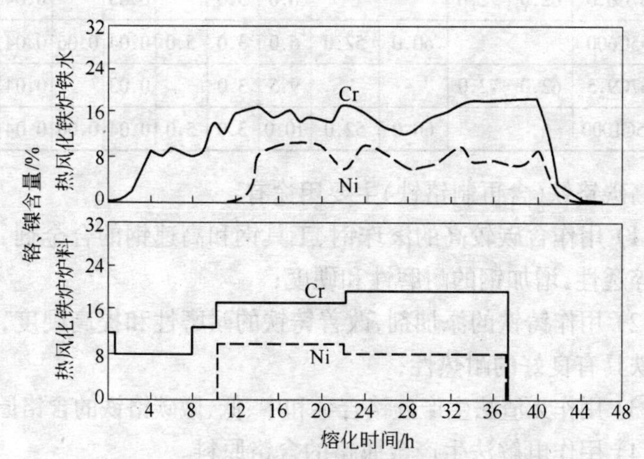

图 5.32 热风化铁炉中算出的炉料铬、镍含量与实际铁水铬、镍含量的比较

采用这种操作法,炼钢车间就可不必再花费许多时间用来添加大量固体合金添加剂。把铁水装到上一炉的终渣之上,钢水在吹氧转炉中拉碳到 0.10%~0.25%。随后再把这种半钢,装在盛钢桶脱气车间的中间盛钢桶中进行真空处理,在这里脱碳至 0.01%C,且铬几乎无损失。钢水经调整合金成分和沉淀脱氧后,倒入浇包,接着注入钢锭模中。

5.4 高碳铬铁冶炼

5.4.1 高碳铬铁牌号及用途

高碳铬铁牌号及化学成分如表 5.17 所示。

表 5.17 高碳铬铁牌号及化学成分

牌号	化学成分/%									
		Cr		C	Si		P		S	
	范围	Ⅰ	Ⅱ		Ⅰ	Ⅱ	Ⅰ	Ⅱ	Ⅰ	Ⅱ
		≥		≤						
FeCr67C6.0	62.0～72.0			6.0	3.0		0.03		0.04	0.06
FeCr55C600		60.0	52.0	6.0	3.0	5.0	0.04	0.06	0.04	0.06
FeCr67C9.5	62.0～72.0			9.5	3.0		0.03		0.04	0.06
FeCr55C1000		60.0	52.0	10.0	3.0	5.0	0.04	0.06	0.04	0.06

高碳铬铁(含再制铬铁)主要用途有:

(1) 用作含碳较高的滚珠钢、工具钢和高速钢的合金剂,提高钢的淬透性,增加钢的耐磨性和硬度;

(2) 用作铸铁的添加剂,改善铸铁的耐磨性和提高硬度,同时使铸铁具有良好的耐热性;

(3) 用作无渣法生产硅铬合金和中、低、微碳铬铁的含铬原料;

(4) 用作电解法生产金属铬的含铬原料。

(5) 用作吹氧法冶炼不锈钢的原料。

5.4.2 高碳铬铁的冶炼工艺与原理

5.4.2.1 冶炼工艺

目前,含铬高的高碳铬铁大都采用熔剂法在矿热炉内冶炼(见图 5.33),其他方法还有等离子炉法和熔融还原法等,但尚未普遍采用。

5.4.2.2 电炉法冶炼基本原理

电炉法冶炼高碳铬铁的基本原理是在电弧加热的高温区用碳还原铬矿中铬和铁的氧化物,称为电碳热法。当用碳作还原剂还原铬的氧化物时,铬与碳易生成碳化物,并存在布多尔(Boudouard)反应:$C + CO_2 = 2CO$,这两种反应都使还原反应复杂化,因此下面对其进行热力学分析。$\Delta G^{\ominus}$-T 关系图如图 5.34 所示,图中各线代表以下各个反应($\Delta G^\ominus$单位为:J/mol)。

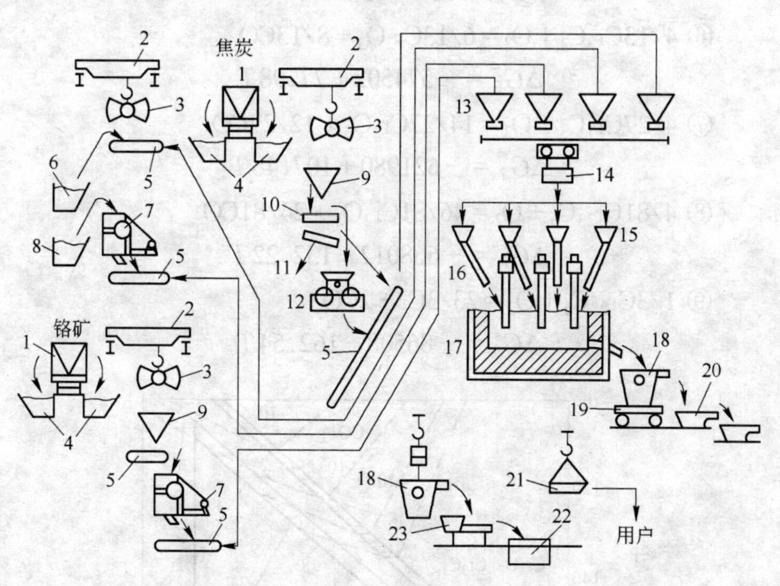

图 5.33　高碳铬铁冶炼工艺流程图

1—装料车;2—桥式吊车;3—抓斗;4—料仓;5—板式供料器;6—筛下硅石;7—颚式破碎机;8—返回料斗;9—料仓;10—双层筛;11—筛下弃料;12—对辊破碎机;13—供料分配仓;14—供料分配车;15—供料仓;16—下料管;17—矿热电炉;18—盛铁包;19—小车;20—渣罐;21—集装箱;22—粒化槽;23—流铁槽

① $4/9Cr_3C_2 + O_2 = 2/3Cr_2O_3 + 8/9C$

$$\Delta G_1^\ominus = -730475 + 190.62T$$

② $8/15Cr_7C_3 + O_2 = 2/3Cr_2O_3 + 4/5Cr_3C_2$

$$\Delta G_2^\ominus = -745495 + 183.68T$$

③ $4/27Cr_{23}C_6 + O_2 = 2/3Cr_2O_3 + 8/27Cr_7C_3$

$$\Delta G_3^\ominus = -760035 + 181.63T$$

④ $4/3Cr + O_2 = 2/3Cr_2O_3$

$$\Delta G_4^\ominus = -769135 + 183.47T$$

⑤ $2C + O_2 = 2CO$

$$\Delta G_5^{\ominus} = -223575 - 175.43T$$

⑥ $4/13Cr_3C_2 + O_2 = 6/13Cr_2O_3 + 8/13CO$

$$\Delta G_6^{\ominus} = -574502 + 77.98T$$

⑦ $4/27Cr_7C_3 + O_2 = 14/27Cr_2O_3 + 12/27CO$

$$\Delta G_7^{\ominus} = -621980 + 107.48T$$

⑧ $4/81Cr_{23}C_6 + O_2 = 46/81Cr_2O_3 + 24/81CO$

$$\Delta G_8^{\ominus} = -668012 + 132.22T$$

⑨ $1/3Cr_{23}C_6 + O_2 = 23/3Cr + 2CO$

$$\Delta G_9^{\ominus} = -86508 - 162.54T$$

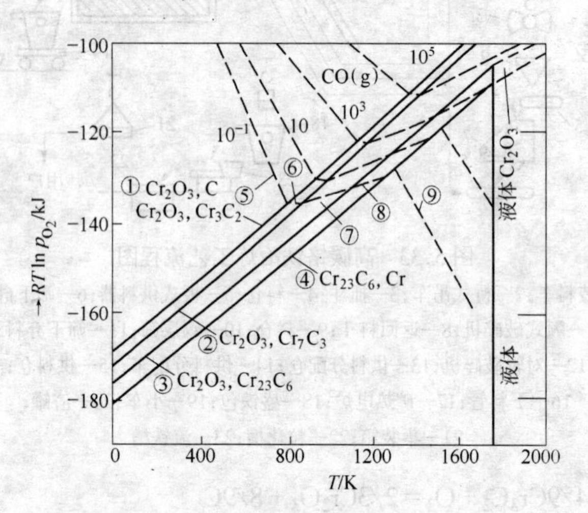

图 5.34　Cr-O-C 系反应的 $\Delta G^{\ominus}$-T 关系图

图中实线分别代表反应①、②、③、④,各虚线线段分别代表相应分压 p_{CO}(Pa)时的反应⑤、⑥、⑦、⑧、⑨。

图中各有关反应的 ΔG 线相交的温度,也就是最低的还原温度或称还原开始温度。如⑤与①或⑥与①相交的温度就是 Cr_2O_3 还原生成 Cr_3C_2 的开始温度:

$$2/3Cr_2O_3 + 26/9C = 4/9Cr_3C_2 + 2CO\uparrow$$

$$\Delta G^{\ominus} = 506900 - 366.05T$$

当 $\Delta G^{\ominus}=0, T_{开}=1385\ K$

同理可得：

⑤与②相交处的化学反应及温度为：

$$2/3Cr_2O_3+18/7C=4/21Cr_7C_3+2CO\uparrow$$

$$\Delta G^{\ominus}=521920-359.11T$$

当 $\Delta G^{\ominus}=0, T_{开}=1453\ K$

⑤与③相交处的化学反应及温度为：

$$2/3Cr_2O_3+54/23C=4/69Cr_{23}C_6+2CO\uparrow$$

$$\Delta G^{\ominus}=536460-357.06T$$

当 $\Delta G^{\ominus}=0, T_{开}=1502\ K$

⑤与④相交处的化学反应及温度为：

$$2/3Cr_2O_3+2C=4/3Cr+2CO\uparrow$$

$$\Delta G^{\ominus}=545560-358.9T$$

当 $\Delta G^{\ominus}=0, T_{开}=1520\ K$

从以上反应可以看出，碳还原氧化铬生成 Cr_3C_2 的开始温度为 1385 K，生成 Cr_7C_3 的反应开始温度 1453 K，而还原生成铬的反应开始温度为 1520 K，因而在碳还原铬矿时得到的是铬的碳化物，而不是金属铬。因此，只能得到含碳较高的高碳铬铁。而且铬铁中含碳量的高低取决于反应温度。生成含碳量高的碳化物比生成含碳量低的碳化物更容易。实际生产中，炉料在加热过程中先有部分铬矿与焦炭反应生成 Cr_3C_2，随着炉料温度升高，大部分铬矿与焦炭反应生成 Cr_7C_3，温度进一步升高，三氧化二铬对合金起精炼脱碳作用。这反应是：

⑥与②或⑦与②相交处的化学反应及开始温度为：

$$2/3Cr_2O_3+54/15Cr_3C_2=26/15Cr_7C_3+2CO\uparrow$$

$$\Delta G^{\ominus}=555727-344.18T$$

$T_{开}=1615\ K$

⑧与③或⑦与③相交处的化学反应及开始温度为：

$$2/3Cr_2O_3+2Cr_7C_3=2/3Cr_{23}C_6+2CO\uparrow$$

$$\Delta G^{\ominus} = 621155 - 333.52T$$

当 $\Delta G^{\ominus} = 0$, $T_{开} = 1862\ K$

⑧与④或⑨与④相交处的化学反应及开始温度为:

$$2/3Cr_2O_3 + 1/3Cr_{23}C_6 = 9Cr + 2CO\uparrow$$

$$\Delta G^{\ominus} = 682627 - 346.01T$$

$T_{开} = 1973\ K$

由上可知,用碳还原 Cr_2O_3,并有过量 Cr_2O_3 存在的条件下,还原次序是:

$$Cr_2O_3 + C \rightarrow Cr_3C_2 \rightarrow Cr_7C_3 \rightarrow Cr_{23}C_6 \rightarrow Cr$$

此反应需要很高的温度,碳还原氧化铬生成 Cr_3C_2 的开始温度为 1385 K,$Cr_{23}C_6$ 消失生成 Cr 的温度需高于 1973 K。

另外还有:

$$FeO\cdot Cr_2O_3 + C = Fe + Cr_2O_3 + CO\uparrow$$

$$\Delta G^{\ominus} = 163755 - 138.49T$$

$T_{开} = 1182\ K$

$$MgO\cdot Cr_2O_3 + 3C = 2Cr + MgO + 3CO\uparrow$$

$$\Delta G^{\ominus} = 720125 - 466.12T$$

$T_{开} = 1545\ K$

氧化铁还原反应开始温度比三氧化二铬还原反应开始温度低,因而铬矿中的氧化铁在较低的温度下就充分地被还原出来,并与碳化铬互溶,组成复合碳化物,降低了合金的熔点。同时,由于铬与铁互相溶解,使还原反应更易进行。

5.4.3 埋弧还原电炉

埋弧还原电炉是电炉的一种,在铬铁生产中用于对矿石等炉料进行还原熔炼。其特点是正常熔炼过程中电弧始终埋在炉料之中。此种电炉与用于生产生铁、电石、黄磷、冰铜、低冰镍、刚玉等的电炉有相似之处。

5.4.3.1 类型

(1) 按炉口形式分为高烟罩敞口式(见图 5.35)、矮烟罩敞口式(将高烟罩降低后,短网由烟罩上部引入的一种改进型)、半封闭式(见图 5.36)和封闭式(见图 5.37)4 种。前两种为早期使用的形式,日趋淘汰。目前广泛采用的是半封闭式和封闭式。

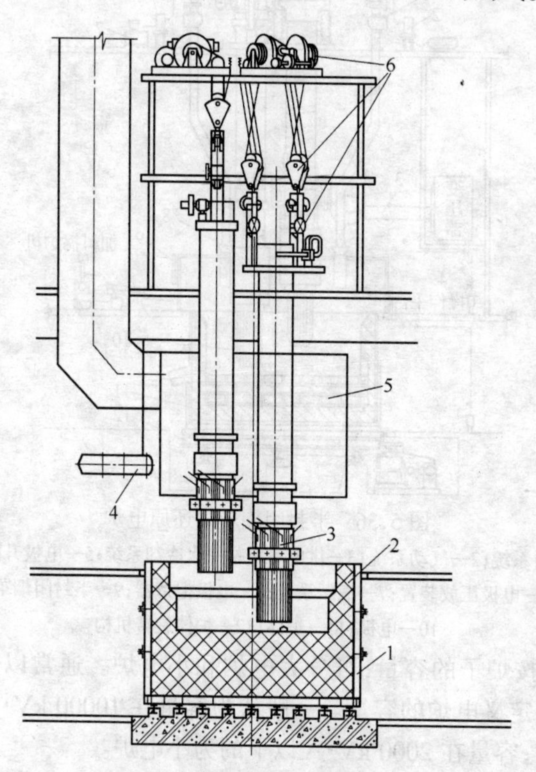

图 5.35　敞口固定式还原电炉

1—炉壳;2—炉衬;3—电极把持器;4—短网;

5—高烟罩;6—电极卷扬机及吊挂系统

(2) 按炉体形状分为圆形、矩形和三角形(角为弧形)。广泛采用的是圆形炉体(有固定式和旋转式两种)。

(3) 按电极数量分为单相单电极、单相双电极、三相三电极和三相六电极的电炉。广泛采用的是电极按等边三角形排列的三相三电极电炉。

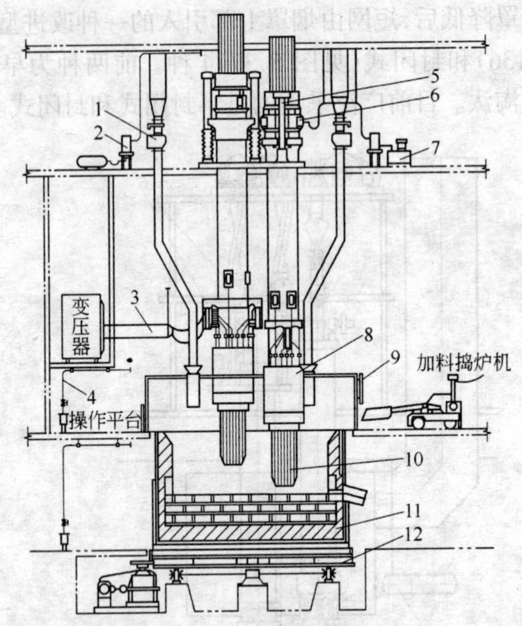

图 5.36　半封闭旋转式还原电炉

1—加料系统；2—气动系统；3—供电系统；4—水冷却系统；5—电极升降装置；6—电极压放装置；7—液压系统；8—电极把持器；9—半封闭烟罩；10—电极；11—炉体；12—炉体旋转机构

(4) 按炉子的容量，可分大电炉和小电炉。通常以选配的变压器容量定义电炉的容量。一般认为容量在 10000 kV·A 以上的为大电炉；容量在 2000 kV·A 以下的为小电炉。

半封闭式还原电炉应用最广，这种电炉(特别是中、小型的)便于观察和调整炉况，可适应不同原料条件，有利于改炼品种。电炉烟罩多为矮烟罩演变而成的半封闭罩，通常在其侧部设置若干个可调节启闭度的炉门，以便既可在需要加料、捣炉操作时开启，又可按要求控制进风量，调节炉气温度，实现烟气除尘甚至余热利用。封闭式还原电炉，亦即带炉盖的密闭电炉，炉内产生的煤气由导管引出，再经净化处理后可回收利用。为便于操作检修，并保证安全运行，封闭电炉炉盖上设置若干个带盖的窥视、检修和防爆孔。这类电炉操作和控制技术要求较高。

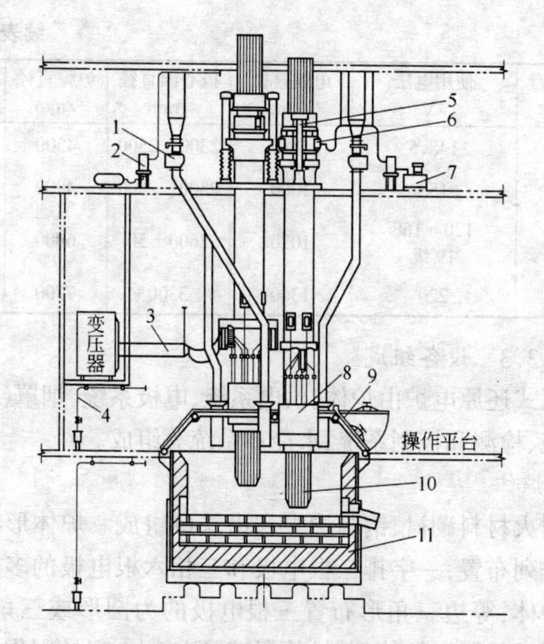

图 5.37 封闭固定式还原电炉

1—加料系统;2—气动系统;3—供电系统;4—水冷却系统;5—电极升降装置;6—电极压放装置;7—液压系统;8—电极把持器;9—炉盖;10—电极;11—炉体

5.4.3.2 主要技术参数

根据生产的品种和年产量,首先确定炉用变压器的额定容量,选择变压器的类型(三相或三台单相)、工作电压和工作电流。然后确定电炉的几何参数,包括电极直径,电极极心圆直径(或电极中心距),炉膛直径,炉膛深度,炉壳直径,炉壳高度等。所有这些参数,通常采用经验公式计算,并参照国内外生产实践进行选定。部分冶炼高碳铬铁的还原电炉主要技术参数列于表 5.18。

表 5.18 部分还原电炉主要技术参数

变压器容量 /kV·A	使用电压 /V	电极直径 /mm	极心圆直径 /mm	炉膛直径 /mm	炉膛深度 /mm
2700	93.5	500	1150	2800	1700
8000	138	870	2250	6500	2700

续表 5.18

变压器容量 /kV·A	使用电压 /V	电极直径 /mm	极心圆直径 /mm	炉膛直径 /mm	炉膛深度 /mm
9000	148.5	900	2300～2500	4500	2100
12500	158	1000	2300～2500	4900	2100
12500	120～168 19 级	1020	2600±50	6000	2300
25000	220	1300	3300	7700	2500

5.4.3.3 设备组成

埋弧式还原电炉由炉体、供电系统、电极系统、烟罩(或炉盖)、加料系统、检测和控制系统、水冷却系统等组成。

A 炉体

由耐火材料砌衬、钢制炉壳和出铁口组成。炉体形状取决于电极的排列布置,一字排三根电极和三相六根电极的多为矩形或椭圆形炉体;等边三角形布置三根电极的为圆形或三角形炉体。普遍采用的是圆形炉体,其结构紧凑,刚度大,容易制作。电极下部是最主要的反应区,在这里,电能通过电弧和电阻转化成热能。还原电炉熔池反应区的温度高达 2000～2200℃,并处于强电场之中,耐火材料需具有较高的耐火度和良好的理化指标。所用耐火材料种类取决于冶炼品种和炉子结构。常用的耐火材料为黏土砖、炭砖、镁砖等。在炉壳和耐火砖之间留有 90～140 mm 左右的间隙,充填黏土颗粒和石棉板作为弹性层,以便部分地吸收耐火砖的膨胀和减少炉衬散热。

炉膛的几何尺寸如图 5.38 所示,包括电极直径 d、炉膛直径 $D_{膛}$、炉膛深度 H、电极与炉膛的相对位置(极心圆直径 $D_{心圆}$)。它们对炉内电流分布影响很大,是电炉设计最重要参数。

电极直径 d 常用电流密度来计算。铬铁电炉生产用电极为自焙电极,电流密度过大,电极烧结过早,容易产生硬断,同时给下放电极造成困难;电流密度过小,电极烧结不好,容易产生软断或电极下滑。因此,电流密度要选择合适。通常电流密度范围为

4.5～6.5 A/cm²，中型以上电炉的电流密度多为 5～6 A/cm²。

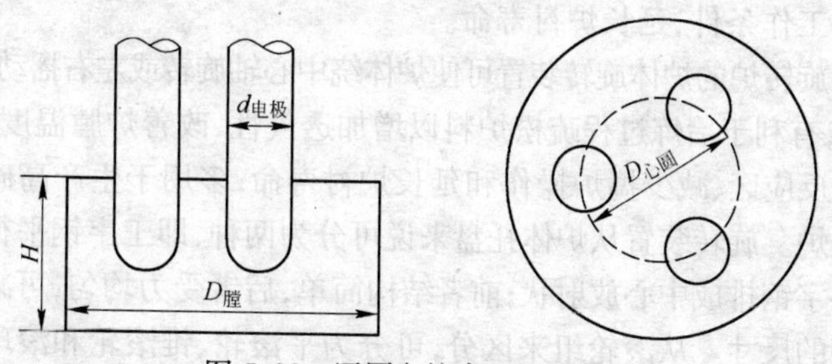

图 5.38 还原电炉内型尺寸图

设计电炉参数时，可以利用相似分析方法由技术经济指标良好的电炉的数据(其参数下标设为 0)计算相应的电极直径 d_1、电极电流 I_{e1}、熔池电压 V_{B1} 等参数。设输入炉内的功率比为 $k=P_1/P_0$，则 $d_1=d_0k^{1/3}$；$I_{e1}=I_0k^{2/3}$；$V_{B1}=V_0k^{1/3}$。

极心圆直径、炉膛直径和炉膛深度等几何尺寸通常按照电极直径的倍数来设计的。

一般电极极心圆的直径为电极直径的 2.4～2.7 倍，生产高碳铬铁时取 2.55。电极极心圆的直径过大，炉心吃料过慢，炉墙容易损坏；直径太小电极容易上抬，周围死料区增大。

炉膛深度 H 为电极直径的 2.1～2.4 倍，封闭电炉的 H 为电极直径的 2.7 倍。

合理的极心圆直径与反应区直径相同，而出铁口是炉衬最薄弱的部位，最容易被烧穿，因此炉膛直径应该大于两倍的极心圆直径，使熔炼区不与炉衬相接触，建议 $D_{膛}=2.3D_{心圆}$。

炉壳由 15～25 mm 厚钢板和纵横向的加劲板分数瓣焊接或铆接而成，并可以做成两种形式，一种是直筒形，一种是圆锥形(斜度为 6°～7°)。前者结构简单，便于制造；后者可在一定程度上适应炉衬膨胀，从而达到简化加强筋，减轻质量。侧壁装有出铁口，固定式电炉为 1～2 个，旋转式电炉为 5～6 个，后者有利于炉体旋转到任意位置出铁。炉底板通常为水平板，浮放在置于混凝土基础上的工字钢排架上，通过工字钢排架可形成良好的空气通道以冷却炉底。采用淋水冷却炉壳，炉底通风冷却和测温有助于改善炉衬工作条件，延长炉衬寿命。

旋转炉的炉体旋转装置可使炉体绕中心轴旋转或左右摇动60°～120°，有利于冶炼过程疏松炉料以增加透气性、改善炉膛温度分布、扩大反应区、减少捣炉操作和延长炉衬寿命，多用于生产高硅合金的电炉。旋转装置从炉体托盘来说可分为两种，即工字钢平行排列和工字钢排成中心放射状；前者结构简单，后者受力均匀，可减小工字钢的尺寸。从滚轮组来区分，可分为平滚轮、锥滚轮和滚球式三种。为减少磨损，一般滚轮分布直径(即轨道直径)在6 m以下，应采用锥滚轮。就其传动装置而言，又可分为机械减速加液压马达调速、直流电动机调速和滑差电动机调速三种。调速范围一般为每30～240 h旋转360°，大型电炉有的采用每200～600 h旋转360°。

B　供电系统

由变压器、短网和高低压控制设备等组成。电炉变压器的特点为二次侧，它具有低电压大电流，电压调节范围广，级数多，且大都采用有载调压。通常中、小型电炉采用一台三相变压器，大型电炉多采用三台单相变压器。短网为变压器二次侧至电极的一段大电流导体，又称二次母线，由硬母线和软母线两部分组成。硬母线用钢板或铜管制作，后者内部通水冷却，可提高载流能力。软母线使用裸铜复绞线、薄铜带或水冷电缆。为最大限度降低阻抗，在布置上从变压器到电极之间的距离要尽可能短且正负极交错排列，互相靠近。因此大都采用三角形布线，亦即在电极上完成三角形接线方式。一些电炉装有星角转换装置，改变电源一次侧接法可以使二次电压改变$\sqrt{3}$倍以满足工艺操作对供炉和冶炼制度的要求。

大型电炉使用三台单相变压器供电，各变压器互成120°，呈三角形布置，可使短网最短且三相阻抗均衡，有利于提高电炉的热效率和功率因数。大型电炉变压器普遍采用有载分接开关，可以在冶炼过程中对二次电压进行分相有载切换，根据炉况特点随时调整电气参数。大型电炉的熔池电阻较小，电抗较大，电炉功率因数普遍较低。为了补偿功率因数，需要在变压器的一次侧或第三线圈接入电容器进行并联或串联补偿。

还原电炉常以电炉变压器容量或电炉功率来衡量其规模。变压器的铭牌标出的容量称之为额定容量，是电炉变压器所能达到的最大实在功率。受电炉设计和冶炼条件限制，变压器额定容量常常不能反映实际输入电炉能量。因此人们常用实际生产中电炉的有功功率说明其规模。变压器的额定容量大于使用容量意味着电炉有一定的过载能力。这对于电炉适应变化的冶炼条件，调整冶炼工艺参数有很大益处。

降低电炉设备电阻和电抗有助于变压器的有功和无功损耗，提高电炉效率，但变压器的电抗过低不利于变压器的安全运行。

C 电极系统

由自焙电极、电极把持器、电极升降装置和电极压放装置组成。

自焙电极由电极壳和在壳内充填的电极糊（为无烟煤、焦炭、石墨和煤焦沥青等按比例混合后压成的块状物）组成。电极壳为1.5～3 mm厚钢板卷制成的圆筒，在圆筒内焊接若干条筋片，并在其上开一些圆孔或冲出一些小舌片，使电极糊与电极壳很好地结合，达到良好导电作用。随着电极的不断消耗，电极壳要陆续一节一节地焊接起来，电极糊要定期地充填。所用电极糊，通常以块状加入，也有预热成稀糊状后加入的。在电炉生产过程中依靠电流通过时产生的热量和炉内传导热自行焙烧而成。自焙电极结构和温度分布示意图见图5.39。

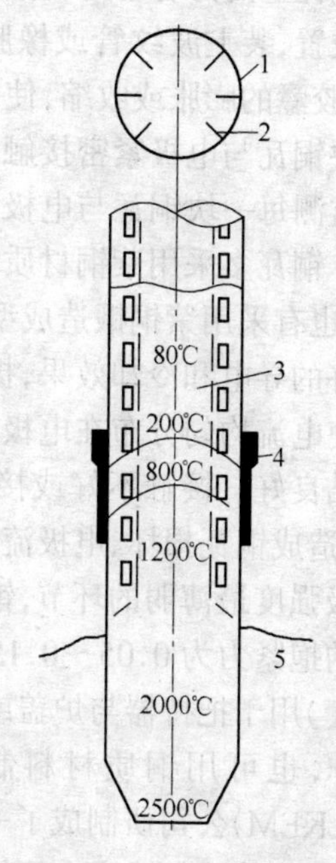

图5.39 自焙电极结构和温度分布示意图

1—电极壳；2—筋片；3—电极糊；4—铜瓦；5—炉料

电极把持器的作用是将大电流输向电极,并使电极保持在一定高度上,还可以调节电极糊的烧结状态。主要由压力环、铜瓦、导向密封筒等组成(见图 5.40)。它处于高温和强磁场条件下工作。随着电炉容量和自焙电极直径的扩大(最大自焙电极直径已达 2000 mm),电极把持器结构也不断发展和完善,其铜瓦的夹紧和松开大都采用液压遥控操作。铜瓦的夹紧方式主要有:螺钉顶紧式、锥形环式、波纹管式、胶囊式。螺钉顶紧式(见图 5.40)需用长管式套筒扳子松紧螺帽,劳动强度大。锥形环式(见图 5.41)为利用压力环与铜瓦之间的 6°~15°锥面,在液压缸或机械传动下,升降压力环使铜瓦夹紧或松开,此种方式结构较简单,但作用在每块铜瓦上的力有不均现象。后两种为在压力环内对应于每块铜瓦的位置,装上波纹管或橡胶囊,利用液压控制波纹管的伸长或缩短,胶囊的膨胀或收缩,使铜瓦夹紧或松开,此两种方式可以保证每块铜瓦与电极紧密接触,作用在每块铜瓦上的力比较均匀。仪表监测每一块铜瓦与电极的接触压力,一旦出现异常可以及时报警。铜瓦多采用紫铜材质铸造成型,其内铸有通水冷却用的紫铜管;也有采用紫铜锻造成型后再钻制水冷却用孔的方法,均可获得良好的导电和冷却效果,提高使用寿命。铜瓦应与电极有良好接触使电流均匀分布在电极上,以减少接触电阻热损失并保证电极烧结良好。接触不好或接触电阻过大会产生铜瓦与电极之间打弧,造成铜瓦损坏、电极流糊或电极软断事故。电极烧结带是整个电极强度最薄弱的环节,铜瓦对电极应有足够的夹持力,铜瓦对电极的抱紧力为 0.05~0.15 MPa。导向密封筒(又称把持筒、水冷大套)用于把持器与炉盖或烟罩之间的密封和电极导向,以防磁钢制作,也可用铜质材料制成。20 世纪 70 年代末期挪威埃肯(ELKEM)公司研制成了一种带电极压放装置的新型组合式把持器,它与传统方式完全不同,把铜瓦和压紧机构结合成一个整体,电极筋片延伸到电极壳外,铜瓦直接夹持筋片,既简化了把持和压放机构,又可适用于不同直径的电极。由于电极完筋片结构的相应变革,还能使电极截面上的电流分布均衡,有利于电极糊烧结,避免电极软断事故的发生。

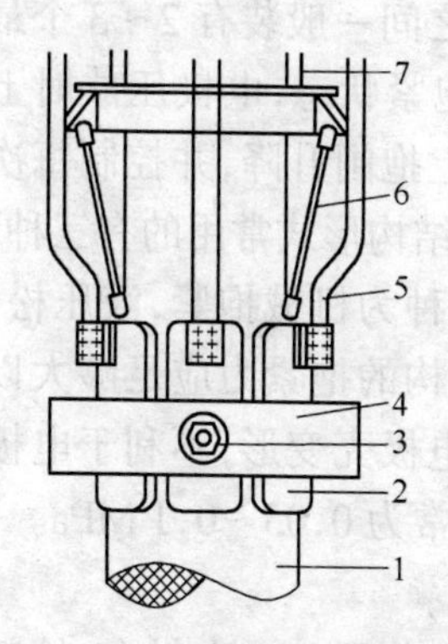

图 5.40 电极把持器简图
1—电极;2—铜瓦;3—顶紧螺栓;
4—夹紧半环;5—导电铜管;
6—吊筋;7—把持筒

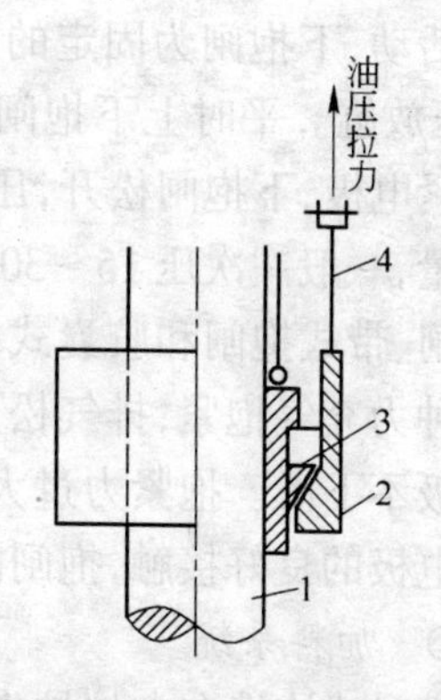

图 5.41 锥形环式电极把持器
1—电极;2—油压锥形环;3—铜瓦;
4—油压拉力活塞拉杆

电极升降装置用以改变电极插入炉料的深度,调节操作电阻,使输入炉内功率达到额定要求。操纵电极升降的方式有使用卷扬机和液压缸两种,卷扬机在早期或小型电炉上使用较多,大型电炉普遍采用液压传动,每根电极配备一对液压缸,它可以装在平台上,也可以吊挂在上一层平台下。为了做到升降平稳、油缸同步运动,电极系统结构设计应做到均衡对称,连接方式采用球形铰接。改变电极位置是调整炉内功率分布的主要措施。由于炉料运动电极电流可能在瞬间发生急剧变化,工艺往往要求电极提升速度大于下降速度。电极升降速度为 0.25～0.6 m/min,小型电炉的电极升降速度一般要高一些。自焙电极自重很大,电极移动过快会使电极内部产生应力。电极升降装置的起升力除要考虑电极自重和把持筒等机械设备重量外;还应考虑到电极与炉料的作用以及把持筒与炉盖密封件的摩擦力。电极行程通常为 1000～1200 mm。

电极压放装置用于夹紧电极并通过压放机构加大或减小电极工作端的长度。自焙电极在生产过程中随着自身的消耗,工作端逐渐变短,因而要定时补充。现代电炉已普遍采用了计算机控制的自动程序压放装置。此装置的特点是使用二道抱闸,上抱闸可上下活动,下抱闸为固定的,两道抱闸之间一般装有 2～3 个最多 6 个压放缸。平时上下抱闸总是处于抱紧状态,电极压放时上抱闸抱紧电极,下抱闸松开,压放缸牵动上抱闸升降,并控制每次的压放量,一般一次压 15～30 mm。抱闸结构形式常用的有三种:块式抱闸、带式抱闸和胶囊式抱闸。前两种为机械抱紧,液压松开;后一种力充气抱紧,排气松开。抱闸机构的抱紧力应足够大以保证电极不下滑。抱紧力过大则会造成电极壳变形,不利于电极铜瓦与电极的良好接触,抱闸的抱紧力通常为 0.05～0.1 MPa。

D　加料系统

定时或连续向电炉炉内补给炉料的装置。它由料仓、给料机(或闸门)、料管和料管出口端组成。向炉内加料的方法通常随电炉容量的大小和冶炼品种的不同而异。一般小型敞口电炉采用人工加料,大、中型敞口电炉大都采用加料管直接入炉,然后由人工补料、推料和捣炉;也有用加料捣炉机完成全部作业的。封闭式电炉则全用料管给料,为达到合理布料,通常设一个中心料管,3 个相间料管,6～12 个外围料管。在操作平台上方设置钢结构或混凝土料仓,其数量一般与加料管相对应。敞口电炉在料仓下口设闸门,以人工控制给料;封闭电炉在料仓下口则装一些常开的针形栅条,以便停炉或发生事故时阻止炉料进入炉内。料管直径按炉料块度大小的不同为 350～450 mm。位于炉子三角区和靠近大电流导体的料管用防磁材料制作。敞口电炉的料管常采用气封,以防烟囱效应。封闭电炉的料管设置 800 mm 长的绝缘段(常用耐火混凝土制作),以防通过炉料造成电气接地短路。料管出口端通常为水冷结构,且伸入炉内的高度具有一定的可调范围,以适应炉内高温条件,控制料面状态。

E　烟罩和炉盖

电炉还原过程产生大量 CO 浓度很高的炉气,同时带出大量粉尘。为使电炉烟气含尘量达到排放和使用标准,必须用烟罩或密闭的炉盖将烟气收集起来,经烟道送入净化系统。

烟罩是收集并排除敞口炉烟气的装置，有高烟罩、矮烟罩、半封闭烟罩三种。高烟罩为吊挂式，通过其顶部的加强梁吊挂在操作平台上方的平台下，其直径同炉壳直径相近。烟罩下沿与操作平台之间留出 1～1.5 m 环形空隙，装设链条或水冷门，既可挡炉口辐射热，又便于炉口操作。侧壁三面开窗口，用于短网和水冷管路进入。这种烟罩多为早期和小型电炉所采用。采用矮烟罩装置能大大减少烟气排放量，提高烟气温度，有助于回收余热，降低投资和运行费用。现代电炉普遍采用由矮烟罩演变而成的半封闭烟罩，这种烟罩短网和水冷管路均可布置在顶盖上面。半封闭烟罩的下部通常安装 3 个或 6 个可调节启闭度的升降炉门，用以进行炉口操作和控制进风量，调节烟气温度。按炉门数量、大小及烟道布置要求，烟罩可做成圆形或多边形。烟罩结构视烟气温度高低，有水冷式、耐火混凝土式或二者混合式，最常用的耐高温烟罩为混合式，即顶部采用内衬 60 mm 左右厚耐火混凝土的水冷盖板。整个烟罩要有良好的对地绝缘，大型电炉还常将顶盖按电极分成三个扇形段，之间也加以绝缘。在顶盖上装有电极密封孔和料管密封孔；靠近电极区域为防止涡流和磁滞损失，需采用防磁材料制作。在烟罩侧部或顶部装有 1～2 个烟囱，用以引导烟气排至净化系统或大气中。

敞口电炉炉气在炉口燃烧，烟气温度很高，不能直接进入布袋收尘器，在风机和布袋之前必须设有冷却器或余热锅炉以降低烟气温度。布袋除尘器的投资只有敞口炉的 1/4，除尘器消耗的电能仅为敞口炉的 1/3。

炉盖是封闭式炉上收集并排出反应气体的装置，分热炉盖和冷炉盖两大类。热炉盖采用耐火混凝土或耐火砖砌筑，常用于生产冰铜、黄磷等的电炉上。冷炉盖为混合式结构（见图 5.42），广泛应用于铁合金电炉上，它采用水冷骨架，其间打结耐火混凝土或铺以水冷盖板，在水冷盖板内侧也可打结 60 mm 左右厚的耐火混凝土。骨架使用钢管制作以减少焊缝，靠近电极处采用防磁材料制作，以减少涡流和磁滞损失。炉盖是锥台形，中部的水平面装有电极密封孔和料管密封孔，侧壁装有带防爆盖的炉门，用以取出折断的电极头和进行炉内检修，还装设1～2个烟囱以引导炉气排入除尘系统或大气中。整个炉盖对地绝缘，大型电炉常接电极分成三个扇形段，之间也加以绝缘。炉盖支于操作平台上或炉体上，其下部设带环形圈的砂封刀，以便插入炉壳上口的砂封槽中起密封作用。炉盖净空高度通常为1.5～1.7 m。封闭炉口收的电炉煤气中CO含量可达60%以上。为保证电炉安全运行，炉盖内部压力维持在微正压。

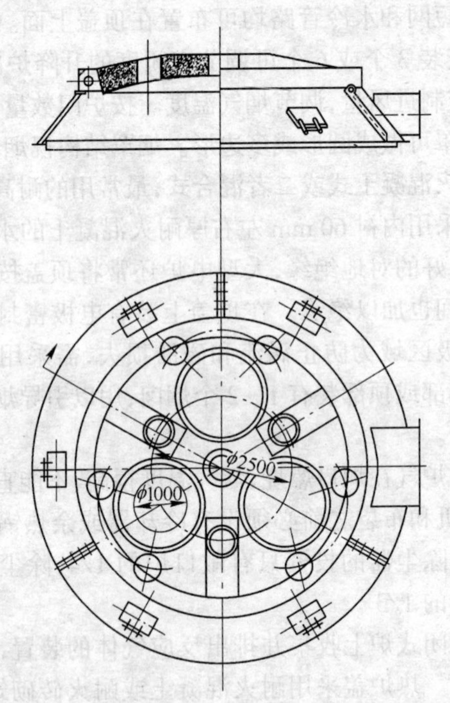

图5.42　水冷金属骨架－耐热混凝土结构炉盖图

F　水冷却系统

水冷却系统是对高温条件下工作的电炉构件进行冷却的装置。矿热炉一般均采用循环用水，用水量（不含变压器冷却用水）为每1000 kV·A约10～15 m^3/h。为防止被冷却的构件结垢，水的总硬度($CaCO_3$ 含量)应小于 200×10^{-6},最好使用软化水,水压为 0.3 MPa,进出水温差控制在 8℃左右。冷却装置由给水管、水分配器、集水箱、配管、仪表等组成。冷却供水经给水管进入水分配器,再分配给各被冷却构件,然后回至集水箱,排入冷却池或泵入冷却塔或冷却器。在分配给各被冷却构件的压力管路上装有截止阀,用以调节水量;有的还装设水流指示器。分配器装有检测供水压力和温度的压力表和温度表。大型电炉的重要构件通常还配备单独的冷却水回路,包括专用的压力表和温度表。水管与被冷却构件之间用胶管相连,可使电炉对地绝缘。

图 5.43 所示为全封闭式还原电炉冶炼车间剖面图,主要由配料站、主厂房及辅助设施等组成。

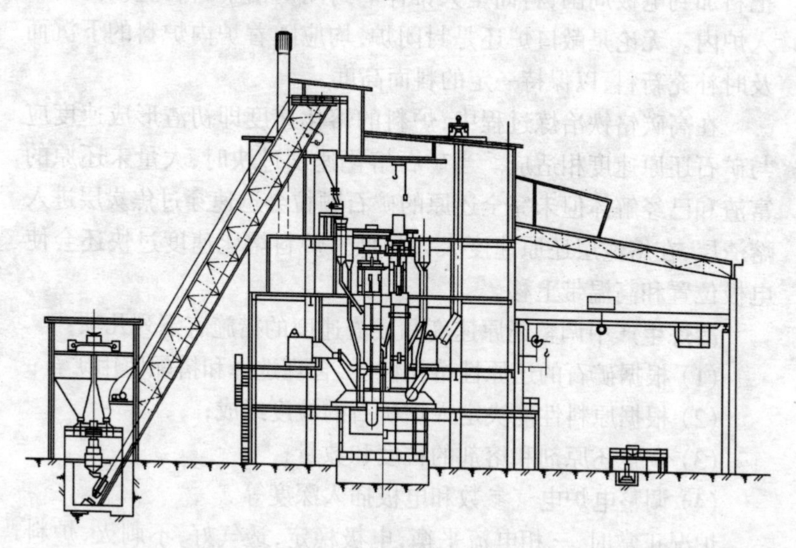

图 5.43 全封闭式还原电炉车间剖视图

5.4.4 高碳铬铁电炉冶炼操作

5.4.4.1 原料

冶炼高碳铬铁的原料有铬矿、焦炭和硅石。

铬矿中 $Cr_2O_3 \geqslant 40\%$，$Cr_2O_3/\sum FeO \geqslant 2.5$，$S < 0.05\%$，$P < 0.07\%$，MgO 和 Al_2O_3 含量不能过高；粒度 10～70 mm，如系难熔矿，粒度应适当小些。

焦炭要求含固定炭不小于 84%，灰分小于 15%，$S < 0.6\%$，粒度 3～20 mm。

硅石要求含 SiO_2 97%，$Al_2O_3 \leqslant 1.0\%$，热稳定性能好，不带泥土，粒度 20～80 mm。

5.4.4.2 冶炼操作工艺

电炉熔剂法生产高碳铬铁采用连续式操作方法。原料按焦炭、硅石、铬矿顺序进行配料，以利混合均匀。敞口炉通过给料槽把料加到电极周围，料面呈大锥体。封闭炉由下料管直接把料加入炉内。无论是敞口炉还是封闭炉，均应随着炉内炉料的下沉而及时补充新料，以保持一定的料面高度。

在高碳铬铁冶炼过程中，炉料的熔化速度即初渣形成速度应与矿石还原速度相适应。当矿石熔化速度过快时，大量未还原的富渣和已经解体但未完全还原的矿石颗粒会迅速穿过焦炭层进入熔渣层，在熔渣层还原速度大大降低。炉料熔化速度过快还会使电极位置和高温带上移。

冶炼生产中调整还原速度和成渣速度的措施有下列几项：

(1) 根据矿石的还原性熔化性能，合理选择和搭配使用矿石；

(2) 根据原料性能决定入炉矿石的粒度组成；

(3) 调整还原剂和熔剂的粒度和数量；

(4) 调整电炉电气参数和电极插入深度等。

炉况正常时，三相电流平衡，电极稳定，透气好，不刺火，炉料能均匀下沉；渣铁温度正常，合金和炉渣的成分稳定，并能顺利地从炉内放出；全封闭炉的炉膛压力稳定，炉顶温度在 873～1073 K 之间，炉气量和炉气成分变化不大，在原料干燥的情况下料管内不产生爆鸣。

出铁次数根据电炉容量大小而定，大电炉每隔 2 h 出铁一次，铁与渣同时从出铁口放出。在出铁后期和出渣不顺利时，应用圆钢通畅炉眼，以帮助排渣。出铁时间为10 min左右。根据炉衬的冲刷程度确定堵眼深度。碳砖内衬用耐火黏土泥球堵眼，镁砖内衬用一定比例的镁砂粉和耐火黏土泥球堵眼。

铁水经扒渣后浇铸、粒化或直接送转炉吹炼。

每炉都应取样分析合金中的Cr、C、Si、S四种元素。还应定期分析炉渣中主要氧化物MgO、Al_2O_3、SiO_2、CaO和Cr_2O_3，以检查产品质量和帮助判断炉况。

炉况不正常的特征为：

(1) 还原剂用量不足时，电极下插深，电流波动，负荷送不足，电极消耗快；炉口火焰发暗；合金含硅、碳量低，铁硬，表皮泡多，渣中Cr_2O_3含量增高；炉渣黏度增加。

(2) 还原剂过剩时，电极下插浅，电流波动，刺火，喷渣，电极消耗慢；炉底温度低，出铁口不易打开，炉渣不易排出；合金含碳、硅升高，渣中Cr_2O_3含量降低。

(3) 硅石过多时，电极下插深，火焰发暗，渣的流动性好，渣中SiO_2含量升高，凝固的渣子发黑，炉墙侵蚀严重，合金中含碳量升高，合金过热度小，不易从炉内排出。

(4) 硅石过少时，电极下插浅，炉口温度高，电极周围有黏稠的渣子，易翻渣，炉渣黏度大，不易从炉内放出，由于炉温过高，铁水温度高，含碳量下降，渣铁数量均少。

(5) 硅石和焦炭量都不足时，炉渣中SiO_2含量低，很黏稠，含有许多未被还原的铬矿和小金属粒，不易从炉内流出，合金中硅和碳的含量均有降低。

(6) 焦炭量不足、硅石量过剩时，炉渣温度低，易熔而黏稠，含有大量的SiO_2、Cr_2O_3、FeO；合金中硅含量下降，碳含量上升；电极下插深，消耗增加。

(7) 硅石和焦炭过剩时，炉渣易熔，从出铁口排出一些挂渣的焦炭；合金中硅和碳量都高；电极下插不稳。

(8) 焦炭过剩、硅石不足时，电极上抬，出现刺火，焦炭自坩埚里喷出；炉渣熔点高，渣的温度也高，渣中Cr_2O_3含量低，炉渣黏稠,不易从炉内放出。

高碳铬铁冶炼过程中,熔剂的用量直接影响炉渣的成分。由于炉渣的成分决定炉渣的熔点,炉渣的熔点又决定炉内的温度,因而选择和控制炉渣的成分是冶炼铬铁的一个重要问题。合适的炉渣成分能使炉内达到足够的温度,保证还原反应顺利进行和还原产物顺利排出。

炉膛温度与电炉容量有密切关系。大型电炉的功率密度较高,热效率也比较高。因此,电炉容量越大,铁水温度相对越高。高碳铬铁冶炼过程应在合适的炉膛温度范围内,炉温过低对排渣不利;炉温过高,金属挥发损失增加。

高碳铬铁的熔点高达 1773 K 以上,为了保证有高的反应速度并使生成的合金顺利地从炉内放出和渣铁分离,必须将炉温控制在铬铁熔点以上的 1923~1973 K。因此,炉渣的熔点应控制在此范围内。否则,若渣的熔点偏低,炉内温度也低,出炉时,虽然炉渣能顺利流出,但铁水由于过热度小而不能畅流,就会出现出渣多出铁少的现象,严重时会出现只出渣不出铁;若渣的熔点偏高,炉内温度也高,炉渣由于熔点高过热度不够而不能畅流,但铁水能畅流,就会出现出渣少出铁多的现象,严重时会出现只出铁不出渣。

炉渣的过热度是有限的。炉渣熔点过低会降低还原反应区的温度,不利于矿石的还原反应。小型电炉炉渣过热度小,改变炉渣的成分可以提高炉渣熔化温度,从而提高炉温。渣中 MgO 含量每提高 1%,渣温大约提高 10℃左右。大型电炉的炉渣过热度已经很高,故炉渣成分对炉膛温度没有太大的影响。对于炉温偏低的小型电炉,用高 MgO 渣型提高炉温的冶炼效果优于大型电炉。

当铬矿中的 Cr_2O_3 和 FeO 被还原后,剩下的主要氧化物为 MgO 和 Al_2O_3。这两种氧化物的熔点都很高,必须加熔剂(硅石)以降低其熔点,才能从炉内流出。因此,熔剂的用量就直接影响炉渣的成分。硅石的加入量是根据 Al_2O_3-MgO-SiO_2 三元相图(图 5.44)确定的。由于炉渣中 MgO 与 Al_2O_3 的比值在 1 左右,因而可以通过 SiO_2 顶点画一线垂直于底。线上的点就代表炉渣的熔点，它随着 SiO_2 量的增加而下降。若渣中 SiO_2 含量过高，炉渣的比电阻下降，电极不能深插，炉渣过热少，铁水温度低。当 MgO/Al_2O_3 比值发生变化时对炉渣的熔点影响不大，这是因为等熔度线基本上平行于底线的缘故。根据生产实践，炉温控制在1923～1973 K，SiO_2 的质量分数通常控制在30%。

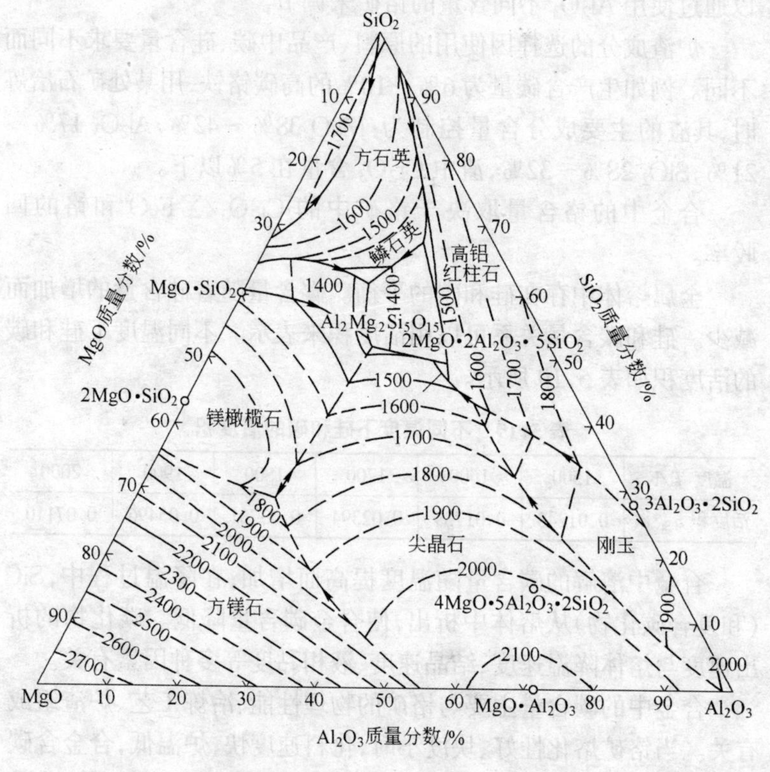

图5.44 Al_2O_3-MgO-SiO_2 三元系相图

查看三元相图时，必须把炉渣中的 Al_2O_3、SiO_2、MgO 的含量之和换算为100%。例如，一个渣样的成分为 SiO_2 36%，MgO 35%，Al_2O_3 22%，Cr_2O_3 3%，FeO 1%，CaO 3%，把三元成分之和换为100%时，SiO_2 应为38.7%，Al_2O_3 应为23.7%，MgO 应为37.6%，从图5.44查得炉渣熔点为1903 K。

炉渣中 Al_2O_3 含量对炉渣黏度有影响，若渣中 Al_2O_3 含量过高，炉渣黏度增加，不利于排渣。但 Al_2O_3 能增加炉渣的电阻率，有利于电极深插，所以需要一定的含量。通常冶炼含碳量低的 FeCr55C600 时，渣中 Al_2O_3 应控制得高些；冶炼含碳量高的 FeCr55C1000 时，渣中 Al_2O_3 应控制得低些。渣中 Al_2O_3 的含量可以通过使用 Al_2O_3 不同含量的铬矿来调节。

炉渣成分的选择因使用的原料、产品中碳、硅含量要求不同而不同。例如生产含碳量为6%～10%的高碳铬铁，用某处矿石冶炼时，其渣的主要成分含量控制为：MgO 38%～42%，Al_2O_3 17%～21%，SiO_2 28%～32%，渣中 Cr_2O_3 含量在5%以下。

合金中的铬含量取决于铬矿中的 $Cr_2O_3/\sum FeO$ 和铬的回收率。

金属熔体中存在硅和碳的平衡。碳含量随着硅含量的增加而减少。硅和碳含量关系可以用活度积来表示。不同温度下硅和碳的活度积如表5.19所示。

表5.19　不同温度下硅和碳的活度积

温度 T/K	1500	1600	1700	1800	1900	2000
活度积 $a_{Si}\cdot a_C$	0.01243	0.01739	0.02394	0.03731	0.05496	0.07110

合金中溶解的碳含量随温度提高而增加；在降温过程中，SiC（和复合碳化物）从熔体中析出，使合金碳含量降低。碳化物的析出速度与熔体降温速度、结晶速度、液相黏度等多种因素有关。

合金中的碳含量主要与铬矿的物理性能、冶炼工艺、炉渣组成有关。当铬矿熔化性好、块度小时，化料速度快，炉温低，合金含碳量高，碳含量高的碳化物 Cr_3C_2 是在较低温度生成的；反之，若矿石难熔，块度大，密度高时，化料速度慢，炉温高。由于块矿中 Cr_2O_3 对铬的碳化物有精炼作用，合金含碳量低。采用预还原球团工艺，空心电极加料容易得到碳含量高的铬铁。炉渣中 MgO/Al_2O_3 对合金碳含量有一定影响，MgO/Al_2O_3 增加到1以上时，碳含量便会增加。增加 CaO 含量可能会使渣中的 CaC_2 含量上升，使碳更容易进入到合金中去。

电炉的容量和参数也在一定程度上对金属碳含量有一定影响。容量大、极心圆直径大的电炉生产的高碳铬铁碳含量偏低。

合金中的硅含量主要与还原剂用量、炉渣中 SiO_2 含量和炉温有关。若还原剂用量多,炉温较高,而渣中 SiO_2 含量比较高时,合金中的硅含量也高;反之,合金中含硅量则低。在高碳铬铁生产中,炉渣 SiO_2 含量是由合适的炉渣熔点 1923～1973 K 决定的,降低合金含硅量的措施并非是降低渣中 SiO_2 活度,而是适当增加渣中 SiO_2 含量。由 SiO_2-MgO-Al_2O_3 三元系相图可以看出,增加渣中 SiO_2 含量可以大幅度降低体系的熔点,从而抑制了硅的还原。生产中合金含硅量波动在 0.1%～5%。

合金中的硫 80%左右来自焦炭,因此要降低合金硫含量,必须采用低硫焦炭。进入合金的硫小于入炉量的 10%,大部分硫进入炉渣和炉气。

硫在金属、炉渣和气相之间的平衡决定了合金中的硫含量。硫在金属中的活度是影响硫含量的内因;温度和炉渣成分是影响硫含量的外因。

金属滴在穿过熔渣层时,在金属－熔渣界面上发生脱硫反应如下:

$$[S] + (O^{2-}) = (S^{2-}) + [O]$$

可以看出,增加炉渣中的(O^{2-})和降低合金中的[O]均可提高炉渣的脱硫能力。CaO,MgO 等碱性氧化物能增加炉渣中 O^{2-},提高炉渣的脱硫能力。硅含量或碳含量高可以提高高碳铬铁中硫的活度,改变硫的分配系数,使合金硫含量降低(图 5.45)。硅与硫形成挥发性硫化硅,易从炉内排出,就是生成含硅 4%～5%的炉料级高碳铬铁,硫与硅也生成硫化硅随炉气逸出。合金中硅含量高,说明炉温高,有利于硫的挥发。

改善炉渣流动性会提高反应物的扩散能力提高,从而增大脱硫速度。提高炉温也有助于降低合金硫含量。

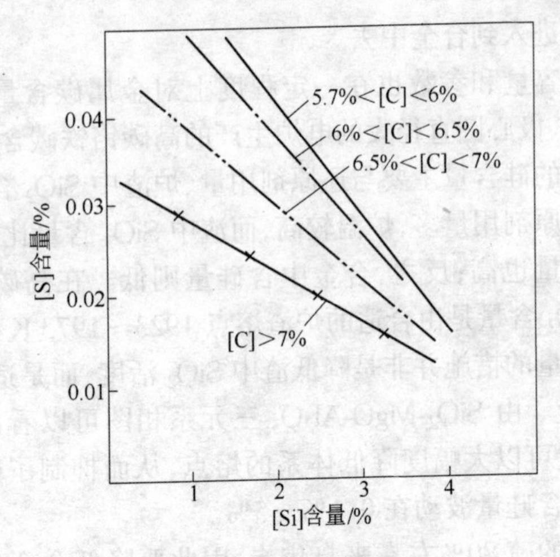

图 5.45　高碳铬铁中硫含量与其碳含量和硅含量的关系

炉外真空处理可以除去 14%～31% 的硫。用精炼铬铁废渣处理高碳铬铁,可除去 20%～60% 或更多的硫。日本富山厂安装了一台 7 t 低频感应炉专门处理高碳铬铁,处理后的铬铁平均含硫为 0.09%。

高碳铬铁生产中元素在各产物中的分配见表 5.20。

表 5.20　高碳铬铁生产中元素在各产物中的分配　(%)

元　素	合 金 中	渣　中	挥　发
Cr	95	5	0
Fe	98	2	0
Si	3	90	7
S	10	50	40
P	60	20	20

熔炼 1 t 含 Cr 66% 左右的高碳铬铁的各种消耗指标如表 5.21 所示。

表 5.21 熔炼 1 t 含 Cr 66%左右的高碳铬铁的各种消耗指标

消耗指标	参数
铬矿(含 Cr_2O_3 45%)/kg	1880~2250
焦炭/kg	410~520
硅石/kg	85~95
电耗/kW·h	3000~3400
铬的回收率/%	92~95

5.4.5 高碳铬铁电炉冶炼配料计算

高碳铬铁配料计算是计算焦炭和熔剂的配入量,而熔剂配入量则根据所选炉渣成分而定。

5.4.5.1 计算条件

铬矿中 Cr_2O_3 95%被还原,进入合金,其余入渣;铬矿中 FeO98%被还原进入合金,其余入渣;焦炭炉口烧损、炉眼跑焦10%;矿石中其他氧化物的还原用碳由电极补充,焦炭灰分全部入渣;合金成分:C 9%,Si 0.5%,其余为铬和铁。

原料化学成分列于表 5.22。

表 5.22 原料化学成分 (%)

名称	Cr_2O_3	FeO	MgO	Al_2O_3	SiO_2	CaO
铬矿	41.3	13.02	19.32	12.18	11.45	1.5
硅石		0.5	0.4	0.8	97.8	0.03
焦炭灰分		7.44	1.72	30.9	45.8	4.3

焦炭成分:固定碳 83.7%,灰分 14.8%,挥发分 1.5%。

5.4.5.2 配料计算

A 合金用量和成分

从 100 kg 铬矿中还原出来的并进入合金中的铬为:

$$Cr_2O_3 + 3C = 2Cr + 3CO$$

$$41.3 \times 0.95 \times 104/152 = 26.84(kg)$$

从 100 kg 铬矿中还原出来的并进入合金中的铁为:

$$FeO + C = Fe + CO$$

$$13.02 \times 0.98 \times 56/72 = 9.92(kg)$$

合金中铬和铁占合金总量的百分比为:

$$\frac{100 - 9 - 0.5}{100} \times 100\% = 90.5\%$$

合金用量为:

$$\frac{26.84 + 9.92}{0.905} = 40.62(kg)$$

由此得合金成分、用量如表 5.23 所示。

表 5.23　高碳铬铁电炉冶炼合金成分和用量计算

元　素	用量/kg	成分/%
Cr	26.84	66.1
Fe	9.92	24.4
C	3.66	9
Si	0.2	0.5
合　计	40.62	100

B　焦炭需要量的计算

还原 Cr_2O_3 所需碳量为:

$$26.84 \times 3 \times 12/104 = 9.29(kg)$$

还原 FeO 所需碳量为:

$$9.92 \times 12/56 = 2.13(kg)$$

还原 SiO_2 所需碳量为:

$$0.2 \times 24/28 = 0.17(kg)$$

合金增碳所需碳量为:

$$40.62 \times 0.09 = 3.66(kg)$$

总计需碳量为:

$$9.29 + 2.13 + 0.17 + 3.66 = 15.25(kg)$$

折算成干焦炭量为:

$$\frac{15.25}{0.837\times0.9}=20.24(\text{kg})$$

C 硅石配入量的计算

自然炉渣成分及其数量如表 5.24 所示。

表 5.24 自然炉渣组成和重量

氧化物	来自矿石/kg	来自焦炭/kg	总计 kg	总计 %
MgO	100×0.1932=19.32	20.24×0.148×0.172=0.05	19.37	39.49
Al_2O_3	100×0.1218=12.18	20.24×0.148×0.309=0.93	13.11	26.73
SiO_2	100×0.1143−0.2×66/28=11.02	20.24×0.148×0.458=1.39	12.39	25.26
CaO	100×0.015=1.5	20.24×0.148×0.043=0.13	1.63	3.32
Cr_2O_3	100×0.1413×0.05=2.07		2.07	4.22
FeO	100×0.1302×0.02=0.26	20.24×0.148×0.0744=0.22	0.48	0.98
总计	46.35	2.71	49.05	100.00

渣中 MgO、Al_2O_3、SiO_2 的总量为：

$$19.37+13.11+12.39=44.87\ (\text{kg})$$

折算成 MgO、Al_2O_3、SiO_2 三元渣系时相应成分为：

MgO 19.37/44.87=43%

Al_2O_3 13.11/44.87=29%

SiO_2 12.39/44.87=28 %

从有关的 MgO、Al_2O_3、SiO_2 三元相图查得，此渣的熔点在 2023 K 左右，超过冶炼需要的温度。而生产实践表明，三元渣的熔点选择在 1973 K 左右为好。由于渣中还有 FeO、CaO、Cr_2O_3 等氧化物，故炉渣实际熔点为 1923 K。若渣中的 MgO 和 Al_2O_3 的比例不变，渣中 SiO_2 的含量应为 34%，渣中 Al_2O_3 和 MgO 含量为 66%。

如按上述炉渣成分，此时三元渣的总量为：

$$\frac{19.37+13.11}{0.66}=49.21(\text{kg})$$

渣中 SiO_2 量为：

$$49.21 \times 0.34 = 16.73(\text{kg})$$

配加硅石量为：

$$\frac{16.73 - 12.39}{0.978} = 4.44(\text{kg})$$

5.4.5.3　炉料组成

炉料组成为：铬矿 100 kg、焦炭 20.24 kg、硅石 4.44 kg 。

5.4.6　其他冶炼工艺

矿热炉之后出现的各种碳热还原新工艺都是围绕着利用粉矿和降低消耗而开发的，主要有空心电极工艺、直流等离子炉和熔融还原工艺等。

5.4.6.1　空心电极技术

空心电极是利用位于电极中心的管路把粉状物料直接加入电炉高温区的技术。这一技术有以下特点：

(1) 可以有效的利用廉价的粉矿和焦粉。20 MW 铬铁埋弧电炉粉矿加入量达 28%，敞开熔池电炉全部炉料均通过电极加入炉内。

(2) 电极消耗降低 30%～50%。这主要是因为通过空心电极的炉料冷却了电极端头，减少了电极端碳的气化和参与化学反应。如铬铁电炉单位产品电极消耗量由 35 kg/t 降低到 13 kg/t。

(3) 增大电炉操作电阻。载气和炉料的冷却效应增大了电弧电阻，有利于电极深插。

(4) 改善了还原过程，使炉渣中损失的有用元素得以降低。如炉渣中的铬由 5%～6%降低到 2%～3%。

(5) 降低了烟气中粉尘含量。

埋弧电炉使用的空心电极与直流等离子炉所使用的空心电极技术上有较大差异，前者难度更大。埋弧电炉的空心电极技术难点如下：

(1) 粉料输送和加料；

(2) 料管、加料仓的密封;

(3) 中心管和电极壳的接长;

(4) 载气压力调整、堵塞报警和清堵方法等。

空心电极系统由称量、原料输送、加料、载气、检测和防护等设备组成,见图 5.46。原料通过螺旋给料机或振动给料机向中心管喂料。埋弧电炉炉膛压力范围为 10~20 Pa,高于环境压力。为了防止炉气进入加料系统,载气必须有一定压力。现有设备多采用 CO 或氮气做载气,63 MV·A 埋弧电炉空心电极 CO 气体消耗量为 200 m^3/h;20 MW 电炉氮气消耗量为 13 m^3/h。

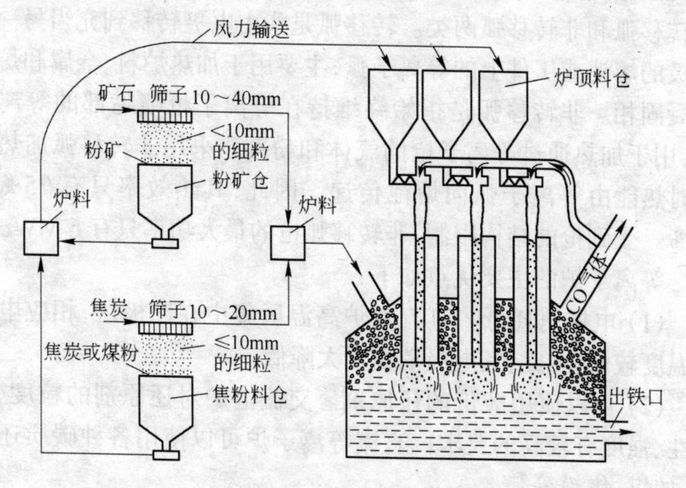

图 5.46 埋弧电炉空心电极加料装置图

通过中空的电极向电弧中通入 Ar,N_2,CO 等在高温下有电离倾向的气体,会提高电弧中气体电离程度,增加电弧电阻,增大电弧长度。这种直流电弧与等离子枪发生的转移弧性质十分接近,又称为直流等离子弧。直流等离子电弧功率可达到 56 MW。

电极的上下运动要求空心电极系统与之相适应。加料系统必须随电极上下移动或采用橡胶软管与空心加料管相连。为了防止电极移动时反应区烟气通过中心管外逸,空心电极采用柱塞式密封或橡胶球密封。

炉膛内翻渣或电极插入炉渣，加料量过大会造成中心管堵塞。这时载气压力迅速上升。为了防止堵塞继续发展，应停止加料并增大压力清除堵塞的物料。

通过空心电极加入的粉矿粒度和水分含量有一定要求，如上述 20 MW 电炉使用粉铬矿的水分小于 3%，粒度小于 6 mm。

5.4.6.2 等离子炉冶炼工艺

在工业应用中，高温等离子是在阳极和阴极之间形成的，阴极发射电子，阳极吸收电子。等离子弧将电能传输给气体，形成稳定的高能量热等离子焰。按照等离子枪加热方式可以将等离子弧分成转移弧和非转移弧两类。转移弧是指由电极转移到充当另一支电极的熔池或工件上的等离子弧，主要用于加热炉料、金属和炉渣等凝固相。非转移弧是指始终维持在等离子枪喷嘴部的等离子弧，用于加热通过等离子枪的气体和粉剂。采用非转移弧加热熔体时热能由等离子弧向熔池传递。因此，其热效率只有 75%～85%。受到枪的结构限制，非转移弧枪的最大功率只有 6 MW。

等离子炉的主要优点如下：

(1) 电极消耗低。直流电炉高温区集中在阳极区，相应电极端温度较低，因此，其电极消耗大大降低。

(2) 可以使用廉价的还原剂。交流电炉对还原剂的粒度、导电性、强度有较高的要求。直流等离子炉可以使用各种碳质还原剂，如煤、焦粉等。

(3) 可以使用各种矿石。矿热炉对矿石的粒度、熔化性等物理性能有严格要求。等离子炉的熔态还原可以大量使用粉矿，对矿石的熔化性能无严格要求。

(4) 对炉渣的化学组成无特殊要求有利于提高回收率和减少渣铁比。

(5) 容易实现过程控制。

(6) 噪声低。

瑞典铬铁公司有两座等离子反应竖炉，该等离子炉是由 SKF 公司开发的，生产能力为 78000 t/a，产生热能 380 GW·h/a。这是一个生产铬铁和给地区供热的综合装置。熔炼炉结构形式为竖炉,见示意图5.47。每台竖炉配有4支7 MW的SKF非转移弧等离子枪,用3.6 kV直流电供电。每支等离子体发生器输入功率6～7 MW。电极寿命为150～300 h(更换电极时间为5 min)。竖炉外壳用水冷却,内衬耐火材料。从炉顶加入块状矿石、石灰石和焦炭填充炉身。CO载气携带粉状铬矿、砂、煤经等离子枪喷射装置从喷嘴喷吹入炉内。等离子体发生器加热和喷料时,冶炼过程即开始。等离子弧火焰的温度高达3000 K,反应区的温度为2000 K以上,为铬的还原提供了良好的反应条件。

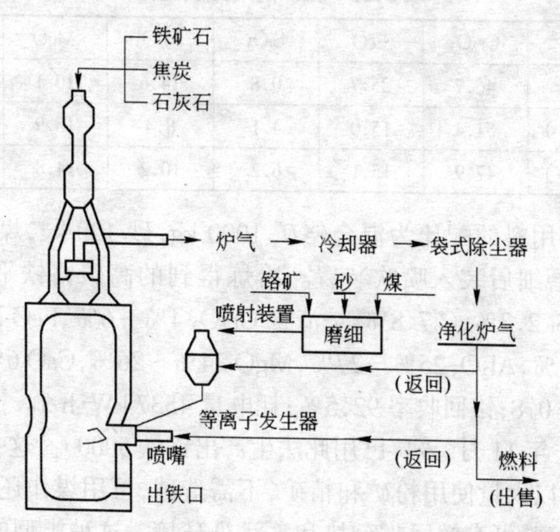

图5.47 等离子竖炉示意图

冶炼所需热能由循环气体通过等离子体发生器,被加热至每立方米含有相当于4～5 kW·h(在标准温度和压力下)的热能,经过用水冷却的铜喷嘴与喷射装置喷入的粉料混合进入炉内。粉料与热等离子化气体混合时被加热,还原和熔化生成铬铁合金与炉渣,下沉至炉底。反应过程产生的气体从炉顶排出。气体温度为1000～1400℃、压力约20 kPa。气体先进入冷却器降温至约160℃,再经纤维袋除尘器处理,粉尘含量小于4 mg/m^3。净化气体约一半返回竖炉循环使用,其余出售作燃料。每 2 h 出炉一次,产高碳铬铁约 10 t。从炉顶加入的焦炭含固定碳大于 88%;粒度为 40~80 mm。石灰石含 $CaCO_3$ 96.8%,SiO_2 1.1%;粒度 40~60 mm。铁矿含 $Fe_3O_4$66.6%,FeO3.6%,MnO1.7%;粒度 30~60 mm。从炉顶加入块料的配比为焦炭 450 kg,石灰石 100 kg,铁矿 250~300 kg。喷入粉料用的煤含固定碳 89.9%,H_2 4%~5%,S0.8%;粒度小于 2.5 mm。砂含 SiO_2 98.8%;粒度小于 3 mm。铬矿的成分及配比如表 5.25 所示。

表 5.25　铬矿的成分及配比　(%)

产　地	Cr_2O_3	FeO	SiO_2	Al_2O_3	MgO	配比
南　非	46.7	25.7	0.8	14.6	10.1	57.1
土耳其(Ⅰ)	51.4	15.0	4.1	8.4	15.9	23.4
土耳其(Ⅱ)	47.9	15.1	6.2	10.2	14.8	19.5

喷入用料的配比为混合铬矿 1000 kg,砂 120 kg,煤 115 kg。经干燥、磨细后装入喷吹装置。冶炼得到的高碳铬铁平均含 Cr 52.5%,Si 2.7%,C 7.8%;炉渣含 Cr_2O_3 4%~6%、FeO 3%,SiO_2 30%~31%,Al_2O_3 25%~27%,MgO 24%~26%,CaO 6%~8%;渣铁比为 0.8;铬回收率 92.5%;耗电量 4537 kW·h/t。

1987 年 11 月,该厂已用此法生产出铬铁 5000 t。这一工艺的特点是可以大量使用粉矿和精矿,不需造球,可用煤作还原剂,元素回收率高,可有效回收余热和不污染环境。这种类型的等离子炉还用于金属锌、回收金属粉尘。

20 世纪 80 年代,直流等离子炉得到了迅速的发展,瑞典的 ASEA 公司先后与美国佛罗里达(Florida)钢铁公司、南非德尔比公司合作,建设了 18000 kV·A 铬铁直流等离子炉、20000 kV·A 铬铁直流等离子炉。世界上最大容量的直流等离子炉为南非的 40000 kV·A 铬铁直流电炉。该工艺在利用粉铬矿和粉煤生产炉料级铬铁方面取得了很大的进展。

直流等离子炉(直流还原电炉)是将直流电应用于铁合金还原

冶炼上的电炉。其主要特点是使用石墨电极或自焙电极，并且炉底接电源的一极，炉底既是导电体，又是熔炼坩埚。其主要的热传导机理是直接的、稳定的单向对流，这种热传导在冶金过程中比交流电弧的更优越。与交流还原电炉相比，具有电弧稳定、功率集中、热效率高等特点，并具有冶炼电耗低、电极消耗少、运行噪声小、生产效率高等优点。

根据等离子炉的电极数量，它可分为单电极、双电极及三电极电炉。直流单电极和三电极等离子炉的结构原理如图 5.48 所示。

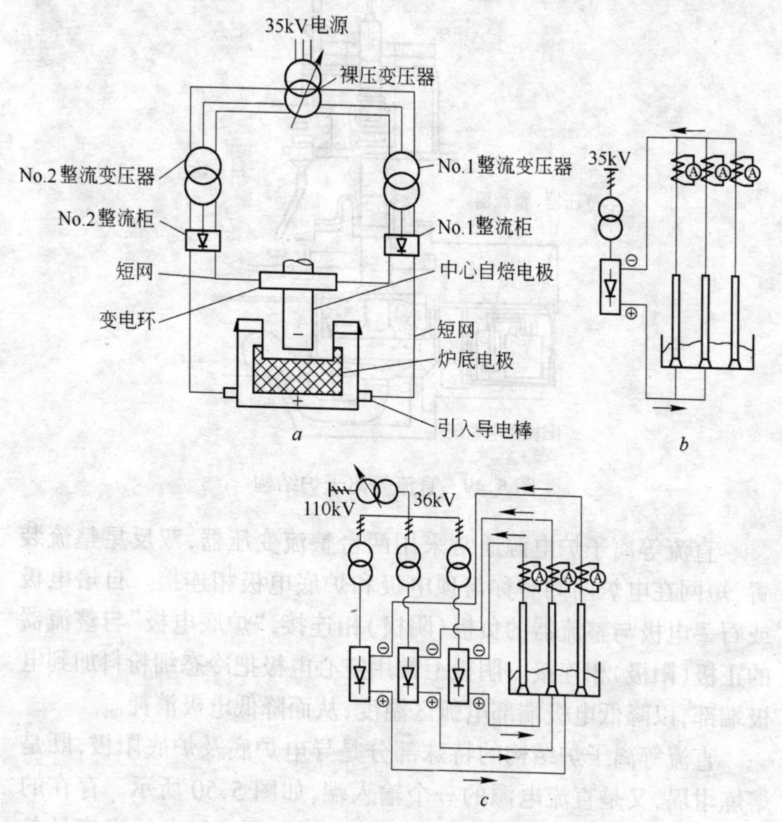

图 5.48 直流等离子炉结构原理

a—单电极；*b*—5 MV·A 三电极；*c*—16.5 MV·A 三电极

直流等离子炉的结构基本上与三相交流还原电炉相似，主要电气设备包括整流变压器、整流柜及高低压电器设备与电控系统，主要机械设备包括单相自焙电极或石墨电极、电极把持器、电极升降机构及电极压放装置、烟罩（炉盖）、导电炉体、液压系统、水冷系统，加料装置及排烟系统等，如图 5.49 所示。

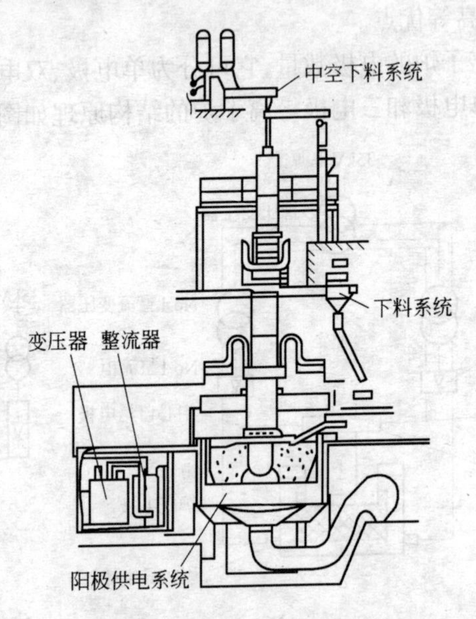

图 5.49　直流等离子炉结构

直流等离子炉电源通常采用两台整流变压器，双反星整流装置，短网在电炉两侧对称与顶电极和炉底电极相连接。自焙电极或石墨电极与整流器的负极（阴极）相连接，“炉底电极”与整流器的正极（阳极）相连接。阴极上常用空心电极把冷态细粉料加到电极端部，以降低电极端部电弧区温度，从而降低电极消耗。

直流等离子炉结构的特殊部分是导电炉底及炉底阳极，既是熔炼坩埚，又是直流电源的一个输入端，如图 5.50 所示。存在的问题有底阳极侵蚀损毁，底阳极偏流。因此要求导电炉底应具备以下几点：

(1) 良好的导电性，以减少电能损失；

(2) 良好的绝缘性，以确保安全生产及反应区的高温；

(3) 均匀的电分布，以使冶炼熔池温度分布比较接近；

(4) 使用寿命长，以减少停炉维修及更换制造，获得较高的经济效益。

因此，导电炉底及其阳极技术是直流等离子炉设计的关键所在。目前普遍采用的底电极有导电炉底、触针式、棒式等，几种炉底阳极结构形式如图5.51所示。

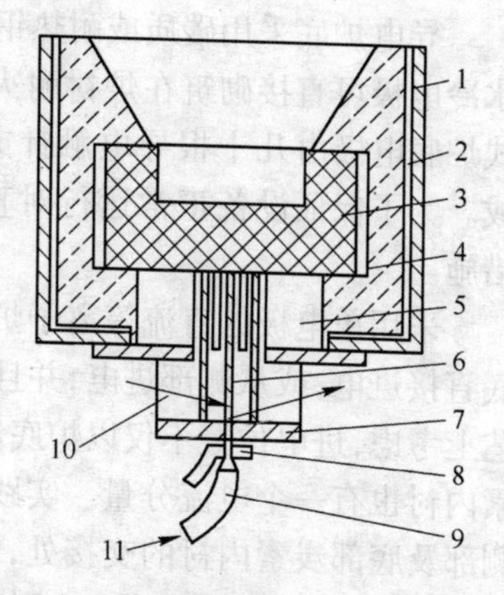

图5.50　直流还原电炉炉体结构

1—炉壳；2—绝缘层；3—炉底炭砖（镁砖）；4—耐火砖；5—捣结料；6—导电棒；7—导电金属板；8—底电极电缆；9—冷却风管；10—出风口；11—冷风

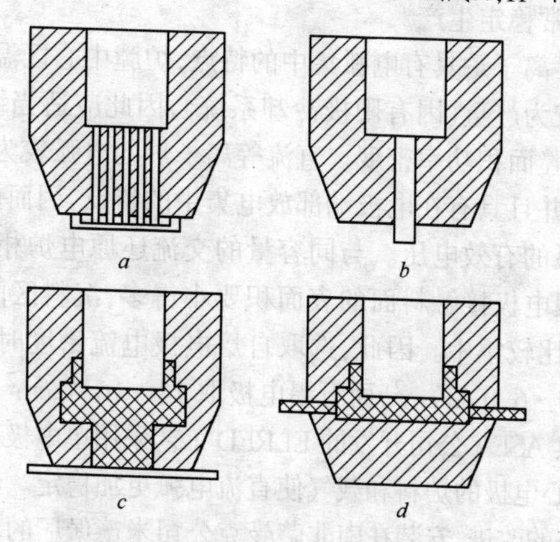

图5.51　几种炉底阳极结构形式

a—MAN-GHH型；*b*—IRSID-CLECIM型；*c*—ASEA型；*d*—CHINA型

导电炉底采用碳质或耐热钢加耐火砖筑成的风冷炉衬。棒式水冷电极可直接砌筑在炉衬耐火材料中，其成本较高。风冷触针式炉底电极由几十根导电触针或触片、集电极、炉底耐火材料构成。为了保证设备正常运行对直流电炉炉底必须采用强制冷却措施。

采用单电极的直流等离子炉，其炉底阳极进电位置大都从炉底直接进电，或从侧部进电，并且以炉底炭素内衬为导电体。从工艺上考虑，进电位置不仅以炉底炭素内衬为导电体，还应使侧部炭素内衬也有一个电流分量。实践表明，比较适宜的进电位置应在侧部及底部炭素内衬的交接处，即大部电流仍应经过炉底炭素内衬进入熔池，适量的部分电流则通过侧部炭素内衬进入熔池。

进电方式，对于一定容量的直流等离子炉，由于种种原因，存在不同程度的“偏流”和“偏弧”现象，轻者影响技术经济指标，重者将危及安全生产。根据生产实践，阳极引线棒以选用 400 mm×400 mm 的炭素材料或 400 mm×400 mm 的锻钢为宜，力求减少偏流，确保正常稳定生产。

直流等离子炉具有电弧集中的特点，炉膛中心区温度很高，而炉底散热较为严重(因有阳极冷却系统)，因此应适当缩小炉膛直径，提高炉膛面积功率密度。直流等离子炉的电弧较为稳定，电弧拉得较长，并且具有在电极端部放电集中的特点，因而可以适当提高直流电弧的有效电压。与同容量的交流还原电炉相比，直流等离子炉一根电极接触料面的表面积要小得多，沉料区面积也随之缩小，热量比较集中。因此，选取自焙电极电流密度时取含小值，一般为 5.0～6.0 A/cm^2，而石墨电极取 14～16 A/cm^2。

由瑞典 ASEA 公司开发的 ELRED 工艺采用单电极直流等离子炉，通过空心电极的炉料和载气使直流电弧更加稳定。经过多年的工艺和设备的改进，安装在南非萨曼克公司米德堡厂的直流等离子炉电炉容量已经由 1983 年开始建设的 12 MW 增容到 56 MW。

这一工艺采用敞开熔池间歇式熔炼方法。粉矿石、粉煤和熔剂一起通过中空的石墨电极加入到熔池，如图 5.52 所示。为了维持电弧的长度和稳定性,电弧的工作电压在400 V以上,在电弧区完成还原过程和渣铁分离。为了提高热效率采用泡沫渣保护电弧和熔池。

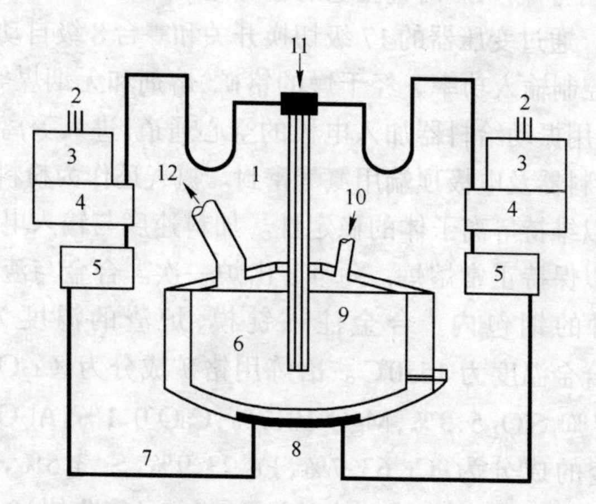

图5.52 冶炼铬铁的ELRED直流等离子炉系统示意图

1—软电缆;2—交流电源;3—变压器;4—整流器;5—电抗器;6—等离子炉;7—短网;8—底阳极;9—空心电极;10—炉盖加料口;11—空心电极加料装置;12—烟气

该工艺的特点是全部使用粉铬矿,使用煤作还原剂,回收率高。与使用南非铬矿的通常埋弧电炉比较,其元素回收率提高了15个百分点,达到90%以上。与SKF等离子炉比较,直流等离子炉设备比较简单。

南非克鲁格斯厂使用的直流电弧等离子炉的变压器容量为16 MV·A。用二极管整流成直流电输入炉内。炉壳直径7500 mm,高2400 mm,外膛底部直径约5000 mm,顶部直径6800 mm。炉墙用镁砖砌成。炉壳上部有水冷钢环,支撑耐火砖衬构成的拱形炉盖。中心有一电极孔。炉底用可导电耐火材料构成,厚度1200 mm。下部有一个出铁口。出铁时要在炉底保留一部分熔体,以保护炉底耐火材料。炉体上部有炉气排出烟道,内衬耐火材料。炉气经冷却、净化后外排。炉盖与炉体间用砂封密闭,以控制炉内压力与气氛。直流电的阴极联结在位子炉盖中心的直径 650 mm 的空心石墨电极上。空心管道用作输送粉状炉料通道。阳极固定在炉底的环形铜板上。输入炉内直流电的空载电压力 300～520 V,额定电流 38 kA。通过变压器的 17 级切换开关和一台 8 级自动电流控制电抗器,控制输入功率。经干燥的铬矿、熔剂和无烟煤等粉料,从炉顶料仓用振动给料器加入电极的空心通道,进入等离子体弧区熔炼。加料器及电极顶端用氮气密封。氮气还作为粉料载体通入电弧区,以维持等离子体的稳定性。加料速度与输入电功率要密切配合,以保持正常熔炼。每 4 h 出炉一次。合金与渣一齐排入有耐火衬的钢包内。合金注入锭模、炉渣的温度为 1620～1640℃,合金温度为 1550℃。冶炼用铬矿成分为:Cr_2O_3 49.5%,FeO 13.7%,SiO_2 5.3%,MgO 18.7%,CaO 0.1%,Al_2O_3 10.7%;得到合金的成分为:Cr 63.7%,Fe 23.9%,Si 3.5%,C 8.6%,S 0.009%;炉渣成分为:Cr(全铬)2.3%,Cr(氧化铬)0.4%,SiO_2 32.9%,MgO 29.1%,CaO 12.2%,Al_2O_3 22.2%。直流电弧等离子炉法的特点是使用粉状铬矿和无烟煤;渣中含铬低,铬回收率较高;但因采用开弧冶炼,故电耗较高。该炉 1988 年产高碳铬铁 1.8 万 t。

英国与南非研究用等离子装置冶炼高碳铬铁,它们在 1400 kV·A 转移弧等离子炉上进行试验,炼得了含 Cr 52.2%～56.5%,C 5.2%～6.8%,Si 0.3%～8.3% 的高碳铬铁,铬的回收率达 98%,电耗 3170～3430 kW·h/t。

5.4.6.3 熔融还原冶炼工艺

熔融还原法就是将粉状的矿石加到高温、高碳的铁水中,使矿石中的氧化物和液相中的碳在金属溶池中进行直接还原的方法,所以又称为“液态碳”还原法。由于从氧化物提取合金元素耗能很高,通常熔态还原工艺与矿石的预还原工艺结合起来,采用回转窑、竖炉或流化床等装置实现球团和粉矿的金属化或部分金属化。下面是几种典型的熔态还原工艺。

A 氧煤竖炉法(川崎法)

该方法由流化床预还原和竖炉终还原两部分组成。预还原矿石粉用的煤气来自于竖炉还原熔炼过程。还原铬要求比还原铁更低的氧势,为了提高固态还原的金属还原度,需采用天然气等碳氢化合物作还原气体。

终还原竖炉类似于高炉。块状焦炭从炉顶加入,炉内形成焦炭柱,以维持炉膛内部金属氧化物还原所需的低氧势。炉膛下部设有风口,吹入富氧的空气和煤粉,煤氧燃烧为反应区提供热量。预还原的矿石粉由风口上方进入竖炉。

这种工艺方法可充分利用价格便宜的煤和粉矿,仅使用少量电力和块焦。

B 铁浴法

铁浴法是在铁水熔池中完成氧化物还原的工艺。

转炉铁浴法采用转炉作为反应器,使熔融状态的矿石与铁水发生还原反应。流态化的煤粉和氧气由转炉底部吹入铁水熔池。煤粉的氧化燃烧向熔池提供反应所需的热能。铁水中的碳始终处于饱和状态,具有较高的活度。转炉熔态还原生产铬铁、高铬钢,仍处于半工业试验阶段。

铁浴造气法是将矿石还原与煤的熔池造气结合起来的工艺。熔池中铁水的氧化和还原同时进行。向熔池喷入氧气、蒸气、煤粉和造渣剂借助高温铁水进行碳的氧化反应、蒸汽还原反应。铁的氧化和还原只起到氧的传递作用。通过上述反应生成($CO + H_2$)的质量分数占95%以上的优质煤气。

新日铁熔融还原法的设备如图5.53所示。

在回转窑中,用转炉来的气体加热含碳铬球团,从而使部分氧化铬和氧化铁还原,同时加热焦炭和熔剂,回转窑的最高温度为1400℃。刚开炉时,往熔融还原炉中装入铁水或铬铁水,冶炼结束出铁时,只放出渣量的80%和铬铁量的2/3,其余留下来作为下一炉次的“母液”。为了将渣中的铬降到1%以下和便于控制冶炼操作,熔融还原的精炼过程可分为两个阶段,在精炼的第一阶段中,从炉底的风口喷吹含氧的气体，顶吹喷枪也开始吹氧。从回转窑中放出预热和预还原的铬球团以及熔剂和焦炭等碳质材料。随着反应的进行，渣量和熔化的金属不断增加。金属的温度应在凝固点以上和1650℃以下，由加料速度、底部吹氧速度和顶吹喷枪的高度来控制。底部吹氧的目的主要是起搅拌作用。

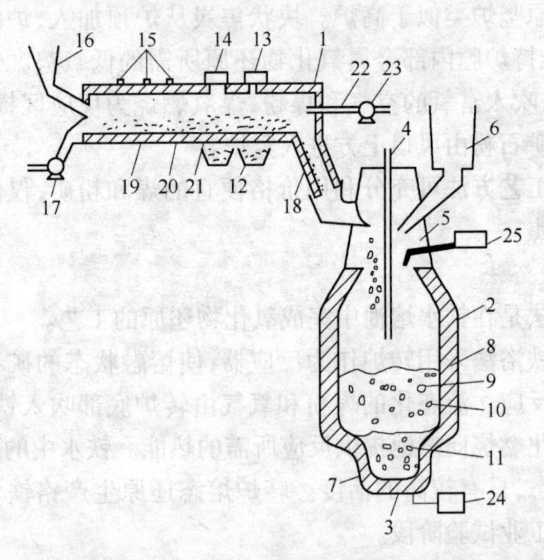

图 5.53 新日铁熔融还原法装置图

1—回转窑；2—熔融还原炉；3—底吹风口；4—顶吹喷枪；5—矮烟罩；6—碳质材料和溶剂的料斗；7—铁水；8—熔渣；9—预还原球团；10—碳质材料；11—气泡；12—球团矿贮槽；13—石灰斗式加料机；14—焦炭斗式加料机；15—鼓风机；16—原料流槽；17—排风机；18—回转窑出口；19—焦炭；20—球团；21—石灰石；22—空气喷管；23—鼓风机；24—温度测试装置；25—炉气分析装置

在熔融还原的第二阶段，停止往熔融还原炉中加预还原矿。每隔 3 min 从碳质材料的料仓里加 100 kg 焦炭，底吹氧量保持一定，而顶吹氧量每隔 5 min 依次改变：8500 m^3/h，4000 m^3/h，0 m^3/h。控制的温度和第一阶段相同。

熔化还原的第一阶段为 45 min，第二阶段为 15 min，脱碳期

20 min，出铁、出渣时间 10 min，从回转窑往熔化还原炉里加料的时间为 45 min，不加料的时间也为 45 min。

所得铬铁成分为：Cr 53%，Fe 37%，C 6.5%，Si 0.5%，S 0.0015%，P 0.00035%。

5.5 硅铬合金冶炼

5.5.1 硅铬合金牌号及用途

硅铬合金的牌号及化学成分列于表 5.26 中。

表 5.26 硅铬合金牌号及化学成分

牌 号	化学成分/%					
	Si	Cr	C	P		S
				Ⅰ	Ⅱ	
FeCr30Si45	≥45.0	≥30.0	≥0.02	≤0.02	≤0.04	≤0.01
FeCr30Si43	≥43.0	≥30.0	≥0.03	≤0.02	≤0.04	≤0.01
FeCr30Si40-A	≥40.0	≥30.0	≥0.02	≤0.02	≤0.04	≤0.01
FeCr30Si40-B	≥40.0	≥30.0	≥0.04	≤0.02	≤0.04	≤0.01
FeCr30Si40-C	≥42.0	≥30.0	≥0.06	≤0.02	≤0.04	≤0.01
FeCr30Si40-D	≥42.0	≥30.0	≥0.10	≤0.02	≤0.04	≤0.01
FeCr32Si35	≥35	≥32.0	≥1.0	≤0.02	≤0.04	≤0.01

硅铬合金 90%以上用作电硅热法冶炼中、低、微碳铬铁的还原剂。此外，硅铬合金还作炼钢的脱氧剂与合金剂。随着氧气炼钢的发展，用硅铬合金还原钢渣中的铬和补加部分的铬量得到了日益广泛的应用。据统计，平均每吨钢消耗硅铬合金 0.5 kg 左右。

5.5.2 硅铬合金冶炼工艺及原理

硅铬合金的冶炼方法有一步法和两步法两种。一步法又叫直接法或有渣法。这种方法因渣量大，排渣困难，铬损失在渣中较多,故发展了两步法。两步法又名间接法或无渣法。一步法是将铬矿、硅石和焦炭一起加入炉内,冶炼硅铬合金。两步法的第一步是将铬矿和焦炭加入第一台电炉内,冶炼出高碳铬铁;第二步是将高碳铬铁破碎(或已被粒化的),把它与硅石、焦炭一起加入另一台电炉内,冶炼硅铬合金。与两步法相比较,一步法有以下优缺点:

(1) 一步法少用一台电炉,工艺流程短;

(2) 一步法宜采用大功率电炉,炉温高,热稳定性好,渣铁分离好,不适宜小功率电炉;

(3) 一步法冶炼硅铬合金,含碳较低,一般合金含 C 小于 0.04%;

(4) 一步法熔炼时,通过炉渣回收金属后,铬的回收率高,一般在 90%以上;

(5) 一步法冶炼硅铬合金,单位电耗稍高于两步法综合能耗,如采用精料,选择合理的电气制度和炉渣成分,精心操作,可使电耗下降;

(6) 一步法要求大块难还原的铬矿或将铬矿在熔炼前经过预处理,即将矿石磨细、造球,随后加以使之局部还原,再加入炉内;

(7) 一步法冶炼工艺中的困难,仍是如何顺利排渣问题。由于原料成分波动,控制合理的炉渣成分比较困难,致使炉渣黏稠,难以顺利排出。实践证明,只有选用合理的工艺参数,才能较好地解决排渣问题,并能取得良好的技术经济指标。

目前,我国在工业生产中是采用两步法冶炼硅铬合金,一步法只是在少数厂进行过试验。

5.5.2.1　一步法冶炼硅铬合金

A　冶炼设备及原料

一步法冶炼硅铬合金电炉的单位面积功率比容量相同的硅铁电炉要小,而炉膛直径比硅铁电炉的要大。17.5 MV·A 电炉典型参数为:有功功率 15 MW,二次电压 168 V,二次电流 60 kA,电极直径 1500 mm,极心圆直径 2800 mm,炉膛直径 4600 mm,炉膛深度 2700 mm。10 MV·A 电炉使用块矿时工作电压为 152 V,使用压块料时工作电压为168～170 V。

一步法冶炼硅铬合金使用的原料为铬矿、硅石和焦炭。对原料的要求可参见5.2.1节。对硅石和焦炭的要求与用于冶炼硅铁的硅石和焦炭的要求基本相同。硅石 SiO_2 越高越好，SiO_2 大于97%；杂质含量越少越好，P_2O_5 应小于0.03%（化学成分可参见硅石标准 YB2416—81）；硅石在受热过程中不应爆裂；大电炉要求粒度40～120 mm，小电炉为25～80 mm，其中25～40 mm的硅石不大于20%。焦炭的固定碳大于84%，灰分小于14%，灰分中含磷量小于0.04%；水分小于6%。大电炉用粒度较大的焦炭，小电炉用粒度较小的焦炭。例如12500 kV·A的大电炉，焦炭粒度为6～16 mm，400～1800 kV·A的电炉，焦炭粒度为1～8 mm，其中粒度1～3 mm的焦炭不大于20%。铬矿要求使用难还原矿和高 Al_2O_3 矿，不宜使用高FeO矿，块度可适当大些。

B 冶炼原理

一步法冶炼硅铬合金是用碳同时还原铬矿中的三氧化二铬和硅石中的二氧化硅。电炉内的主要反应有还原反应和精炼脱碳反应两部分。还原反应与冶炼高碳铬铁和硅铁的还原反应差不多。所不同的是一步法冶炼硅铬合金使用了难还原铬矿，铬矿的块度也较大，从而确保了 Cr_2O_3 的还原和 SiO_2 的还原在温度相差不多的条件下同时进行。

铬和铁被还原出来后，生成铬和铁的碳化物，它们很快就被同时还原出来的硅破坏，变成硅化物。其反应式为：

$$Cr_7C_3 + 10Si = 7CrSi + 3SiC$$

按照生成物的特点，炉膛反应区可以分成三个区域：高碳铬铁生成区、SiC生成区和硅铁生成区（见图5.54）。

在炉膛上部温度较低的区域，铬铁矿被碳质还原剂还原生成碳化铬和碳化铁。在炉膛的中上部，碳质还原剂与SiO气体生成SiC。SiC和SiO是一步法硅铬合金生成过程的中间产物。在正常情况下，在炉膛的中下部高温可达到1800℃以上，碳化物与 SiO_2 发生脱碳反应生成碳含量极低的铁硅铬合金。

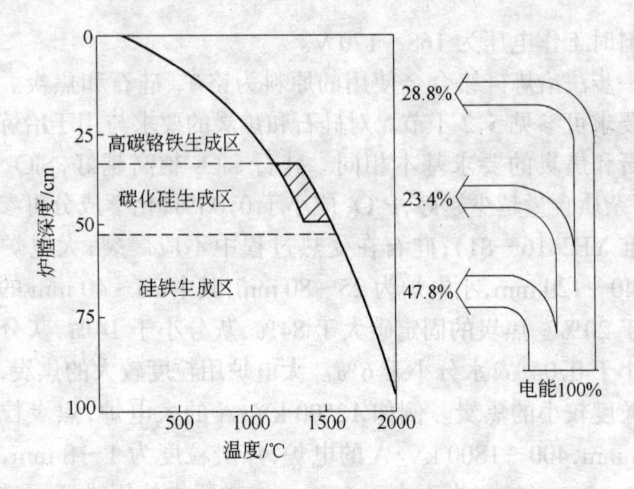

图 5.54　一步法硅铬合金电炉炉膛反应区的温度分布和输入反应区电能平衡

硅还原所需的热量最多。在硅还原的中间产物 SiC 生成区域温度梯度最大,大约是其他区域的 1.5~2 倍。

一步法冶炼的硅铬合金含碳量比两步法的要低,原因在于炉内有一层较厚的炉渣,渣中含有大量的 SiO_2,它能氧化精炼合金中的碳和析出的 SiC。渣洗脱碳带的存在是合金碳含量低的关键所在。炉渣上层与冶炼高碳铬铁的情况相似,渣中含 SiO_2 44%,SiC 23%。下部则为硅铬铁合金与终渣。下层渣中含 SiO_2 30%,SiC 2%。此外,铬矿中的氧化物(Cr_2O_3,FeO)也能氧化精炼合金中的碳和析出的碳化硅。大约有 10% 的硅是由 SiC 与未还原的铬和铁的氧化物反应生成的。因而在渣层中悬浮的金属颗粒,由上而下其含碳量逐渐下降。

C　熔炼操作

一步法冶炼硅铬合金采用连续式操作方法。

炉况正常的主要特征是:电极深而稳地插在炉料中,负荷稳定,每炉的炉渣和合金成分及重量(渣铁比为 0.7~0.8)波动不大。

还原剂的配入量要准确,它不仅影响电极插入深度和炉内温度,而且还影响炉渣和合金成分。还原剂过剩则炉渣中 SiO_2 含量低,SiC 含量升高,炉渣变黏,不易从炉内排出。电极插得不深,大量刺火,电极周围冒白烟。炉料消耗慢,料面中心发黑。如处理不及时,炉内积渣愈来愈多,就会造成炉口翻渣。还原剂不足则炉渣中 SiO_2 含量升高,合金中含硅量下降,炉料烧结。由于电极下插深而使负荷下降,出现刺火,形成大量炉渣,然后料面开始翻渣。必须每炉分析渣中 SiC 含量,帮助判断炉子用碳量是否恰当。配料称量误差不能超过 1%。每班分析一次焦炭水分。

一步法冶炼硅铬合金必须选择合适的渣型。合理的炉渣成分对发挥炉渣的脱碳作用十分重要。另外,炉渣成分对合金成分及炉内温度也有影响。在选择渣型时,应考虑三点:

(1) SiO_2 含量必须大于 45%,若低于 45%时就不能有效地破坏 SiC 和保证精炼合金中的碳。渣中 SiO_2 与合金中 Si 的比应等于或略大于 1。SiO_2 含量对炉渣黏度也有影响,炉渣黏度随 SiO_2 含量的增加而变小,在 SiO_2 等于 50%左右时达到最低值。炉渣黏度低,则流动性好。这不仅有利于精炼脱碳,而且有利于渣铁分离,有利于提高金属回收率。

(2) MgO/Al_2O_3 之比值应为 1.0~1.25。炉渣中 MgO/Al_2O_3 值过高,会导致炉渣与合金过热,合金中硅含量下降;MgO/Al_2O_3 值过低,炉渣便成为泡沫状并发稠。

(3) SiC 含量应控制在 3%~5%,若超过 5%,SiC 的含量过高,炉渣变稠。

冶炼过程中,不仅应控制合理的炉渣成分,而且应设法使炉渣顺利地从炉内排出,以确保电极深插。炉前应安装拉渣机。即用钢棍从出铁口伸入炉内将渣粘着在铁棍上,从熔池中拉出。

硅铬合金中的碳主要是以 SiC 的形式存在于合金中。为了去除 SiC,合金出炉后应在铁水包内静置 1.5~2 h,以利于 SiC 上浮。而且,随着铁水温度下降,碳在合金中的溶解度降低,可以减少合金中的 SiC 数量。除静置外,还可采用摇包降碳。

硅铬合金炉渣(特别是从铁水包内扒出的炉渣)黏度大,含有大量合金,应用重力选矿方法如用跳汰机选出,予以回收利用,可使铬回收率提高约5%。

一步法硅铬合金硅与铬含量普遍高于两步法工艺。铬含量可高达38%~40%,硅含量可达45%~49%。其产品单位电耗与合金中铬和硅含量有关,在6700~8000 kW·h之间。生产1 t硅铬合金消耗铬矿(44%Cr)1.3 t;硅石1.4 t;焦炭700~800 kg。

5.5.2.2 两步法冶炼硅铬合金

A 冶炼设备及原料

两步法冶炼硅铬合金电炉设备参数与硅铁电炉的设备参数相同。40 MV·A电炉典型参数为:有功功率30 MW,二次电压175~210 V,二次电流67~110 kA,电极直径1500 mm,极心圆直径3900 mm,炉膛直径8400 mm,炉膛深度3400 mm。2.7 MV·A电炉二次电压88.4~93.3 V,9~12.5 MV·A电炉二次电压126~149 V。

两步法冶炼硅铬合金使用的原料有高碳铬铁(再制铬铁)、硅石、焦炭和钢屑。高碳铬铁的成分应符合国家标准;粒度不能太大,采用12500 kV·A电炉时要求高碳铬铁粒度小于20 mm,采用3000 kV·A电炉时要求高碳铬铁粒度小于13 mm。对硅石、焦炭和钢屑的要求与冶炼硅铁的技术条件基本相同,参见一步法硅石、焦炭要求及5.2.1节钢屑要求。

B 冶炼原理

两步法冶炼硅铬合金,是在高碳铬铁的存在下,由碳还原硅石中的SiO_2,被还原出来的硅破坏铬的碳化物,排除合金中的碳而制硅铬合金。冶炼过程与冶炼45%硅铁的过程基本相同,所不同的是用高碳铬铁粒代替钢屑,工艺流程见图5.55。

炉内主要反应是碳还原二氧化硅,被还原出的硅与碳化物发生反应。当合金硅含量较低时,则有:

$$Cr_7C_3 + 7Si = 7CrSi + 3C$$

硅破坏碳化物析出石墨。

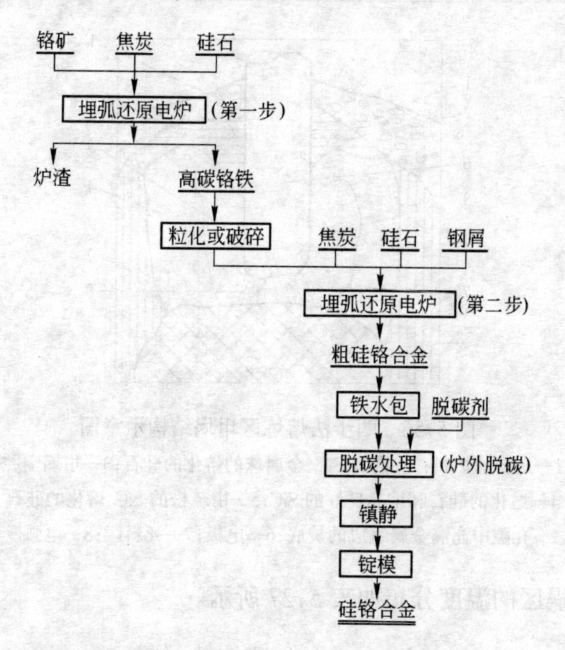

图 5.55 两步法生产硅铬合金流程图

当合金硅含量较高,则有:

$$Cr_7C_3 + 10Si = 7CrSi + 3SiC$$

硅破坏碳化物析出 SiC。

两步法冶炼炉的每根电极下有一个工作区,具有坩埚形状结构,见图 5.56。所谓坩埚是由电极四周的空腔,SiC 和 SiO_2 形成的坩埚壁、坩埚顶,以熔融的金属和 SiC、SiO_2 为主的坩埚底组成的反应区。电弧发生在电极和坩埚壁、坩埚底之间。坩埚中气体的主要成分是 CO、SiO 和金属蒸气。坩埚顶部的炉料中含有大量的 SiC 和熔化的硅石。绿色碳化硅附着在焦炭颗粒周围,在下部炉料中已经无法观察到焦炭的存在。

SiO 和坩埚壁上的 SiC 反应生成金属硅、金属珠落入炉底金属熔池。坩埚壁不断地消耗和补充维持着动态平衡。温度越高,合金硅含量越高,坍塌的形状特征越明显。

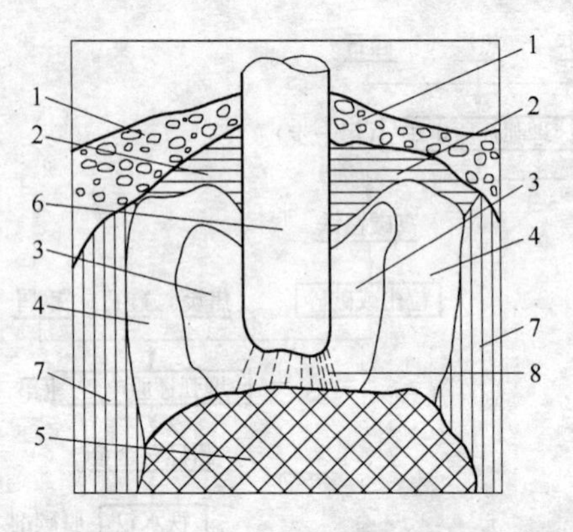

图 5.56　两步法熔炼区坩埚结构示意图

1—疏松的炉料；2—混有 SiC、金属珠的熔化的硅石；3—坩埚空腔；4—熔化的硅石和结晶良好的 SiC；5—由疏松的 SiC、熔化的硅石、孔隙中充满金属组成的炉底；6—电极；7—死料区；8—电弧

坩埚区的温度分布如表 5.27 所示。

表 5.27　坩埚区的温度分布

坩埚区域	坩埚空腔	坩埚壁	坩埚壳	炉　料
温度/℃	2000～3000	1800～2000	1500～1800	＜1500

硅和硅合金是由气相 SiO 生成的，新生相的晶核是在异相界面形成的。因此，硅主要是在坩埚壁上生成的。反应温度、坩埚壁的表面积大小决定了硅的产率，坩埚的大小决定了操作电阻和电极的埋入深度。过多的 SiC 在坩埚壁上积聚使坩埚缩小会使电极位置上移。

C　冶炼操作

配料按焦炭、高碳铬铁、钢屑、硅石的顺序进行，以利于混合均匀。配料应准确，称量误差在 ±1.5 kg 内。

硅铬合金冶炼操作与硅铁相同，加料时坚持勤加、少加，随时把料准确地加到料面下沉的地方。为了保持料面良好的透气性，应经常进行扎眼，出铁后进行捣炉。为了减轻加料和捣炉的劳动强度,大型电炉均用捣炉机和加料机。为了减少甚至不必进行捣炉操作,实现封闭电炉和回收电炉煤气,曾试验了两段炉体技术。利用上炉体正九边形炉衬棱角的运动破坏烧结的炉料。由于硅铬合金原料中有高碳铬铁,炉料导电性增加,电极不易控制,因此料面控制要低。如果料面过高,会导致高温区上移,产生炉底上涨现象。一般地,9000～12000 kV·A 电炉料面控制在低于炉口 500 mm 左右,3000 kV·A 电炉料面低于炉口 200 mm 左右。

炉况正常时,电流稳定,电极深而稳地插入炉料中,炉口冒火均匀,呈橘黄色火焰,化料快,炉料均匀下沉,刺火、塌料现象少,合金成分稳定,排渣顺利,出铁快。

炉况不正常的主要特征是:还原剂不足时,电流不稳,负荷送不足,初期电极能下插,但当未还原的 SiO_2 积存越来越多时,由于导电性增强,电极反而插不下,出铁时电极勉强下插,即产生翻渣现象;捣炉时块料多,严重拉丝;料面火焰短而白,出铁时铁水流头小,合金成分波动,碳高硅低。还原剂过剩时,电极插入深度浅,电极周围刺火,塌料多,弧光响声大,捣炉时料层松软无块料,火焰呈蓝色,炉眼难开,炉底上涨,铁水流头小。发现不正常炉况时,应及时酌情处理。

电炉要定期进行排渣处理,每月大约 3～4 次。如出现炉眼排渣不顺利,电极周围出现翻渣现象时,就要及时处理。一般是采用加石灰、萤石的方法,将炉内积渣洗出。

硅铬合金熔炼需控制的成分是铬、硅、碳三元素的含量。合金中的铬、硅含量取决于炉料的配比,正常情况下波动不大,易于控制。合金中的碳含量随含硅量的升高而下降,但硅含量愈高,则单位硅的能耗也高,操作也更困难。因此,生产上要求在保证合金含碳量符合要求的前提下,尽量降低合金的含硅量。

合金的含碳量不仅与含硅量有关系,而且与操作也有关。冶炼时如果操作不当,铬的复合碳化物没有完全被破坏就进入合金,这时即使合金含硅量高,它的含碳量也达不到要求。为了能使铬的复合碳化物得到彻底破坏,要求高碳铬铁的粒度要小,原料混合要均匀。这样能增加硅与高碳铬铁的接触机会,有利于铬的复合碳化物在进入熔池时被破坏。大块高碳铬铁容易引起电流波动,使电极在炉料中插入深度减少。生产实践表明,采用大块高碳铬铁冶炼,出炉时硅铬合金含碳量高达1%以上,而改用小于20 mm粒度的高碳铬铁冶炼,硅铬合金含碳量可降至0.06%左右。

电极应有足够的插入深度。电极深而稳地插入料层,不但能保证炉料在下降过程中有较大的行程,使铬的复合碳化物得到破坏,而且由于坩埚扩大,炉底温度高,从而使炉渣能顺利排出和使合金有较高的出炉温度,有利于出铁后进一步降碳。

因此,选择合理的电气制度,采用合格的原料,积极处理好炉况以保证铬的复合碳化物在炉内熔炼过程中彻底破坏,是两步法冶炼硅铬合金的关键。

由于合金过热度高及部分碳化物还没有彻底破坏,合金中仍溶解了大量的SiC和存在少量碳化铬,含碳量在0.1%左右,如不处理,不能满足冶炼微碳铬铁的需要。因此,合金在出炉以后,一般要进行炉外脱碳处理。常用的方法是镇静脱碳和摇包脱碳。

镇静脱碳是往合金面上加微碳铬铁渣保温,让合金在铁水包中镇静。随着温度的降低,SiC析出并上浮到上面的渣中,合金的含碳量下降。但是,由于镇静脱碳 SiC上浮速度慢,未等上浮完全合金已开始冷凝,因而脱碳效果不够理想。而且铁水粘包较多,合金表面层含碳量高,精整时须去掉表层,金属损失较大。因此,目前一般已不采用镇静脱碳这一方法了。

摇包脱碳是当前较理想的脱碳方法。摇包由铁水包和传动机构组成,如图5.57所示。为了便于调整摇包的参数和减少金属喷溅损失,摇包机采用调速电机驱动。偏心摇动装置的偏心距可以通过更换不同偏心值的偏心套来改变,以达到工艺对摇包处理铁水和炉渣的不同参数的要求。摇架的结构有三角形和U形两种。三角形摇架只能水平摇动,铁水包不能在摇架上倾翻。U形摇架装有倾翻机构,便于将金属和炉渣直接倾出。

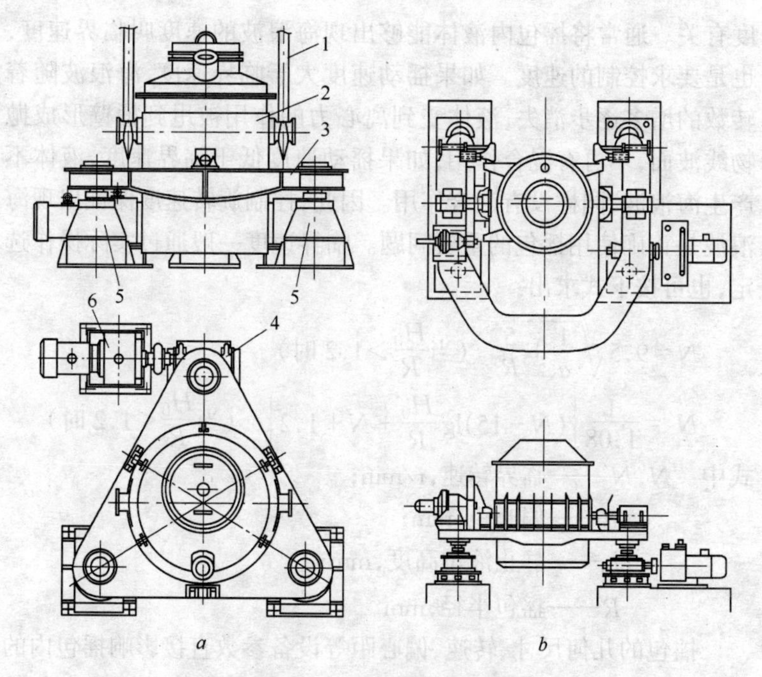

图 5.57 摇包机装置结构图

a—三角形摇架；b—U 形摇架

1—龙门吊；2—摇炉炉体；3—三角架；4—主动偏心摇动装置；5—被动偏心摇动装置；6—传动装置

铁水包放在摇架上，摇动时做偏心圆运动，包中的液态硅铬合金受离心作用在远心处产生高峰，此高峰又受包壁施加力的作用，在包内回转形成如图 5.58 所示的“海浪波”而上下翻腾，因而可起激烈的搅拌作用。包内液面高度比静止液面高一倍以上，因此摇包的有效容积远远小于摇包容积，一般只为其 0.4～0.5。但是，海浪波的形成与曲轴的偏心距和摇动速

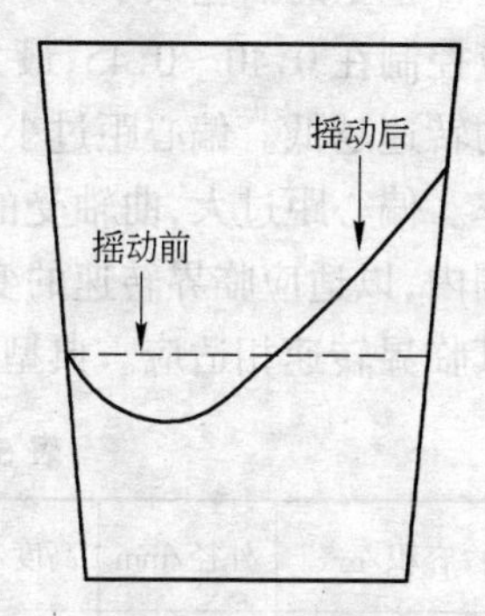

图 5.58 包内液体摇动前后的状态

度有关。通常将摇包内液体能够出现海浪波的速度叫临界速度，也是要求控制的速度。如果摇动速度大于临界速度，海浪波随着转数的增多逐步消失，液体受到离心力的作用被甩到桶壁形成抛物线波面，不再有混合作用；如果摇动速度低于临界速度，液体不产生海浪波，同样没有混合作用。因此，控制旋转速度保证出现海浪波是正确使用摇包的重要问题。临界速度一般通过实际操作选定，也可按下式求出：

$$N = 9.5\sqrt{\frac{1}{a} + \frac{5}{R}} \quad (当\frac{H_0}{R} > 1.2时)$$

$$N' = \frac{1}{1.08}\left\{(N - 15)\lg\frac{H_0}{R} + N + 1.2\right\} \quad (当\frac{H_0}{R} < 1.2时)$$

式中　N, N'——临界转速，r/min；

a——偏心距，mm；

H_0——静止液位高度，mm；

R——摇包半径，mm。

摇包的几何尺寸、转速、偏心距等设备参数直接影响摇包内的液体运动规律。设计摇包熔体装入量体积不得超过摇包容积的1/2。装入量过大，熔体在摇包运动时容易溢出。铁水包直径和高度之比为1时，其表面积与容量之比最小，表面热损失最少。对于这种包型的摇包铁水和炉渣的液位高度 H 与铁水包内径 d 之比应控制在0.40～0.45，最大不超过0.5。偏心距越大产生海浪波的转速越低。偏心距过小，液面很高，不利于提高摇包的容积利用率。偏心距过大，曲轴受的扭矩增大。摇包转速应设计在一定范围内，以适应临界转速的变化。此外，摇包电机功率的选择必须与其临界转速相适应。典型摇包参数见表5.28。

表5.28　典型摇包参数

容积/m³	外径/mm	高度/mm	内径/mm	深度/mm	转速 /r·min⁻¹	偏心距 /mm
0.66	1010	1620	850		55	60
1.2			1650/1450	1650	45	80

续表 5.28

容积/m^3	外径/mm	高度/mm	内径/mm	深度/mm	转速/$r \cdot min^{-1}$	偏心距/mm
3.46	2070	2520	1690		42	60
4.47	2180	2150	1740	1880	45～60	50/60/70
8.00	2500	2500	2000		45～50	120

电炉容量不同,每炉所得合金产量不同,须采用相应的摇包参数。

使用摇包脱碳,首先在合金液面上加渣料,摇动时液态的炉渣与合金在包内上下翻腾强烈混合,合金中的小颗粒 SiC 被迅速吸附去除。渣料由 70%微碳铬铁渣粉与 30%萤石粉组成。渣料的加入量为合金总量的 6%左右。如摇包的转速为 50～57 r/min,摇动时间 10～15 min,处理后合金的含碳量可以降到 0.02%以下,脱碳效率在 90%以上。

5.5.3 配料计算

5.5.3.1 计算条件

硅石中硅的回收率为 95%,高碳铬铁中铬的回收率为 94%,硅、铁全部入合金;焦炭在炉口处烧损 10%,钢屑中铁全部入合金。

原料化学成分如表 5.29 所示。

表 5.29 原料化学成分

名 称	化学成分/%					
	SiO_2	Cr	Si	C	$C_{固}$	Fe
硅 石	97					
高碳铬铁		65	2	8		24
焦 炭					84	
钢 屑						95

硅铬合金成分：Cr 32%，Si 47%，C 0.15%，Fe 20%。

5.5.3.2 配料计算

所有炉料按炼制 100 kg 硅铬进行计算。

A 所需铬铁的计算

所需高碳铬铁量为：

$$\frac{100\times0.32}{0.94\times0.65}=52.4(\mathrm{kg})$$

B 所需硅石的计算

合金需硅量为：

$$100\times0.47=47(\mathrm{kg})$$

高碳铬铁带入的硅量为：

$$52.4\times0.02=1.05(\mathrm{kg})$$

需硅石还原的硅量为：

$$47-1.05=45.95(\mathrm{kg})$$

硅石需要量为：

$$\frac{45.95\times60}{0.97\times0.95\times28}=107(\mathrm{kg})$$

C 所需焦炭量的计算

还原硅石需碳量为：

$$107\times0.97\times\frac{24}{60}=41.52(\mathrm{kg})$$

合金渗碳需碳量为：

$$100\times0.0015=0.15(\mathrm{kg})$$

高碳铬铁带入碳量为：

$$52.4\times0.08=4.2(\mathrm{kg})$$

所需干焦炭量为：

$$\frac{41.52+0.15-4.2}{0.84\times(1-0.1)}=49.56(\mathrm{kg})$$

D 所需钢屑量的计算

合金中所含铁量为：

$$100\times0.2=20(\mathrm{kg})$$

高碳铬铁带入铁量为：

$$52.4 \times 0.24 = 12.60(\text{kg})$$

需配加钢屑量为：

$$\frac{20 - 12.60}{0.95} = 7.79(\text{kg})$$

5.5.3.3 炉料组成

折合成以 100 kg 硅石为基础的料批组成为：

硅石 100 kg

高碳铬铁 $\frac{100}{107} \times 52.4 = 49(\text{kg})$

焦炭 $\frac{100}{107} \times 49.56 = 46.3(\text{kg})$

钢屑 $\frac{100}{107} \times 7.79 = 7.30(\text{kg})$

生产 1 t 含 Cr 35%，Si 42% 的硅铬合金大致消耗如表 5.30 所示。

表 5.30 生产 1 t 含 Cr 35%，Si 42%的硅铬合金的消耗指标

消耗项目	指标
硅石/kg	910～980
高碳铬铁(含 Cr65 %)/kg	550～570
焦炭/kg	410～450
钢屑/kg	40～80
电耗/kW·h	4800～5100

5.6 中低碳铬铁冶炼

5.6.1 中低碳铬铁牌号及用途

中低碳铬铁的牌号及化学成分如表 5.31 所示。

表 5.31　中低碳铬铁牌号及化学成分

类别	牌号	化学成分/%									
		Cr			C	Si		P		S	
		范围	Ⅰ	Ⅱ		Ⅰ	Ⅱ	Ⅰ	Ⅱ	Ⅰ	Ⅱ
低碳	FeCr69C0.25	63.0~75.0			≤0.25	≤1.5		≤0.03		≤0.025	
	FeCr55C25		≥60.0	≥52.0	≤0.25	≤2.0	≤3.0	≤0.04	≤0.06	≤0.03	≤0.05
	FeCr69C0.50	63.0~75.0			≤0.50	≤1.5		≤0.03		≤0.025	
	FeCr55C50		≥60.0	≥52.0	≤0.50	≤2.0	≤3.0	≤0.04	≤0.06	≤0.03	≤0.05
中碳	FeCr69C1.0	63.0~75.0			≤1.0	≤1.5		≤0.03		≤0.025	
	FeCr55C100		≥60.0	≥52.0	≤1.0	≤2.5	≤3.0	≤0.04	≤0.06	≤0.03	≤0.05
	FeCr69C2.0	63.0~75.0			≤2.0	≤1.5		≤0.03		≤0.025	
	FeCr55C200		≥60.0	≥52.0	≤2.0	≤2.5	≤3.0	≤0.04	≤0.06	≤0.03	≤0.05
	FeCr69C4.0	63.0~75.0			≤4.0	≤1.5		≤0.03		≤0.025	
	FeCr55C400		≥60.0	≥52.0	≤4.0	≤2.5	≤3.0	≤0.04	≤0.06	≤0.03	≤0.05

中低碳铬铁用于生产中低碳结构钢、铬钢、合金结构钢。铬钢常用于制造齿轮、齿轮轴等。铬锰硅钢常用于制造高压风机的叶片、阀板等。

5.6.2　中低碳铬铁冶炼方法

中低碳铬铁的冶炼方法主要有两种:高碳铬铁精炼法和电硅热法。

高碳铬铁精炼法又分为用铬矿精炼法和转炉精炼法。用铬矿精炼高碳铬铁时,精炼炉渣具有较大的黏度和较高的熔点,冶炼过程温度必须是较高的。因此,电耗高,炉衬寿命短,含碳量也不易降下来。19世纪末,转炉精炼法采用贝塞麦炉法(Bessemer Process),但含碳量很难低于1%,且存在冶炼炉温高,炉衬寿命短,铬损失大及合金含氮等问题,故早已不再采用。用氧气吹炼高碳铬铁具有较大的优越性,如生产率高、成本低、回收率高等。

目前传统的生产方法还是电硅热法。电硅热法就是在电炉内造碱性炉渣的条件下,用硅铬合金中的硅还原铬矿中铬和铁的氧化物,从而制得低含碳的铬铁。硅铬合金含碳极低,能够大规模生产,价格较低。

在电硅热法发展过程中,原先是在普通的铬矿焦炭炉料中添加石英和焦炭,冶炼成含硅较高的铬铁。贫铬渣放出后,含硅高碳低的硅铬合金,用铬矿进行精炼和脱硅。这些反应在同一电炉内先后进行,因此不能经常提供均匀,且能掌握成分的产品。只有当精炼和脱硅过程从整体过程分开,而在一台特殊的电炉中进行之后,含碳量特低(0.04%~0.1%)铬铁合金的工业性顺利生产才得以成功。含硅中间合金对成品铬铁的含碳、含硅量有特殊影响,必须保持其成分均匀,因而在另一台适于硅铁生产的特殊炉子中进行。硅热法的特点要求是,为了取得成品合金的低含硅量,必须保持精炼渣的高氧化物浓度。这个事实最初对方法的经济合理性尚有妨碍。只是后来当这种含 Cr_2O_3 15%~25%的渣重熔为一种中间产品后,这个方法的经济合理性才得到了保证。该方法由瑞典特罗尔赫坦(Troll-hattan)铁合金厂于1920年左右设计出来,见图5.59,该三步法为电硅热法做出了贡献。

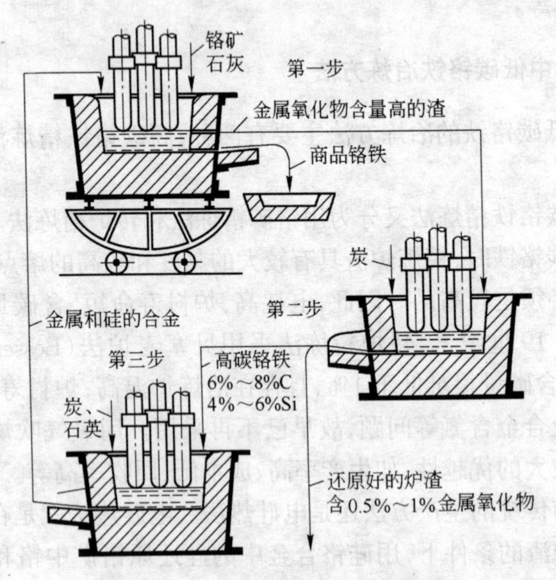

图5.59　用电硅热法生产低含碳量铬铁的早期的三步法生产方法

目前已不再按原来方式进行生产,主要是后来采取了两项决定性的改进:(1)在脱硅反应时使用较高的CaO含量;(2)一种或两种反应物以液态投入反应,即液态热兑法。这样一来,终渣的Cr_2O_3含量可以达到约5%和更低,上述系统的第二步渣重熔可以取消。

电硅热法冶炼中低碳铬铁,对设备和原料的要求及熔炼操作工艺基本上与电硅热法冶炼微碳铬铁相同,只是中低碳铬铁含碳量较微碳铬铁高,因而可以使用固定式电炉和自焙电极,作为还原剂使用的硅铬合金的含碳量也可以相应地高一些。此外,熔炼操作也不像微碳铬铁要求得那样细致。

5.6.3 氧气吹炼中低碳铬铁

5.6.3.1 吹炼方式及生产工艺

吹氧法炼制中低碳铬铁使用的设备是转炉，故称转炉法。按供氧方式不同，吹氧可分侧吹、顶吹、底吹和顶底复吹四种。侧吹吹氧强度小，搅拌条件差；底吹炉底寿命短，操作麻烦；顶底复吹属于试验阶段。故我国采用的是顶吹转炉法，工艺流程见图5.60。

高碳铬铁从电炉出炉后，称量，装入顶吹氧转炉、经氧枪(拉瓦尔型喷头)喷火氧气脱碳后，倒入铁水包、浇铸。

顶吹氧转炉炉型见图5.61。铬铁顶吹转炉的结构与炼钢转炉要求相同，炉衬用镁砖砌筑，炉体有倾动机构。竖直的氧枪有升降机构和水冷系统。炉膛高度与直径之比，一般为2.1～2.3。

另外还有氧气与蒸汽混合底吹的CLU工艺，可以得到碳含量小于1%的铬铁，回收率达90%以上。萨曼克公司的ICF厂有一座25 t CLU转炉，炉底有4个风口，可以混吹氧气、蒸汽、氮气或氩气。

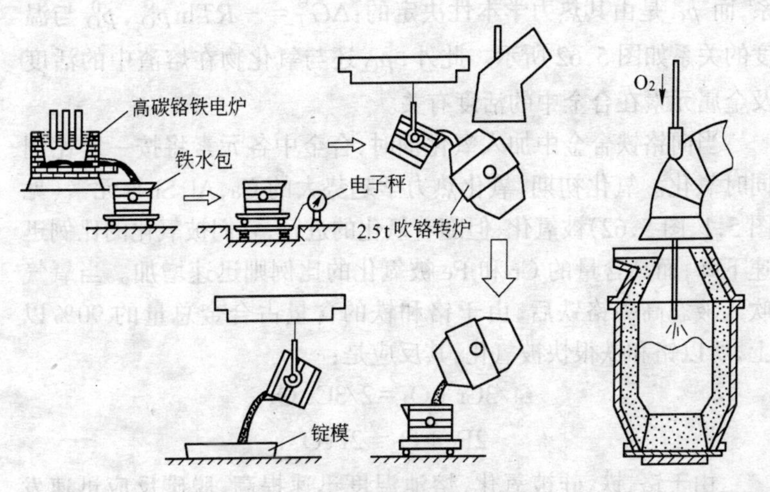

图5.60 顶吹氧转炉生产中碳铬铁工艺设备流程图　　图5.61 顶吹氧转炉

5.6.3.2　吹炼原理

吹氧法是将氧气直接吹入液态高碳铬铁中使其脱碳而制得中低碳铬铁。

高碳铬铁中的主要元素有铬、铁、硅、碳，它们都能被氧化。氧气吹炼高碳铬铁的主要任务是脱碳保铬，其基本原理是选择性氧化。

氧化物的稳定性或被还原的难易程度可用氧化物的生成标准自由能（见图 5.1）所获氧化物平衡分解压力 p_{O_2} 来衡量。熔体间有反应：

$$2(MO) = 2[M] + O_2$$

$$p_{O_2} = \frac{a_{MO}^2}{a_M^2} \cdot p_{O_2}^{\ominus}$$

式中　$p_{O_2}^{\ominus}$——纯氧化物 MO 的平衡分解压力；

a_{MO}——熔渣中氧化物（MO）的活度；

a_M——合金中金属 M 的活度。

由上式可看出，p_{O_2} 与其纯氧化物的分解压力 $p_{O_2}^{\ominus}$ 成正比关系，而 $p_{O_2}^{\ominus}$ 是由其热力学本性决定的：$\Delta G_T^{\ominus} = -RT\ln p_{O_2}^{\ominus}$，$p_{O_2}^{0}$ 与温度的关系如图 5.62 所示。此外，p_{O_2} 还与氧化物在熔渣中的活度及金属元素在合金中的活度有关。

当向铬铁合金中加入氧化剂时，合金中各元素将按一定比例同时氧化。氧化初期，氧化热力学趋势大的 Ca，Al，Si 等元素（见图 5.1、图 5.62）被氧化，但随着氧化的进行，它们被氧化的比例迅速下降，而高含量的 Cr 和 Fe 被氧化的比例则迅速增加。当氧气吹入液态高碳铬铁后，由于铬和铁的含量占合金总量的 90% 以上，所以铬和铁很快被氧化，其反应是：

$$4/3Cr + O_2 = 2/3Cr_2O_3$$

$$2Fe + O_2 = 2FeO$$

由于铬、铁、硅被氧化，熔池温度迅速提高，脱碳反应迅速发展。铬与碳的氧化转化温度可由图 5.1、图 5.62 的 Cr_2O_3 与 CO

反应线关系并参见 5.4.2.2 节求出，为 1520 K。在温度低于 1520 K 时，Cr 先于 C 氧化；高于 1520 K 时，则 C 先于 Cr 氧化。用氧气在转炉内脱碳，要尽快将熔体温度提高到 1520 K 以上，才能加快脱碳速度和减少 Cr 的氧化损失。由热力学分析可知，吹炼初期，在较低温度下铬和碳化铬 Cr_7C_3 氧化为 Cr_2O_3 的反应优先得到发展。随着合金中的碳浓度从 7%～8% 降低到 6%～5%，$Cr_{23}C_6$ (5.8%C)开始氧化脱碳，其主要反应为：

$$1/3Cr_{23}C_6 + 2/3Cr_2O_3 = 9Cr + 2CO$$

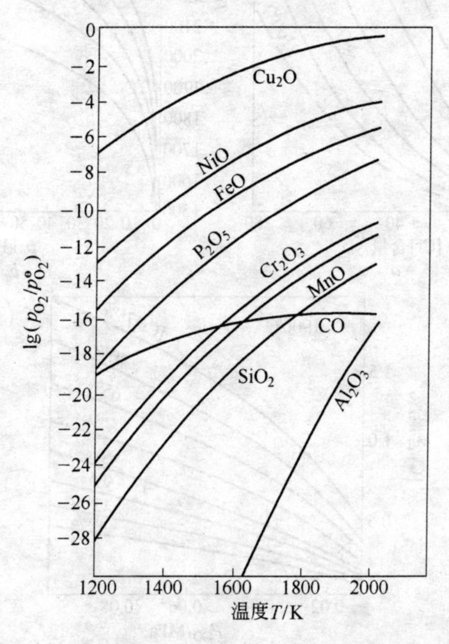

图 5.62 纯氧化物的分解压力与温度的关系

开始温度为 1973 K，而且，温度越高，越有利于脱碳反应，并能抑制铬的氧化反应，合金中的碳可以降得越低。

在氧气吹炼过程中，溶解在铁水中的氧与氧气十分接近平衡状态。熔池内氧化脱碳的基本反应如下：

$$[C] + [O] = CO_{(g)}$$

铁水中的碳也能直接与氧气反应。根据热力学数据可推导不同温度条件下[C]与[Cr]、CO分压的平衡关系,如图5.63所示。

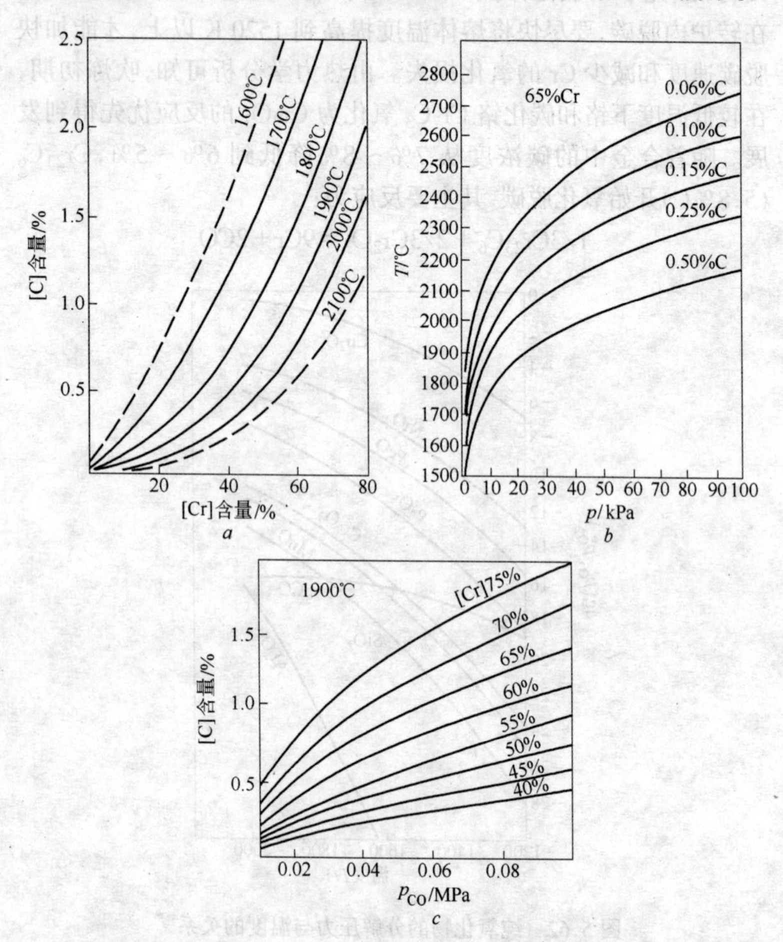

图5.63　平衡时铬铁熔体含碳量、含铬量、CO分压和温度的关系

由图可知,在常压下,吹炼含碳2%的产品的终点温度为1765℃,吹炼含碳1%产品的终点温度为1944℃,吹炼含碳0.5%产品的终点温度为2159℃。含碳量愈低、需要的温度愈高,氧化的铬量就愈大,为了减少铬的氧化和延长炉衬寿命,常压下以吹炼

含碳2%的铬铁产品最为合适。

由图5.63可知,对于特定的吹炼温度,脱碳有一定限度。过量的供氧会使碳含量降低,同时也会使更多的铬转入渣中。为了深度降碳,需要改变气相中的CO分压,例如采用氧气与氩气或氧气与水蒸气混吹的办法和真空吹炼方法。

在真空条件下,平衡时合金的含碳量、含铬量、一氧化碳分压和温度的关系如图5.63*b*和图5.63*c*所示。从图5.63*b*可知,当真空变为10 kPa时,吹炼含碳0.5%的铬铁终点温度为1782℃,比常压下需要的温度低377℃。

金属熔体中的[C]和[O]的数量关系除与温度和上述反应的热力学平衡条件有关外,还与供氧速度、熔池的搅拌程度等动力学因素有关。脱碳反应主要是在氧气射流和铁水的界面上发生的。顶吹是从熔池顶部供氧,高压氧气流与铁水激烈作用产生一个反应区。气流的冲击和CO逸出的搅拌作用创造了传质和传热的有利条件,促使脱碳反应进行。底吹多采用多支氧枪,使气流穿过整个熔池,对熔池的搅拌作用更大,创造了更有利的动力学条件。但炉底炉衬侵蚀较快,操作复杂。

5.6.3.3 原料

氧气顶吹炼制中低碳铬铁的原料为高碳铬铁、铬矿、石灰和硅铬合金。

对入转炉的高碳铬铁液要求温度要高,通常在1723~1873 K。铁水含铬量要高于60%,含硅不超过1.5%,含硫量小于0.036%。铬矿是用作造渣材料的,要求铬矿中的SiO_2含量要低,因为硅首先氧化,生成的酸性渣易破坏炉衬;MgO、Al_2O_3含量可适当高些,其黏度不能过大。石灰也是作造渣材料,其要求与电硅热法的相同。硅合金用于吹炼后期还原高铬炉渣,一般可用破碎后筛下的硅铬合金粉末。

5.6.3.4 吹炼操作

吹炼操作包括装入制度、温度制度、供氧制度、造渣制度和终点控制等。

A　装入制度

铁水装入量对吹炼过程和技术经济指标都有影响。装入量的多少主要考虑炉子的炉容比。

装入量(t)与炉子容积(V)之比，即 V/t 称为炉容比。炉容比过小会导致严重喷溅，也不利于设备和氧枪的维护；炉容比过大，生产能力未充分发挥；各种损耗相对增加，金属回收率降低；由于装入量小使熔池变浅，炉底侵蚀加剧。因此，选择合适的炉容比是很重要的，一般以 V/t 在 0.7~0.8 较为合适。

B　温度制度

元素氧化放热使熔池的温度随着吹炼的进行而自然升高，但放出的热量除了满足脱碳反应要求外，还有一定的富余。特别是吹炼低碳铬铁时，因铬的大量氧化，使吹炼终点的温度高于吹炼需要的温度，造成炉衬寿命大大降低。因此，吹炼低碳产品时要进行温度控制。

影响终点温度的因素有很多，主要为铁水的成分、对入铁水的温度、炉与炉间隔时间、供氧制度、加入硅质合金量和返回料多少等。操作中必须根据不同品种的要求和炉子的特点控制好温度制度。前期不过低，后期不过高，最终使铁水温度正好达到合金脱碳所需要的温度。

C　供氧制度

供氧强度、供氧压力、喷枪形状和位置构成供氧制度。氧化反应的速度是由供氧强度所决定的。供氧制度直接影响吹炼温度，元素氧化速度、吹炼时间、终点含碳量、喷嘴和炉衬寿命。因此，供氧制度是氧气转炉操作的中心环节。

供氧强度对渣中 Cr_2O_3 含量和铬的回收率有显著影响，见图5.64。供氧强度过低，铁水升温缓慢，铬的氧化速度高于碳的氧化速度；供氧强度过高，铁水中的铬会大量氧化，特别是吹炼末期更为明显。

喷嘴类型与供氧制度关系密切，我国目前主要采用拉瓦尔型和三孔喷嘴。拉瓦尔型喷嘴穿透能力强，三孔喷嘴反应面积大。

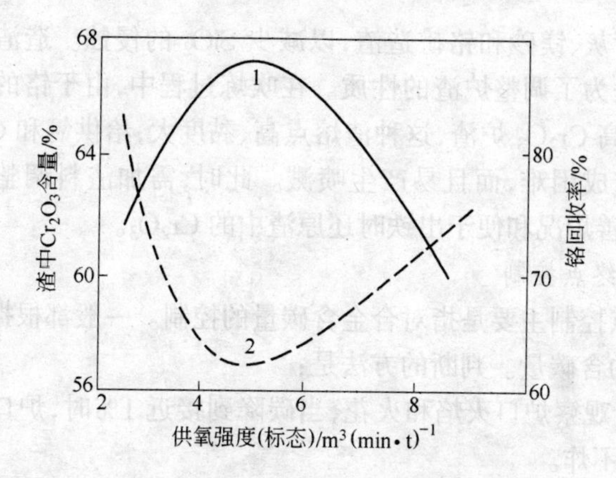

图 5.64 供氧制度与渣中 Cr_2O_3 含量和铬的回收率关系

1—铬回收率;2—渣中 Cr_2O_3 含量

合理的供氧制度能保证得到合适的穿透深度和反应面积,提高炉龄和喷嘴寿命,缩短吹炼时间。图 5.65 为一个 1.2 t 顶吹转炉的供氧制度。

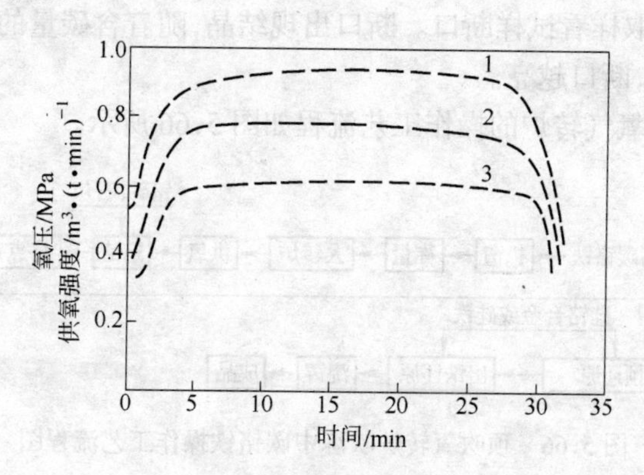

图 5.65 供氧制度

1—氧压;2—ϕ12 mm 喷嘴供氧制度;3—ϕ11 mm 喷嘴供氧制度

D 造渣制度

吹炼过程中,部分铬、铁、硅氧化形成炉渣,特别是在吹炼初期,由于硅的优先氧化生成大量的 SiO_2,会严重侵蚀碱性炉衬,这时需加石灰、镁砂和铬矿造渣,以减少 SiO_2 的侵蚀。造渣的另一个目的是为了调整炉渣的性质。在吹炼过程中,由于铬的大量氧化,形成高 Cr_2O_3 炉渣,这种渣熔点高、黏度大,给供氧和 CO 气泡的逸出造成困难,而且易产生喷溅。此时,需加渣料调整渣的性质,以改善炉况和便于出铁时还原渣中的 Cr_2O_3。

E　终点控制

终点控制主要是指对合金含碳量的控制。一般都根据经验判断终点的含碳量。判断的方法是:

(1) 观察炉口火焰和火花,当碳降到接近 1% 时,炉口火焰收缩,火星不炸。

(2) 吹炼后期炉内渣量增加,渣中 Cr_2O_3 浓度提高,高压气流搅动渣层和 CO 逸出渣层时发出“嘟、嘟”的响声。

(3) 由铁水装入量和氧气累计消耗量推算终点碳,吹炼 FeCr200 耗氧(标态)100～120 m^3/t,FeCr100 耗氧(标态)130～140 m^3/t,FeCr50 耗氧(标态)150～170 m^3/t。

(4) 取样看试样断口。断口出现结晶,随着含碳量的降低,结晶越明显,断口越亮。

顶吹氧气转炉的操作工艺流程如图 5.66 所示。

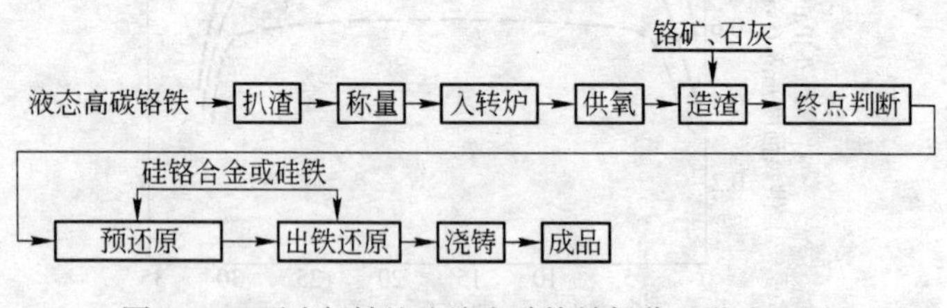

图 5.66　顶吹氧转炉吹炼中碳铬铁操作工艺流程图

首先将液态高碳铬铁经扒渣称量后对入转炉,然后摇直炉体,降下已通过高压水冷却的氧枪进行吹炼。喷嘴距液面 400～600 mm。铁水装入量少,而铁液层薄时,氧枪位置应高些。铁水装入量多,铁液层厚时,氧枪位置应低些。

吹炼开始时铁水温度较低,硅、铬等元素首先被氧化。入炉高碳铬铁的含硅量控制在 0.5% 以上，有助于吹炼温度迅速上升。由于放热反应使熔池温度迅速提高，脱碳反应随即大量进行，约持续 10 min 左右，脱碳速度达最高峰(见图 5.67)。

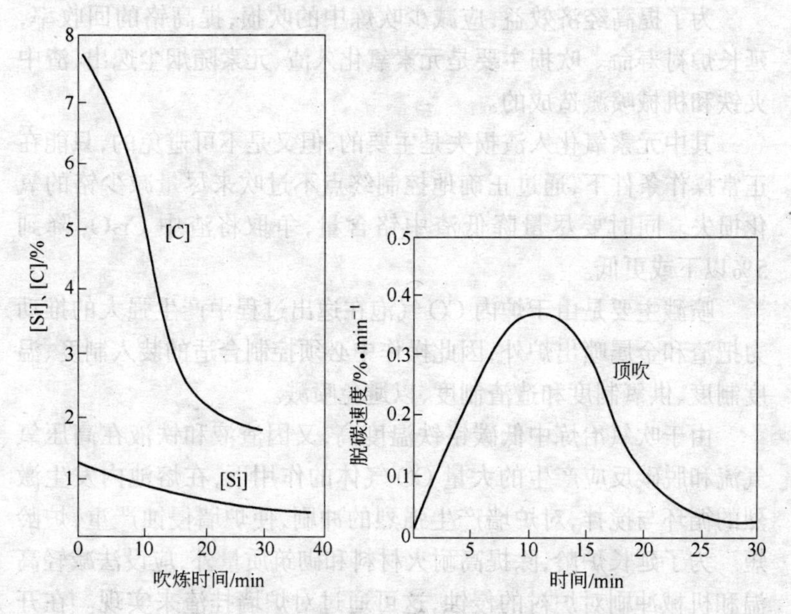

图 5.67 顶吹过程铬铁中碳、硅变化和脱碳速度

由于冶炼初期元素大量被氧化形成 SiO_2 含量较高的自然炉渣，因而吹炼约 4 min 时要加造渣料，保护炉衬和为以后加还原剂还原氧化铬创造条件。脱碳反应产生大量的 CO 气体，使火焰由暗红色逐渐变淡，较长而明亮。随着铬铁液中碳浓度降低，脱碳速度减慢，铬大量被氧化，炉口火焰收缩，此时应控制终点，待判断碳含量合格即停吹出铁。

出铁前，若炉渣流动性差时，可向炉内加入少量的硅铬合金进行预还原，降低渣中 Cr_2O_3 含量和炉渣碱度，增加渣的流动性。一般加入量为总加入量的 5%。出铁时，要同时向镁砖砌衬的铁水包中加入硅铬合金(也有加 75% 硅铁的)，以还原渣中铬，使终渣中 Cr_2O_3 含量控制在 27% 以下，CaO/SiO_2 为 0.5 左右。这样的炉渣可返回生产高碳铬铁。

在浇铸前，先调整好梅花形流槽孔，天车浇铸时要快而稳。铁锭厚度小于 60 mm，浇铸半小时后脱模，经破碎精整入库。

为了提高经济效益，应减少吹炼中的吹损，提高铬的回收率，延长炉衬寿命。吹损主要是元素氧化入渣、元素随烟尘逸出、渣中夹铁和机械喷溅造成的。

其中元素氧化入渣损失是主要的，但又是不可避免的，只能在正常操作条件下，通过正确地控制终点不过吹来尽量减少铬的氧化损失。同时要尽量降低渣中铬含量，争取将渣中 Cr_2O_3 降到 5% 以下或更低。

喷溅主要是由于炉内 CO 气泡在逸出过程中产生强大的推动力把渣和金属喷出炉外，因此操作中必须控制合适的装入制度、温度制度、供氧制度和造渣制度，以避免喷溅。

由于吹氧冶炼中低碳铬铁温度高，又因渣液和铁液在高压氧气流和脱碳反应产生的大量 CO 气体的作用下，在熔池内发生激烈的循环与搅拌，对炉墙产生强烈的冲刷，使炉墙侵蚀严重，炉龄短。为了延长炉龄，除提高耐火材料和砌筑质量外，应设法减轻高温和机械冲刷对炉衬的侵蚀，这可通过对炉墙挂渣来实现。在开吹约 3 min 时，将铬矿、石灰和镁砂按一定比例加入炉内造高熔点炉渣。这样的炉渣在吹炼时由于气流的冲击作用粘在炉墙上，从而减少了高温和渣液对炉衬的直接冲刷作用。造渣料的配比（kg/t）为：铬矿 60～100，石灰 40～70，镁砂 0～12。

2.5 t 顶吹氧转炉在吹炼终点，约 78% 的铬留在中碳铬铁中，而约 21% 的铬氧化进入炉渣。加入 75% 硅铁还原炉渣后，约有 90% 的铬留在中碳铬铁中。吹炼后铬的回收率与铬铁含碳量的关系如表 5.32 所示。

表 5.32 2.5 t 顶吹氧转炉吹炼后铬的回收率与铬铁含碳量的关系

铬铁含碳/%	1～2	0.5～1	0.3～0.5
铬回收率/%	88～90	77～85	70～80

生产 1 t 中碳铬铁(C 1% ~ 2%,Cr 66%)消耗高碳铬铁约 1100 kg,铬矿约 50 kg,硅铁约 50 kg,石灰约 50 kg,氧约 80 m^3。铬回收率约 90%。

与电硅热法相比,顶吹转炉生产中碳铬铁有生产率高、铬回收率高、电耗低等优点,但有产品含硫较高、产品含碳高且波动大等缺点。

5.6.4 电硅热法冶炼中低碳铬铁

电硅热法就是在电炉内造碱性炉渣的条件下,用硅铬合金的硅还原铬矿中铬和铁的氧化物而制得中低碳铬铁。冶炼工艺流程如图 5.68 所示。

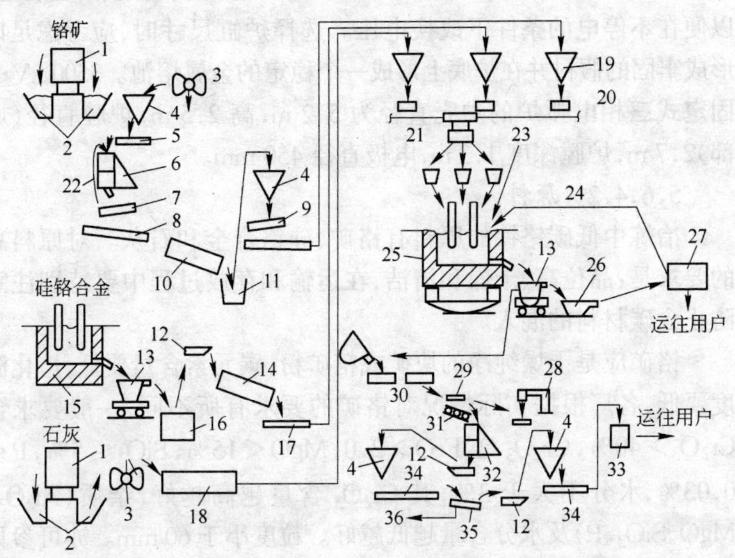

图 5.68 冶炼低碳含量铬铁的电硅热法生产工艺流程图

1—车厢;2—料仓;3—抓斗;4—料斗;5—板式给料机;6—颚式破碎机;7—单层筛;8—皮带运输机;9—格栅给料机;10—铬矿干燥煅烧回转窑;11—炉料贮存仓;12—料槽;13—铁水包;14—硅铬合金干燥筒;15—矿热炉;16—合金粒化槽;17—皮带运输机;18—石灰焙烧窑;19—配料斗;20—自动配料机;21—单轨料车;22—大块铬矿;23—铬铁生产中含铬废料;24—含铬料;25—精炼炉;26—渣罐;27—炉渣分选装置;28—铁锤;29—铁锭;30—锭模;31—辊道;32—破碎机;33—滚筒;34—给料机;35—格栅;36—回炉重熔粉末

5.6.4.1 冶炼设备

电硅热法冶炼设备为电弧精炼炉，与还原电炉一样可分为敞口式、带盖式及矮烟罩半封闭式等类型，炉体又有固定式、倾动式和旋转式三种。电炉设备主要包括炉体、炉盖（或烟罩）、电极系统、加料系统、液压系统及水冷系统等。精炼电炉冶炼的单位电耗较低，因此炉容较小，一般炉容多在1000～3500 kV·A。

用电硅热法冶炼中低碳铬铁是在固定式三相电弧炉内进行的，可以使用自焙电极。炉渣为碱性，因此炉衬也使用碱性的，采用镁砖砌筑的（干砌）。炉衬寿命短是中低碳铬铁生产中的重要问题。由于冶炼温度较高（达1650℃），炉衬寿命一般较短（约45～60 d）。

电炉功率一般采用2000～3500 kV·A，并安装有载调压装置，以便在不停电的条件下改换电压。选择炉缸尺寸时，应考虑足以形成牢固的假衬并在炉底上形成一个稳定的金属熔池。3500 kV·A固定式三相电弧炉的炉壳直径为5.2 m，高2.5 m，炉膛直径（底部）2.7 m，炉膛深度1.3 m，电极直径450 mm。

5.6.4.2 原料

冶炼中低碳铬铁的原料有铬矿、硅铬合金和石灰。对原料总的要求是：品位高、干燥和清洁，在运输和存放过程中要特别注意防止含碳材料的混入。

铬矿应是干燥纯净的块矿或精矿粉，碳元素含量要低，熔化温度要低，各厂根据实际情况对铬矿的要求有所不同，一般要求含$Cr_2O_3>40\%$，$Cr_2O_3/\sum FeO>2.0$，$MgO<15\%$，$SiO_2\leqslant5\%$，$P<0.03\%$，水分不大于3%，其Cr_2O_3含量越高越好，杂质（Al_2O_3、MgO、SiO_2、P）及水分含量越低越好。粒度小于60 mm。亦可参见表4.2的要求。铬矿熔化温度取决于氧化物FeO和MgO的基本含量。铬矿中Fe^{2+}与MgO的含量愈高，铬矿出现液相和完全熔化的温度就愈高。铬矿中水分会氧化硅铬合金中的硅，从而降低铬的回收率，电耗增大。熔化期矿中水分受热后变成蒸汽，体积突然膨胀，当从炉门和电极孔喷出时，也带走一些矿粉。水分体积突然膨胀，还会造成溅渣，熔渣冲刷电极会使金属增碳，降低品级。

因此,要求矿石尽可能保持干燥。

硅铬合金表面和内部不得有显著夹杂,因夹杂中含碳量往往偏高。硅铬合金表面致密,具有一定机械强度。粒度小于18 mm,不带渣子,小于3 mm的用于冶炼含碳量较高牌号的铬铁。

石灰应是新烧好的,没烧透的石灰含有 $CaCO_3$。$CaCO_3$ 在熔化过程中发生分解,产生的气体 CO_2 能引起溅渣,造成金属增碳;$CaCO_3$ 分解时还吸收一定的热量,使单位电耗增加。石灰中 CaO 含量不少于 85%,$SiO_2 \leqslant 2\%$,$P < 0.02\%$。CaO 越低,则杂质 SiO_2、Al_2O_3 就越高,结果用来调整碱度的 CaO 也越多,而真正的有效 CaO 就越低。如果石灰中的 CaO 低,则有效的 CaO 就更低。块度为 5~50 mm。

萤石中 CaF_2 含量应大于 80%。加入萤石可降低炉渣熔点,及早形成熔池,防止氧化铬和氧化亚铁进一步氧化,从而降低硅铬合金的单耗。加速去硫过程。

配料中 $Cr_2O_3/\sum FeO$ 高,硅铬合金中铬高时,可加入氧化亚铁,增强炉料的氧化能力,降低初渣熔点,加速脱硅过程,提高铬的回收率和降低电耗。

5.6.4.3　*冶炼原理*

用电硅热法冶炼中低碳铬铁的主要反应如下:

$$2Cr_2O_3 + 3Si = 4Cr + 3SiO_2$$

$$2FeO + Si = 2Fe + SiO_2$$

这两个反应的基础是硅能与氧化合生成比铬和铁的氧化物更为稳定的化合物 SiO_2。

炉内 Cr_2O_3 按 $Cr_2O_3 \rightarrow CrO \rightarrow Cr$ 的次序还原,同时还进行着钙、镁、磷、硫等氧化物的还原反应。熔体中 CrO 与空气中氧作用,结果入炉的硅中约 20% 被空气中的氧所氧化,这可能是硅在冶炼过程中利用率较低的原因。

硅从合金转入炉渣中(包括硅的氧化和 SiO_2 溶解在渣中)的放热量为每摩尔硅 204.47 kJ。然而硅热还原反应释放的热量不足以在炉外实现这一过程,所以在电炉中用于熔化炉料和补偿电炉热损失占整个耗电量的60%~70%。

用硅还原铬和铁的氧化物的过程和用碳还原的过程有区别。用碳还原时生成的一氧化碳可以从反应中逸出,因而用碳还原氧化物的反应常常是很完全的,并能保证被还原的元素有较高的回收率。用硅还原铬和铁的氧化物时,反应生成的 SiO_2 聚集于炉渣中,使进一步还原发生困难。因此,如不采取措施,还原时只能将矿石中40%~50%的 Cr_2O_3 还原出来,而后还原反应就要停止进行。再增加还原剂的数量,则合金中的硅要高出规定标准造成废品,而且炉渣中的 Cr_2O_3 还是很高。为提高铬的回收率,需向炉渣中加熔剂石灰。石灰中的CaO能与 SiO_2 化合并生成稳定的硅酸盐:$CaO·SiO_2$、$2CaO·SiO_2$(以 $2CaO·SiO_2$ 为最稳定),这样才能把渣中 Cr_2O_3 进一步还原出来。

电硅热法冶炼低碳含量铬铁要重视炉渣碱度的控制。碱度过低,会出现渣稀,炉温低;熔渣中的 Cr_2O_3 不能被充分还原;低碱度炉渣加速对炉衬的侵蚀;脱硅困难;浇注时渣铁不易分开,粘结在合金表面的渣不粉化而降低表面质量;铁水包底凝铁较多,使回收率降低。但若炉渣碱度过高,则炉渣熔点增高(见图5.69),熔化炉料需要的电能也随之增加,冶炼时间延长;黏度增大,流动性变差,因为还原反应是炉渣-合金界面上的扩散反应,所以反应的动力学条件变差,渣中氧化铬含量下降的幅度随碱度的增加而减小;由于总渣量增加,损失于渣中的铬总量不但未减少,反而增加。因此,炉渣碱度既不能过低,也不能过高。炉渣碱度 CaO/SiO_2 一般等于1.6~1.8。冶炼中低碳铬铁的炉渣中也含有MgO,是由铬矿和炉衬带进的,氧化镁与氧化钙的作用相同,所以炉渣碱度也可用 $(CaO+MgO)/SiO_2$ 来表示。冶炼中低碳铬铁 $(CaO+MgO)/SiO_2$ 一般等于1.8~2.0。这样就使铬矿中的 Cr_2O_3 最大限度地从矿石中还原出来。炉内还有FeO、CrO氧化物存在,它们也能与 SiO_2 结合,因此在冶炼初期(每炉的2/3时间)用较低的碱度(1.5~1.7)仍使氧化铬得以自炉渣内充分还原,而在熔炼末期提高炉渣碱度到一般要求的碱度值。

炉渣与金属之比(渣铁比)为3.0～3.5。

$CaO-SiO_2-Cr_2O_3$ 三元系相图如图5.69所示。

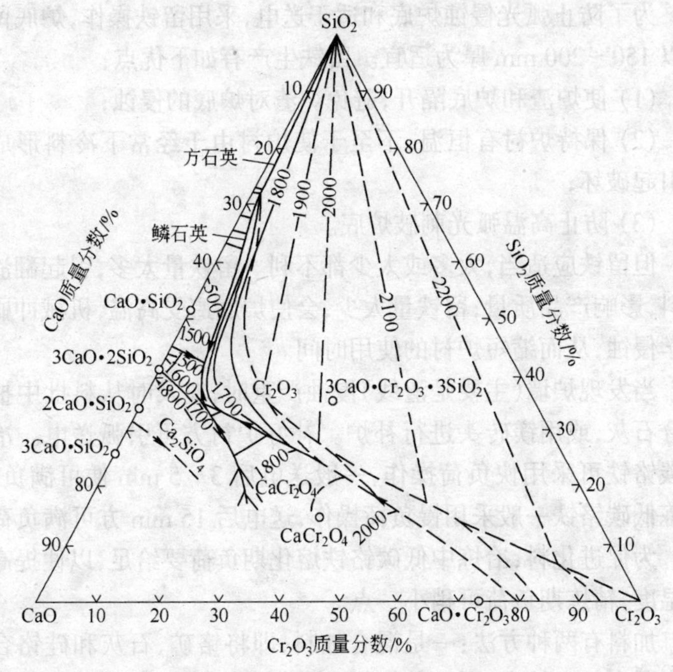

图5.69 $CaO-SiO_2-Cr_2O_3$ 相图

硅还原氧化铬的速度是很快的,10 min即可达到平衡。还原速度与渣中 Cr_2O_3 的含量成正比,而与渣中 MgO/Al_2O_3 的比值(0.9～3.5)无关。

一般认为影响渣中氧化铬的主要因素是合金的含硅量,碱度(B)和温度。其关系如下:

$$\lg(\%Cr)=4.878-\frac{8866}{T}+0.34\lg[\%Cr]$$

$$-0.178\lg[\%Si]-1.721\lg B$$

5.6.4.4 操作工艺

中低碳铬铁生产特点是间歇式作业,整个熔炼过程分为引弧加料、熔化、精炼和出铁四个时期，主要环节是补炉、堵出铁口、加料和熔化、精炼等。所用的还原剂为硅铬合金，硅铬合金中的铬在冶炼过程中进入中低碳铬铁。

为了防止弧光侵蚀炉底和适于送电，采用留铁操作，炉底留铁量以 150～200 mm 厚为适宜。留铁生产有如下优点：

(1) 使炉渣和炉底隔开，避免炉渣对炉底的侵蚀；

(2) 保持炉衬有恒温，不至于使炉衬由于经常下冷料形成急冷引起破坏；

(3) 防止高温弧光刺破炉底。

但留铁应适当，太多或太少都不利。留铁量太多，引起翻渣和塌料，影响产品质量；留铁量太少，会使炉底遭受高温，机械冲刷及化学侵蚀，从而缩短炉衬的使用时间。

当发现炉墙(主要是渣线)侵蚀严重时，应及时从料批中抽出部分石灰，或用镁砖头进行补炉。补好炉衬方可引弧送电。冶炼中碳铬铁可采用快负荷操作，一般送电后 3～5 min 便可满负荷。冶炼低碳铬铁一般采用慢负荷操作，送电后 15 min 方可满负荷操作。为促进化料，冶炼中低碳铬铁熔化期负荷要给足，以便提高炉缸温度，精炼期负荷可稍小一点。

加料有两种方法：一是混合加料，即将铬矿、石灰和硅铬合金一次混合加入炉内；再一种加料法是分批加料法，即将一炉炉料混合(或硅铬合金不混合)后，分几次加入炉内。前者是目前广泛应用的方法。其特点是送电后，将混合料一次缓慢地加到炉内，分布要微呈盆形，电极后面适当多些，大面适当少些。如果夏季雨水较多，原料潮湿，可将料先下到炉子周围进行烘烤，待干燥后，用耙子徐徐推入炉内。为加速熔化和充分利用热量，根据化料情况，可用耙子将四周的料逐渐推入炉内高温区。从送电到炉料化完以后的这段时间叫熔化期。

精炼期是指炉内料化完后到出铁前，此阶段是还原反应，此期内应进行充分搅拌，以促进还原反应的进行。精炼期必须保持一定的精炼时间，太长会使金属增碳，并浪费电能；太短则还原反应进行的不彻底,金属回收率低。

出铁前应在三根电极的中间取样,判断含硅量,硅量低应补加硅铬进行调硅;硅量高应酌情加铬矿脱硅处理。待成分合格即可出铁。判断含硅量的方法如下:

(1) 试样断面呈灰白色,稍有立岔(柱状结晶),铁样较坚韧,证明金属含硅量小于3%,可以出铁。

(2) 试样断面呈灰黑色,立岔很多,坚韧不易打碎,说明含硅量太低,应补加还原剂进行调硅。但加硅铬后,应进行搅拌,并有一定精炼期之后方可出铁。

(3) 试样断面呈白色,质地较脆,易于打碎,说明含硅量太高,不能出铁,应进行精炼,必要时可加入一定量的铬矿进行脱硅。待成分合格后方可出铁。

出铁前应准备好钢包、渣罐、小车、锭模等,卷扬应正常运转。成分合格,立即打开出铁口停电出铁。出铁口有时难开,使用烧穿器或氧气烧开出铁口。

出铁后应立即用镁砂堵出铁口,并检查炉衬的侵蚀情况。炉衬是在1650~1700℃的高温下工作的,同时受渣铁的强烈化学侵蚀及搅动时的机械冲刷,此外炉况不正常及出铁口使用不合理等,都会引起炉龄缩短。生产实践证明,采用下列方法可以延长炉龄寿命:提高筑炉质量、制定合理的操作工艺、使用合理的二次电压、稳定地掌握温度和碱度、保持均衡的留铁量、合理地使用和维护出铁口。

正确使用和维护出铁口是延长炉龄寿命的关键问题之一。出铁口开的高度和堵的深度都应适当。如开得太高,铁水出不来,大量的铁水存在炉内,造成翻渣,严重的会造成漏炉事故;出铁口开得太低,会把炉内的铁水都放出来,钢包装不下,造成炉前事故,又使炉底下降,炉龄寿命显著缩短。最好是根据炉底的深度开眼,先出渣,后出铁水,按料批的大小,每炉都均匀地出铁。出铁口堵的深度也应适当,太深造成开眼困难,太浅出铁口外移,侵蚀出铁口两侧,使炉衬寿命变短,还易跑眼。

出铁后将渣铁在特制的渣铁分离器(即分渣模)里分离。渣铁分离后,合金浇铸在锭模里,或用铸铁机浇铸。吊往精整台冷却后除掉表面灰尘和夹渣,破碎后每块质量小于15 kg,按品种牌号入指定的库号,并将化学成分和物理形态不合格的产品回炉重新熔炼。在熔炼低碳铬铁(C≤0.25)时,对增碳问题应适当注意。原材料要清洁干净不准带碳,特别是硅铬合金的含碳量要低,硅铬合金严禁带渣,因为渣中含碳量较高。

在分批加料冶炼过程中,当炉渣在炉内积聚过多时放一次中间渣。最初两批料熔化之后,对1000 kg铬矿在耗电1600～2100 kW·h后开始排渣,然后清净流嘴,继续送电再熔化下批料。合金和渣出至包中,渣温总是要超过合金温度。出铁后,渣温约为1800℃,合金温度约为1760℃,渣比为2.5～3.0。

不同冶炼期有着各种不同的电气制度。在熔化期内,还原反应在高温区已开始进行,但周围炉温较低,大部分固体料仍在熔化,故可用较高的电压,这时炉子的功率较大。炉料化完后的还原期就不要大功率了,如继续长弧高压操作,热损失增加,并恶化操作条件,有损炉衬,故应采用较低的二次电压。一般熔化期用178 V,精炼期电压为156 V。

5.6.4.5 配料计算

A 原料成分

铬矿:Cr_2O_3 45%,FeO 23%,SiO_2 5%,Al_2O_3 13%,CaO 2%,MgO 8%,C 0.03%,P 0.03%。

硅铬合金:Cr 28%,Si 48%,Fe 23%,C 0.5%,P 0.02%。

石灰:FeO 0.5%,SiO_2 1%,Al_2O_3 5%,CaO 80%,MgO 1%,C 0.03%,P 0.03%。

B 计算条件

计算条件为:

(1) 以100 kg铬矿为基础进行计算。

(2) 铬矿中Cr_2O_3有75%被还原,有25%进入炉渣(其中有15%呈Cr_2O_3存在,有10%呈金属粒)。

(3) 硅铬合金中硅的利用率为 80%(其中进入合金为 3%),7%以 Si 和 SiO 的形式挥发,13%进入炉渣。铁和铬各入合金 95%,入渣 5%。

(4) 原料中磷有 50%入合金,25%入渣,25%挥发。

(5) 碱度 $CaO/SiO_2=1.6\sim1.8$。

C 配料计算

a 还原 100 kg 铬矿所需要的硅量

还原 Cr_2O_3($2Cr_2O_3+3Si=4Cr+3SiO_2$):

$$45\times0.85\times\frac{84}{304}=10.57(\text{kg})$$

还原 FeO($2FeO+Si=2Fe+SiO_2$):

$$23\times0.95\times\frac{28}{144}=4.25(\text{kg})$$

合计:$10.57+4.25=14.82(\text{kg})$

折合成硅铬合金为:

$$14.82\div(0.48\times0.80\times0.97)=40(\text{kg})$$

b 由 40 kg 硅铬合金带入合金中各元素的质量

$$Cr:40\times0.28\times0.95=10.60(\text{kg})$$

$$Fe:40\times0.23\times0.95=8.74(\text{kg})$$

c 由 100 kg 铬矿中带入合金各元素的质量

$$Cr:45\times0.75\times104/152=23.10(\text{kg})$$

$$Fe:23\times0.90\times56/72=16.10(\text{kg})$$

d 合金的质量及成分

合金的质量及成分见表 5.33。

表 5.33 合金的质量及成分

元素	质量/kg	合金成分/%
Cr	10.60+23.10=33.70	57.01
Fe	8.74+16.10=24.84	42.01
Si	40×0.48×0.03=0.58	0.98
合计	59.12	100

e 应加入石灰量

从铬矿中带入的 SiO_2 量：

$$100\times0.05=5(\mathrm{kg})$$

硅铬氧化生成的 SiO_2 量：

$$40\times0.48\times0.90\times60/28=37(\mathrm{kg})$$

合计：5 + 37 = 42(kg)

渣中应有的CaO(石灰)量

$$42\times1.6=67(\mathrm{kg})\quad(碱度为1.6)；$$

应加入的石灰量：

$$67\div0.80=84(\mathrm{kg})$$

f 炉料组成

铬矿：100 kg；石灰：84 kg；硅铬：40 kg 。

5.6.4.6 单位消耗

冶炼1 t中低碳铬铁合金的消耗如表5.34所示。

表5.34 冶炼1 t中低碳铬铁合金的消耗

项 目	消耗数量
铬矿/kg	1500～1600
硅铬合金/kg	620～640
石灰/kg	1350～1500
镁砖/kg	38～40
电极糊/kg	40～42
电耗/kW·h	2000～2200

5.7 微碳铬铁冶炼

5.7.1 微碳铬铁牌号及用途

微碳铬铁的牌号和成分见表5.35。

表 5.35 微碳铬铁的牌号及化学成分

牌　号	化学成分/%									
	Cr			C	Si		P		S	
	范围	Ⅰ	Ⅱ		Ⅰ	Ⅱ	Ⅰ	Ⅱ	Ⅰ	Ⅱ
FeCr69C 0.03	63.0～75.0			≤0.03	≤1.0		≤0.03		≤0.025	
FeCr55C 3		≥60.0	≥52.0	≤0.03	≤1.5	≤2.0	≤0.03	≤0.04	≤0.03	
FeCr69C 0.06	63.0～75.0			≤0.06	≤1.0		≤0.03		≤0.025	
FeCr55C 6		≥60.0	≥52.0	≤0.06	≤1.5	≤2.0	≤0.04	≤0.06	≤0.03	
FeCr69C 0.10	63.0～75.0			≤0.10	≤1.0		≤0.03		≤0.025	
FeCr55C 10		≥60.0	≥52.0	≤0.10	≤1.5	≤2.0	≤0.04	≤0.06	≤0.03	
FeCr69C 0.15	63.0～75.0			≤0.15	≤1.0		≤0.03		≤0.025	
FeCr55C 15		≥60.0	≥52.0	≤0.15	≤1.5	≤2.0	≤0.04	≤0.06	≤0.03	

铬主要用于提高钢的抗氧化性和耐腐蚀性，使钢的表面在氧化气氛中形成一层附着性很强的氧化薄膜，随后氧化停止或氧化速度减慢。微碳铬铁主要用于生产不锈钢、耐酸钢和耐热钢。

中低碳铬铁和微碳铬铁统称为精炼铬铁。

微碳铬铁的冶炼方法有电硅热法、热兑法等。

5.7.2 电硅热法冶炼微碳铬铁

电硅热法冶炼微碳铬铁的原理和方法与电硅热法冶炼中低碳铬铁相同，只是微碳铬铁要求含碳量更低，各项工艺要求更严格。例如，原料要求含碳量更低，采用石墨电极等。

5.7.2.1 冶炼设备

电硅热法冶炼微碳铬铁所用的设备大多为倾动式电弧炉（图5.70）。一般炉容不大，功率多在 5000 kV·A 以下，最大精炼电炉为 6300 kV·A（图 5.71）。电炉通常带有载有调节电压的装置，以适应不同操作时期的需要。炉衬用镁砖砌筑，采用石墨电极。

为了减少各炉间的影响，使每炉尽量将铁出净，以及方便中间放渣，需要倾动装置。一般倾动角度为前倾 25°～45°，后倾 5°；倾动装置一般为电动机械或液压两种。

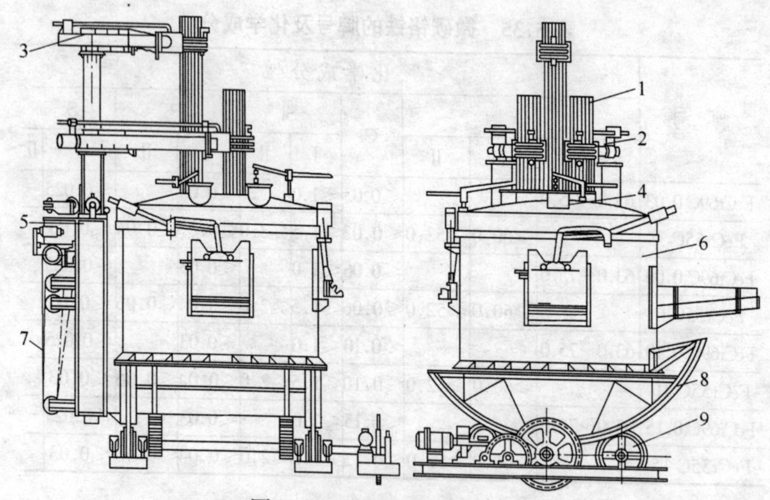

图 5.70 带盖侧倾精炼电炉

1—电极;2—把持器;3—电极升降支臂;4—加料口;5—电钮升降主架;6—炉体;7—电极平衡锤;8—弧形架;9—倾动装置

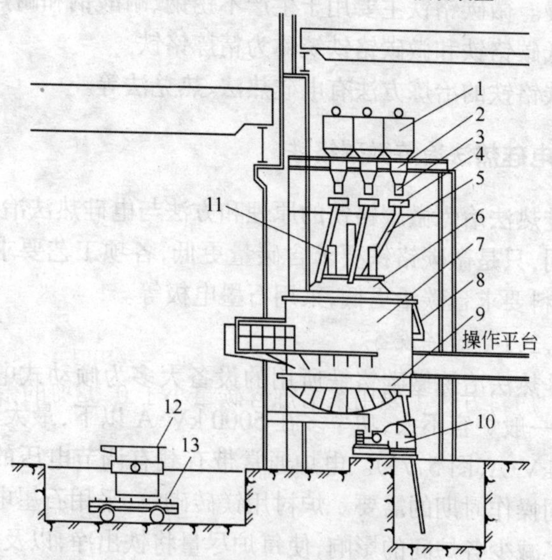

图 5.71 6300 kV·A 微碳铬铁精炼电炉

1—保温料罐;2—料斗;3—装料闸门;4—料斗;5—下料管;6—水冷炉盖;7—炉体;8—炉门;9—托架;10—倾动机构;11—电极;12—铁水包;13—浇铸水车

由于炉口热损失大,因此电炉加盖封闭(最好是炉盖不加冷却),是降低电耗的重要措施。

5.7.2.2 原料

电硅热法冶炼微碳铬铁的主要原料有铬矿、硅铬合金和石灰,也有的配加萤石和铁鳞。铬矿应是干燥、洁净的块矿或精矿,块度小于50 mm;含 $Cr_2O_3>40\%$,$Cr_2O_3/\sum FeO>2.0$,含磷量不应大于0.03%。按所冶炼的微碳铬铁的牌号选择不同含碳量的硅铬合金。冶炼含碳量为0.06%的微碳铬铁时,硅铬合金含碳量应小于0.06%;冶炼含碳量为0.03%的微碳铬铁时,硅铬合金含碳量应小于0.03%。硅铬合金不得夹渣,块度不超过15 mm,小于1 mm的碎末应筛去。石灰要求CaO含量大于85%,含磷量小于0.02%。应使用新烧的石灰,块度为10~50 mm。

5.7.2.3 冶炼操作

电硅热法冶炼微碳铬铁采用间歇式作业方法。整个熔炼过程分为引弧加料、熔化、精炼和出铁四个时期:

A 引弧和加料

引弧和加料是整个冶炼工序的开始。引弧方式、炉料加入炉内的顺序和布料对合金质量和熔炼时间有很大的影响。按硅铬合金加入炉内方式的不同,可分为两种操作方式:

(1) 集中加硅铬法。引弧后,铬矿和石灰首先加入炉内,待熔化后,将硅铬合金集中一次加完,然后进行精炼。集中加硅铬,增碳机会少,质量易于保证,但热损失大,熔炼时间长,炉子生产效率较低。一般采用慢负荷操作,送电后15~25 min方可满负荷操作。这种加料方法主要用来冶炼含碳量小于0.03%的微碳铬铁。

(2) 硅铬堆底法。与分批加料法相似,炉料分几次加入。硅铬堆底法根据引弧方式和炉料加入炉内的顺序不同又有回渣引弧、石灰铺底硅铬引弧和铬矿铺底硅铬引弧等操作方法。回渣引弧合金不易增碳,但工艺繁琐。石灰铺底硅铬引弧,工艺简单,但合金易增碳。铬矿铺底硅铬引弧克服了前述两者的缺点,而兼有两者的优点。铬矿铺底硅铬引弧操作工艺为:先在炉底平铺料批中 1/3～1/2 的铬矿(炉龄前期少铺,后期多铺),再将料批中 2/3～4/5 的硅铬合金均匀加在铬矿中,然后三相电极下面各加少量铬精矿粉,下插电极引弧。引弧后,再把铬矿、石灰的混合料加入炉内。高温区应多加,炉心料应扒平。

引弧和加料时采用高电压,小电流,以免跳闸和增碳。

上述两种方法原料相同,加料次序先后不同则结果不同;前者加料通电后先生成炉渣,其组分为:$CaO \cdot Cr_2O_3$,$FeO \cdot Cr_2O_3$,$MgO \cdot Cr_2O_3$,$2CaO \cdot SiO_2$,再与硅铬合金中的硅反应。即渣中被结合的三氧化二铬和硅铬合金中的硅生成铬和二氧化硅。

而硅铬堆底法是边还原边成渣,即

$$FeO \cdot Cr_2O_3 + [Si]_{SiCr} \rightarrow Fe + Cr + SiO_2$$

$$SiO_2 + 2CaO = 2CaO \cdot SiO_2$$

$$SiO_2 + CaO = CaO \cdot SiO_2$$

结果硅铬堆底法耗电低,可省电 1000 kW·h/t,含碳量满足技术要求。

B　熔化

从送电到炉料化完这段时间叫熔化期。它是整个熔炼过程中时间最长、耗电最多的时期。为了加速炉料熔化,应推料助熔,即及时将炉膛边沿炉料推向电极周围或炉心。

铬矿铺底硅铬引弧,由于硅铬合金大部分加在炉底,还原反应在熔化初期即开始进行。反应所放出的热量大部分被用来熔化炉料,而且反应生成的 SiO_2 又降低了炉渣的熔点,因而能加速炉料的熔化,缩短熔炼时间,降低电耗。

熔化期随炉料的逐步熔化,炉底出现了熔池,电流趋向稳定,负荷自然增加,5 min 后,即可满负荷操作。

C　精炼

从炉料基本熔清到合金成分合格出铁这段时间叫精炼期。精炼初期应将炉墙四周未熔化的炉料推向炉心,然后上抬三相电极,加入余下的硅铬合金。边加边用铁耙搅拌,加完后下插电极继续送电。

精炼期是控制合金成分的最后阶段，应及时取样判断合金含硅量，确定出铁时间。一般地说，含硅量高，试样很脆，断面晶粒很小。随着含硅量的降低，试样的韧性增高，断面的晶粒增多。操作中经常根据试样冷凝时间及表面形状判断含硅量。若倒在样模中的液体试样冷凝缓慢，冷却后表面发亮，没有皱纹，则合金含硅量高，需继续精炼。若液体试样立即冷凝，凝固后表面发暗，有皱纹，则合金含硅量低。

取样判断合金含硅量不仅是确定出铁时间，而且也可以判断硅铬合金用量和炉渣碱度控制是否恰当。若炉料化清后合金含硅量就很低，说明料批中硅铬合金用量太少。硅铬合金用量少，不但使渣中跑铬量高，而且由于含铬量低，合金质量下降。此时应追加硅铬合金，下一炉料批中硅铬用量也应适当增加。

若经多次取样合金中的硅含量仍然高，说明渣碱度过低或硅铬合金用量太多，此时应向炉内适当补加石灰提高碱度，或者加块矿进行搅拌，使合金中的硅脱掉。下一炉料批中石灰用量适当增加，硅铬合金用量适当减少。

D 出铁

合金含硅量合格即应出铁。

液态微碳铬铁中的气体约占合金体积的30%，为了减少合金中气体的含量，微碳铬铁多采用带渣浇铸或真空处理后浇铸。带渣浇铸是将合金和炉渣同时注入锭模，渣密度小盖在合金上使合金冷却减慢，以利于去除气体。由于高碱度渣易粉化，渣铁分离也易进行。真空处理是将盛有液态合金的铁水包放进真空室中密封后用真空泵抽气，真空度为10.6～13.3 kPa，处理时间一般为7～8 min。

微碳铬铁硬而韧，不易打碎，因而合金锭的厚度不宜太大，一般小于60 mm。

微碳铬铁熔炼时，炉衬侵蚀后应及时进行补炉。补炉材料为镁砂、卤水和废镁砖块等。操作时要求高温、快速、薄补。

微碳铬铁的炉龄主要取决于炉底耐火材料的损坏情况。炉底长期处于高温状态,尤其在采用铬矿铺底硅铬堆底法时,通电后就发生还原反应,生成的低碱度炉渣侵蚀炉底,降低了炉底寿命,而炉底由于其特殊的位置,无法进行补炉,主要靠提高耐火材料的砌筑厚度和留铁操作来延长炉龄。

实际冶炼中将渣中 CaO/SiO_2 控制在 1.8～2.0,或($CaO+MgO)/SiO_2$ 为 2.4～2.5 较合适。渣铁比一般在 3.2～3.6。

微碳铬铁冶炼中,降低铬铁中的含碳量,提高产品品级率是重要任务。原料和电极是铬铁中碳的来源。电硅热法冶炼微碳铬铁,本身没有有效的去碳手段,只能靠降低原料的含碳量、在冶炼过程中设法减少电极对合金增碳的方法来降低铬铁中的含碳量。

硅铬合金中的碳以铬的复合碳化物和 SiC 的形式存在。碳在熔炼过程中直接进入合金,按下列反应对合金增碳:

$$29Cr + 6SiC = Cr_{23}C_6 + 6CrSi$$

虽然硅铬合金含碳量很少,但大部分进入铬铁,因而硅铬合金含碳量对铬铁含碳量有直接关系,而且影响较大。一般什么样含碳量的硅铬合金基本上可以炼得什么样含碳量的微碳铬铁。因此,采取措施降低硅铬合金的含碳量,防止在运输和使用中含碳杂质的混入是很重要的。

电极对合金增碳是比较复杂的,也是很严重的。当操作不当时,电极接触合金,碳直接熔于合金。电极接触熔渣或从电极工作端辐射出的碳粒子进入熔渣,使合金增碳。反应式为:

$$CaO + 3C = CaC_2 + CO$$

反应生成的 CaC_2 与合金中铬起反应:

$$3CaC_2 + 14Cr = 2Cr_7C_3 + 3Ca$$

Cr_7C_3 存在于合金中使铬铁增碳。可见,电极对合金增碳与电极质量、操作渣中 CaO 含量和电气制度有关。而在电极质量正常、操作工艺一定的情况下,电气制度则是影响电极对合金增碳,从而影响产品质量的重要因素。

因此，电硅热法冶炼微碳铬铁时，必须选择合适的电气制度。一般采用较高的二次电压进行冶炼。因为电压高，弧光长，电极直接接触合金和熔渣以及电极工作端辐射出的碳粒子进入熔渣的机会少。但是，采用高电压时，热能的利用率较低。因此，在冶炼过程中，应根据情况，改换电压。

熔化初期，炉温较低，炉料的导电性较差，电极的弧光埋在没有熔化的炉料中，此时使用较高的电压能加速炉料熔化，炉料基本化清后进入精炼期。精炼期炉渣较高，炉料的导电性增强，电极的弧光随着炉温的升高而拉长，而且外露，如继续使用高电压，则热能的利用率低，电弧对炉墙的侵蚀也更加严重，故精炼期使用较低电压为合适。

按冶炼铬铁牌号的不同，应选用不同级别的电压，一般冶炼含碳量越低的铬铁，所选用的电压越高。

某厂使用 3000 kV·A 倾动电炉冶炼微碳铬铁，熔化初期使用 278 V 电压，待炉料熔化 60% 左右时，改换使用 228 V 电压，炉料熔化至 85%～90% 时，加入剩余硅铬合金，炉内平静后，使用 192 V 电压进行精炼。

5.7.2.4 降碳去磷措施

降低铬铁碳含量的措施有：矿石预焙烧和筛去石灰末，控制硅铬合金质量；合理送电；控制炉内残留渣量；使用含氧化镁的白云石化石灰，由此减少合金中碳化钙含量；将矿石、石灰、硅铬分层装入，使大部分硅铬合金在冶炼末期加入；控制电极位置。加料时不允许对着电极，冶炼过程中出现塌料和泡沫渣时，电极要适当抬起，因为这时电极中的碳会与渣中铬和铁的氧化物相互作用，还原反应生成的碳化物增加了合金中的碳浓度。

溶解在微碳铬铁中的氧在真空状态下能与碳发生反应。在真空感应炉内采用 70～260 Pa 的真空度对碳含量 0.06% 的铬铁进行 1 h 真空处理，碳含量降低到 0.02% 以下。真空处理还可降低铬铁中的有色金属含量。

降低微碳铬铁含磷量的措施有：选择低磷原料；硅铝合金预脱

磷;将铬矿、石灰中的磷进行预还原。

微碳铬铁的含磷量为0.018%～0.02%,其中来自铬矿为21.44%,石灰19.0%,返回料12.3%,其余来自硅铬合金,磷入合金量为56.3%,入渣43.1%,挥发和差值0.6%。

为了降低合金的含磷量,应尽量选用低磷的原料。把小于5 mm的石灰筛去,可降低磷0.001%～0.003%,水洗硅石可降磷0.002%～0.008%。

由于50%的磷来自硅铬合金,因此,降低硅铬合金的含磷量是重要的。硅铬合金中的磷以何种形式存在是很难确定的。据推测,它们可能是以磷化铬和磷化硅的形式存在。

采用碱性合成渣或生产精炼铬铁的铬渣渣洗硅铬合金是降低硅铬含磷量,回收炉渣中残余铬的有效手段。可能发生下列反应:

$$2Cr_2P + 3CaO + 2Si + 2Cr_2O_3 = 3CaO\cdot P_2O_5 + 2SiO_2 + 8Cr$$

$$\Delta G^{\ominus} = 396400 + 255.83T \quad (J/mol)$$

$$2SiP + 3CaO + 2Cr_2O_3 = 3CaO\cdot P_2O_5 + 2SiO_2 + 6Cr$$

$$\Delta G^{\ominus} = 104700 + 115.19T \quad (J/mol)$$

增加炉渣数量,提高炉渣Cr_2O_3含量和碱度,以及提高硅铬中硅含量,均有利于脱磷。温度是十分重要的脱磷因素,对不同的硅铬合金存在特定的最佳脱磷温度。

脱磷反应是在渣界面上完成的,界面积的大小,界面更新速度对脱磷率有显著影响。采用摇包可以改善硅铬合金脱磷的动力学条件,加快界面反应速度。由于洗渣为碱性物质,因而应使用碱性耐火材料作炉衬。

为了达到最大脱磷率必须防止回磷。反应初期脱磷速度很高,随着反应条件变化,出现回磷现象,其幅度可达20%。稳定的炉渣组成和氧势是脱磷的必要条件。CaO-CaF_2渣随着CaF_2挥发损失而返干,炉渣流动性变差。当渣型改变时,脱磷产物Ca_3P_2暴露在空气中会被氧化,使磷重新进入合金。为此,脱磷时间不宜持续过长,并应及时分离脱磷渣。

5.7.2.5 配料计算

A 计算条件

计算条件为：

(1) 铬矿中的 Cr_2O_3，有 83%还原入合金，7%以 Cr 的形式入渣，10%以 Cr_2O_3 的形式入渣。

(2) 铬矿中的 FeO，有 90%还原入合金，5%以 Fe 的形式入渣，5%以 FeO 的形式入渣。

(3) 硅铬合金中的硅，78%起还原作用，2%入合金，20%被空气氧化(其中 5%以 SiO 的形式挥发，15%以 SiO_2 的形式入渣)。

(4) 硅铬合金中的 Cr 和 Fe，95%入合金，5%入炉渣。

(5) 炉渣碱度为 1.8。

(6) 碳、硫、磷不作计算。

B 原料成分

原料成分(配加铁鳞和萤石)如表 5.36 所示。为了简单起见，各种原料中含量少的组分均忽略不计，人为地凑成 100%。

表 5.36 各种原料化学成分 (%)

名称	Cr_2O_3	FeO	SiO_2	CaO	Al_2O_3	MgO	CaF_2	Cr	Si	Fe	H_2O	CO_2	O
铬矿	46.2	12.8	9.0	4.0	10.5	17.5							
硅矿								36	46	18			
石灰			1.0	90.0		6.0						3.0	
铁鳞		90.0											10.0
萤石			10.0		3.0		84.0					3.0	

C 配料计算

以 100 kg 铬矿为计算基础。

a 硅铬合金用量计算

还原铬矿中 Cr_2O_3 需硅量为：

$$100 \times 0.462 \times 0.9 \times 84/304 = 11.49(\mathrm{kg})$$

还原铬矿中 FeO 需硅量为：

$$100 \times 0.128 \times 0.95 \times 28/144 = 2.36(\mathrm{kg})$$

还原铁鳞中 FeO(以每 100 kg 铬矿配加 6 kg 铁鳞)所需硅量为:

$$6 \times 0.9 \times 0.95 \times 28/144 = 0.998(\text{kg})$$

共需纯硅量为:

$$11.49 + 2.36 + 0.998 = 14.85(\text{kg})$$

折合硅铬合金用量为

$$14.85/(0.46 \times 0.78) = 41.39(\text{kg})$$

b 合金用量及成分

从硅铬合金中带入的金属量为:

铬:$41.39 \times 0.36 \times 0.95 = 14.16(\text{kg})$

铁:$41.39 \times 0.18 \times 0.95 = 7.08(\text{kg})$

硅:$41.39 \times 0.46 \times 0.02 = 0.38(\text{kg})$

从铬矿中还原进入合金的金属量为:

铬:$100 \times 0.462 \times 0.83 \times 104/152 = 26.24(\text{kg})$

铁:$100 \times 0.128 \times 0.9 \times 56/72 = 8.96(\text{kg})$

铁鳞中 FeO 还原入合金的金属量为:

铁:$6 \times 0.9 \times 0.95 \times 56/72 = 3.99(\text{kg})$

合金用量及成分如表 5.37 所示。

表 5.37 合金用量及成分

元 素	合金用量/kg	成分/%
Cr	14.16 + 26.24 = 40.4	66.44
Fe	7.08 + 8.96 + 3.99 = 20.03	32.94
Si	0.38	0.62
共计	60.81	100.0

c 石灰用量

硅铬中硅氧化得 SiO_2 量为

$$41.39 \times 46\% \times 93\% \times 60/28 = 37.94(\text{kg})$$

铬矿带入的 SiO_2 量为:

$$100 \times 9\% = 9(\text{kg})$$

萤石(以 100 kg 铬矿配加萤石 3 kg 计)带入的 SiO_2 量为：

$$3\times0.1=0.3(\mathrm{kg})$$

共带入的 SiO_2 量为：

$$37.94+9+0.3=47.24(\mathrm{kg})$$

需纯 CaO 量为：

$$1.8\times47.24=85.03(\mathrm{kg})$$

原料带入的 CaO 量为：

$$100\times0.04=4(\mathrm{kg})$$

需补加的 CaO 量为：

$$85.03-4=81.03(\mathrm{kg})$$

需石灰量为：

$$\frac{81.03}{0.9-1.8\times0.01}=91.87(\mathrm{kg})$$

d 料批组成

铬矿 100 kg，硅铬 41.39 kg，石灰 91.87 kg，铁鳞 6 kg，萤石 3 kg。

5.7.3 热兑法冶炼微碳铬铁

1938 年法国波伦不用电炉，仅在炉外包中以硅质还原剂还原铬矿，加入熔剂石灰造渣，生产出低碳铬铁，此法后来命名为波伦法(Perrin Process)，又称热兑法。当时生产产品含碳量为 0.04%～0.10%。该法发展到今天已成为生产低微碳铬铁的一种主要方法。

5.7.3.1 冶炼原理

热兑法冶炼微碳铬铁工艺，是将预先熔化的铬矿石灰熔体和硅铬合金在炉外铁水包中进行热兑操作，从而制得微碳铬铁。这种工艺方法的实质也是硅热过程，只是脱硅反应在炉外进行。该方法充分利用了反应物熔体的显热，补充硅热反应所产生热量的不足。它可大大提高硅还原铬的速度，得到含碳低的铬铁，同时提高了铬的回收率。

铬矿石灰熔体是热兑法炉外进行脱硅反应生产微碳铬铁的关键反应物，研究它的冶金性能有很大的意义。铬矿石灰熔体的冶金性能包括熔化温度、流动性、氧化性、熔体组成的均匀度、过热度等。

铬矿石灰熔体的冶金性能主要取决于熔体的离子组成。冷却后的熔体物相鉴定确认其矿相组成有：钙的铬酸盐、铁酸盐、少量的硅酸盐和铝酸盐。熔体的离子溶液是由二价的 Ca^{2+}，Fe^{2+}，Mg^{2+} 和三价的 Cr^{3+}，Fe^{3+} 阳离子和 O^{2-} 阴离子以及少量的 CrO_4^{2-}，$Si_xO_y^{z-}$ 和 $Al_xO_y^{z-}$ 复合阴离子团组成。

渣中含 CaO 愈高，渣碱度（CaO/SiO_2）就愈高，氧离子 O^{2-} 活度就愈高。由于冶炼过程的温度比较高，铬矿石灰熔体中二氧化硅的浓度低，与 SiO_2 结合生成 SiO_4^{4-} 复合阴离子的量少，碱度高，氧离子的活度就较大，因此，用热兑法生产铬铁时，创造了较炉内电硅热法更为适宜的除碳条件。氧的渗透性是氧化物熔渣的重要特性。对于不含过渡金属氧化物（Fe_2O_3，Cr_2O_3 等）的 $CaO\text{-}SiO_2\text{-}Al_2O_3$ 熔体，氧的渗透性与气相中氧的分压（p_{O_2}）成正比，而氧的穿透能力与熔体的物理性质密切相关。如果渣中加入甚至只有 0.2% Fe_2O_3，氧的渗透性便提高，当渣中含 Fe_2O_3 达到 16%时，其渗透性提高 10^{10} 倍。对于含铁的渣，氧的渗透性正比于 $\sqrt{p_{O_2}}$。Cr_2O_3 同样可以提高渣熔体氧的渗透性。因此，铬矿石灰熔体具有良好的氧渗透性。

熔体的熔炼是在氧化气氛中完成的，熔体的氧化性对熔化温度的影响十分显著。图 5.11 为氧化气氛下 $CaO\text{-}Cr_2O_3$ 系熔度图。该体系最低熔化温度为 1022℃，Cr_2O_3 含量为 50%左右，这时体系中铬主要以 CrO_3 的形式存在。在氧化气氛下和惰性气氛下测定的铬矿石灰熔体熔化温度数值差别很大。在氧化气氛中，铬矿石灰混合物在 1400℃以下即可出现熔化现象；而在还原气氛熔化温度高达 1800℃以上。在空气中煅烧或熔化铬矿石灰混合物时二价铁氧化成三价铁，三价铬氧化成六价铬。熔体中二氧化铬含量小于 5%时，增加氧化度熔化温度降低幅度较大，二氧化铬含量大于 5%时，熔化温度变化较小。

在氧化熔炼过程中为了增加熔体的氧化度，有时需向熔体吹氧。铬矿石灰熔体的强氧化性杜绝了碳质电极对产品的增碳作用，熔体中不可能存在碳和碳化物，也不存在含碳的金属颗粒。

当 Cr_2O_3 含量为 28% ~ 31% 时，其熔点最低，适宜的出炉温度为 1800 ~ 1900℃。当熔体的 Cr_2O_3 含量增加到 33%或降低到 25%以下时，由于熔体中存在固相 $CaO \cdot Cr_2O_3$ 或游离 CaO，熔化温度会提高 100℃。出炉温度也需随之提高 100℃，且熔炼电耗增加。熔体中存在固相成分会增大熔体成分的不均匀度，对热兑反应是不利的。

随着氧化铝、二氧化硅和氧化铁含量增加，铬矿石灰混合物的熔化温度下降；随着氧化镁含量增加熔体熔化温度上升。使用含氧化镁高的铬矿石不利于生成成分均匀的熔体，这是因为熔化过程形成了难熔化合物 $MgO \cdot Cr_2O_3$ 和 MgO，密度大的难熔的矿物在熔池中下沉。

决定熔体均匀性的因素除了原料化学组成外，还有原料粒度组成、原料混合程度、加料方式和二次电压。采用固定式电炉熔炼时熔体上部和下部成分有一定差别，上部是氧化性较强熔化温度低的熔体；而下部是熔化温度高的含氧化镁和氧化铬高的熔体。

炉外脱硅，由于脱硅反应时间短，硅被氧化的机会少，故硅的利用率高达 98% ~ 100%。而炉内脱硅时硅的利用率仅为 75% ~ 80%，其中 20% ~ 25% 的硅被空气中的氧氧化，没有起到还原铬的作用，结果使每吨微碳铬铁的渣量增加 20%左右。硅铬合金与炉渣同处于炉内的时间愈长，则硅氧化愈多。此渣中带走的铬量也增多，故炉内脱硅时铬的回收率低。另外，炉外脱硅时，废终渣大多与高含硅量的中间渣处于平衡状态，因而废渣中的铬低；而炉内脱硅时废渣中的铬是与含硅小于 2% 的合金处于平衡状态，因而渣中铬高。故采用炉外脱硅工艺时，铬的回收率高 6% ~ 10%。

采用炉外精炼工艺时，微碳铬铁的硅铬合金单耗下降 140 ~ 168 kg，冶炼过程的电耗下降，同时得到含碳量很低的合金。

5.7.3.2 冶炼设备及原料

铬矿石石灰熔体熔炼通常采用熔渣炉,为可倾式电炉。电炉采用镁砖炉衬,炉壳必须采取强制冷却措施。炉衬冷却强度过低容易发生漏炉事故。熔体熔炼过程采用电阻熔炼,正常操作时电极应插入到炉渣中。采用电压过高的明弧操作时电极露出渣面,使噪声增大、热损失增加。

化渣电炉炉膛内部不存在还原反应,输入熔渣炉的能量全部用于熔化炉料和熔体过热。化渣炉的炉膛功率密度取决于炉料的熔化热,其操作电阻取决于熔渣比电阻。为了增大熔体的过热度,反应区功率密度应该大于 3000 kW/m^2。冶炼熔体的单位电耗大约 900～1100 kW·h/t。12600 kV·A 的典型化渣炉的参数为:二次电压 220～320 V、二次电流 33000 A、极心圆直径 1855～2461 mm、炉膛直径 5180 mm。为了保持炉膛的热稳定性,出炉以后炉膛内部应该保持一定数量的熔体。

合适的铬矿粒度应小于 5 mm,石灰粒度小于 15 mm。最好使用精矿不用块矿,因为块矿密度大于熔体且成渣速度缓慢,在尚未全部熔化时即沉入熔池底部使熔体成分发生偏析。

根据原料和能源特点,有的企业在工艺流程中增加矿石干燥、石灰煅烧或铬矿石灰混合煅烧工序。采用回转窑煅烧铬矿石灰混合物时,高温下新生成的 CaO 和氧化的铬矿发生反应,生成大量低熔点的化合物。在 1300℃ 以上时,回转窑容易出现结圈,应控制温度予以防止。粒度小、活性高的石灰熔化的速度快,原料热装入炉有利于降低熔炼耗电。铬矿中蛇纹石等杂质含有一定数量的化合水,石灰中有未完全分解的碳酸钙,未经干燥的矿石也能带入炉内相当数量的吸附水。这些是引起冶炼过程中炉内熔体喷溅的主要原因。入炉的水分含量高还可能增加产品中的氢含量。

5.7.3.3 热兑工艺

热兑工艺按对熔渣中 Cr_2O_3 的分阶段还原的次数可分为一步热兑法、两步热兑法、三步热兑法;从动力的搅拌方式分有倒包法、摇包法、气体搅拌法;从所用还原剂的形态分有固－液热兑、半固

(液)－液热兑、液－液热兑。

A 操作方法

a 一步热兑工艺

图5.72是较典型的固态硅铬－铬矿、石灰熔体一步热兑工艺流程示意图。

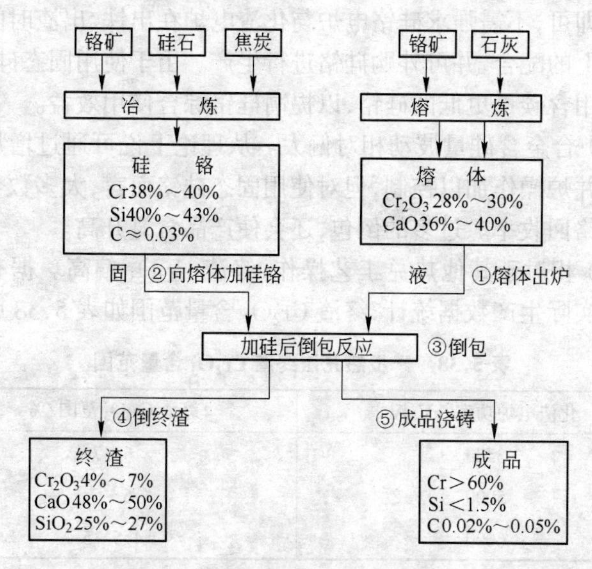

图5.72 一步热兑工艺流程图

该操作的主要程序是：

(1) 用两台电炉分别生产硅铬合金和铬矿、石灰熔体；

(2) 硅铬铸锭经破碎入热兑料仓备用；

(3) 熔体出炉直接倒入反应包，并过磅称出熔体质量；

(4) 按熔体质量称出所需硅铬加入量，视反应情况，缓慢向熔体中加入硅铬，直至加完为止；

(5) 视实际情况，将已加完硅铬的熔体倒入另一只反应包，并来回倒包数次，然后取样判硅，产品含硅合格后，回渣、浇铸。

一步热兑工艺有以下特点：

(1) 与其他热兑工艺操作相比，由于没有中间渣、中间硅铬数量上协调及操作环节上调度协调问题，因而工艺简单，整个操作程序控制方便，一般情况下只需一台天车就可完成整个热兑工艺操作。对于吊运设备及热兑场地有限的厂家，这种简单的工艺有利于生产率的提高。

(2) 由于使用固态硅铬，因而只需要考虑硅铬与熔体数量上的配合即可，不需强求硅铬电炉与化渣电炉在出铁、出渣时间及运输调度上的配合，并可外购硅铬进行生产。由于使用固态硅铬，有利于选用含碳量更低的硅铬，以提高硅铬综合使用效益。

(3) 合金含硅量波动相对偏大。从理论上说可通过增加倒包次数或并炉操作加以控制，但对使用固态硅铬而言，大多数会影响当炉的铬回收率。过多的倒包，还会使产品含氮升高。

(4) 相对于其他热兑工艺操作，终渣 Cr_2O_3 偏高。据有关报道及对实际生产数据统计，终渣 Cr_2O_3 含量范围如表 5.38 所示。

表 5.38 一步热兑法终渣 Cr_2O_3 含量范围

化渣电炉功率/kV·A	终渣 Cr_2O_3 范围/%
3500	6～7
5000	5～6
6000	4.5～5

国内有关厂家数据统计表明，在使用同一矿种情况下，一步热兑终渣平均 Cr_2O_3 比电硅热法终渣约高 1%。

对于铬矿资源及电力丰富并价格较低的地区，为求高产获得较高效益，可考虑使用一步固态热兑操作工艺。

b 双渣法热兑工艺

图 5.73 是双渣法热兑工艺流程示意图。

该操作的主要程序是：

(1) 从电炉向反应包倒入熔体，并称重，然后将熔体的约二分之一倒入另一个反应包待用。

(2) 向其中一只装有约二分之一熔体的反应包加入固态硅铬，其数量为全部出炉熔体完全反应所需的全部硅铬数量。当加入硅铬速度合适,经反应后,底层合金含硅在12%左右,反应后终渣 Cr_2O_3 含量可达1%。

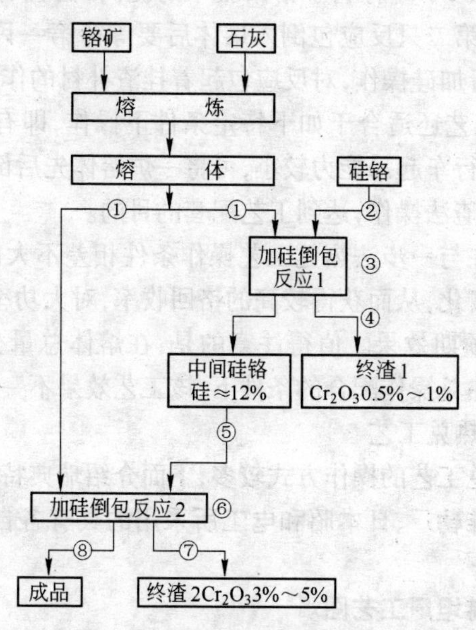

图5.73 双渣法热兑工艺流程图

①—熔体倒入反应包1、2;②—加硅铬(固);③—倒包反应1;④—倒渣;⑤—加中间硅铬;⑥—倒包反应2;⑦—倒渣;⑧—成品浇铸

(3) 将已加硅铬并经充分反应的包内终渣倒掉,然后将包内高硅铁水缓慢倒入装有另一部分熔体的反应包内,再视合金含硅量情况进行倒包降硅。

(4) 待铁水硅合格后,倒掉包内第二次反应的终渣(含 Cr_2O_3 3%～6%),然后将铁水浇铸。

双渣法热兑工艺特点为:

(1) 该工艺从操作上对熔体分两次贫化。第一次贫化时,由于硅铬过量,故可达到有效贫化熔体 Cr_2O_3 的目的。所得高硅铁水再与另一部分熔体进行热兑反应。虽然出现两次反应和中间硅铬,但不存在中间渣,故可认为是一步热兑工艺的深化操作。其他工艺特点与前述一步法工艺相似。

(2) 该工艺操作从理论上说可以将终渣 Cr_2O_3 平均含量下降到1.5%～2%,不但有利于铬回收率的提高,而且有利于延长反应包寿命(因第二只反应包倒入熔体后要等待第一只反应包热兑结束后才进行加硅操作,对反应包起着挂渣补衬的作用)。

(3) 该工艺还适合于如下特定条件下操作,即有较大功率的化渣电炉,而行车起吊能力较小,可将一炉熔体先后倒入两只反应包内,再按双渣法操作,达到工艺配套的目的。

该工艺在与一步法热兑工艺操作条件相差不大的情况下,将熔体分两次贫化,从而获得较高的铬回收率,对大功率化渣电炉会收到较好的预期效果。值得注意的是,在熔体总量少于 8t,且没有一套快速热兑操作配合的条件下,该工艺效果不一定理想。

c 两步热兑工艺

两步热兑工艺的操作方式较多,下面介绍瑞典特罗尔赫坦厂、美国斯梯本维勒厂、日本昭和电工所采用的具有各自特色的工艺操作。

特罗尔赫坦厂工艺图。

图 5.74 为该厂两步热兑工艺流程,属于较典型的波伦法工艺。

其操作程序如下:

(1) 石灰、铬矿分别预热至 600℃、200℃入炉。

(2) 熔体出炉进入反应包后,经称量,然后缓慢加入固态中间硅铬(加入量为出炉熔体反应所需全部硅用量的 60%左右)。

(3) 加完中间硅铬后,进行倒包继续脱硅并贫化熔体 Cr_2O_3,待包内反应平静后,将经初步贫化的中间渣倒入另一只反应包内,余下的成品铁水进行浇铸。

(4) 向装有中间渣的反应包缓慢加入液态硅铬合金,进行二次还原,硅铬加入量为还原出炉熔体所需全部的硅铬加入量,经倒包进一步贫化 Cr_2O_3 后,得到含硅为 25%左右的中间硅铬,倒去低 Cr_2O_3 终渣,然后将中间硅铬浇铸、冷却、破碎备用。

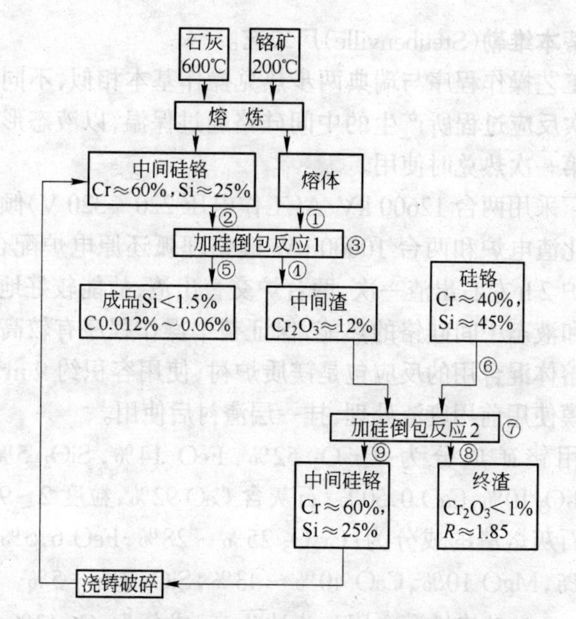

图5.74 瑞典特罗尔赫坦厂两步热兑工艺流程

①—熔体倒入反应包;②—加固态中间硅铬;③—倒包反应1;④—倒中间渣;
⑤—成品浇铸;⑥—向中间渣加入硅铬;⑦—倒包反应2;
⑧—倒终渣;⑨—中间硅铬浇铸

特罗尔赫坦厂热兑工艺特点为:

(1) 采用热料入炉,可降低产品电耗。

(2) 终渣碱度 R 为1.8~1.9。通过两次热兑反应,可使终渣 Cr_2O_3 降至1%以下。与一步热兑法相比,其理论铬回收率可提高6%~10%。

(3) 该工艺各操作环节之间有较好的相互配合,每炉熔体在数量上要相对稳定,因此会给冶炼过程的控制带来一定难度。此外,还要有足够的吊运设备与之相配合。

该工艺是一套使用较早、比较典型的热兑工艺操作方法,考虑了降低电耗、提高铬回收率等措施,收到了与理论相符的效果。但各种操作环节相互配合显得较为复杂。

斯蒂本维勒(Steubenville)**厂工艺。**

该工艺操作程序与瑞典两步热兑操作基本相似,不同之处在于第二次反应过程所产生的中间硅铬通过保温,以液态形式留给下一炉第一次热兑时使用。

该厂采用两台 12600 kV·A(工作电压 220~320 V)倾动式水冷炉壁化渣电炉和两台 10000 kW 硅铬埋弧还原电炉配合生产,化渣电炉 2 h 左右出渣一次,两台炉交替出渣,故能较好地利用液态硅铬和液态中间硅铬的热能,保证整个操作程序有较高的温度水平。熔体混合用的反应包是镁质炉衬,使用容积约 9 m^3。反应包和锭模使用前用废渣处理,挂一层渣衬后使用。

所用铬矿成分为:Cr_2O_3 52%,FeO 14%,SiO_2 5%,MgO 17%,Al_2O_3 10%,CaO 0.50%;石灰含 CaO 92%,粒度 2~9.5 mm。铬矿－石灰熔渣的成分为:Cr_2O_3 25%~28%,FeO 6.5%~8%,Al_2O_3 7%,MgO 10%,CaO 40%~43%,SiO_2 3%~5%。每次出渣 2~2.4 t。硅铬铁合金用一步法生产,成分为:Cr 43%~35%,Si 47%~49%,Fe 18%,C 0. 03%。每 2 h 出炉 1 次。中间渣成分为:Cr_2O_3 8%~10%,FeO 2%~3%,在反应包内添加粉状铬矿抑制反应速度。中间合金成分为 Cr 50%~55%,Si 24%~29%,C< 0.025%。所得微碳铬铁合金成分为:Cr_2O_3 72.0%、Si 0.75%、C 0.025%。全部用液态硅铬铁合金时,铬铁含 C< 0.025%。添加部分冷硅铬合金时,含 C 约 0.035%。总电耗为 3400~3500 kW·h/t。

该厂入炉原料除铬矿经 170℃ 烘干外,还强调入炉石灰粒度仅为米粒大小,故成渣速度快,化渣电耗仅为 1050 kW·h /t。由于工艺操作上采用以终渣对中间硅铬进行保温,可利用终渣对反应包衬的挂渣作用,延长反应包使用寿命。同时,使废渣中金属颗粒充分下沉至金属层中,因而对提高铬回收率和硅利用率均有一定作用。该工艺铬回收率可高 89%~93%,硅利用率约 90%。

该工艺尽管比上述两步热兑操作更为复杂,但对于具有较高生产能力的厂家,使用全液态配套热兑在工艺上更为合理。

日本昭和电工工艺。

图 5.75 为该厂两步热兑工艺流程示意图。

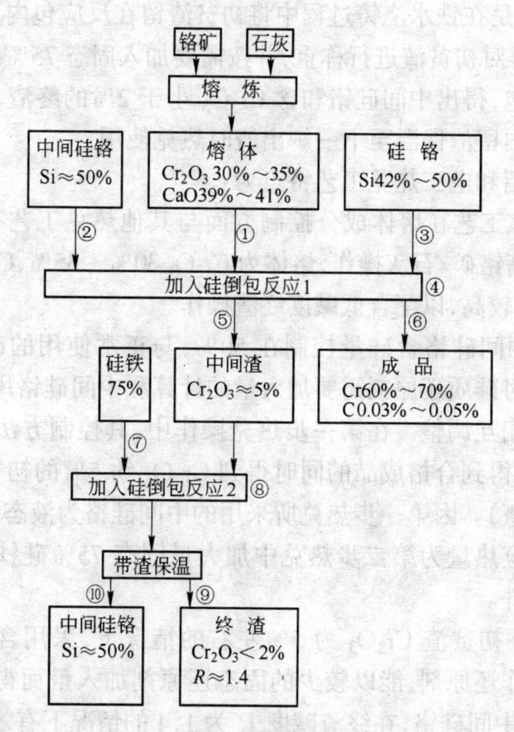

图 5.75 日本昭和电工两步热兑工艺流程

①—熔体倒入反应包；②—加入中间硅铬(前一炉)；③—补加硅铬；④—跷跷式倒包反应 1；⑤—将中间渣倒入反应包 2；⑥—成品厚锭浇铸；⑦—向中间渣加 75%硅铁；⑧—跷跷式倒包反应 2；⑨—倒终渣；⑩—中间硅铬给下一炉热兑用

其操作程序如下：

(1) 熔体从炉内倒入反应包，称重，并算出所需硅铬加入量。

(2) 向熔体缓慢加入液态中间硅铬，并显示出中间硅铬加入数量，待中间硅铬加完后，再根据需要，补加固态硅铬。中间硅铬和固态硅铬中硅的数量总和为计算需要的硅量。

(3) 通过跷跷式倒包脱硅至铁水含硅符合标准。

(4) 将已经反应的初贫渣倒入另一个反应包内，然后将含硅已达标准的铁水进行浇铸（采用特殊结构的反应包操作时，可不需先倒渣，而是在铁水浇铸过程中将初贫渣留在反应包内）。

(5) 再对初贫渣进行称重，并按需要加入固态75%硅铁，进行跷跷式倒包，得出中间硅铬和含 Cr_2O_3 小于2%的终渣，中间硅铬在反应包内留渣保温至下一炉出渣时热兑使用。

日本昭和电工热兑工艺特点为：

(1) 该工艺在熔体成分控制方面与其他热兑工艺有所不同，它采用较高铬矿/石灰操作，熔体为 Cr_2O_3 30%～35%，CaO 39%～41%，熔点较高，以配合低碱度终渣操作。

(2) 中间硅铬含硅量控制在50%，与正常使用的硅铬相近。便于熔体对硅质还原剂需要加入量的计算和中间硅铬用量与正常硅铬用量相互调整。在第一步热兑操作中，其控制方法与一步热兑法相仿，得到合格成品的同时得到 Cr_2O_3 约5%的初贫渣（相当于一步终渣）。因第一步热兑所采用的中间硅铬为液态，因而有更充裕的反应热量为第二步热兑中加大量固态75%硅铁进一步贫渣创造条件。

(3) 在初贫渣 Cr_2O_3 为5%左右的情况下，采用含硅量高的75%硅铁作还原剂，能以较少的固态还原剂加入量而得到含硅高达50%的中间硅铬，在终渣碱度 R 为1.4的情况下有效地将终渣 Cr_2O_3 降低至小于2%。

(4) 由于采用低碱度终渣操作，可减少入炉石灰用量及每吨产品所需要的熔体数量，有利于降低产品电耗。同时低碱度终渣流动性好、不易冷凝，对中间硅铬保温和金属颗粒下沉有利。由于每吨产品消耗熔体量少，终渣 Cr_2O_3 低，渣中金属颗粒回收效果好，故铬回收率可高达94%，产品电耗为1700～1800 kW·h /t。

尽管对日本跷跷式倒包装置结构尚不详知，但经连体反应包跷跷运动试验表明，铁水在渣层下部作反复运动，故能有效地防止合金增氮。

该工艺操作简单、可靠，计量方便、准确。热兑工艺设备与一步法相近，适合于电硅热法设备改造成热兑工艺布局条件的要求。由于该工艺具有电耗低，铬回收率高，并能得到低碳优质产品，高能耗75%硅铁、硅铬可以依靠进口等特点，很符合日本资源贫缺的国情。我国铬矿主要依靠进口，而且电能紧张，国内生产微碳铬铁仍以电硅热法为主，因此该工艺对我国具有很好的借鉴作用。

d　三步热兑工艺

图5.76为俄罗斯谢洛夫厂三步热兑工艺示意图。

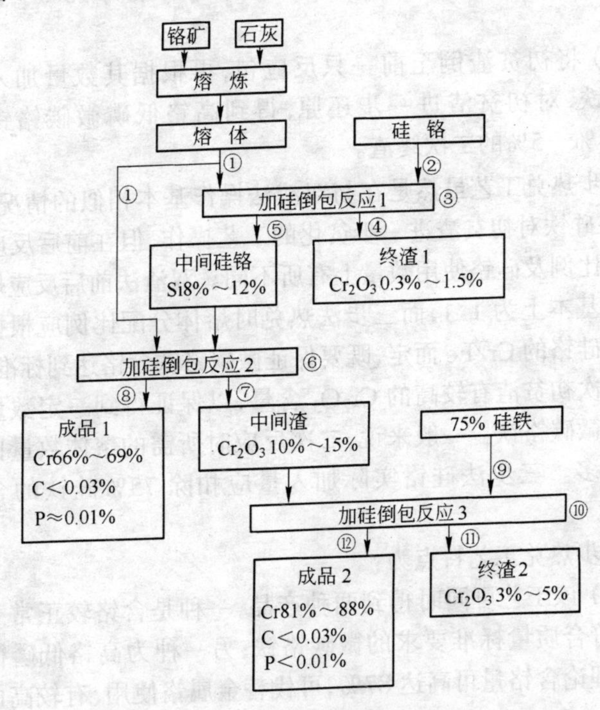

图5.76　俄罗斯谢洛夫厂三步热兑工艺流程

①—熔体倒入反应包1、2；②—向熔体加硅铬；③—倒包反应1；④—倒掉终渣1；⑤—中间硅铬倒入熔体2；⑥—倒包反应2；⑦—中间渣倒入反应包；⑧—成品浇铸；⑨—向中间渣加入75%硅铁；⑩—倒包反应3；⑪—倒掉终渣2；⑫—成品浇铸

由图可知，该工艺是以双渣法操作为基础，在第二次反应中采用选择性还原，然后再用75%硅铁对高Cr/Fe比的初贫渣中

Cr_2O_3 进行还原。其简单操作程序如下:

(1) 从炉内向反应包倒入熔体,经称量后,将一部分熔体倒入另一只反应包内。

(2) 向其中一只反应包熔体加入硅铬合金,反应后得到 Si 为 8%~12%的中间硅铬及 Cr_2O_3 为 0.3%~1.5%的一次终渣。

(3) 倒掉一次终渣,将中间硅铬缓慢倒入已装部分熔体的反应包内,反应结束后得到微碳铬铁及含 Cr_2O_3 约为 10%~15%的初贫渣。

(4) 将初贫渣倒至前一只反应包,再根据其数量加入固态 75%硅铁,对初贫渣进一步还原,得到高铬低磷微碳铬铁及含 Cr_2O_3 4%~5%的二次终渣。

三步热兑工艺虽然是在与双渣法操作基本相似的情况下,再以 75%硅铁对初贫渣进一步贫化的工艺操作,但在前后反应时熔体分配比例及硅铬使用数量上有所不同。双渣法前后反应熔体数量比例基本上为 1∶1,而三步法热兑时熔体分配比例应根据所用铬矿及硅铬的 Cr/Fe 而定,既要保证微碳铬铁含铬达到标准,又尽量使一次初贫渣有较高的 Cr_2O_3 含量,以保证得到一定数量的高铬低磷微碳铬铁。一般来说,二次反应时所需的熔体数量比一次反应的多。三步法硅铬实际加入量应扣除 75%硅铁的含硅折合量。

三步热兑工艺特点为:

(1) 该工艺可同时得到两种产品,一种是含铬较正常工艺略低,但符合质量标准要求的微碳铬铁;另一种为高铬低磷微碳铬铁,其理论含铬量可高达 87%,可代替金属铬使用,有较高的经济效益。

(2) 该工艺依据选择性还原和磷与铬易生成稳定化合物的原理,只需合理调整好前后期还原剂使用量比例,便可得到高铬低磷微碳铬铁,对整个工艺操作没有增加多大的难度。

(3) 该工艺尽管有三次热兑反应过程,但从工艺流程来看,属一炉一循环操作,不涉及下一炉的相互配合问题。

B 热兑工艺的动力搅拌方式

热兑法工艺在很大程度上取决于熔体加入硅质还原剂后，硅对 Cr_2O_3 的还原效果。为了强化熔体与硅质还原剂的接触，在各种热兑操作中有倒包、跷跷式混冲、摇包、底部吹氩等强化反应的动力搅拌方式。在不同的具体条件下，动力搅拌方式的效果有所不同。现就我们在各种热兑法试验和生产中接触到的搅拌方式，提出如下看法。

向静止的熔体加入含 Si 为 40%～42% 的固态硅铬作还原剂，与其他热兑操作相比，其热力学条件、动力学条件比较差。但当加入的硅铬与熔体发生反应后，不是因动力学条件差而影响硅铬加入，而是反应过程的熔体搅动过分激烈，从而只能放慢硅铬的加入速度，避免喷翻现象的发生。

由于硅对 FeO、Cr_2O_3 的还原反应是放热反应，使反应过程熔体温度不断上升，而且随着 SiO_2 的大量生成，熔体黏度明显下降。加入的硅铬由上而下运动，硅铬在熔体中下沉越深，硅对 FeO、Cr_2O_3 还原作用越大，放出的热量越多。升温熔体沿硅铬下落区域上浮，使熔体产生由硅铬下落区域向反应包包壁扩散、下沉的强烈回流，并带动刚加入和未反应完毕的硅铬颗粒均匀分散至整个熔体层。

在合适的硅铬粒度和加入速度，以及足够高的前期熔体温度和合理厚度条件下，反应过程的自我搅拌足以保证 70%～90% 的 Cr_2O_3 在整个硅铬加入过程中被还原，而不需要外加动力搅拌。在熔体直接加冷硅铬的生产中，硅铬加完后操作好的，经 1～2 次倒包，铁水平均含硅可在 0.3% 左右，终渣 Cr_2O_3 可达 3%；而一般情况下，经 2～3 次倒包，铁水平均含硅约为 0.7%，终渣 Cr_2O_3 平均含量为 4.5% 左右。为了强化渣中 Cr_2O_3 的还原效果，或由于硅铬粒度过大，加入速度过快等使下层铁水含硅偏高，一般应进行加硅铬过程的强制动力搅拌。

表 5.39 是几台 1500 kV·A 精炼电炉在相近的试验条件下，采用不同的动力搅拌方式所得合金含硅量及终渣 Cr_2O_3 的平均数

据。由表 5.39 可知,反应包底部用透气砖吹氩的搅拌效果最好,而摇包的效果较差。

表 5.39　不同动力搅拌方式的合金含硅量及终渣 Cr_2O_3 数据

搅拌方式	摇 包	倒 包	吹 氩
合金平均硅含量/%	0.41	0.95	1.35
终渣 Cr_2O_3 平均含量/%	8.724	7.64	6.35
折合相等含硅量得终渣 Cr_2O_3 含量/%	8.406	7.613	6.529

倒包是热兑工艺操作中最普遍的搅拌方式,无需附加特殊设备,操作简单,一般通过两次倒包,便可达到工艺要求。不足之处是热损失大,并易使铁水增氮。

由于不锈钢生产要求微碳铬铁含氮量低于 0.012%,而波伦法生产经过多次倒包,铁液与空气接触,含氮可达 0.1%,迫使对波伦法作进一步改进,发展了底吹技术。在一个反应包内用底吹氩气搅拌硅铬合金与熔渣生产微碳铬铁。

吹氩搅拌反应包下部装有透气砖,在装入液态渣铁前先通氩气,倒入渣铁后利用氩气通过渣铁层时的自身压力及体积突然增大对渣铁起搅拌作用。这一改进的优点是铬铁含氮量降低,热利用率提高,可以直接加入部分矿石和石灰,降低了生产电耗。在相同的动力作用时间内,氩气的动力搅拌作用最强。由于金属熔体与炉渣熔体的接触面积增大,大大改善了液－液反应动力学条件,省去了倒包作业,生产调度比较容易。不足之处是不但要有一套供氩设备,而且操作时间长,透气砖寿命短,带氩取样、回渣、浇铸操作不便。值得注意的是,尽管吹氩理论上对熔体温度影响不大,但在某一操作环节失调,造成吹氩时间过长时,会使铁水被氩气流喷吹成大量铁珠混杂在渣中,致使渣中含 Cr_2O_3 量高,铬回收率降低,这种情况对小功率电炉更为明显;同时微碳铬铁的含硅量有波动。

摇包搅拌与我国硅铬生产时炉外精炼所用摇炉设备的运动方式基本相似,当摇速在 60 转/min 以下时,渣－铁界面由平面接触转换成波浪形的波面接触,动力搅拌作用效果不明显;而当高速摇动时，虽能强化搅拌效果，但会造成渣铁外喷。该操作需要有一套专用摇包机械传动装置，但整个操作比吹氩简单。

跷跷式搅拌是利用包体反复运动，强化渣、铁相互之间的搅拌，由于受反复运动高度限制，其搅拌效果略差于倒包，采用连体反应包时，可以控制铁水增氮和降低搅拌过程的热损失。

在一步热兑法中，无论采用何种动力搅拌形式，都很难取代以提高金属含硅量来降低终渣 Cr_2O_3 的作用，除对合金含氮有严格要求的情况外，采用倒包方式(包括跷跷搅动形式)更有利于操作的简化。

C 硅质还原剂的选择

在热兑工艺中所使用的硅质还原剂以硅铬合金为主，辅以75%硅铁。硅铬合金通常包括液体、机械破碎小块、水淬小粒三种形态，而75%硅铁则以机械破碎小块使用。

硅铬合金与75%硅铁相比，由于含硅量低，而且含铬量一般高达30%以上，因而就硅质还原剂本身的冶炼特性或对热兑工艺的产量、电耗、回收率等指标的影响而言，都以选用硅铬合金较合理。而75%硅铁则以硅含量高的特点，对流程长的工艺，在后期熔渣 Cr_2O_3 浓度低的具体条件下，作为强化 Cr_2O_3 还原和工艺效果使用。表5.40是根据国外某厂生产中有关数据整理而成的使用不同种类还原剂的终渣 Cr_2O_3 平均含量的数据。

表5.40 使用不同种类、形态硅质还原剂时终渣的 Cr_2O_3 含量

还原剂种类形态	75%硅铁		固态硅铬		水淬硅铬	液态硅铬
还原剂粒度/mm	0~50	5~50	0~50	5~50	0~7	
还原剂含硅量/%	80.64	80.5	50.94	51.8	50	50~51
终渣 Cr_2O_3 含量/%	3.62	3.1	5.5	5.45	4.0	5.53

从表中数据可以看出，使用75%硅铁作还原剂会得到较低的终渣 Cr_2O_3。而使用含 Si 为50%的硅铬作还原剂，以液态或破碎小块的形态使用时，其终渣 Cr_2O_3 平均含量相近。这可能是使用液态硅铬时具有较好的动力学条件，而在使用固态硅铬时与其在

渣层具有较好分散度的动力条件有关。使用水淬硅铬具有较低的终渣 Cr_2O_3 含量，其原因尚待进一步分析。

根据数据分析，使用上述还原剂时硅利用率由高至低的顺序是：水淬硅铬、机械破碎硅铬、机械破碎75%硅铁。

采用液态硅铬有较充裕的反应放热，有利于热兑过程各个环节热量平衡之间的衔接，特别对化渣电炉功率不大而热兑操作流程较长的两步热兑、三步热兑显得更重要。采用液态硅铬能有效利用其物理潜热，对提高产量、降低电耗、避免硅铬在破碎过程的损失等有其实际意义。而液态硅铬在加入速度、加入程序控制，各操作环节协调以及为保证产品含碳量较低而对铁水包内上部含碳量高的液态硅铬的处理等方面，则不如使用固态硅铬那样灵活、有效。

5.8　真空法冶炼微碳铬铁

5.8.1　特种钢冶炼与真空法冶炼工艺

为了冶炼超低碳铬镍奥氏体钢，必须采用有害杂质（C、N_2、H_2 和非金属夹杂）极低的铬铁。钢中碳含量过高（$>0.03\%$），钢易受腐蚀，尤其是在晶界。其原因在于在奥氏体铬镍钢（Cr∶Ni＝18∶10）铸锭结晶过程中，由于碳超过平衡含量，沿晶界以复合碳化物 $(Cr_{0.9}Fe_{0.1})_{23}C_6$ 析出，使邻近晶粒边界区域的铬浓度降低，造成铬镍比低于18∶10，便保证不了钢在腐蚀介质中的稳定性。为了防止钢在液态时沿晶界析出碳化物，需加入稳定元素（Ti、Nb和其他比Cr与C亲和力更高的元素）。钢中剩余的[%Ti]按 $[\%Ti] \geqslant 5([\%C]-0.03)$ 计算。式中，[%Ti]为Ti在钢中的剩余量；[%C]为钢中实际的碳含量；0.03为碳在奥氏体铬镍钢中的溶解度极限。

但在钢中加入稳定元素之后，提高了 α-Fe（铁素体）的数量。由于生成铁素体和钛（铌）的碳化物，恶化了钢的可变形性。在冶炼低碳钢时按前述计算加入的铁量不能达到准确的钛含量，也不能保证钢在腐蚀性介质中应该具有的高的耐腐蚀性能。除了碳之外还要考虑钢中的氮含量。在考虑了钢中的氮含量之后,计算钢中剩余的稳定元素(Nb)的关系式之一是[%Nb]≥0.093+([%C]-0.013)+6.6([%N]-0.22)。该式表明,为了使钢具有抗腐蚀性能而加入的铌,必须同时考虑到钢中碳和氮的含量。因此,为了冶炼具有特殊性能的耐腐蚀钢,铬铁应含有更低的杂质,首先是碳和氮。许多情况还要求钴、磷和其他杂质更低的铬铁。

硅热法生产的铬铁含碳、氮偏高(C>0.06%,N 0.04%)(C>0.03%,N 0.1%),甚至连包括铝热法生产的铬铁也不能满足要求。最初阶段探索铬铁脱碳工艺是集中在真空下液态铬铁氧化脱碳过程的研究。早在 20 世纪 30 年代,克拉姆罗夫 A.Д.(Крамаров)等推荐把硅热法生产的铬铁在盛铁包内吹入氧气,并在负压下使其脱碳,更有效的方案是把硅热法生产的铬铁放入真空感应炉中在液态下进行真空处理。然而液态铬铁真空精炼法温度高,耐火材料消耗大,碳、氮等杂质下降困难,目前该方法常用于电硅热法微碳铬铁真空脱气、降碳,吹氧法真空吹氧降碳。1950 年前后美国发展了一种微碳铬铁冶炼方法,生产出几乎无硫的含碳为 0.01%的纯净铬铁(Simplex-Ferrochrom)。该方法是在真空中让诸如固态的 SiO_2、Cr_2O_3 或 FeO 等氧化剂与磨细的高碳铬铁起反应生产出纯净铬铁,因此这种铬铁又称为真空法微碳铬铁。为了脱碳外还要大量除硫,采用 SiO_2 作为氧化剂证明是合适的。实践证明,为了脱硫,以 SiO_2 形式带入的氧量,应占氧化剂中结合氧的 10%以上。固态反应时,取得经济合理的反应速度的先决条件是:反应物尽量磨细混匀和温度尽可能高。该方法产品含碳量低,工作环境好,铬回收率高,不添加熔剂和耐火材料消耗小等。

5.8.2 真空法微碳铬铁牌号及用途

真空法微碳铬铁按铬、碳及杂质含量的不同分为六个牌号,其化学成分应符合表 5.41 的规定。

表 5.41　真空法微碳铬铁牌号及化学成分　(%)

牌　号	化学成分						
	Cr	C	Si		P		S
			Ⅰ	Ⅱ	Ⅰ	Ⅱ	
	⩾	⩽					
ZKFeCr67C0.010	67.0	0.010	1.0	2.0	0.025	0.03	0.03
ZKFeCr67C0.020	67.0	0.020	1.0	2.0	0.025	0.03	0.03
ZKFeCr65C0.010	65.0	0.0102	1.0	2.0	0.025	0.035	0.04
ZKFeCr65C0.030	65.0	0.030	1.0	2.0	0.025	0.035	0.04
ZKFeCr65C0.050	65.0	0.050	1.0	2.0	0.025	0.035	0.04
ZKFeCr65C0.100	65.0	0.100	1.0	2.0	0.025	0.035	0.04

真空法微碳铬铁用于生产原子能工业、化学工业及航空工业所需的超低碳不锈钢、高铬不锈钢、耐热钢及高强耐腐蚀性钢的合金材料。

5.8.3　真空法微碳铬铁冶炼原理

真空固态脱碳法冶炼微碳铬铁包括将高碳铬铁磨碎成粉，配入适当的氧化剂，经混料、压型、干燥和真空冶炼铬铁产品等工序。其基本原理是铬铁同氧化剂混合后在真空中加热，在低于合金熔点的温度下，高碳铬铁与氧化剂间能发生固相氧化还原反应，其组成不断地改变，铬铁合金中的碳被氧化脱除。

一个化学反应能否发生，可以用该化学反应的自由能变化 ΔG 进行判定，并且该化学反应受温度、浓度(活度)、压力、添加剂等因素的影响，影响规律符合范特霍夫(Van't Hoff)等温方程式：

$$\Delta G = \Delta G^{\ominus} + RT\ln Q = -RT\ln K + RT\ln Q = RT\ln \frac{Q}{K}$$

式中，K 是反应的平衡常数；Q 是在实际条件下，化学反应产物活度乘积与反应物活度乘积之比，同时要考虑活度的适当方次。当参加反应的物质为气态，且压力不太大，温度不太低，这时 Q 即称为压力商,是反应体系在起始态时的生成物的压力乘积与反应物的压力乘积之比。

铬铁精炼脱碳用氧化剂可以是氧化铁、二氧化硅及氧化铬等,也可使用高品位的铬矿或铁矿。反应的热力学关系如下:

$$1/3Cr_2O_3 + Cr_7C_3 = 1/3Cr_{23}C_6 + CO\uparrow$$

$$\Delta G_1 = 310578 - 166.76T_1 + 19.147T_1\lg p_{CO}$$

$$1/3\ Cr_2O_3 + 1/6Cr_{23}C_6 = 9/2Cr + CO\uparrow$$

$$\Delta G_2 = 341314 - 173T_2 + 19.147T_2\lg p_{CO}$$

$$FeO + 1/6Cr_{23}C_6 = 13/3Cr + Fe + CO\uparrow$$

$$\Delta G_3 = 216583 - 143.86T_3 + 19.147T_3\lg p_{CO}$$

$$1/2SiO_2 + 1/6Cr_{23}C_6 = 10/3Cr + 1/2CrSi + CO\uparrow$$

$$\Delta G_4 = 330045 - 171.91T_4 + 19.147T_4\lg p_{CO}$$

$$1/2SiO_2 + 1/6Cr_{23}C_6 = 23/3Cr + 1/2Si + CO\uparrow$$

$$\Delta G_5 = 392847 - 171.91T_5 + 19.147T_5\lg p_{CO}$$

$$SiO_2 + 1/6Cr_{23}C_6 = 23/6Cr + SiO\uparrow + CO\uparrow$$

$$\Delta G_6 = 729257 + 23.03T_6\lg T_6 - 410.35T_6 + 38.294T_6\lg p_{CO}$$

上述反应受冶炼温度和真空度的影响,提高体系真空度和温度,反应自由能减少。提高真空度可降低冶炼的开始温度,使常压下难以进行的反应易于实现。

在相同真空度下,氧化铁与二氧化硅及氧化铬相比,其开始氧化碳化铬的温度较低。但是,不管用哪种氧化剂,为使反应以实际可行的速度进行,都必须提高温度。

尽管氧化铁在真空度不大时即可能进行脱碳反应,但是在实际上,由于铬及其合金的气体吸附性能很高,所以脱碳反应是不可能实现的,必须提高真空度才能实现。真空对脱碳速度具有良好影响,其原因可能还与在反应初期,氧化物被铬的碳化物中的碳所还原的机理有关。在大气压下,以固态碳还原氧化物是通过气相进行的:

$$1/yMe_xO_y + CO \rightarrow x/yMe + CO_2$$

$$CO_2 + 1/6Cr_{23}C_6 \rightarrow 23/6Cr + 2CO$$

总反应为： $1/6Cr_{23}C_6 + 1/yMe_xO_y \rightarrow 23/6Cr + x/yMe + CO$

该反应机理由下述现象得到证实：脱碳速度明显地与反应物的磨细程度有关，而与压块的压制压力，即氧化剂与碳化物的接触程度实际上没有关系。而且在很多情况下，加入中性的松散物料甚至可以提高反应速度。这些添加剂为：氯化物、碱金属和碱土金属氟化物。炉料中配加0.5%氟化钾可显著地提高铬铁的脱碳速度。

提高真空度显然会加快还原剂向反应界面的传递，但是过高的真空度不利于CO向氧化物的传递，也不利于反应产物CO_2向碳化物的传递。只有在特定真空度下才能达到铬的最大还原度。

在反应终期，当p_{CO}和p_{CO_2}值很小的情况下，其反应动力学传递速度是很有限的，以致仅在氧化物与碳直接相互反应时，反应才能继续进行，即最后阶段的脱碳速度只与反应物的扩散速度有关。由于扩散过程的速度非常小，碳与氧化剂之间的反应实际上在达到平衡之前便已停止了。因此，为了得到含碳量达到要求的合金，压块中必须配加2%过剩量的氧化剂，这就不可避免地使铬铁含有一些非金属夹杂物(铬、硅等的氧化物)。

炼得的铬铁中杂质的含有情况，在很大程度上与所使用的氧化剂品种有关。使用矿石或精矿时，合金将因氧化剂过剩或由于脉石氧化物(MgO、Al_2O_3、CaO)而带有夹杂，因为在该反应条件下，这些氧化物有可能被还原。使用二氧化硅可生成铬的硅酸盐，合金中的硅含量可升至5%～8%，这对熔炼一系列牌号的钢种都是不允许的。氧化铬由于价格昂贵，未能得到广泛应用。目前大都使用经氧化焙烧后的高碳铬铁。高碳铬铁粉末在其焙烧过程中，碳被部分氧化除去，并且生成部分铬和铁的氧化物，非常适于作铬铁精炼脱碳的氧化剂。

5.4.2.2节中已求出，常压下，即$p_{CO} = 1.013 \times 10^5$ Pa(1 atm)，上述两个氧化铬氧化碳化铬反应的开始温度分别为1862 K、1973 K(此时氧化铁作氧化剂时反应的开始温度较低，为1506 K)。当体系真空度提高，即p_{CO}降低，碳化铬氧化反应的自由能减少，有利于反应向右进行。随着压力降低，反应开始温度也下降。不同压力下，反应的开始温度如表 5.42 所示。

表 5.42　不同压力下反应的开始温度

p_{CO}/Pa	101325	10132.5	1013.25	101.325	10.1325
$T_{1开}$/K	1862	1671	1515	1385	1276
$T_{2开}$/K	1973	1776	1615	1481	1367

在真空还原过程，铬的挥发是不可避免的。温度越高，铬的蒸气压越大，过高的真空度或过高的温度会使铬的挥发损失增加。真空碳热还原氧化铬的温度和压力范围见图 5.77。

在 1523～1723 K 的真空炉内，铬和铁的碳化物能与铬和铁的氧化物中的氧反应，碳被脱除，反应的产物一氧化碳被不断抽出，因此反应可在较低的温度下开始，并在固态下完成脱碳反应，而得到含碳量很低的铬铁。

目前，真空法微碳铬铁生产的工艺流程如图 5.78 所示。

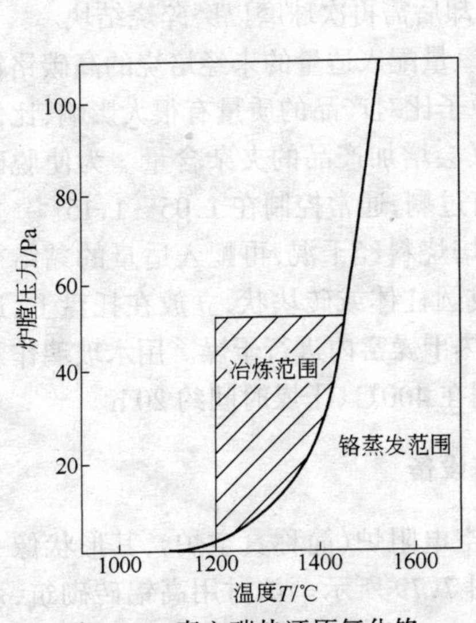

图 5.77　真空碳热还原氧化铬的温度和压力范围

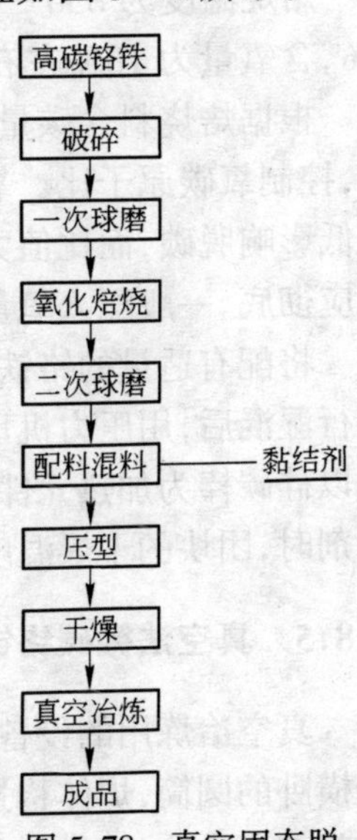

图 5.78　真空固态脱碳生产流程图

5.8.4　真空法微碳铬铁冶炼的原料

真空法冶炼微碳铬铁的主要原料是高碳铬铁。对高碳铬铁的要求是:Cr＞65%,Si＜1.0%,C 7%～9%,P＜0.03%。高碳铬铁经颚式破碎机破碎到 20 mm 以下后,再进入球磨机粉磨。粉磨后的粒度组成如表 5.43 所示。

表 5.43　粉磨后高碳铬铁的粒度组成

粒度/mm	＞0.841	0.841～0.250	0.420～0.250	0.250～0.177	0.177～0.149	0.149～0.125	0.125～0.105	0.105～0.094	0.094～0.074	＜0.074
粒度组成/%	0.12	0.77	4.60	3.88	6.42	13.20	16.00	4.60	3.80	46.61

粉磨后的高碳铬铁进入回转窑中进行氧化焙烧。焙烧时的主要反应为:

$$2Cr_7C_3 + 27/2O_2 = 7Cr_2O_3 + 6CO$$

焙烧温度为 850～1000℃。焙烧后高碳铬铁含碳量为 5%～6%,含氧量为 10%左右。冷却后需再次球磨以磨碎烧结块。

根据焙烧料含碳量和含氧量配入适量的未经焙烧的高碳铬铁粉,控制氧碳原子比。氧碳原子比对产品的质量有很大影响,比值太低影响脱碳,而比值太高又会增加产品的夹杂含量。为使脱碳反应彻底,一般配入氧量稍有过剩,通常控制在 1.05～1.15。

将配有适量的铬铁粉的焙烧料经干混,再配入适量的黏结剂进行湿混后,用压力机压制成圆柱体或砖块状,立放在托盘上,送入以硅碳棒为加热元件的电热干燥窑内进行干燥。用水玻璃作黏结剂时,团块的干燥温度控制在 400℃,干燥时间约 20 h。

5.8.5　真空法微碳铬铁冶炼设备

真空冶炼用的设备为真空电阻炉(简称真空炉),其形状像一个横卧的圆筒,炉体构造如图 7.79 所示。炉衬用高铝砖砌筑,炉壳是双层水冷的,横向装有多支水平放置的石墨棒作加热元件,两端用水冷夹头通过导电铜管、铜排与变压器相连。为了满足真空冶炼的需要,变压器应具有较多的电压级和能进行有载调压。电炉具有真空抽气设备和充氮装置。

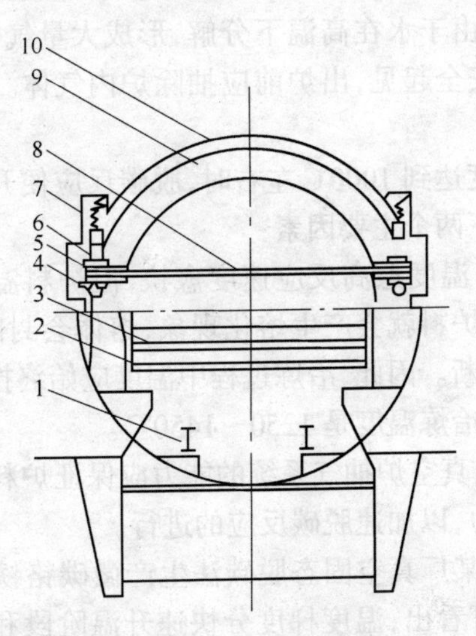

图 5.79 真空炉剖面图

1—升降车轨道;2—炉料托盘;3—托盘耐火砖;4—导电管及铜瓦;5—石墨套;6—压紧偏心轮;7—压紧弹簧;8—石墨棒;9—炉衬耐火砖;10—炉壳

5.8.6 真空法微碳铬铁冶炼操作

真空法冶炼微碳铬铁是间歇性操作。冶炼一炉所需的时间叫冶炼周期,一个周期又分为预抽检漏、冶炼、冷却三个阶段。

装有干燥好的铬铁团块托盘用升降台装入真空炉内,封好炉门后进行预抽检漏。正常情况下,30 min 内当真空炉带料漏气率达到规定数量(一般不大于 6.7 kPa·L/s),炉内压力小于 66 Pa 时便可送电进行熔炼。

炉内送电升温到冶炼终止的阶段称为冶炼阶段。此阶段的任务是使炉料在真空中和高温下进行脱碳,脱碳结束后即可停电降温,并停止炉内抽气。冶炼时间一般为 30～35 h。

高温出炉将使产品氧化和损坏炉衬。因此,冶炼完毕后应待产品温度在真空状态下自然冷却到400℃左右，方可出炉。出炉前炉内压力一般不超过2.7 kPa。如果在冶炼或冷却过程中炉内发生漏水现象，由于水在高温下分解，形成大量气体，出炉前炉内压力较高。为安全起见，出炉前应抽除炉内气体。冷却时间通常需48 h。

当炉内温度达到1000℃左右时，脱碳反应便开始进行。真空脱碳要考虑以下两个主要因素：

(1) 温度。温度愈高反应速度愈快，但炉料温度高于或等于炉料的熔点时，炉料就会产生熔化现象，熔体会封闭反应产物CO的出路，反应中断。因此，冶炼过程中温度应始终控制在铬铁的熔点以下，适宜的冶炼温度是1250～1450℃。

(2) 压力。真空炉抽气系统的能力应保证炉料脱碳反应过程中有较低的压力，以加速脱碳反应的进行。

图5.80为某厂真空固态脱碳法生产微碳铬铁的温度和压力曲线。从图中可看出，温度梯度分快速升温阶段和保温阶段。在快速升温阶段时，以较短的时间(一般8～10 h)使温度达到1300～1400℃，然后使温度保持在1400～1450℃左右。末期由于炉料中碳的浓度极低，适当提高温度，但不应超过1500℃。否则，不但使铬的挥发损失明显增加，而且不利于以后的脱碳。

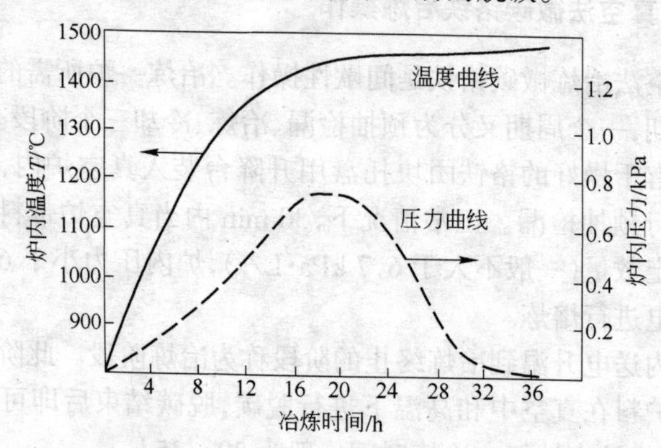

图5.80　温度－压力制度图(6000 kV·A真空炉)

从压力曲线的变化上不难看出,升温阶段的脱碳反应由弱到强,当温度达 1300～1400℃时,反应已非常显著。末期炉内压力降到 66 Pa 以下,料底温度到 1300℃时,说明反应已基本结束,即可停电冷却。当炉料自然冷却到 400℃时,即可出炉。熔炼终点通常按以下几点来判断:

(1) 料面有明显的收缩,料面温度达到 1450～1500℃时,料底温度达到 1300℃以上;

(2) 预抽提和熔炼后真空度均在 66 Pa 以下;

(3) 在正常情况下,每炉熔炼时间和电能消耗大致相同;

(4) 根据管道测量,漏气率不变时,炉气中 CO 含量有所减少,氧含量相对有所增高。

出炉后的真空铬铁一般为银灰色砖块,经过高温冶炼和排出大量气体,与冶炼前比较稍有收缩,并有大量微孔,密度较小。如果冷却时间不够或在冶炼过程中炉子漏气,会使产品表面氧化,呈现黑色。

产品由于密度小,在炼钢时浮在钢渣间,同时气孔率大易吸水,加热脱水脱氧时又容易和空气氧化。若用 $CaO-SiO_2-Al_2O_3$ 系的化合物来封闭气孔,各成分含量为 CaO 40%,SiO_2 40%,Al_2O_3 20%,而 SiO_2 和 Al_2O_3 由铬铁中 Si(1%)、Al(0.1%以上)生成,另外加入 CaO,所得产品密度为 6.5 g/cm^3,炼钢时使用效果较好。

某厂 6000 kV·A 真空炉,每炉装料量为 28 t 左右,所炼得的真空微碳铬铁的气孔率为 28%～30%,密度为 5.0～5.5 g/cm^3。每熔炼 1 t(按含 Cr 50%计)真空微碳铬铁消耗高碳铬铁约 1.1 t,电耗 3000～4000 kW·h,铬的总回收率为 91%～92%。

5.8.7 固态铬铁的真空精炼

铬铁以固态形式放入真空电阻炉中进行真空热处理,可以降低其中碳、氮、氢和氧的含量。

在温度高于 1300℃,真空度高于 1310 Pa 时,固态微碳铬铁中发生氧化脱碳反应,使碳以 CO 的形式脱除。脱碳反应的表观活化能为 187532 J/mol。脱碳反应均需有氧参加,氧的来源是铬铁中的溶解氧、铬铁中非金属夹杂物中的氧和弥散在真空炉气中的氧。影响真空脱碳的主要因素是温度、真空度、固体金属的粒度、杂质元素的含量等。

溶解于铁合金中氧的数量与所含的铬、硅、碳数量有关。合金中的溶氧量随着硅、碳含量的增大而减少。因此,碳含量和硅含量高的铬铁真空脱碳的幅度不大。

真空固态精炼过程中,碳和氧通过扩散传质作用发生反应。氮、氢、CO 气体通过扩散离开金属。在固相反应中物质的扩散速度是反应的限制性环节。扩散的驱动力 – 浓度梯度愈大,扩散通量愈大。真空脱碳反应产物离开反应区的推动力与其扩散距离有关。在单位时间内,通过扩散传输的反应产物与合金厚度成反比。薄锭(20～40 mm)在不长的时间内就可达到要求的碳、氮含量。扩散系数受温度影响极大,碳在铬中的扩散常数 $D_0=0.009$,扩散活化能为 111000 J/mol。扩散系数 D 与温度的关系如下:

$$D=D_0\exp\left(-\frac{E}{RT}\right)$$

式中理想气体常数取 8.314 J/mol·K,在作业温度下,碳的扩散系数如表 5.44 所示。

表 5.44 碳的扩散系数

T/K	1573	1623	1673	1723	1773
D/cm²·s⁻¹	1.85×10^{-6}	2.40×10^{-6}	3.03×10^{-6}	3.88×10^{-6}	4.83×10^{-6}

在相同的时间内,不同温度下的扩散距离 Y_1、Y_2 可以由下式进行比较:

$$\frac{Y_1}{Y_2}=\sqrt{\frac{D_1}{D_2}}$$

计算表明,在 1350℃ 时碳原子扩散的距离仅为 1450℃ 的 78%。可见,反应温度、时间、合金的厚度对脱碳率和脱气率的影响十分显著。

经过真空精炼的铁合金结构发生了巨大变化。由合金断面可以看出:在加热过程中合金出现再结晶,晶粒尺寸由 0.1～1 mm 增大到 10 mm 左右。在合金表面可以观察到析出的非金属夹杂物和气孔。碳化物和氧化物夹杂主要分布在晶界,晶界的变化和推进加快了碳和氧扩散和反应的速度,表 5.45 列出了真空固态精炼中微碳铬铁杂质元素去除的情况。

表 5.45 真空精炼过程杂质脱除情况 (%)

元 素	C	N	O	H
处理前含量	0.06～0.15	0.04～0.1	约 0.1	0.003
处理后含量	0.006～0.01	0.007～0.02	约 0.08	0.0002
脱除率	60～80	50～80	20～60	90

磷、硫等杂质已经稳定地固溶在铬铁中,故真空处理前后含量几乎未发生变化。

5.9 氮化铬铁冶炼

5.9.1 氮化铬铁牌号及用途

氮化铬铁按冶炼方法和碳含量的不同,分为六个牌号,其化学成分应符合表 5.46 的规定。

表 5.46 氮化铬铁的牌号及化学成分 (%)

牌 号	化学成分					
	Cr	N	C	Si	P	S
FeNCr 3-A	≥60.0	≥3.0	≤0.03	≤1.5	≤0.03	≤0.04
FeNCr 3-B		≥5.0	≤0.03	≤2.5		
FeNCr 6-A		≥3.0	≤0.06	≤1.5		
FeNCr 6-B		≥5.0	≤0.06	≤2.5		
FeNCr 10-A		≥3.0	≤0.10	≤1.5		
FeNCr 10-B		≥5.0	≤0.10	≤2.5		

氮化铬铁广泛地用于电炉和氧气转炉冶炼含氮钢。氮是奥氏体形成元素，它作为成分加入铬锰和铬锰镍不锈钢来代替短缺的镍。

5.9.2　氮化铬铁冶炼工艺及原理

氮化铬铁的制取方法有液体渗氮和固体渗氮两种。

液体渗氮采用氮气为原料，在感应炉内进行。在液态铬铁中氮以溶质状态存在，固态的氮化铬铁中氮以金属氮化物或复合氮化物的形态存在。液态低碳铬铁出炉温度为1650～1700℃氮化时向铬铁熔体通入压力为0.1～0.5 MPa的氮气，氮化过程持续20～60 min后进行浇铸。液态氮化可以得到致密的氮化铬铁，氮含量为2%～3%。该方法由于温度高，所制得的产品含氮很低，现在几乎都采用固体渗氮法制取氮化铬铁。

固态渗氮在真空电阻炉或感应炉内进行，可以用氮气或氨气作原料。该方法最好与真空铬铁生产结合起来，在完成真空脱碳以后向真空炉通入氮气进行处理。所获得的合金气孔率较高，其应用受到影响。为了得到致密的合金，可以采用重熔法，但重熔阶段氮含量下降2%～2.5%。

固态渗氮反应初期，界面化学反应为限制性环节。随着产物层的增厚，扩散阻力增大，氮化过程的限制性环节过渡到通过产物层的扩散。影响氮化过程的条件有温度、气相压力、合金成分和气体纯度等。

氮气由气相向固相内部扩散的速度与氮分压及固相表面积成正比，因此物料粒度越细小，渗氮速度越高；氮化过程在正压下进行，调整系统压力可以控制渗氮速度。但是氮化反应是放热反应，压力过高，反应速度过快，导致温度过高反而会引起炉料烧结，使氮化速度降低。

铬铁氮化物的稳定性与温度有关。铬铁的最大渗氮量与氮化温度有关(见图5.81)。提高温度使氮化速度加快，但铬铁中氮化物总量会减少。

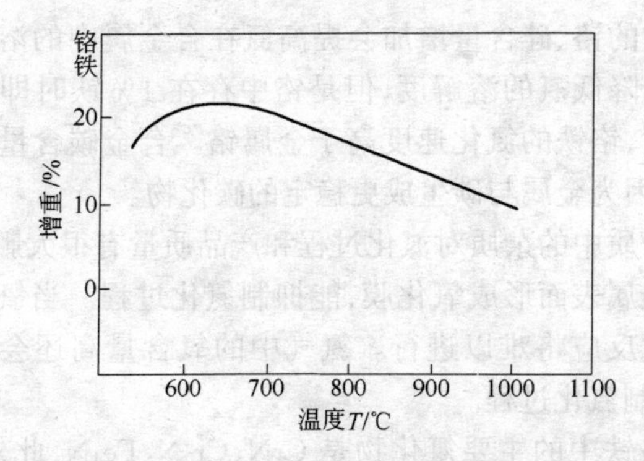

图 5.81 铬铁渗氮过程增重与温度的关系
（铬铁：Cr71%，C 0.02%，Si1%，粒度小于 0.42 mm，NH_3）

在高温下，氨是一种处于介稳态的化合物，有很高的氮势。采用氨作氮化介质渗氮，反应速度远远高于氮气，可以得到氮含量很高的金属氮化物。图 5.82 为实测的采用不同氮化介质在不同温度下对铬铁进行渗氮的速度和渗氮量。在渗氮初期存在一个明显的诱导期。温度越高，诱导期越短。这可能是氮化产物的形成阶段或排除吸附的其他气体所致。

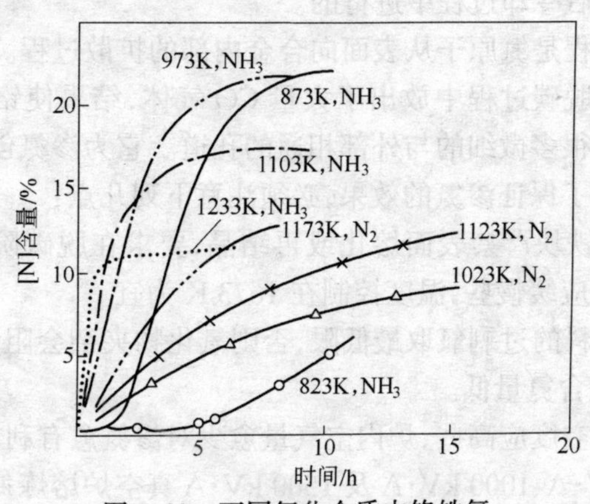

图 5.82 不同氮化介质中铬铁氮
含量、温度与时间的关系

金属中的铬、硅含量增加会提高氮在合金属中的溶解度。铁含量增加会降低氮的溶解度，但是铬中存在1%铁时即能提高氮化反应速度，铬铁的氮化速度高于金属铬。合金碳含量高不利于氮化反应，因为金属与碳生成更稳定的碳化物。

渗氮介质中的杂质对氮化过程和产品质量有很大影响。氮气中的氧使金属表面形成氧化膜，能抑制氮化过程。当氧含量高于2%时，氮化反应将难以进行。氮气中的氧含量高还会使合金增碳，从而抑制氮化过程。

氮化铬铁中的主要氮化物是CrN、Cr_2N、Fe_4N，此外，还存在铁、铬的复合氮化物$(Cr,Fe)_2N_{(1-x)}$。氮化温度和氮化介质对其物相构成有明显影响。氮化铁的稳定性远远低于氮化铬，氮化处理使铁和铬分离成独立的相。

5.9.3 固态渗氮冶炼操作

固态渗氮的氮化铬铁通常是在真空微碳铬铁电熔炼结束后，在1100℃高温，向炉内充入氮气(99.5% N_2)而制得的。脱碳反应结束停电后，停止抽气并通入氮气进行渗氮，即渗氮是在微碳铬铁电熔炼结束后冷却过程中进行的。

渗氮过程是氮原子从表面向合金内部的扩散过程。由于高碳铬铁在固态脱碳过程中放出了大量CO气体，结果使铬铁压块的内部留下了很多微细的与外部相通的孔道。它为渗氮创造了良好的条件。为了保证渗氮的效果，必须注意下列几点：

(1) 铬铁块严禁表面熔化或再结晶，要求在脱碳阶段的中后期升温速度应缓慢些，温度控制在1673 K为宜。

(2) 配料的过剩氧取最低限，否则氧化物夹杂会阻碍渗氮，造成氮化铬铁含氮量低。

(3) 真空度应高些，炉内空气量愈少对渗氮愈有利。

400 kV·A、1000 kV·A及1500 kV·A真空炉熔炼氮化铬铁在充氮时的氮气压力为0.2 MPa，所需时间为2～2.5 h。当炉内温度自然冷却到673～773 K时便可出炉。

每吨氮化铬铁消耗高碳铬铁 1.1～1.2 t，电耗 3800～4000 kW·h，氮气 55～60 m^3(标态)。

Fe_4N 很容易溶解在酸性溶液中，而 CrN 却很稳定，经过酸浸处理即可以将铁和铬分开来。用硫酸溶液(90 g/L)处理氮含量 7.5%的氮化铬铁粉末，可使铬含量由 65%左右升至 80%，氮含量升至 9%～10%，铁含量由 21%左右降至 5.5%～7%。P、Si、As、Cd、Co 的含量也同时下降。酸的消耗量为原始铬铁重的 40%～50%；处理时，要使浆液的温度接近于沸点。

6　金属铬的制取

6.1　金属铬牌号及用途

金属铬用于生产高温合金、电热合金、精密合金等。其合金用于航空、宇航、电器及仪表等工业部门,另外在铸铁生产中也得到了广泛应用。

金属铬按铬及杂质含量的不同,分为五个牌号,其化学成分应符合表 6.1 规定。

表 6.1　金属铬的牌号及化学成分　　　　（%）

牌　号	化学成分							
	Cr	Fe	Si	Al	Cu	C	S	P
JCr99-A	≥99.0	≤0.35	≤0.25	≤0.30	≤0.02	≤0.02	≤0.02	≤0.01
JCr99-B	≥99.0	≤0.40	≤0.30	≤0.30	≤0.04	≤0.02	≤0.02	≤0.01
JCr98.5-A	≥98.5	≤0.45	≤0.35	≤0.50	≤0.04	≤0.03	≤0.02	≤0.01
JCr98.5-B	≥98.5	≤0.50	≤0.40	≤0.50	≤0.06	≤0.03	≤0.02	≤0[illegible]
JCr98	≥98.0	≤0.80	≤0.40	≤0.80	≤0.06	≤0.05	≤0[illegible]	≤0.01

牌　号	化学成分							
	Pb	Sn	Sb	Bi	A[illegible]	N	H	O
JCr99-A	≤0.0005	≤0.001	≤0.001	≤0[illegible]	≤0.001	≤0.05	≤0.01	≤0.50
JCr99-B	≤0.0005	≤0.001	≤0.0[illegible]	≤0.001	≤0.001	≤0.05	≤0.01	≤0.50
JCr98.5-A	≤0.0005	≤0.0[illegible]	≤0.001	≤0.001	≤0.001	≤0.05	≤0.01	≤0.50
JCr98.5-B	≤0.00[illegible]	≤0.001	≤0.001	≤0.001	≤0.001	≤0.05	≤0.01	≤0.50
JCr98	≤0.001	≤0.001	≤0.001	≤0.001	≤0.001			

金属铬的制取方法一般有两种:铝热法和电解法。除此之外,还有电硅热法、电铝热法和氧化铬真空碳还原法。具有延展性的金属铬必须用电解法制得。

我国主要采用铝热法制取金属铬。

6.2 铝热法生产金属铬

6.2.1 冶炼原理

铝热法冶炼金属铬是用铝还原三氧化二铬。其主要反应为:

$$Cr_2O_3 + 2Al = 2Cr + Al_2O_3$$

$$\Delta G_T^{\ominus} = -539445 + 56.26T \quad (J/mol)$$

$$\Delta H_{298K}^{\ominus} = -539.445\ kJ$$

$$\text{单位炉料反应热(或发热值)} = \frac{\text{反应热效应}}{\text{氧化铬和铝的分子量}} = \frac{539445}{206} = 2619\ (kJ)$$

由于还原反应生成主要含 Al_2O_3 熔点高的炉渣,氧化铬铝热还原自发反应所放出的热量不足以使渣铁分离完全,因此必须加入发热剂来补充不足的热。然而冶炼反应为放热反应,减少放热量有助于反应的进行,从此角度看,应降低单位炉料反应热。金属铬冶炼熔渣主要由 78%~82% Al_2O_3 和 12%~15% Cr_2O_3 组成,Al_2O_3 熔点 2050℃,Cr_2O_3 熔点 2435℃,二者组成的炉渣熔化温度在 2100~2150℃,此时金属铬与熔融炉渣能良好分层。为此单位炉料反应热应控制在 2968~3093 kJ 为宜。可作金属铬冶炼发热剂的有氯酸钾、硝石、重铬酸钠、铬酐等,通常用硝石或氯酸钾。硝石供应充足,但增加金属铬氮含量。用氯酸钾、氯酸钠作发热剂时产品含氮量低。硝石、氯酸钾与铝的反应式如下:

$$6NaNO_3 + 10Al = 5Al_2O_3 + 2Na_2O + 3N_2$$

$$\Delta H_{298K}^{\ominus} = -7131.6\ kJ$$

$$KClO_3 + 2Al = Al_2O_3 + KCl$$

$$\Delta H^{\ominus}_{298K} = -1719.7\ kJ$$

6.2.2　冶炼用设备与原料

冶炼用的设备为可拆卸的熔炼炉（或称筒式炉），如图 6.1 所示。

一般采用圆锥状炉筒，上口直径较下口直径略小。炉筒用铸铁制成或用 16～20 mm 的钢板卷成，内砌内衬。也有将圆筒形熔炉改成喇叭形炉筒，如图 6.2 所示。

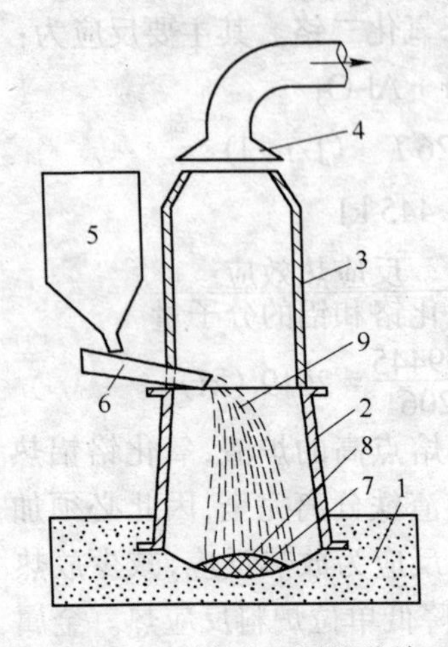

图 6.1　固定式金属铬熔炼炉（下部点火）示意图

1—砂基（镁砂）；2—炉筒及炉衬；3—炉壁；4—烟罩；5—料仓；6—溜槽；7—底料；8—引火剂；9—加入炉料

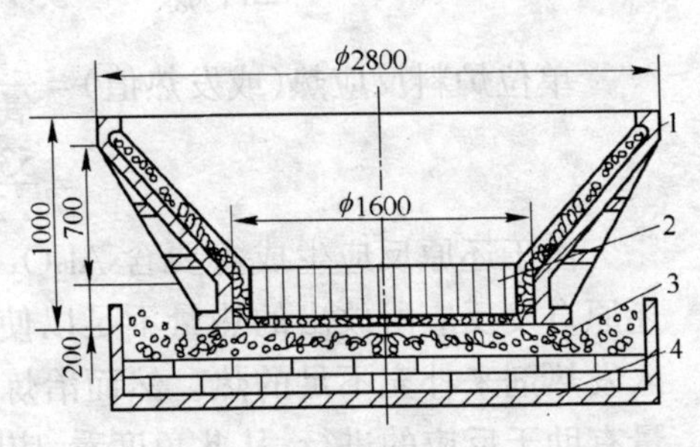

图 6.2　固定式喇叭形金属铬熔炼炉示意图

1—炉壳；2—镁砖；3—镁砂；4—底盘

冶炼金属铬用的原料有氧化铬、铝粒、硝石（或氯酸钾）。氧化铬要求含 $Cr_2O_3 \geqslant 94\%$，$S \leqslant 0.01\%$，$As \leqslant 0.00054\%$，$SiO_2 < 0.60\%$，$Fe_2O_3 < 0.20\%$，$Cr^{6+} < 2\%$，粒度小于 3 mm。硝石要求含 $NaNO_3 > 98.5\%$，$SiO_2 < 0.005\%$，$S < 0.002\%$，水分为 2%，不得受潮结块。如用氯酸钾要求含 $KClO_3 \geqslant 99.5\%$，氯化物不大于 0.025%，溴酸盐不大于 0.07%，硫酸盐不大于 0.03%，铁不大于

0.005%,铝不大于 0.005%,水不溶物不大于 0.1%,水分不大于 0.1%;无结块。

铝粒要求 Al > 98.5%, Si ≤ 0.2%, Fe < 0.25%, Pb ≤ 0.0005%,As≤0.0005%,粒度 0.1~1 mm 的应大于 90%,1~3 mm的应小于 10%。铝粒一般是生产后立即使用,不宜长期存放。制造铝粒的喷雾法是将铝锭加热熔化后,用压缩空气加压,从熔铝锅经喷嘴喷出时,由雾化器用压缩空气将铝流击碎而成铝粒。可以通过调整喷出压力或改换雾化器,得到所要求粒度的铝粒。另一种方法是将铝锭压延成铝箔,再经机械剪切成铝碎屑。铝粒变黑、结块及潮湿的不能使用。

6.2.3 炉料配比及热量计算

6.2.3.1 计算条件

氧化铬的成分:Cr_2O_3 97.00%,Fe_2O_3 0.15%,SiO_2 0.1%。

氧化铬还原时各元素的还原率为:

$Cr_2O_3 \rightarrow Cr$	92%
$SiO_2 \rightarrow Si$	70%
$Fe_2O_3 \rightarrow Fe$	99%

铝粒含 Al 99%,配铝量为 91%。

6.2.3.2 配料计算

以 100 kg 三氧化二铬为基础。

A 还原各种氧化物需要的铝量

还原 Cr_2O_3 需铝量为:

$$\frac{100 \times 0.97 \times 0.92 \times 54}{152} = 31.70\ (\text{kg})$$

还原 Fe_2O_3 需铝量为:

$$\frac{100 \times 0.0015 \times 0.99 \times 54}{160} = 0.05\ (\text{kg})$$

还原 SiO_2 需铝量为:

$$\frac{100 \times 0.001 \times 0.70 \times 108}{180} = 0.04\ (\text{kg})$$

共需铝量为：

$$\frac{31.70+0.05+0.04}{0.99}=32.11\ (\mathrm{kg})$$

B 冶炼过程中反应放出热量计算

冶炼主要反应为：

$$Cr_2O_3+2Al=2Cr+Al_2O_3$$

$$\Delta H^{\ominus}_{298K}=-539.445\ \mathrm{kJ}$$

$$Fe_2O_3+2Al=2Fe+Al_2O_3$$

$$\Delta H^{\ominus}_{298K}=-860.16\ \mathrm{kJ}$$

$$3SiO_2+4Al=3Si+2Al_2O_3$$

$$\Delta H^{\ominus}_{298K}=-711.48\ \mathrm{kJ}$$

还原 Cr_2O_3 产生热量为：

$$\frac{539445\times100\times0.97\times0.92}{152}=-316711.00\ (\mathrm{kJ})$$

还原 Fe_2O_3 产生热量为：

$$\frac{860160\times100\times0.0015\times0.99}{160}=-798.34\ (\mathrm{kJ})$$

还原 SiO_2 产生热量为：

$$\frac{711480\times100\times0.001\times0.7}{180}=-276.52\ (\mathrm{kJ})$$

还原 100 kg 氧化铬产生的总热量为：

$$316711.00+798.34+276.52=317785.86\ (\mathrm{kJ})$$

单位炉料反应热为：

$$\frac{317785.86}{100+32.11}=2405.5\ (\mathrm{kJ/kg})$$

若冶炼时单位炉料反应热控制为 3050 kJ/kg，则不足热量为：

$$3050-2405.5=644.5\ (\mathrm{kJ/kg})$$

如采用硝酸钠($NaNO_3$98%)作发热剂，1 kg 硝酸钠被铝还原产生的热量为：

$$\frac{7131.6\times1000}{6\times85}\times0.98=13703.9\ (\mathrm{kJ})$$

还原1 kg硝酸钠需铝量为：

$$\frac{1\times0.98\times27\times10}{85\times6\times0.99}=0.52\ (\text{kg})$$

设应加硝酸钠为 X kg，则：

$$\frac{317785.86+13703.9X}{100+32.11+0.52X}=3050$$

$$X=7.03\ \text{kg}$$

因此，硝酸钠消耗铝量为：

$$7.03\times0.52=3.66\ (\text{kg})$$

C 炉料配比

炉料配比为：三氧化二铬100 kg，铝粒35.77 kg，硝石7.03 kg。

为了减少产品金属铬杂质含量，铝加入量常为理论量的90%～93%。

6.2.4 冶炼操作

铝热法冶炼金属铬的冶炼操作分为炉料准备、混合、筑炉、冶炼和精整几个部分。

6.2.4.1 炉料准备

冶炼金属铬的炉料主要是三氧化二铬、铝粒和发热剂。这些炉料冶炼前都应细碎筛分，取样全面分析。

6.2.4.2 炉料混合

根据配料计算算出各种物料用量以后，应准确地配好料，充分混合好，混料时应特别注意，不要将切削物或铁钉等物件进入混料机，以免产生火花引起自燃反应。

混好的炉料应立即进行冶炼，贮存时间不能过长。这是因为发热剂易吸潮，如硝石吸潮后与铝进行反应：

$$8Al+8NaNO_3+18H_2O=3NaOH+3Al(OH)_3+3NH_3$$

这会降低炉料发热量，对反应不利。当班混合的炉料，最好当班冶炼。

6.2.4.3 筑炉

冶炼金属铬用的熔炉炉衬材料曾用镁砖，结果消耗镁砖多。

现在采用金属铬炉渣粉碎后加卤水打结炉衬或用金属铬热炉渣铸造炉衬，可以节约镁砖。炉底缝隙处用渣粉堵实，在其上面放50 mm厚的干渣踩实，炉壁缝隙处用耐火土（60%）、铬渣（40%）与卤水拌和的混合泥堵严。出渣口须按湿渣（用卤水作黏结剂）、干渣、湿渣的顺序堵实。

6.2.4.4　冶炼

将混合好的炉料贮存在料仓中，通过螺旋运输机或皮带运输机送到熔炼室，用摆动式流槽把炉料均匀分布在熔炉内。开始时向炉筒底部装2～3批（每批100 kg）炉料作为底料，在炉中心加入引火剂（由硝石、铝粒及镁屑组成）0.3～0.5 kg。点火后炉料开始反应，反应快完时，通过摆动流槽进料。进料时，应摆动流槽，控制进料速度，使炉料均匀分布在熔融物表面。加料以不露出液面为准。采用280～300 kg/(min·m^2)熔池的加料速度，效果较好。加料完毕，冷却至室温。

在配料中加入助熔剂 CaO 可与 SiO_2 进行造渣反应，降低 SiO_2 活度及其还原率，同时 CaO 与炉渣中 Al_2O_3 反应，生成 $CaO\cdot 6Al_2O_3$，提高了 Cr_2O_3 活度，有利于反应的进行，配加 CaO 的量一般为炉料的6%～7%。

6.2.4.5　精整

金属锭冷却至室温后，进行喷砂，清除表面的炉渣与氧化皮。待金属锭呈现出金属本色时，就可用落锤砸开进行精整、称重、取样和包装入库。

6.2.5　操作安全

铝热还原是自动反应，因此要特别注意安全问题，以免引起火灾、爆炸、烧伤等事故。炉料的存放要分开，铝粒与发热剂及氧化物粉不能堆放在一起。混合好的冶炼炉料要立即熔炼，不可存放。混料场地不能潮湿和有积水，以免不慎引起混料的炉料反应，造成爆炸事故。冶炼过程中操作人员要位于安全地带，同时穿好劳动防护用品，以免烧伤。要及时清理现场，不让有粉尘存在，以免引起着火事故。点火时要注意安全。熔炼时要启动通风系统，及时将烟尘废气排出，以免污染工作环境。

6.2.6 氧化铬的制取

氧化铬是冶炼金属铬的主要原料。它是采用化学冶金的方法，从铬铁矿中制取出来的。

6.2.6.1 原料及其要求

原料有铬矿、纯碱、白云石和石灰石。

铬矿要求含 Cr_2O_3 愈高愈好，$Cr_2O_3/FeO \geqslant 2.5 \sim 3.0$，$SiO_2 \leqslant 2.0\%$，$Al_2O_3$ 愈低愈好。矿石粒度 -0.082 mm（-180 目）占 80% 以上。

纯碱是白色粉末，粒度小于 1 mm，熔点为 845～852℃，易溶于水，吸湿性强。对纯碱的要求为 $Na_2CO_3 \geqslant 98\%$，$NaCl \leqslant 1.2\%$，$H_2O \leqslant 1.5\%$。

白云石要求含 $CaCO_3$ 50%～60%，$MgCO_3$ 40%～50%，$CaCO_3 + MgCO_3$ 约 98%，$SiO_2 < 1.0\%$，粒度在 180 目以下。

石灰石要求含 $CaCO_3 > 96\%$，$SiO_2 < 1.5\%$，$P < 0.1\%$，粒度在 -0.082 mm（-180 目）以下。

原料含水大于 10% 时，必须进行 623～873 K 的干燥，最后含水分小于 2%，残渣干燥后含水分不得大于 1%。

6.2.6.2 铬铁矿的氧化焙烧

铬铁矿的氧化焙烧是使铬矿中不溶性的氧化铬氧化成可溶性铬酸盐，从而使铬与矿石中的脉石分开。焙烧好坏的标志是转化率。转化率就是指焙烧熟料中可溶性铬与全部铬量之比。

铬铁矿氧化焙烧是在纯碱存在的条件下进行的。工业上都是把磨得很细的铬铁矿与纯碱、白云石（或石灰石）混合均匀后进行氧化焙烧，生成的熟料为铬酸钠。其反应式为：

$$4(FeO \cdot Cr_2O_3) + 8Na_2CO_3 + 7O_2 = 8Na_2CrO_4 + 2Fe_2O_3 + 8CO_2$$

此外，炉料中含有大量的杂质，如三氧化二铝、二氧化硅和氧化钙等，前二者分别与纯碱作用生成铝酸钠和硅酸钠，反应式为：

$$Al_2O_3 + Na_2CO_3 \rightarrow 2NaAlO_3 + CO_2$$

$$SiO_2 + Na_2CO_3 = Na_2SiO_3 + CO_2$$

氧化钙与铬矿反应生成铬酸钙,反应式为:

$$4(FeO \cdot Cr_2O_3) + 8CaO + 7O_2 = 8CaCrO_4 + 2Fe_2O_3$$

以上被称为副反应的三个反应是我们所不希望产生的,其原因是:(1)耗纯碱量多,从而增加附加剂用量;(2)熟料结块透气性不好,特别是硅酸盐的生成会粘结炉料,致使转化率下降;(3)不利于浸出,特别是铝酸盐和硅酸盐的生成,不易过滤。

氧化焙烧是在温度为1100～1150℃、三相(即固相－铬矿、液相－纯碱和气相－空气中氧)共存条件下进行的。参与反应的铬铁矿、纯碱和氧构成的固、液、气多相系统的反应速度取决于相与相之间表面的大小,因而在焙烧前要把铬铁矿和白云石磨碎至0.082 mm(180目)以下。

铬铁矿的粒子被含有纯碱的熔融物(纯碱与铬酸钠能形成低熔点的共熔物,如图6.3所示)所润湿,能大大增加其反应速度,但也会造成炉料烧结并粘附在炉壁上而逐渐形成大块,影响氧与铬铁矿粒子的充分接触,不利于铬酸钠生成反应的进行。为此,必须往炉料中加入某种惰性附加物,其加入量以能使液相在炉料中的固态粒子表面上形成很薄一层薄膜为度。在这种情况下,尽管有熔融物存在,炉料仍然是干燥松散并有良好的透气性。

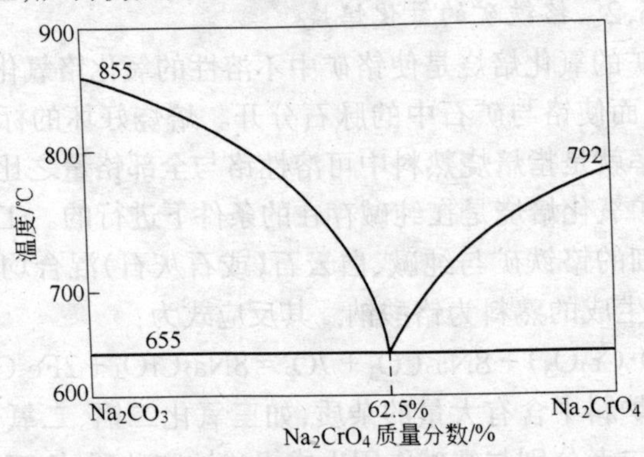

图6.3　Na_2CO_3-Na_2CrO_4 熔度图

当以石灰石作惰性附加物时,易生成难溶的铬酸钙,它在焙烧温度下不能完全分解而部分地留于残渣中,从而增加了铬的损失。当用白云石作附加物时,残留在焙烧窑中的铬酸钙量要比用石灰石时少得多,并且炉料不易烧结。因此,一般多用白云石作附加物。

焙烧炉料的组成主要有铬矿、白云石和纯碱。

配料以 100 kg 铬矿为基础,其纯碱用量按下式计算:

$$纯碱 = 1.4 \times 100 \times 铬矿中\ Cr_2O_3\ 含量$$

式中,1.4 是根据化学反应方程式计算而得的。实际上采用的纯碱量为理论量的 100%～110%。惰性物的配加量由固定的炉料中的 Cr_2O_3 含量来计算。现举例说明。

设铬矿含 $Cr_2O_3$50%,纯碱用量为理论量的 107%,炉料含 Cr_2O_3 为 13.5%,则纯碱与惰性物配加量如下:

$$纯碱用量 = 1.4 \times 100 \times 0.5 \times 1.07 = 75\ (kg)$$

设惰性物用量为 X,则可列成下式:

$$\frac{100 \times 0.5}{100 + 75 + X} = 13.5\%$$

解得 X 为 195 kg。

必须指出,凡属经过配料计算而得到的炉料组成,其混合料的成分必须在表 6.2 所列的范围内。

表 6.2 混合料的成分范围

组　成	Cr_2O_3	纯碱	惰性物
范围/%	12～16	18～22	48～56

为了减少可溶性硅酸钠的形成,应保证窑温,并配入足够钙量,使混合料中的硅与钙生成硅酸钙进入残渣中,钙配入量为:

$$CaO = (1.23 \sim 1.41) \times 0.88SiO_2 + 0.91Al_2O_3 + 0.82Fe_2O_3$$

$$Na_2SiO_3 + CaO = CaSiO_3 + Na_2O$$

混合料成分需经过试验后确定。

氧化焙烧一般是在回转窑中进行的,生产是连续性的。送入炉中的空气不但用于燃料(重油)的燃烧,而且还要满足铬铁矿的氧化反应所需。炉料经过的烧成带温度应保持在1000 ~1150℃之间,废气温度为500~600℃ 。

影响焙烧转化率的主要因素有矿石的粒度及其成分、炉料配比、焙烧温度、焙烧时间、焙烧操作和窑内气氛等。矿石的粒度愈细,反应也愈完全。但当原料杂质含量高时,副反应的速度也快且完全。矿石的杂质,特别是氧化亚铁和二氧化硅含量高时,氧化亚铁被氧化成 Fe_2O_3 而放出大量的热,使炉料过热而烧结,从而透气性变坏,转化率降低;同样,二氧化硅会形成黏稠并呈玻璃状的硅酸盐,使炉料结块,也会降低转化率。炉料在1000~1150℃的温度下焙烧1.5~2.0 h。温度低和时间短则反应不完全,但温度超过1200℃ 时会使炉料熔化烧结。为使反应完全,风量的控制不仅要保证燃料充分地燃烧,而且还要保证窑内有足够的氧化气氛。

焙烧好的炉料送下一工序浸出。

6.2.6.3 铬酸钠的浸出

浸出是把焙烧后的熟料中的可溶性铬溶浸于水。焙烧后熟料中一般含有15%~30%的铬酸钠,1.0%~3.0%的铬酸钙以及其他可溶性杂质,如铝酸钠、亚铁酸钠、铬酸镁等。

浸出温度要保持在90℃以上,低温对浸出是不利的。在一般情况下,从回转窑经冷却后出来的熟料一般温度都较高,所以浸出温度不必考虑。

在浸出过程中,不但要求可溶性铬尽量浸取到溶液中去,还要使溶液中的铬酸钠浓度大于200 g/L,所以当液固比大时可相应减少洗液量,而液固比小时,溶液的浓度增大,而为得到最大的浸出率又必须增大液量。因此,为了满足既能获得较大浸出率,又能达到一定的浓度,一般都采用逆流洗涤方法。

熟料经三次逆流洗涤,二次热水洗涤,一般浸泡12 h,便可用真空抽走,要求残渣内含可溶性铬(以 Cr_2O_3)小于0.8%。

铬酸钠浸出液中加入硫酸,调整pH值至6.5~7.5,可使硅、铝、铁等杂质以化合物形式沉淀,经陈化后,压滤除去。

6.2.6.4 氢氧化铬法制取氧化铬

由含有铬酸钠的浸出液制取三氧化二铬有两种方法，即重铬酸钠法和氢氧化铬法。因后者比前者要优越得多，所以这里只介绍用氢氧化铬法制取三氧化二铬。

向铬酸钠浸取液中加入硫磺或硫化碱还原铬酸钠溶液，从而铬又从六价铬还原成三价铬而呈氢氧化铬沉淀，然后将其煅烧脱水就变为氧化铬。

硫磺作还原剂时，对其要求：S≥99.8%、As≤0.002%、Sb≤0.0005%、Fe≤0.005%、Si≤0.015%。

A 工艺流程

由铬酸钠溶液制取 Cr_2O_3 的工艺流程，如图 6.4 所示。

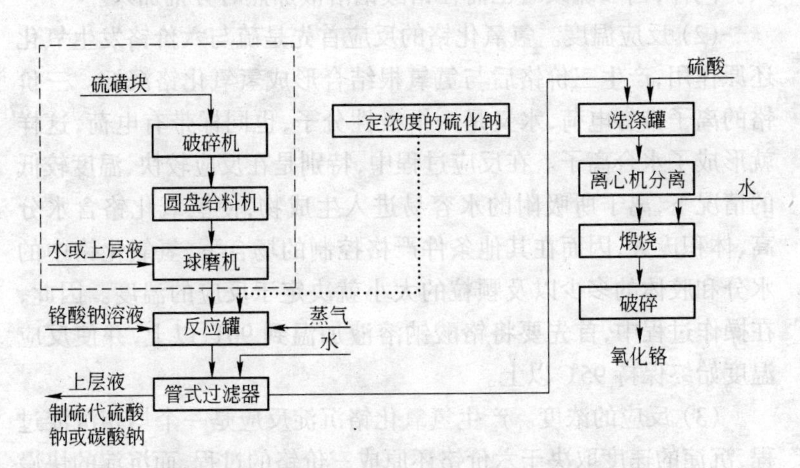

图 6.4 氢氧化铬法制取 Cr_2O_3 的工艺流程图

B 反应原理

用硫化钠或硫磺还原铬酸钠溶液时，其反应分别为：

$$8Na_2CrO_4 + 6Na_2S + 23H_2O = 8Cr(OH)_3\downarrow + 3Na_2S_2O_3 + 22NaOH$$

$$4Na_2CrO_4 + 6S + 7H_2O = 4Cr(OH)_3\downarrow + 3Na_2S_2O_3 + 2NaOH$$

其中间副反应为：

$$18NaOH + 9S = 6Na_2S + 3Na_2SO_3 + 9H_2O$$

$$3Na_2SO_3 + 3S = 3Na_2S_2O_3$$

$$8Na_2CrO_4 + 6Na_2S + nH_2O = 4Cr_2O_3 \cdot nH_2O + 3Na_2S_2O_3 + 22NaOH$$

氢氧化铬的溶度积很小，晶核形成速度较快是一个十分容易形成胶体的物质，如果反应条件控制不好，产生的氢氧化铬颗粒小，甚至呈胶状。因而能否生产出颗粒大、水分少、胶体少、易过滤和易洗涤的氢氧化铬是关键。现将有关影响因素说明如下：

(1) 反应速度。适当的反应速度是控制晶粒大小的手段。氢氧化铬的特点是晶核形成速度较快，而晶体生长速度较慢，因而容易形成胶体。这样，在采用硫化碱生产时，需把反应时间延长至160～190 min，也就是硫化钠溶液在铬酸钠溶液加热时要缓慢加入。同样，当加硫磺时也需在铬酸钠溶液加热时分批加入。

(2) 反应温度。氢氧化铬的反应首先是硫与六价铬发生氧化还原作用，产生三价铬后与氢氧根结合形成氢氧化铬沉淀。三价铬的离子带有电荷，水又是一个极性分子，也同样带有电荷，这样就形成了水合离子。在反应过程中，特别是在反应较快、温度较低的情况下，离子所吸附的水容易进入生成物，使氢氧化铬含水分高，体积庞大，因而在其他条件严格控制的场合下，氢氧化铬中的水分和胶体的多少以及颗粒的大小就决定于反应的温度。因此，在操作过程中，首先要将铬酸钠溶液加温到 90℃ 以上，并使反应温度始终保持 95℃ 以上。

(3) 反应的浓度。产生氢氧化铬沉淀反应是一个均相沉淀过程，沉淀的速度取决于六价铬还原成三价铬的过程，而沉淀的快慢则决定于三价铬的浓度。实践表明，当铬酸钠大于 600 g/L 或小于 100 g/L 时，还原反应都易出现胶体。因此，一般要求铬酸钠浓度应为 250～350 g/L，而不得小于 200 g/L。

(4) 反应的碱度。对于硫磺来说，先产生如下反应：

$$18NaOH + 9S = 6Na_2S + 3Na_2SO_3 + 9H_2O$$

$$3Na_2SO_3 + 3S_5 = 3Na_2S_2O_3$$

根据化学平衡条件，为了使反应能够开始，应有一起始碱性环境,在与硫化钠反应时,同样是碱性低会产生大量胶体,这是由于六价铬在还原至三价铬的沉淀过程中,铬形成氧化铬的水合物的缘故。其水合物的多少除与温度、浓度、速度有关外,还与反应条件的碱度有密切关系,即需要有一定的碱度,使溶液中 NaOH 大于6 g/L。

硫磺及硫化碱的加入量可按下列反应式计算:

$$4Na_2CrO_4 + 6S + 7H_2O = 4Cr(OH)_3 + 3Na_2S_2O_3 + 2NaOH$$

硫磺加入量 $W = 0.3 \times 0.33CV$

式中 V——浸出液体积,L;

C——浸出液浓度,g/L 或 kg/m^3。

同样道理可算出硫化碱的需要量为铬酸钠浓度的 0.25~0.30 倍。

C 洗涤

对于反应好的氢氧化铬,可借助管式过滤器使之与上层液分开,然后用逆流洗涤(用温水)4~8 级,一直到洗液内含硫代硫酸钠小于 1 g/L。为了使氢氧化铬容易沉降及有利于煅烧,在洗涤完以后继续加硫酸进行中和再洗涤一遍。一般控制溶液内 pH 值约 7 左右。当 pH 值大,也就是硫酸量少,则造成氢氧化铬表面吸附的碱离子不能全部中和而影响沉降;pH 值小,即硫酸量多,则会产生下列反应:

$$Cr(OH)_3 + H_2SO_4 = Cr_2(SO)_3 + H_2O$$

结果不但会使铬的损失增加,而且也会使设备受到酸性破坏。

沉淀物用离心机分离,最终得含水 25%~30%的氢氧化铬。

D 煅烧

经过洗涤分离后的氢氧化铬虽已是三价铬,但不能直接用于冶炼,还要经过高温煅烧以脱去水分和残硫等杂质,这个过程则由回转窑经直接火焰逆流煅烧来完成。

煅烧窑体内衬宜使用低硅耐火材料,窑砖在高温煅烧下,应不易剥落,生产使用周期长,防止煅烧过程中额外增硅。

氢氧化铬由窑尾入窑,先经过干燥带脱除物理水,接着进入转

化带脱除化合水后而转化为氧化铬,反应式为:

$$2Cr(OH)_3 = Cr_2O_3 + 3H_2O$$

这个反应在400℃左右就开始,至600~700℃时已进行得很完全。在这个温度下,转化的氧化铬呈灰绿色,密度增大,粒度变小。当进入温度达1250~1350℃的高温带时发生重结晶过程,这时可以达到脱硫、铅和砷等杂质的作用。

在回转窑煅烧氢氧化铬时,由于氢氧化铬与火焰直接接触,随烟气带走的较多,使窑头收得率降低。因此,除了从根本上增大氢氧化铬的粒度外,还要采取混合部分回收氧化铬及增大窑尾下料量两项措施来提高窑头收得率。下料量太大,窑内水蒸气和分解出来的气体多,窑头抽力太小,严重时会熄火,甚至会产生大批生料,使收得率下降。因此,下料量一般控制在1.5~2.0 t/h。

6.3　电解法生产金属铬

6.3.1　电解铬的生产工艺及操作

电解法也是工业生产金属铬的方法之一。按使用电解质,分为铬铵矾电解法、铬酸酐电解法、熔盐电解法。熔盐电解法尚处于试验研究阶段,而铬酸酐电解法(六价铬电解法)虽然可得到含氧量较低的产品,但电流效率很低,还难用于工业生产。通常采用铬铵矾电解法(三价铬电解法),即用高碳铬铁作原料,经化学处理得到铬铵矾,再将铬铵矾电解得到电解铬。有关工艺过程如图6.5所示。整个过程可以分为两个部分,即制取铬铵矾与电解。

6.3.1.1　铬铵矾制取

制取铬铵矾可以用铬矿或高碳铬铁作原料,由于后者消耗化工原料少,工序短,因此认为用高碳铬铁作原料比较合理。

高碳铬铁先破碎至0.25 mm左右,然后缓慢加入装有电解阳极返回液、陈化母液与硫酸的容器内浸出。容器具有搅料和加热设备。此时的化学反应为:

$$2Cr + 3H_2SO_4 = Cr_2(SO_4)_3 + 3H_2\uparrow$$

$$Fe + H_2SO_4 = FeSO_4 + H_2\uparrow$$

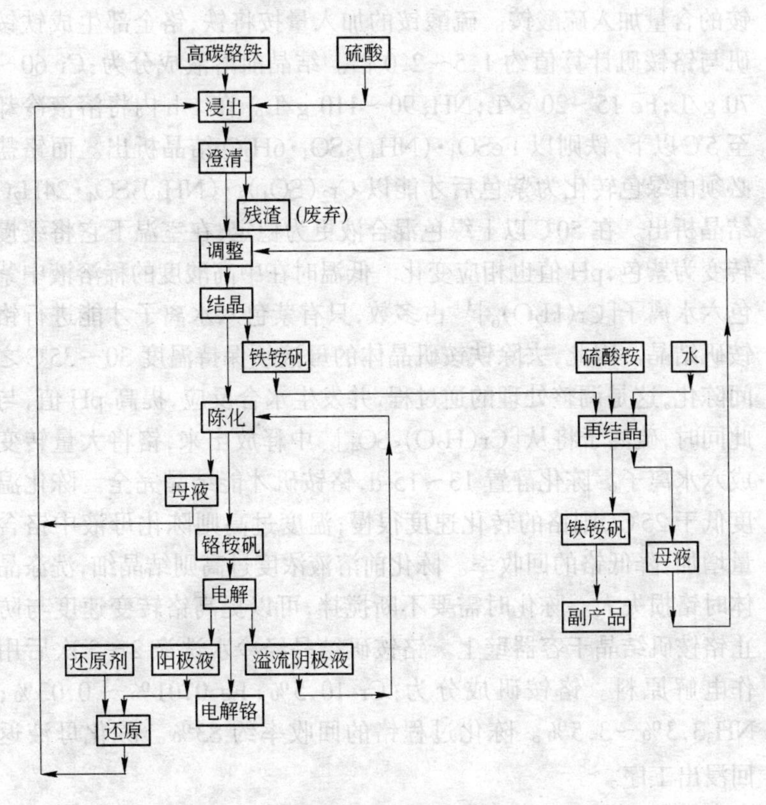

图 6.5 铬铵矾电解质金属铬流程图

浸出过程温度为 95～105℃，铬的浸出率约 85%～90%。因为铬的硅化物难溶于酸，故高碳铬铁含硅高时降低铬的浸出率。例如含 Si 2.98%时，浸出率为 83%～87%，而含 Si 0.89%时为 93%～95%。含碳量对浸出率也有影响。粒度对浸出率影响不大。但粒度大要延长浸出时间。浸出开始时浸出液中硫酸浓度必须在 500 g/L 以上，酸量较计算值高 30%以上，才能得到较好的浸出结果。

浸出后过滤去除残渣，得到含硫酸铬与硫酸亚铁的溶液。结晶前将溶液加热至 90℃以上保持调整 2 h,再根据溶液中铁、铬与铵的含量加入硫酸铵。硫酸铵的加入量按将铁、铬全部生成铁铵矾与铬铵矾计算值约 1.5～2.0 倍。结晶前溶液成分为:Cr 60～70 g/L;Fe 15～20 g/L;NH_3 90～110 g/L。在 1 h 内将溶液冷却至 5℃以下,铁则以 $FeSO_4 \cdot (NH_4)_2SO_4 \cdot 6H_2O$ 结晶析出。而铬盐必须由绿色转化为紫色后才能以 $Cr_2(SO_4)_3 \cdot (NH_4)_2SO_4 \cdot 24H_2O$ 结晶析出。在 50℃以上绿色混合液更为稳定,在室温下它将缓慢转变为紫色,pH 值也相应变化。低温时在中高酸度的稀溶液中紫色六水离子$[Cr(H_2O)_6]^{3+}$占多数,只有紫色六水离子才能进行铬铵矾结晶。因此,去除铁铵矾晶体的母液须保持温度 30～35℃之间陈化,这是调整处理的逆过程,并发生水合反应,提高 pH 值,与此同时,硫离子将从$[Cr(H_2O)_5SO_4]^+$中释放出来,铬将大量转变成六水离子。陈化静置 13～15 d,铬铵矾才能结晶完全。陈化温度低于 25℃,则铬的转化速度很慢;温度过高则陈化母液中铬含量增加,降低铬的回收率。陈化前溶液浓度过高则结晶细,洗涤晶体时铬损失大。陈化时需要不断搅拌,可以提高铬转变速度与防止铬铵矾结晶于容器壁上。铬铵矾结晶经冷水洗涤 2～3 次后用作电解原料。铬铵矾成分为:Cr 10.5%;Fe 0.01%～0.03%;$NH_3$3.3%～3.5%。陈化过程铬的回收率约 83%。陈化母液返回浸出工序。

铁铵矾晶体中含有铬,经再结晶处理回收其中的铬,并得到副产品铁铵矾。

化学处理过程铬总回收率约 80%。

6.3.1.2　电解

铬铵矾电解沉积铬的过程主要是铬铵矾中的硫酸铬电解,总的反应为:

$$3Cr_2(SO_4)_3 + 9H_2O \xlongequal{\text{电解}} 6Cr + 9H_2SO_4 + 9/2O_2$$

要得到稳定的电解条件,加入硫酸铵作“缓冲剂”。有关电解过程的情况如图 6.6 所示。

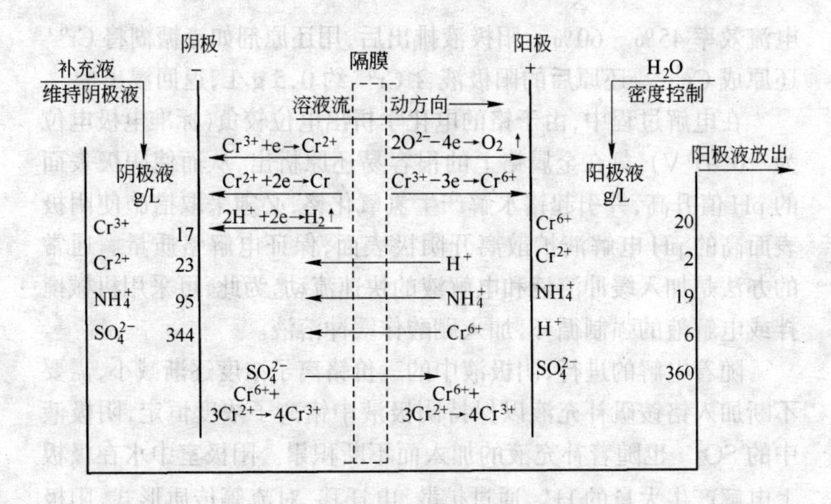

图 6.6 电解槽中主要反应示意图

电解是在用不锈钢片或铝板作阴极，铅银合金(1% Ag)作阳极，用隔膜将阳极液与阴极液分开的电解槽中进行。往阴极室内不断地缓慢添加补充液以维持阴极液中铬的浓度。阳极液则不断地排出以维持恒定的 pH 值。阴极室有溢流孔，以维持电解槽中电解液高度。

电解操作制度如下：

(1) 电解液成分(g/L)：

补充液：全 Cr 95～105；NH_3 30～40。

阴极液：全 Cr 38～43；NH_3 80；密度 1.24～1.25。

阳极液：全 Cr 20～23，Cr^{6+} 18～21；密度 1.20～1.22。

(2) 阴极液 pH 值为 2.2～2.4；温度 52～54℃。

(3) 电解槽电压 6～7 V；阴极电流密度 9～10 A/dm^2。

(4) 铬沉积时间 48～72 h。

(5) 隔膜用涤纶布。

(6) 单位电耗为 11000～18500 kW·h/t。

当生产周期结束时，从电解槽取出阴极，用热水洗涤沉积在阴极上的金属铬(厚度 3～6 mm)，而后用空气锤敲打剥下金属铬。

电流效率45%～60%。阳极液排出后，用还原剂如赤糖糊将Cr^{6+}还原成Cr^{3+}。还原后的阳极液含Cr^{6+}约0.5 g/L，返回浸出槽。

在电解过程中，由于铬的电化学析出电位较负（标准电极电位为－0.91 V），氢在金属铬上的很容易还原析出，从而使阴极表面的pH值升高，并引起铬水解产生氢氧化铬，必须采取措施使阴极表面高的pH电解液扩散离开阴极表面，保证电解铬质量。通常的办法是加入缓冲溶液和电解液的快速流动，为此，可采用机械搅拌或电解液的强制循环，加入硼酸作缓冲溶液。

随着电解的进行，阴极液中的三价铬离子浓度逐渐减小，需要不断加入铬铵矾补充液以保持阴极液中铬离子浓度恒定，阴极液中的SO_4^{2-}也随着补充液的加入而不断积累。阳极室中水在极板上电解产生大量的H^+，通过扩散、电迁移、对流等传质形式，阳极室的氢离子运动到阴极室中补充了析氢副反应消耗掉的H^+，维持阴极液的pH值恒定。阴极室中产生的SO_4^{2-}也会透过隔膜进入阳极室，与阳极室中的氢离子形成硫酸。随着反应的进行，阳极室中的硫酸浓度过高而使过量氢离子进入阴极室导致阴极液pH值降低，需对阳极液进行溢流，排出多余的硫酸。阴极液pH值是决定电解成功与否的最重要因素，pH值必须控制在一个相当窄的范围内。电解过程中主要靠阳极室中氢离子向阴极室的传质来维持pH值的恒定，进入阴极室的氢离子数量可以通过调节电解液密度、NH_4^+浓度和阳极电流来控制。

在电解过程中，为了改善电解性能，常常需要加入一些添加剂，如亚硫酸钠的纸浆废液浓缩液、络合剂甲酸钠（铵）、辅助络合剂乙酸钠（铵）、润湿剂十二烷基硫酸钠（黄酸钠），并加入木素磺酸盐（0.03 g/L）以抑制阴极产生气泡，加入溴化钠（溴化铵）防止Cr^{6+}生成。加入十六烷基三甲基氯化铵（1631）作阻氢剂效果明显，在17.5 A/dm^{2}高电流密度下，20 mg/L1631的电解液使析氢电位负移200 mV左右，电流效率由17.64%提高到29.87%。

为考察电解温度、电解液pH值、电流密度对电解过程的影响，在电解槽极板极距为10～11 cm时进行了电解铬试验，所用电解液成分(g/L)为:Cr 40,硫酸铵 200,甲酸铵 5~10,乙酸铵 3,亚酸酸钠 5,溴化钠 5,硼酸 10,十二烷基硫酸钠 0.1。试验结果如图 6.7~图 6.9 所示。

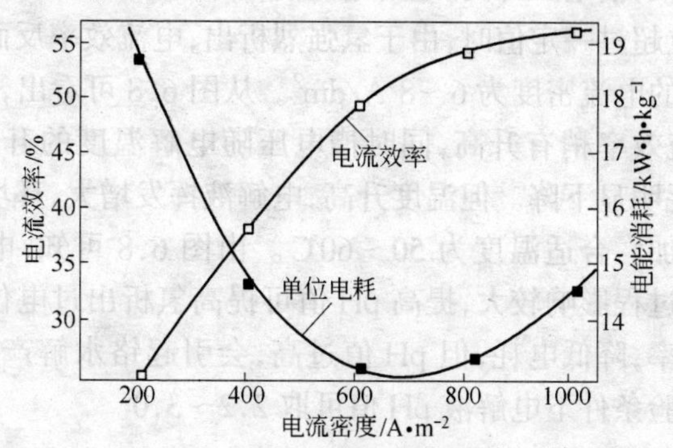

图 6.7 电流密度对铬铵矾电解的影响

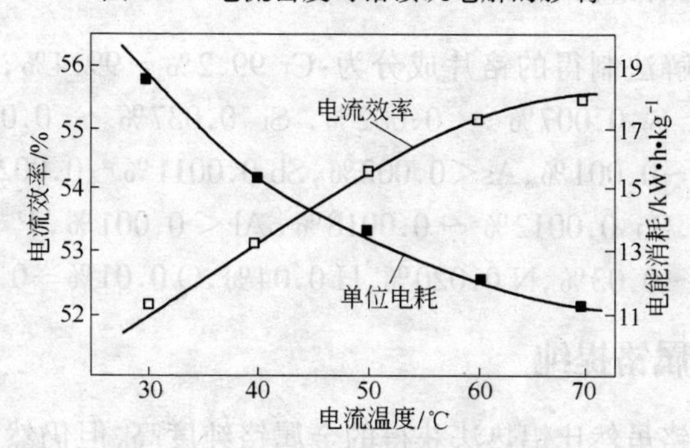

图 6.8 电解温度对铬铵矾电解的影响

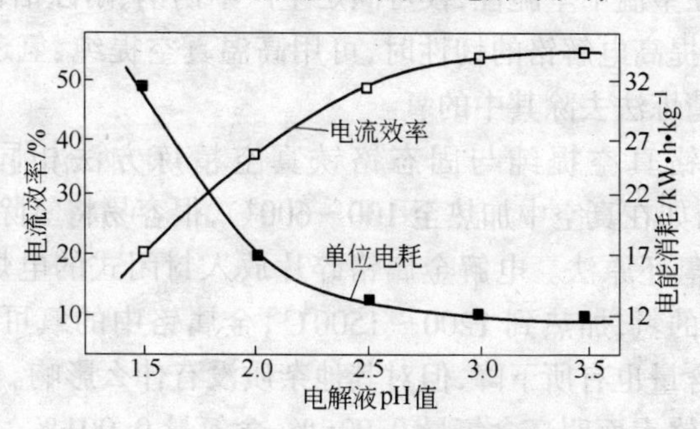

图 6.9 电解液 pH 对铬铵矾电解的影响

图 6.7 表明,当阴极电流密度升高时,电流效率迅速增加,电解电能消耗也迅速降低。但阴极电流密度继续升高时,其电流效率增加不大,槽电压升高,电解电能消耗却有所上升。当电流密度过大,电位超过一定值时,由于氢强烈析出,电流效率反而会下降。在此合适的电流密度为 6～8 A/dm^2。从图 6.8 可看出,电解温度升高,电流效率稍有升高,同时槽电压随电解温度的升高迅速下降,使电耗明显下降。但温度升高,电解液挥发增大,环境恶化,综合能耗增加。合适温度为 50～60℃。由图 6.8 可知,电解液 pH 值对电解过程影响较大,提高 pH 值可提高氢析出过电位,从而提高电流效率,降低电耗,但 pH 值过高,会引起铬水解产生氢氧化铬。本试验条件下电解液 pH 值可取 2.2～3.0。

6.3.2　电解铬化学成分

用电解法制得的铬片成分为:Cr 99.2%～99.4%,Fe 0.1%～0.4%,S 0.007%～0.002%,Si 0.037%～0.093%,Pb 0.0003%～0.001%,As＜0.002%,Sb 0.0011%～0.0022%,Bi＜0.0005%,Sn 0.0012%～0.0018%,Al＜0.001%,P 0.001%,C 0.01%～0.03%,N 0.020%,H 0.04%,O 0.01%～0.5%。

6.4　金属铬提纯

电解铬虽然比铝热法获得的金属铬纯度高,但仍然含有相当高的氧,在室温下呈脆性,仅可满足生产不锈钢、耐蚀铝合金、焊条要求。要提高电解铬的韧性时,可用高温真空提纯、氢还原法、碘化法、钙精炼法去除其中的氧。

金属铬真空提纯与固态铬铁真空精炼方法相同,可参见 5.8.7 节,如在真空中加热至 100～600℃,很容易将氢除掉。

(1) 氢还原法。电解金属铬碎片放入封闭式的电炉中加热,通入干净的氢,加热到 1200～1500℃,金属铬中的氧可大幅度降低,且氮含量也有所下降,但对其他杂质没有什么影响。经过氢处理的金属铬表面明亮含氧量 0.005%,含氮量 0.001%。

(2) 碘化法。将电解金属铬和碘放入真空管中,加热真空管中的电阻丝,可生成碘化亚铬,并使其扩散到电阻丝上,分解为铬并沉积形成铬,释放出来的自由碘再形成碘化亚铬,这样不断循环完成碘化过程为循环法,这个方法的缺点是一些气体及金属杂质也带了过去,并与铬同时析出。由于这个原因,循环法经过改进而成为直流法,这个方法的特点是碘化和析出是分开进行的,碘化亚铬将与残余杂质及未起反应的铬分离开。净化的碘化亚铬再汽化并通过热的电阻丝,铬就析出而碘被放出。生成碘化亚铬的温度约在 900℃,此时电阻丝的温度应在 1000~1300℃范围内。直流法的效率相当低,铬的回收率仅有 10%,得到的金属铬含氧量 0.0044%,氮含量 0.0013%,氢含量 0.00008%,碳含量 0.002%,其他杂质也很低。

(3) 钙精炼法。铬与钙在衬钛钢罐中于 1000℃进行还原反应,金属钙的加入量约为总加料量的 3%,放入钢罐的一端。并把金属铬粉放在钙的上面,钢罐封闭后抽真空并加热到反应温度。压力在 2.7 Pa 左右,保持到汽化的钙从钢罐中冲出,进到冷管内立即冷凝,这样实际上就封断了真空系统,并让钢罐中钙汽的压力上升,直至达到反应温度,反应的全部时间约为 14 h。金属铬的典型成分:氧、氮、碳、硫、铁分别为 0.027%,0.0018%,0.008%,0.012%,0.015%。

碘化法和钙精炼法获得的金属铬价格昂贵,产量低,仅用于实验室,在工业生产中尚未广泛推广和应用。

6.5 金属铬的其他生产方法

6.5.1 电硅热法制铬

在敞口电炉里有石灰存在的条件下,用金属硅还原氧化铬。在还原期开始之前,将全部配入量的石灰(按获得炉渣碱度为 2 计算)和氧化铬配加量的 65% 在炉内先行熔化;然后电炉停电,将余下的那部分氧化铬和金属硅粉(≤1 mm,按 100 kg 氧化铬加 29.4 kg 金属硅计算)加到熔体中。渣比为2.5,熔炼温度为1930℃。制得金属铬主要化学成分:Cr 96.92%～98.44%,Si 0.36%～1.18%,Fe 0.86%～1.16%,C 0.029%～0.030%及 S 0.005%～0.025%。铬回收率为84%,电耗2600 kW·h/t,吨铬硅耗450 kg/t。

6.5.2　半连续铝热法

金属铬熔炼系采用倾动式熔炉(图6.10)进行半连续法操作,金属和炉渣均自炉内放出。该炉带一个溢流嘴,炉衬用镁砖砌筑,不使用黏结剂,用干镁砂粉充填缝隙,安放在特制的小车上。炉子工作空间直径1490 mm,高860 mm。为了减少热损失,炉体安装有炉盖。盛熔体用的锭模是由几个组合的铸铁环构成的,锭模底乃是用高为200～250 mm的金属铬积块(图6.11)。

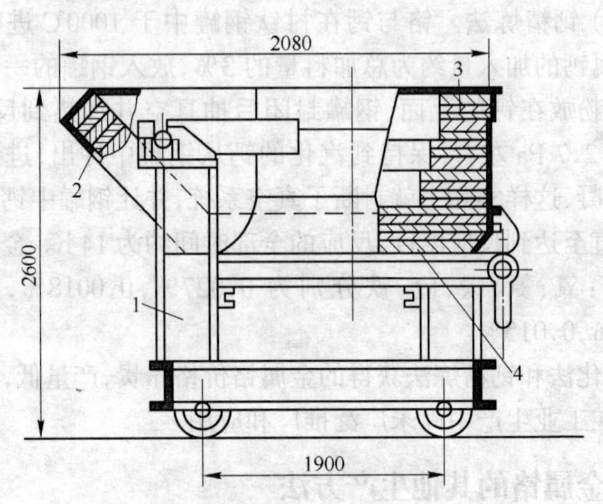

图6.10　倾动式熔炉

1—立式支承架;2—溢流嘴;3—炉衬;4—镁质填料

炉料的组成有:Cr_2O_3 3360 kg,铝粉1280 kg,硝酸钠220 kg和石灰220 kg。开始熔炼前,在炉底铺入近60 kg石灰后装入400～500 kg炉料,然后点燃引火的混合物(由硝石、铝粒及镁屑组成)。当反应遍及整个炉口表面后,混合后的无石灰炉料用提升机连续加入炉内,使熔体表面被很薄一层炉料盖住,以防止硝酸钠分解和热量损失。熔炼中期,可加入 100 kg 金属废料重熔。剩余的石灰(160 kg)随最后一批料(500~600 kg)一起加入炉内。石灰的数量按在渣中形成六铝酸钙 $CaO\cdot 6Al_2O_3$(熔点为 1847℃)进行计算。当石灰量过剩时,生成易熔的、凝固很慢的炉渣。采取逐渐加入法可使石灰很好地熔于渣中,而且金属增碳量少。炉料熔化速度为 90~130 kg/($m^2\cdot$min)。但是熔炼时间由于以下几个因素,可能波动范围很大:如炉料粒度组成、氧化铬结构等。熔炼结束,熔体静置 2~5 min 便于沉降金属珠,然后倾炉,部分渣排放入铸模中。经过 1~1.5 min 渣铸满下环模(图 6.11)。然后将炉筒再重新恢复原来状态,经 1~2 min,在模内形成渣皮(5~8 mm 厚)后,倾出所有剩余渣和金属。熔体在模中冷却 2.5~3 h 后放下上环模,再经过 0.5~1 h 把带渣的金属块送至冷却台并精整。在这段时间里,冶炼炉可以进行下一炉冶炼。这种熔炉的炉衬可以使用 80~95 炉。

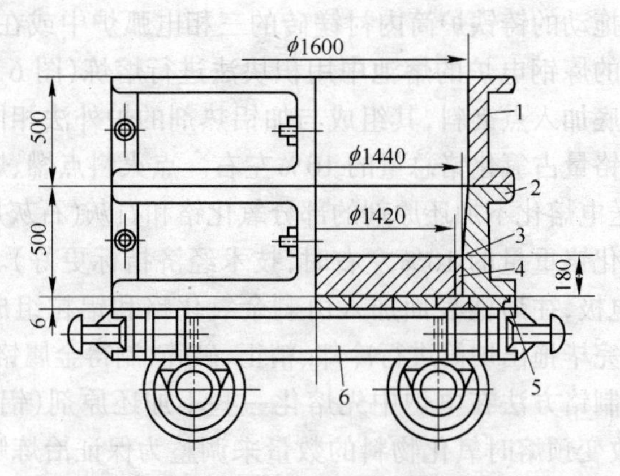

图 6.11　盛熔体用的锭模

1—上环模;2—下环模;3—金属铬块;4—填料;5—平板车;6—台车

炉料中铝的数量为还原 Cr_2O_3 到 Cr 反应理论需要量的100%~102%,金属中铝的浓度小于 0.5%。当铝的有效利用率为 97.5%

时,铬的回收率为93.2%。冶炼1 t金属铬(折合成97%Cr)消耗Cr_2O_3 1552 kg、铝粉595 kg,硝酸盐129 kg和石灰102 t。

为了减少金属铬中氧含量可以选择最合适的炉渣组成;延长放渣前的镇静时间;提高耐火材料的强度等措施,以减少夹渣量。

使用硝酸钠生产时,合金的含氮量(>0.15%)最高。采用放铁方法并使用氯酸钾(含氮量为0.045%~0.08%)熔炼时,熔体排放的速度愈大,氮含量相应地愈少。采用真空法熔炼的金属含氮量为0.002%~0.004%。

炉料里配加铬酸钙以代替硝酸钠时,建议用下列炉料组成:氧化铬2700 kg,铬酸钙1000 kg,铝粒1245 kg。为了消除由于铬酸钙含有化合水而造成铁锭里出现气孔的弊病,炉料里配加50 kg氯酸钠。金属铬含Cr99.0%~99.25%,Si 0.12%~0.17%,Al 0.10%~0.30%,Fe 0.30%~0.40%及C 0.013%~0.018%。

6.5.3　电铝热法制铬

在可拖动的铸铁炉筒内衬镁砖的三相电弧炉中或在带有渣、金属铸模的炼钢电炉的熔池中用积块法进行熔炼(图6.12)。通电前在炉底加入点火料,其组成与加铝热剂的炉外法相同。点火料中氧化铬量占氧化铬总量的10%左右。点火料点燃、熔化后放下电极,送电熔化不加还原剂的部分氧化铬和石灰(石灰加入量为炉料中氧化铬重量的10%左右时,技术经济指标更好)。然后停电,提起电极,往熔池表面加入由剩余氧化铬和铝粒组成的还原料。熔炼完毕拖出炉筒进行冷却、精正、破碎,制得金属铬。

这种制铬方法在电炉中先熔化一些不加还原剂(铝粉)的炉料,采用改变预熔时氧化物料的数量来调整为保证冶炼顺利进行所必需的热量。由于预熔化物料可以不配加铝热剂,从而降低铝耗,提高铬的回收率(由于炉渣粘度不大,金属珠易于分离)。当氧化物预先熔化30%左右时,铬回收率可自88.1%升至92.5%,铝的消耗量降低47 kg/t。在此情况下,炉料中可不配加硝酸钠,因而降低了金属铬中的氮含量,同时由于降低了粉尘及冷凝物中的

CrO_3 含量，而使劳动条件得到改善。减少发热剂配加量，同时炉料里配入 CaF_2，采取这些措施后可使排出的烟气中 Cr^{6+} 的含量降低。得到的金属铬主要化学成分为 Cr 99.06%，铬回收率为 92.6%。熔炼温度约为 2100℃，电耗 698 kW·h/t，吨铬铝耗 552 kg/t。

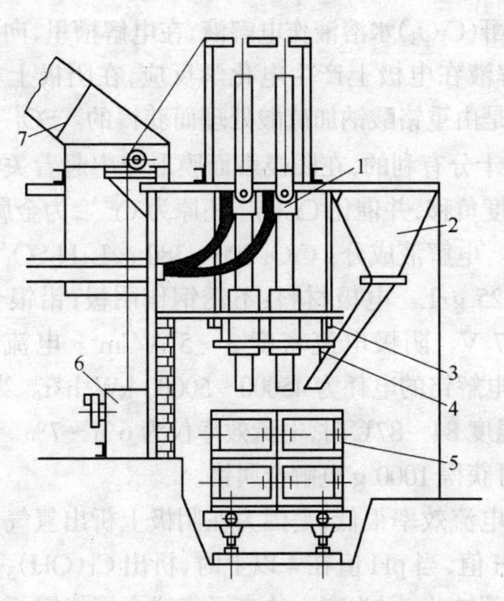

图 6.12　电铝热法熔炼用电炉设备

1—电极把持器；2—加料漏斗；3、4—隔热板；
5—熔炼炉缸；6—电极升降机构；7—排烟罩

6.5.4　真空还原制铬

真空碳热法为生产金属铬的方法之一。其工艺过程是，将三氧化铬与沥青焦或木炭粉碎，按配料比混合均匀后，压成块，放在高温真空炉中，进行还原反应后，得到金属铬。其温度和真空度范围可参见 5.8.3 节的图 5.77，控制还原温度 1300～1450℃、负压 13.33～2666 Pa，所获得的金属铬须放入等离子炉内进行精炼。其产品铬主要成分：Cr 99.09%、C 0.015%、N 0.001%、

O 0.04%。

在真空内或氩气中进行铝热法熔炼，可以生产出含N 0.002%～0.006%、C<0.015%及铅、锌和其他有害杂质均很低的金属铬。

6.5.5　铬酸酐电解法

用铬酸酐(CrO_3)水溶液作电解液，在电解槽里，向阴、阳极通以直流电，电解液在电极上产生电化学反应，在阴极上析出电解铬。电解铬酸酐是由重铬酸钠加硫酸处理而获得的。SO_4^{2-} 对阴极表面形成 Cr^{3+} 是十分有利的，在阴极表面膜形成中起着关键作用，使阴极电位大幅度负移，并催化 $Cr_2O_7^{2-}$ 还原为 Cr^{3+}，为金属铬的电沉积创造了条件。电解液成分：CrO_3 300～380 g/L，H_2SO_4 3～4 g/L，密度1.20～1.25 g/L。电极材料：不锈钢作阴极；铅银合金作阳极。槽电压 6～7 V。阴极电流密度 3～5 A/dm²。电流效率 30%～40%。每吨电解铬的电耗为45000～50000 kW·h/t。当电流密度为95 A/dm²，温度 84～87℃时，电流效率仅为 6%～7%。操作周期 80～90 h时，可获得1000 g电解金属铬。

全过程电流效率很低，是因为在阴极上析出氢气，从而提高了阴极液的pH值，当pH值在4以上时，析出 $Cr(OH)_3$ 和$Cr(OH)_2$，引起阴极局部钝化，因为有六价离子变成金属铬需要六个电子，所以更降低了电流效率。控制 CrO_3∶SO_4 的比值低于100，才能获得含氧量为0.01%的金属铬。

20 世纪 70 年代，澳大利亚的 L.H.Esmore 等人仍在采用毒性极大的铬酸和硫酸组成的六价铬体系进行电解铬生产，经过脱氢处理得到了纯度为 99.99%的金属铬，但电流效率仅为 5%左右。

7 铬基中间合金生产工艺

7.1 概述

中间合金(intermediate alloy)是一种辅助合金,加入液态合金中作为合金元素。广泛应用于钢、铸铁、高温合金、钛合金、磁性合金、铝合金与有色金属材料等的冶炼当中,作为所需要的各种基体合金(master alloy)和添加剂。它不能直接用作金属材料使用。中间合金是由两种以上元素组成的,除大量生产的铁合金外的复合合金。中间合金成分复杂、品种繁多,是根据所冶炼的金属材料成分和特殊要求而设计的。它的分类可按基体成分分为铬基合金、铁基合金、镍基合金、铝基合金等,也可以按合金的主元素分类,但常称之为特种合金,以便和大量生产的铁合金相区别,如硅特种合金、钙特种合金、硼特种合金、铬特种合金等;也可以按用途而称为复合合金剂、复合脱氧剂、复合精炼剂、复合添加剂(精炼剂与合金剂),真空冶炼用中间合金(冠以“VQ”),孕育剂、球化剂、蠕化剂、晶粒细化剂、变性处理剂等。

由于复杂的合金钢和合金品种的增多,用户要求的中间合金品种经常很广泛。铬基中间合金有 Cr-Mo、Cr-Nb、Cr-W、Cr-Mn、Cr-B、Cr-Cu、Cr-Al、Cr-Ti、Cr-Ni-Mo、Cr-Ni-W 和 Cr-Ni-Nb 等。

使用中间合金有如下目的:

(1) 获得化学成分精确和分布均匀的金属材料,如添加金属材料组分中含量较少的元素,可以提高所添加元素在材料中的分布均匀程度。

(2) 添加化学活性大、熔点低、易挥发元素,如硼、钙、镁等的中间合金。使用中间合金可以减少元素在添加时的烧损,得到稳定的合金成分和较高的元素收得率。

(3) 加入高熔点金属,如钨、钼、钛、铌、铬等的中间合金,可使熔化温度降低,缩短金属材料的熔炼时间和降低冶炼温度。在这些合金的状态图中,都有这样一些区域,即中间合金的熔点可以比纯金属的熔点低几十度甚至几百度。在感应炉或其他类型的炉子中冶炼复合耐热合金和耐热钢,加入难熔合金(和活泼金属)进行合金化时,随着冶炼时间的延长,导致元素较大的烧损,氮和氧也进入合金中,使用中间合金可使其得到改善。

(4) 使用中间合金可以同时加入多种元素,使冶炼合金的精炼和合金化同时完成。简化冶炼操作和缩短了精炼时间。

(5) 使用纯的中间合金,可减少金属材料中杂质含量。如冠以"VQ"级的中间合金用于真空冶炼。

(6) 降低金属材料的生产费用。对中间合金的要求是熔点尽可能低;化学成分均匀,偏析小;无可见非金属夹杂;气体含量低;杂质含量必须满足所冶炼金属材料的要求;易破碎和在空气中存放不变质。

中间合金的生产方法主要有:熔化合成法、金属热法或电炉冶炼法、熔盐电解法。电硅热法主要用于生产硅系中间合金。熔盐电解法用于生产化学活性较活泼元素的中间合金,如稀土铁合金、稀土铝合金等。铬基中间合金采用熔化合成法和铝热法(或电铝热法)生产。

熔化合成法采用熔化单一的几种金属(几种铁合金)来得到,一般都在用户工厂进行。中间合金的成分复杂,成分范围要求狭窄,组成元素的物理化学性质差别悬殊,所以熔化合成法是生产中间合金的重要方法。所用原料有纯金属如铝、镁、硅、铬、锰、镍及各种难熔合金元素,各种中间合金(大多为二元合金)和铁合金,以及一些可回收利用的废金属材料。熔化设备多为感应炉,也可用电弧炉及其他熔化设备。首先将所炼制的合金中含量最大的、熔点较低的金属熔化。然后将熔点较高的及含量较少的元素加入,溶解而制成合金。熔炼中间合金时,需要添加少量熔剂保护,以免气体进入合金,还可去除部分杂质。熔化后要充分搅拌,使成分均匀后铸锭。有些高质量的中间合金需要在真空中或保护气氛下熔炼和浇铸。

这些辅助合金也可以在铁合金厂用铝或硅作还原剂(金属热法和电炉冶炼)还原复合炉料来生产,反应为

$$Me'O + Me''O + Al \longrightarrow (Me' + Me'')\text{-}Al + Al_2O_3$$

$$Me'O + Me''O + Si \longrightarrow (Me' + Me'')\text{-}Si + SiO_2$$

7.2 铬钼中间合金

铬钼中间合金一般用来代替昂贵的金属铬和金属钼。生产它的原料是 Cr_2O_3 和经过湿法冶金富集得到的钼精矿、初级铝粉和熔剂(石灰、萤石)。为了去除有害杂质,钼精矿在焙烧之前用氨和氯化镁溶液处理,要生产含 Mo 45%～50%、Cr 30%～40%的中间合金,炉料组成的计算要保证过程的温度为 2280℃。钼的回收率为 93%～95%,铬为 80%～82%。在炼制难熔金属中间合金(规定合金中含铝较高)时,炉料中还原剂(铝)过剩。铝在中间合金中浓度愈高,任一种合金元素的合金化率也愈高。主要合金元素的合金化率还取决于这些元素在中间合金中的浓度,随着元素在中间合金中含量的减少,它在冶炼时的回收率将增加。

美国 MA104 规定的铬钼合金技术条件为:

(1) 化学成分:铬钼合金的化学成分见表 7.1。

(2) 粒度:铬钼合金的颗粒粒度为小于 25.4 mm。

表 7.1 铬钼合金的化学成分 (%)

产品名称	化学成分				
	Cr	Mo	C	S	P
			<		
30%Mo 级铬钼合金	68～72	28～32	0.1	0.03	0.02

前苏联 TY14-5-10-72 规定的钼铬合金化学成分见表 7.2。

表 7.2　铬钼合金的化学成分

代　号	化学成分/%									
	Mo	W	Si	Fe	Al	C	S	P	Cu	Cr
		≤								
XM-1	35～40									其余
XM-2	35～45				0.1		0.03			其余

7.3　铬锰铁中间合金

近年来广泛使用低碳铬铁和金属锰生产铬锰钢，但是使用它们有一系列缺点，铬铁中高含量的铬（>70%）和金属锰中高含量的锰（>96%），用作商品铁合金化时，铬的利用率不超过 75%，锰不超过 52%。液态合金和渣间铬和锰的分配系数式为：

$$L_{Cr} = (\%Cr_2O_3)/[\%Cr]$$

$$L_{Mn} = (\%MnO)/[\%Mn]$$

可以看出，随着合金中主要元素浓度的降低，它们在炉渣中的浓度也随之降低：

$$(\%Cr_2O_3) = L_{Cr}[\%Cr]$$

$$(\%MnO) = L_{Mn}[\%Mn]$$

冶炼金属锰以及用于合金化都是高温下的冶金过程，由于锰的蒸气压很高，同样都伴随着锰的蒸发损失。而生产 Fe-Cr-Mn 中间合金可以降低锰的蒸发损失。锰显著的降低低碳铬铁的熔点，当含 Mn 30%～35% 时熔点由低碳铬铁（7% Cr）的 1640～1680℃降低到 1400～1500℃。Cr-Mn 系状态图如图 7.1 所示。

铬锰铁合金可以用硅热法生产，类似于硅热法生产低碳铬铁的工艺，还原剂可以用硅铬铁合金或硅锰合金。而矿可以用低磷锰渣（Mn 40%～60%，SiO_2 28%～30%，P ≤0.015%）和铬矿（Cr∶Fe≤3），用不同种类的矿选择相应的还原剂。

前苏联规定的铬锰铁合金化学成分见表 7.3。

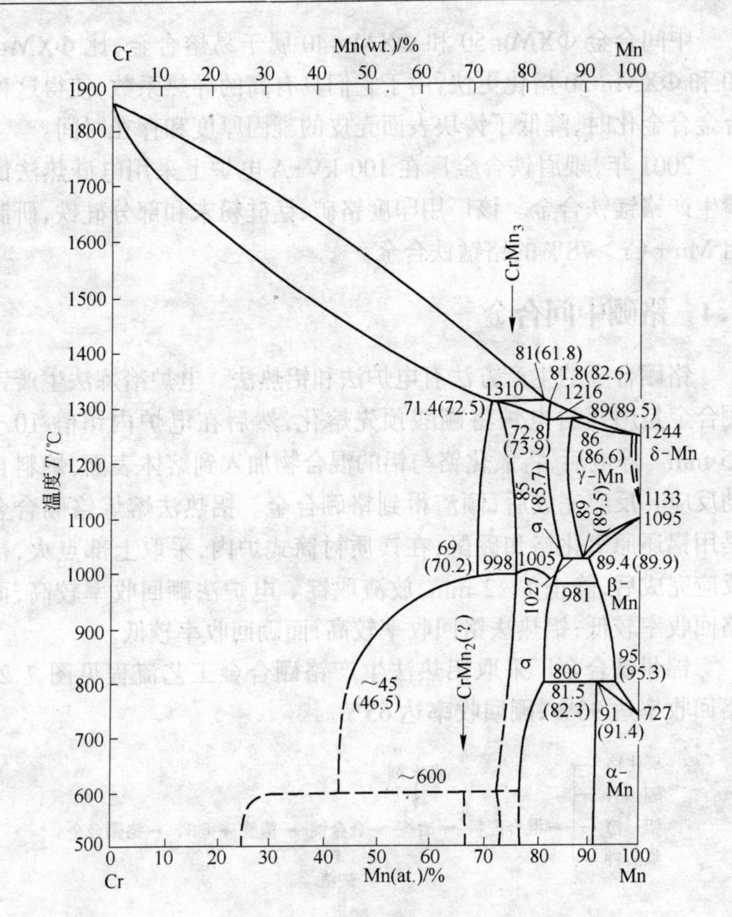

图 7.1 Cr-Mn 系状态图

表 7.3 铬锰铁合金的化学成分 （%）

代 号	化学成分			
	Mn	Mn + Cr	Si	C
			≤	
ФХМн-20	16～25	70	1.0	0.05
ФХМн-30	26～35	75	1.5	0.05
ФХМн-40	36～44	75	1.6	0.05
ФХМн-50	45	75	2.0	0.05

中间合金 ΦXMн-50 和 ΦXMн-40 属于易熔合金，比 ΦXMн-20 和 ΦXMн-30 熔化更快，由于它们具有高的导热系数，使得这种合金合金化时，降低了铸块表面壳皮的凝固厚度和存在时间。

2001 年，峨眉铁合金厂在 100 kV·A 电炉上采用电硅热法试验生产铬锰铁合金。该厂用印度铬矿、锰硅粉末和部分硅铁，研制出 Mn + Cr＞78％的铬锰铁合金。

7.4 铬硼中间合金

铬硼合金的生产方法有电炉法和铝热法。电炉冶炼法生产铬硼合金是用镁衬电炉将硼酸预先熔化，然后在电炉内镇静 10～15 min。停电后，将氧化铬与铝的混合物加入到熔体表面，炉料自动反应。反应完成后，倾渣得到铬硼合金。铝热法熔炼铬硼合金是用铝还原氧化铬和硼酐，在镁质衬筒式炉内，采取上部点火，待反应完成后，静止 1～2 min，放渣取锭。电炉法硼回收率较高，而铬回收率较低；铝热法铬回收率较高，而硼回收率较低。

锦州铁合金厂采取铝热法生产铬硼合金工艺流程见图 7.2。铬回收率达 93％，硼回收率达 65％。

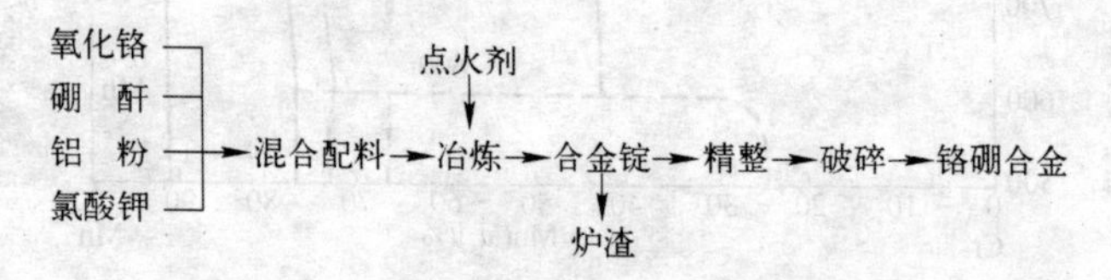

图 7.2 铝热法铬硼合金生产工艺流程图

7.5 铜铬中间合金

早期的铬青铜是通过液态铜和固态铬的合金化得到的。铬在铜中的溶解速度很低，当在石墨坩埚中熔化铜，及在铜中溶解铬均伴随着生成碳化物 Cr_7C_3，这恶化了铜瓦铸件的质量。铬熔化过程还伴随着生成铬的氧化物 Cr_2O_3。若生产 Cr 3％～10％的铬铜中间合金，使液态铜合金化可消除所有这些不足。

在有铜参加下用铝或硅还原 Cr_2O_3 可生产铜铬中间合金。铝热过程的炉料组成为：Cr_2O_3、铜屑、石灰、铝和硅（12%～25%的铝）。硅热过程是炉料中的硅代替炉料中的铝。铝热过程和硅热过程生产的 Cr-Cu 合金的化学成分（%）如表 7.4 所示。

表 7.4 Cr-Cu 合金的化学成分 （%）

工艺过程	Cu	Cr	Al	Si	C	S	P
铝热过程	6～11	82～85	0.1～0.5	2～4.4	0.03～0.06	0.012	0.015
硅热过程	4～25	73～87	0.02～0.08	1～7	0.03～0.05	0.012	0.020

进入中间合金锭中的铬为 85%～87%。采用中间合金合金化时比熔化纯金属铜和铬降低铬的烧损 16%～33%。

7.6 其他中间合金

铬铝中间合金是用含 SiO_2<1.0%的铬精矿采用金属热铝热法进行熔炼。炉料中，每 100 kg 精矿配入 19.5 kg 铝粉和 49.5 kg 硝酸钠或 15 kg 铬酐。

将熔融铝与液态铬铁在包中热兑是生产铬铝中间合金的一个比较经济的方法。用这种方法生产出的中间合金与金属热法中间合金相比，硅和硫的含量较低，Al/Si 之比值较高，以及有色金属杂质含量比较低。为了生产含 Al 不低于 20%、含 Cr 约为 55%、成分均匀的合金，热兑过程的温度应不低于 1500℃，热兑钢包应预热至 750℃。

前苏联 ЧМТУ5-38-71 规定的铬铝合金化学成分见表 7.5。

表 7.5 铬铝合金的化学成分 （%）

代 号	化学成分						
	Cr	Al	Si	C	P	S	Cu
	≥		≤				
XM-1	50	20	0.5	0.04	0.030	0.02	0.06
XM-2	50	20	1.0	0.06	0.035	0.02	0.06

铬钛中间合金系采用铝热法进行熔炼。炉料中配加 750 kg 钙钛精矿、480 kg 铝粒和 1000 kg 铬酸钙。铬回收率为 87%,钛回收率为 32%,若使用部分预热炉料进行熔炼时,则其回收率可分别提高到 92% 和 37%。中间合金的大致成分如下:Cr 67%~70%,Ti 15%~20%,Si 2%~3%,Al 5%~10%,Fe 4%~6%,C<0.06%,S 0.04%。

前苏联规定的几种铬钛中间合金化学成分见表 7.6。

表 7.6 铬钛合金的化学成分 (%)

代号	化学成分							
	Ti	Cr	Al	Fe	Si	C	S	P
1	30~40	40~50	5~7	2~5	2~4	≤0.05	≤0.03	≤0.02
2a	25~30	40~50	3~6	10~15	4~6	≤0.10	≤0.03	≤0.03
2б	25~30	40~50	5~8	15~20	6~8	≤0.10	≤0.03	≤0.05

表 7.7~7.9 给出几种其他铬中间合金成分的实例。

表 7.7 铬钼铝铁合金的化学成分(前苏联 ЧМТУ5-9-68) (%)

代号	化学成分				
	Mo	Cr	Fe	Si	Al
AXM-1	30~34	23~27	4~6	≤2.0	30~40
AXM-2	29~34	22~27	4~6	≤2.0	30~40
AXM-3	32~36	20~27	5~7	3.0~5.5	30~40

表 7.8 铬铌合金的化学成分(前苏联) (%)

代号	化学成分			
	Nb	Cr	Fe	Al
H6X-1	60~65	33~35	≤1.0	0.5~1.0
H6X-2	77~88	17~20	≤1.0	0.4~1.0

表 7.9 铬钨合金的化学成分(美国 MA105) (%)

产品名称	化学成分				
	Cr	W	C	Si	S
			<		
30%W 级铬钨合金	62~67	30~35	0.1	0.5	0.05

粒度:铬钨合金的颗粒粒度为小于 25.4 mm。

8 高温合金

8.1 高温合金的生产发展

高温合金的发展与航空发动机的进步密切相关。1929 年,英美的 Merica、Bedford 和 Pilling 等人将少量的 Ti 和 Al 加入到 80Ni-20Cr 电工合金,使该合金具有显著的蠕变强化作用。1937 年德国 Hans voll ohain 涡轮喷气发动机 Heinkel 问世,1939 年英国也研制出 Whittle 涡轮喷气发动机。然而,喷气发动机热端部件特别是涡轮叶片对材料的耐高温性和应力承受能力具有很高要求。1939 年英国 Mond 镍公司(后称国际镍公司)首先研制成一种低 C 且含 Ti 的镍基合金 Nimonic 75,它是以 80Ni-20Cr 为基体添加 0.3%Ti 和 0.1%C 的合金。该合金准备用作 Whittle 发动机涡轮叶片,但不久,性能更优越的 Nimonic 80 合金问世,该合金含铝和钛,蠕变性能至少比 Nimonic 75 高 50℃。1942 年,Nimonic 80 成功地被用作涡轮喷气发动机的叶片材料,成为最早的 $\gamma' Ni_3(Al,Ti)$强化的涡轮叶片材料。此后,该公司在合金中加入硼、锆、钴、钼等合金元素,相继开发了 Nimonic80A、Nimonic 90…等合金,形成 Nimonic 合金系列。

美国的 Halliwell 于 1932 年开发了含铝、钛的弥散强化型镍基合金 K42B,该合金在 20 世纪 40 年代初被用以制造活塞式航空发动机的增压涡轮。美国开始发展航空燃气涡轮是在 1941 年以后,比英国稍晚。由于吸收了英国的经验,一开始就研制 815℃工作的涡轮叶片和 650℃下工作的涡轮盘材料,进展较快,到 1942 年就发展了四十多种高温合金。

Hastelloy B 镍基合金 1942 年用于 GE 公司的 Bellp-59 喷气发动机及其后的 I-40 喷气发动机,1944 年西屋公司的 Yan Keel9A

发动机则采用了钴基合金 HS 23 精密铸造叶片。美国对精密铸造叶片情有独钟，主要是由于其生产效率高于锻造叶片。由于钴资源短缺，镍基合金得到发展并被广泛用作涡轮叶片。在这一时期，美国的 PW 公司、GE 公司和特殊金属公司分别开发出了 Waspalloy、M-52 和 Udmit 500 等合金，并在这些合金发展基础上，形成了 Inconel、Mar-M 和 Udmit 等牌号系列。20 世纪 40 年代，特别是第二次世界大战期间，铁基高温合金有了发展，50 年代出现了 A-286 和 Incoloy901 等牌号。

前苏联在二次世界大战后吸收了美国的经验，通过对 Nimonic75、Nimonic80 的研制而发展成 ЭИ435、ЭИ602、ЭИ868 等以及金属间化合物强化的棒（盘）材合金，如 ЭИ437Б、ЭИ617、ЭИ826、ЭИ929、ЭИ867 等。其特点是多用钨、钼强化固溶体，特别是用钨、钼综合强化使用得较多。固溶体板材基本上不用钴，直到 ЭИ929 和 ЭИ767 等复杂合金化的合金为了稳定 γ' 相进一步强化固溶体，才同时加入钨、钼、钴。沉淀硬化元素铝、钛的应用规律与英美差不多，随使用温度的提高，(Al + Ti) 含量增加，且不断调整 Al/Ti 比例，直到 ЭИ867 合金几乎完全用铝。前苏联合金（Al + Ti）含量较英美低。

在高温合金发展过程中，工艺对合金的发展起着极大的推进作用。20 世纪 40 年代到 50 年代中期，主要是通过合金成分的调整来提高合金的性能。50 年代真空熔炼技术的出现，合金中有害杂质和气体的去除，特别是合金成分的精确控制，使高温合金前进了一大步，出现了一大批如 Mar-M 200、In100 和 B1900 等高性能的铸造高温合金。进入 60 年代之后，走向凝固、单晶合金、粉末冶金、机械合金化、陶瓷过滤等温锻造等新型工艺的研究开发蓬勃发展，成为高温合金发展的主要推动力，其中走向凝固工艺所起的作用尤为重要，采用定向凝固工艺制出的单晶合金，其使用温度接近合金熔点的 90%，至今，各国先进航空发动机无不采用单晶高温合金涡轮叶片。

航空喷气发动机生产的需要也是我国高温发展的动力。我国于1956年正式开始研制生产高温合金,第一种高温合金是GH3030,用作WP-5航空发动机火焰筒,由抚顺钢厂、鞍山钢铁公司、钢铁研究总院、航空材料研究所和410厂共同承担试制任务,于1957年通过试飞鉴定。到1957年底,继GH3030合金之后,WP-5发动机用GH4033、GH34和K412合金相继试制成功。

由于我国资源缺镍少钴,又有国外的封锁,铁基高温合金的研制、生产和应用成为20世纪60~70年代的一道绚丽的风景线。至70年代初,研制生产的铁基高温合金牌号达33个,其中我国独创的达18种之多。

20世纪70年代以来,我国开始引进欧美发动机WS-8、WS-9、WZ-6、WZ-8,并研制生产WP-13等发动机,相应引进和试制了一批欧美体系的高温合金,并按欧美标准进行质量管理和生产,使我国高温合金生产水平接近西方工业国家的水平。与此同时,我国自行研究和开发了一批新的镍基合金,如GH4133、GH4133B、GH3128、GH170、K405、K423A、K419和K537等。

我国于20世纪50年代开始研制高温合金,目前已研究、试制和生产了100多种高温合金。

燃烧室及加力燃烧室用材料有GH30、GH39、GH140、GH333、GH18、GH22、GH44、GH128、GH170、GH163等。

导向叶片采用铸造合金较多,如K32、K14、K38、K3、K5、K17、DK5、DK3、K19、K002、K20等。

涡轮工作叶片大多采用时效沉淀强化型变形合金及铸造合金,如GH33、GH130、GH302、GH37、GH143、GH49、GH151、GH118、GH220、K17、K19等。

涡轮盘材料大多采用铁—镍基沉淀强化合金(750℃以下),如温度更高,就采用镍基合金或粉末涡轮盘材料。常用涡轮盘材料有GH36、GH132、GH136、GH135、GH33A、GH901、GH761、GH698等。

我国用于生产高温合金的装备有大型真空感应炉,不同容量的电渣炉,1~7 t大型真空电弧炉,200 kg真空电子束炉以及大型快锻、精锻机、挤压机。水压机等设备。

在我国高温合金体系建立过程中，还研究开发了一系列有特色的工艺技术，其中低偏析新技术和加镁微合金化两项水平之高，为国际公认。通过低偏析技术，控制杂质元素磷、硫、硅等的低含量，创制了一系列低偏析合金，其承温能力比原型合金高20～25℃。在国外加Mg净化材质和改善热加工性能基础上，我国于20世纪70～80年代进一步发现Mg的偏聚晶界行为可显著提高合金的持久强度和塑性等性能。

从20世纪60年代开始，为适应我国航天工业的发展，先后为各种火箭发动机研制了一批高温合金，其中有些是专为航天工业的需要而开发的。1964年，高温合金开始推广应用到民用工业部门，如柴油机增压涡轮、地面燃气轮机、烟气轮机、核反应堆燃料空位格架等。在民用工业的推广应用中，除传统的高温高强度的高温合金外，还相继开发出一批高温耐磨和高温耐蚀的高温合金。

8.2 高温合金性能特征及其用途

高温合金是在高温下工作的金属材料。一般来讲，高温合金工作温度是该合金的(0.3～0.5)$T_{熔点}$℃以上温度。鉴于它们的本质不同，其使用温度也是各不相同。金属材料使用温度的高低是一个相对概念，例如，对蒸汽轮机和锅炉来讲，在20世纪30～40年代蒸汽温度不过400～450℃；蒸汽压力不过近100大气压，而现在蒸汽温度已达650℃，蒸汽压力也高达240大气压以上，因此所使用的金属材料也从低碳钢发展到复杂的各类合金钢。耐热钢使用温度最高也就600～700℃。现代航空工业的发展出现了超音速飞机，其发动机的工作温度高达1200℃，从而，出现了各类镍基、铁基、钴基高温合金。因此，高温合金广义地讲是指在相对高温下工作的金属材料，但实践中专指那些以铁、镍、钴为基，能在600℃以上的高温下能承受一定应力并具有相应抗氧化或抗腐蚀能力的合金。无论是镍基、铁基或钴基高温合金均需加入铬以改善其抗氧化性耐腐蚀性。高温合金为单一奥氏体基体组织，在各种温度下具有良好的组织稳定性和使用的可靠性,基于高温合金的优良性能特点,且合金化程度很高,故在英美称之为超合金(Super-alloy)。

作为高温下使用的工程材料,必须具有高温下优良的综合力学性能和抗腐蚀性能。实践表明,各种难熔金属(指熔点高于1650℃的金属),除铬外,在空气或其他氧化性气氛中其抗高温氧化的能力都很差,必须借助于耐蚀涂层,方可勉强使用。实践中,对高温下工作的工程结构材料的要求十分苛刻,概括起来主要要求是:

(1) 优异的综合高温力学性能。也就是说要求材料具有优良的抗蠕变性能,足够的高温持久强度,良好的高温疲劳性能、断裂韧性,适当的高温塑性等,以保证金属材料在服役期间内安全工作,具备应有的使用寿命。

(2) 在相应的工作环境中具有良好的耐高温腐蚀性能。也就是说,在受力或不受力的高温工作环境中,能耐高温氧化或耐高温硫化,或耐混合气氛中的高温腐蚀等性能。能达到设计要求的使用寿命,保证不因高温腐蚀而使材料遭受破坏。

(3) 高温下使用的材料应具有足够好的冶炼加工等工艺性能。高温下的工作部件的形状往往是十分复杂的,对所使用材料的化学成分的要求也是十分严格的,因此要求这些材料要具有良好的冶炼工艺性以及足够好的铸造、锻造、焊接、机加工性能等以保证能获得实际工程中所需要的工程部件和设备。

(4) 适宜的经济可行性。即在选材时,除应注意到材料的寿命外,还必须兼顾到材料的成本、加工制造部件或设备的成本、部件的可更换性、安全可靠性等因素,全面地衡量经济的可行性。

上述对高温下使用材料的基本要求在具体工程中必须进行综合考虑,特别是在设计选材时要全面考虑。

高温合金主要用于制造航空、船舶、机车和工业用燃气涡轮的涡轮叶片、导向叶片、涡轮盘、高压压气机盘和叶片以及燃烧室等高温部件。高温合金还用于制造航天飞行器、火箭发动机、核反应堆、石油化工和冶金设备及煤的转化等能源转换装置。

燃气涡轮等热能转换成机械能或电能的能源转换装置中，提高材料的承温能力，使热过程在更高温度下进行，可提高能量转换效率，降低能耗。因此在高温领域中，高温合金的应用范围愈来愈广，对其承温能力的要求也愈来愈高。正是由于高温合金材料的不断改进，以及相应冷却技术的发展，才有今天大推力和高速度的航空发动机。

现代先进的航空发动机中，高温合金材料用量占发动机总量的40%～60%，可以说高温合金与航空喷气发动机是一对孪生兄弟，没有航空发动机就不会有高温合金的今天，而没有高温合金，也就没有今天的先进航空工业。在航空发动机中，高温合金主要用于四大热端部件，即：导向器、涡轮叶片、涡轮盘和燃烧室。除航空发动机外，高温合金还是火箭发动机及燃气轮机高温热端部件的不可替代的材料。鉴于高温合金在这些高技术领域应用的重要性，因此对此类高温合金质量之严，检测项目之多是其他金属材料所没有的。高温合金外部质量要求有外部轮廓形状、尺寸精度、表面缺陷清理方法等。如锻制圆饼应呈鼓形且不能有明显歪扭；锻制或轧制棒材不圆度不能大于直径偏差的70%，其弯曲度每米长度不能大于6 mm；热轧板材的不平度每米长度不能大于10 mm等。高温合金内部质量要求有化学成分、合金组织、物理和化学性能等。高温合金的化学成分除主元素外，对气体氧、氢、氮及杂质微量元素铅、锡、锑、银、砷等的含量都有一定的要求。一般高温合金分析元素达20多种，单晶高温合金分析元素达35种之多。如铋、硒、碲、铊等微量等微量有害元素的含量要求在10^{-6}以下。合金组织有低倍和高倍要求外，还要提供其高温下的组织稳定性的数据，其检测项目有晶粒度、断口分层、疏松、晶界状态，夹杂物的大小和分布，纯洁度等。高温合金力学性能检测项目有室温及高温拉伸性能和冲击韧性，高温持久及蠕变性能，硬度，高周和低周疲劳性能，蠕变与疲劳交互作用下的力学性能，抗氧化和抗热腐蚀性能。为了说明合金的组织稳定性，不仅对合金铸态、加工态或热处理状态进行上述力学性能测定,而且合金经高温长期时效后仍需进行相应的力学性能测定。高温合金物理常数的测定通常包括密度、熔化温度、比热、热膨胀系数和热导率等。

为了保证高温合金中生产质量和性能稳定可靠,除上述材料检验和考核外,用户还必须对生产过程进行控制,即对生产中的原材料、生产工艺、生产设备和测量仪表、操作工序和操作人员素质,生产和质量管理水平等进行考核和"冻结"。合金转厂生产除具备考核条件外,经有关航空生产工程来源批准后,生产出的合金必须检验三炉批全面性能,并检查主要生产工序中半成品质量。新研制的合金还需经地面台架试车和空中试飞,作出能否应用的鉴定结论。

20 世纪 70 年代以来,高温合金在原子能、能源动力、交通运输、石油化工、冶金矿山和玻璃建材等诸多民用工业部门得到推广应用,这类高温合金中一部分主要仍然利用高温合金的高温高强度特性,而另有一大部分则主要是开发和应用高温合金的高温耐磨和耐腐蚀性能。高温耐磨耐蚀的高温合金,由于主要目标不是高温下的强度,因此这些合金成分上的特点是以镍、铁或钴为基,并含有大约 20% ~ 35% 的铬,大量的钨、钼等固溶强化元素,而铝、钛等 γ 相形成元素则要求含量甚少或者根本不加入。

高温合金的使用具有如下特性:(1)工作环境温度可以是恒定的,如连续式加热炉内的支撑件;也可以是周期性剧烈变化的,如燃气涡轮叶片。工作环境气氛可以是还原性的,也可以是大气下的氧化气氛。环境应力则如高温加热炉的结构件几乎不受应力,也可以如燃气涡轮盘应力高达几百 MPa。(2)通常材料的承温能力与所受应力大小有关。在应力作用下,一般材料的承温能力只有 $0.3 \sim 0.7T_{熔点}$,而高温合金应力作用下的承温能力已达到 $0.8T_{熔点}$以上,超过了任何合金材料。(3)镍的熔点虽然在几种基体金属中最低,但镍基合金却是目前结构材料中使用温度最高的,可见熔点并不是决定材料使用温度的唯一因素。用作转动件的合金,必须考虑其密度,因为离心力是随着密度而增加的。高温合金中钨、钼、钽等元素含量增加,其高温强度提高,但其密度也跟着增加。高温下使用的配合件,必须考虑其热膨胀系数的匹配性。在温度周期性变化的零件,热应力值大小与其热膨胀系数成正比。尽管铁基、钴基和镍基合金的热膨胀系数大,但热导率也高,使材料内热梯度小,减小了其热应力值。

8.3 高温合金的分类与牌号

高温合金分类有如下几种,通常按合金基体元素种类来分,可分为铁基、镍基和钴基合金,目前使用的铁基合金含镍量高达25%~60%,这类铁基合金有时又称为铁镍基合金。按其用途可分为涡轮及导向叶片用高温合金、涡轮及压气机盘用高温合金和燃烧室板材用高温合金、炉用高温合金等。按制备工艺可分为变形高温合金、铸造高温合金和粉末冶金高温合金,变形合金的生产品种有饼材、棒材、板材、环形件、管材、带材和丝材等,铸造合金则有普通精密铸造合金、定向凝固合金和单晶合金之分,粉末冶金则有普通粉末冶金高温合金和氧化物弥散强化高温合金两种。按合金强化方法有固溶强化型、时效析出沉淀强化型、氧化物弥散强化型、铸造第二相骨架强化型、晶界强化型、纤维强化型和复合强化型等。此外,按使用特性,高温合金又可分为高强度合金、高屈服强度合金、抗松弛合金、低膨胀合金、抗热腐蚀合金等。

国外高温合金牌号按各开发生产厂家的注册商标命名,合金牌号和相应注册商家如下所示:

合金牌号	注册商家
CMSX	Cannon-Muskegon Corporation(佳能—穆斯克贡公司)
Discaloy	Westinghouse corporation(西屋公司)
Gatorize	United Aircraft Company(联合航空公司)
Haynes	Haynes Stellite Company(汉因斯·司泰特公司)
Hastelloy	Cabot Corporation(钴业公司)
Incoloy	Inco Alloy International, Inc.(国际因科合金公司)
Inconel	Inco Alloy International, Inc.(国际因科合金公司)

Mar-M	Martin Marietta Corporation(马丁·马丽塔公司)
Multiphase	Standard Pressed Steel Co.(标准压制钢公司)
Nimonic	Mond Nickel Company(蒙特镍公司)
René	General Electric Company(通用电气公司)
REP	Whittaker Corporation(惠特克公司)
Udmit	Special Metal, Inc.(特殊金属公司)
Unitemp	Universal-Cyclops steel Corporation(宇宙—独眼巨人钢公司)
Vitallium	Howmet Corporation(豪海特公司)
Waspaloy	Pratt & Whitney Company(普拉特—惠脱尼公司)

我国高温大金牌号的命名考虑到合金成形方式、强化类型与基体组元,采用汉语拼音字母符号作前缀。变形高温合金以"GH"表示,后接4位阿拉伯数字,前缀"GH"后的第1位数字表示分类号,1和2表示铁或铁镍基高温合金,3和4表示镍基合金,5和6表示钴基合金,其中单数1、3和5为固溶强化型合金,双数2,4和6为时效沉淀强化型合金。"GH "后的第2、3、4位数字则表示合金的编号。如GH4169,表明为时效沉淀强化型的镍基高温合金,合金编号为169。铸造高温合金则采用"K"作前缀,后接3位阿拉伯数字。"K"后第1位数字表示分类号,其含义与变形合金相同,第2、3位数字表示合金编号。如K418,为时效沉淀强化型镍基铸造高温合金,合金编号为18。粉末高温合金牌号则以"FGH"前缀,后跟阿拉伯数字表示,而焊接用的高温合金丝的牌号表示则用前缀"HGH"后跟阿拉伯数字。近些年来,成形工艺的发展,新的高温合金大量涌现,在技术文献中常常可见到"MGH"、"DK"和"DD"等作前缀的合金牌号,它们分别表示为机械合金化粉末高温合金、定向凝固高温合金和单晶铸造高温合金。

20世纪70年代以前,我国高温合金牌号表示比现在简单,省略了前缀后的表示基体类别和强化型类别的数字。如K17即现在的K417,GH39即为GH3039等。

8.4 高温合金的成分和组织

高温合金性能主要取决于成分和合金的组织结构。目前大量使用的高温合金基体主要还是铁基、镍基和钴基,其强化途径有固溶强化、析出相沉淀强化和晶界强化,还有氧化物弥散强化或以多种强化途径来综合提高合金的高温性能。高温合金中常见的合金元素有铝、钛、铌、碳、钨、铝、钽、钴、锆、硼、铈、镧、铪等。

铁、钴、镍基高温合金的典型组织基本是:合金化的奥氏体(γ)基体;弥散分布于其中的强化相,它可以是金属间化合物、碳化物、硼化物,例如 $Ni_3(Al,Ti)$型的 γ′相和 Ni_3Nb 或 Ni_3Ta 型的 γ″相,另外弥散分布的强化相也可以是用粉末冶金和机械合金化方法得到的稳定化合物质点;在晶界和其附近区域还会合理地分布一些碳化物或金属间化合物以强化晶界;此外还有适量的微量元素(如硼、钴、镁、铈等)偏聚在晶界附近区域,以进一步强化或净化晶界,甚至消除晶界在高温时的弱化因素。因此,从合金组织的角度出发,可以将铁、钴、镍基高温合金的强化归纳为固溶强化,第二相强化和晶界强化三个基本强化手段。

固溶强化就是将合金元素加入到合金中形成单相固溶体后使合金基体强度提高。合金元素对基体的固溶强化作用决定于溶质原子和溶剂原子在尺寸、弹性性质、电学性质和其他物理化学性质上的差异,此外,也和溶质原子的溶度和分布有关。

当合金中第二相均匀细小而弥散分布在合金基体上,阻碍位错运动从而对合金基体产生强化效应谓之第二相强化。第二相强化效应程度取决于第二相的晶体结构与成分,第二相与基体的共格程度,以及第二相的颗粒大小、数量和热稳定性。

晶界是多晶体金属材料各晶粒之间的过渡区,其内原子排列杂乱无规则,具有大量空位、位错及杂质原子等缺陷存在。通过晶界状态的改变以获得合金强度提高谓之晶界强化。

高温合金必须保证有高的高温强度,从合金晶体结构的强度观点出发,高温强化的三个基本特点是:

(1) 提高位错在滑移面运动的阻力,也即是增加滑移式变形机构的形变抗力。

(2) 减缓位错的扩散型运动过程,以抑制扩散型形变机构的进行。

(3) 改善晶界结构状态,以增加晶界强化作用,或是取消晶界,以消除晶界在高温时的薄弱环节。

考虑到工业上使用可能性和当前已经使用合金元素强化的情况,可将强化元素归纳如下几类:铁、钴、镍之间能够形成连续的无限固溶体;与锰、铜以及贵金属铑、铂等能形成连续的或溶解度广阔的有限固溶体;与邻近族的铬、钼、钨、钒、铌、钽、钛、锆、铪、铝、铍元素形成具有一定溶解度的有限固溶体;碳、硼、氮非金属元素由于原子尺寸差异极大而形成小溶解度的间隙固溶体;镁、锆、铪、镧、铈、钙、钡等金属元素也因过大的原子尺寸差异只形成极小的溶解度(甚至无溶解度),这些元素往往偏聚于晶界。

除上述强化元素外,还有一些低熔点杂质,如铅、锡、砷、锑、铋等,它们在高温合金中通常称为五害元素,主要因其原子尺寸的差异大,仅可能存在于原子排列比较混乱,或者说晶体缺陷较多的晶粒边界或相界面附近;硅、磷、硫等常存杂质元素也因其溶解度小,在晶界偏聚,因而对晶界弱化带来显著的影响。所以,在考虑高温合金强化的同时,还必须注意不断降低弱化元素的含量,提高合金纯洁度。

8.5 高温合金中的第二相

形成有限固溶体的元素含量超过溶解度极限时,就会形成第二相。高温合金中常见第二相可以分为两类,一类是过渡金属元素与碳、氮、硼(氢)形成的间隙相,一类是过渡金属元素之间形成的金属间化合物。第二相也分为起强化作用的和起有害作用的两种。在高温合金中,主要强化相有金属间化合物相,碳化物相和硼化物相。高温合金中还存在一些微量相,包括碳化物相、硼化物、硫化物、低熔点共晶及许多金属间化合物。这些微量相既能起强化作用,也可能起弱化作用。

8.5.1 过渡金属元素间化合物

高温合金中常见的金属间化合物几乎总是过渡金属元素间的

化合物。表 8.1 列出高温合金中常见的金属间化合物的晶体结构及物理性能。

表 8.1　各类金属间化合物

相	典型组成	晶体结构		熔点/℃	常温硬度/kg·mm^{-2}	形成条件	
		类　型	点阵常数/pm			原子半径之比 R_A/R_B	平均电子浓度 e/a^*
γ′	B_3A(Ni_3Al 型)	面心立方(有序)	$a=300$	1378	200	1.17	8.25
η	B_3A(Ni_3Ti 型)	密排六方(有序)	$a=511\sim512$ $c=830\sim832$	1395	510	1.17	8.25
β	BA(NiAl)	体心立方(有序)	291~292			0.87	6.5
Ni_2AlTi	B_2A	面心立方(有序)	581~586.8				
γ″	Ni_xNb	体心四方(有序)	$a=362.4$ $c=740.6$ $c/a=2.04$				
δ	Ni_3Nb	正交(有序)	$a=510.6$ $b=425.1$ $c=455.6$				
Laves	B_2A	密排六方	$a=475\sim483$ $c=769\sim777$	1530	700	1.05~ 1.68	<8
μ	B_7A_6	三角	$a=476\sim479$ $c=2570\sim2590$	1480	980	1.10~ 1.18	7.1~ 8.0
χ	$Fe_{36}Cr_{12}Mo_{10}$	立方(α-Mn)	891~894	1490	~1000	1.03~ 1.15	6.3~ 7.6
σ	BA(FeCr)	四方	$a=879$ $c=455.9$ $c/a=0.52$	1520	1100~ 1300	0.93~ 1.15	5.6~ 7.6
G	$A_8B_{13}Si_6$	复杂面心立方	1113~1147				
α′	富铬固溶体	体心立方(有序)					
Ni_5Hf	B_5A	立方	668.3			<1.30	

金属间化合物按晶体结构又分为几何密排相(GCP 相),如 γ′,γ″,η,δ 等和拓扑密排相(TCP 相),如 σ 相、μ 相、Laves 相、G 相,χ 相等。其中 γ′,γ″是主要强化相,而 σ、μ、Laves、η 等相能降低合金的塑性或强度,必须加以适当控制。

8.5.1.1 元素的尺寸因素和电子因素

合金是由一些合金元素组成的统一体,各个元素的原子和电子之间的交互作用决定着合金的状态和行为。为了研究这些因素对组成的影响,把原子空间特性方面的因素称为尺寸因素,把电子、离子之间的作用因素称为电子因素。反映尺寸因素的基本参量很多,如原子半径、离子半径、原子体积及原子可压缩性等。表征电子因素的基本参量也很多,最主要的有元素的负电性和电子浓度。尺寸因素和电子因素都和元素在周期表中位置有关。

元素的尺寸因素随元素在周期表中的位置而有周期性的变化。从碱金属到第Ⅷ族的铁、钴、镍,原子半径、原子体积和可压缩性都逐步变小。从铜族开始又逐渐增大,直至氯族。

晶体结构与原子半径比之间有一个近似的联系,总的倾向是随着晶体结构的配位数增加,要求的原子半径比增大。例如配位数按下列次序 $Cr_3Si \rightarrow \sigma \rightarrow \mu$ 和 $\chi \rightarrow$ Laves 增大,它们要求的原子半径比也按此次序增大。但是,由于原子半径的可变性,这种关系比较近似。

元素的负电性反映异类原子之间化学亲和力的大小。两个元素的负电性相差愈大,愈易结合成化合物。元素的负电性从碱金属开始,随着族数的增加而变大。两个元素在周期表中的位置相差愈远,化学亲和力愈大。

元素的电子浓度表示每个原子能供应参加键合的电子数目,以 e/a 表示。由电子键合的化合物,其中一个或几个元素表现为正电性,如铬、钼、钨,而另外一些元素表现为负电性,如镍、钴和铁,这种化合物称为电子化合物。通常,由于过渡金属元素的 $3d$ 层电子不满,过渡金属的电子浓度有可变性,当与非过渡金属元素(ⅠB-ⅡB、ⅢA-ⅣA 族元素)之间形成电子化合物时,电子浓度为 0 或 1。当过渡元素之间形成化合物时,通常采用 $3d+4s$ 总电子数为电子浓度值。实际上,过渡金属之间形成化合物时的电子行为是复杂的,例如经常有电子迁移现象,一个 B_xA_y 型的过渡金属化合物,A 元素常是起放出电子的作用,B 元素常起接受电子的作用，此时需要用平均电子浓度研究相的形成，因此，用 $3d+4s$ 总电子数为电子浓度值来研究相的形成，可以归纳出一些规律，但不会是很精确的。

金属间化合物的晶体结构与电子浓度有一定的联系。总的来说，随着电子浓度增加，出现各种晶体结构的次序为：体心(BCC)→β-W 结构→σ→α-Mn→密排六方(HCP)→面心(FCC)，或β相→Cr_3Si→σ→μ→Laves→χ→η→γ′。

表 8.2 归纳了 B 元素(Fe、Co、Ni、Mn)与 A 元素(ⅣB-ⅥB 族元素)之间可能形成 B_xA_y 型金属间化合物的条件。

表 8.2 各类 B_xA_y 型金属间化合物的形成条件

相的名称	原子半径之比 R_A/R_B	平均电子浓度 e/a *	B 元素的可压缩性
γ′	1.17	8.25	小
η	1.17	8.25	小
β	0.87	6.5	小
Laves	1.05~1.68	<8	大
μ	1.10~1.18	7.1~8.0	大
χ	1.03~1.15	6.3~7.6	大
σ	0.93~1.15	5.6~7.6	大
Ni_5Hf	<1.30		

8.5.1.2 几何密排相 GCP 相

GCP 相都是密排的有序结构，其晶胞晶格结构在各个方向都是密排的。晶体结构都是由密排面按不同方式堆垛而成，只是由于密排面上 A 原子和 B 原子的有序排列方式不同和密排面的堆垛方式不同，产生了多种不同结构。高温合金中常见的有 Cu_3Au 型面心立方有序结构(γ′相)，Ni_3Ti 型密排六方有序结构(η-Ni_3Ti 相)，Cu_3Ti 型正交有序结构(δ-Ni_3Nb 相)和 Cd_3Mg 型有序结构(ε-Co_3W 相)等，配位数都是 12，分子式一般为 B_3A。另还有 δ-Ni_3Nb 型过渡相、γ″-Ni_xNb 相、β-NiAl、α′及 Ni_2AlTi。

GCP 相多半为 B_3A 型有序相，都具有配位数为 12 的密排结构。形成 B_3A 型有序相需要较大的电子浓度($e/a>8$)和大小相近的原子半径,因为这类密排是等径球体的最密排列,当原子半径不等时,如 Ni_3Ti 的平均原子半径为 126 pm,而 Ni 的原子半径为 124.6 pm,Ti 的为 146.2 pm。看来,在形成 Ni_3Ti 时,Ti 原子会发生收缩,使 Ni 和 Ti 的有效原子半径接近相等,这说明了元素负电性的作用。另外,由于形成 GCP 相要求较高的电子浓度,所以 Ni 比 Fe 容易生成 B_3A 相。

γ' 相通过与位错的交互作用,有助于 γ-γ' 合金反相界(APB)的强化作用。值得注意的是,γ' 的强度随温度的升高而增大,而且,γ' 所固有的塑性有助于防止严重的脆化。

γ' 相的成分对其强化能力有很大影响。许多元素可以溶解于 γ'-Ni_3Al,其中,钴可置换镍,钛、钒、钽、铌可置换铝,而铁、铬既可置换镍,也可置换铝。铝、钛、铌、钽、钒均优先进入 γ' 相,而钴、铬、钼优先进入 γ 基体,钨大致平均分配在 γ-γ' 二相中。此外,铁是优先进入 γ 基体的元素,铪是能进入 γ' 相的元素。总之,随着合金强化水平的提高,γ' 相中含铌、钽、钨等难熔元素的数量不断增加,这是一个重要的特点。此外,钨和钼虽然性质相近,但在合金中起的作用却有区别。钼基本上是固溶强化元素,而钨既能加强第二相强化作用,本身又是固溶强化元素。

铝和钛是高温合金的主要沉淀强化元素。γ' 相中约 60% 的铝被钛置换,因此,这种 γ' 相也表达为 $Ni_3(Al,Ti)$ 相。在 GH4169 类型的合金中,还可形成 γ''-Ni_xNb 相,一般写成 $Ni_3(Al,Ti,Nb)$。高温合金中加入的沉淀强化元素越多,沉淀强化相的数量越大,合金的强化效果越好,但是沉淀强化元素含量太高,合金中要析出一些新的 GCP 相,如 Ni_2AlTi、β、η、δ 等,这些相往往都对合金的塑性有害,同时,这些相的大量析出,使铬、钼、钨、铁等在剩余基体中相对增加,从而增大了脆性 TCP 相的析出倾向。

8.5.1.3 拓扑密排相 TCP 相

20 世纪 60 年代初期,Wlodek 和 Ross 分别在镍合金 IN-100 中发现了一种潜在的危险现象。他们发现有一种叫做 σ 相的硬化合物发生沉淀,引起 IN-100 合金拉伸和断裂性能严重降低。后来,在一些其他高温合金中也发现了类似的影响,如硬相 μ、Laves、R 等,它们是些硬的金属间化合物,统统不适宜于作为延性合金的基体。这些相对合金的塑性有害,必须避免从镍合金或钴合金的奥氏体中沉淀出这种硬相。为了了解这种现象并尽力加以控制,需要进行深入研究。通常是控制合金的化学成分以便消除硬相的形成,这一方法对 IN-100 合金取得了成功。

在 Fe-Cr 系中,σ 相的成分接近于 CrFe。高温合金中 σ 相的典型成分可以说是$(Cr、Mo)_x(Ni、Co)_y$,x 和 y 的变化范围为 1~7。但在大多数情况下二者近似相等。μ 相的成分有点相似,但以钼、钴为主。在含有铁和钼的高温合金中 μ 相也是一个常见相。σ 相由原子尺寸差不多相等的元素形成,而 μ 相则是由尺寸差稍大的原子组成的。Laves 相的化学式为 B_2A,所含的原子与其说是按电子因素的作用不如说是尺寸因素对它的形成更有利,例如 Co_2Mo 或 CoTa。

所有这些相的晶格结构都是复杂的。例如,σ 相每个体心四方(BCT)单胞含有 30 个原子,轴比 $c/a \approx 0.52$。μ 相的每个三角晶系单胞含有 13 个原子。R 相的每个三角晶系单胞含有 53 个原子。σ、μ 和 Laves 相的晶胞结构具有密排原子层的特征,而密排层之间是以比较大的原子间距而相互隔开的,密排原子层是被夹在中间的较大原子而相互移开形成的,具有拓扑特性。Beattie 和 Hagel 把所有这些化合物表征为具有拓扑密排的结构,并称之为拓扑密排相(TCP 相)。

TCP 相的特征是由密排原子层组成,形成 Kagome(编篮状)网与面心立方(FCC)γ 基体的八面体平面成整齐排列。这些相一般是有害的,呈薄片状出现,往往在晶界碳化物上形核。TCP 相主要有 Laves 相(B_2A)、σ 相(BA)、μ 相(B_7A_6)、χ 相等,此外还有 G 相,它是一种体心衍生的空位有序相。其中 A 元素通常指元素周期表中 Mn 族以左的元素,如钛族、钒族、铬族等;B 元素为锰族及锰族以右的元素,如铁、钴、镍等。这些相的成分范围较宽。

TCP 相晶体结构共同点是原子排列比等径球体的最密排列

还要紧密，配位数大于12，达到14～16，原子间距极短，只有四面体间隙，没有八面体间隙。为了得到这种只有纯四面体间隙的长程规则排列，必须要有两种大小不同的A原子和B原子。两种原子的比例要适当，原子的可压缩性大，易于调整尺寸。TCP相原子的外层电子之间的相互作用强烈，发生电子迁移，A原子往往失去电子，B原子得到电子，电子因素对TCP相的形成有重要作用，其中某些相甚至被认为是一种电子化合物（如σ相最初由Sully和Heal确认为一种电子化合物）。铁基合金析出TCP相的倾向大，镍基合金析出GCP相倾向大，而钴基合金可以析出各类相。

含Mo和W的合金中，$M_{23}C_6$、M_6C型碳化物与TCP相之间有一种值得注意的关系。当Mo和W的含量提高到大约7%（质量分数）以上时，除了$M_{23}C_6$外，还形成M_6C，而且常常完全取代$M_{23}C_6$。当Mo的含量高时，在有形成TCP相倾向的一些合金的炉号中，这些行为的特征还表现为从σ相到从μ相的转移。值得注意的是$M_{23}C_6$的晶体结构非常类似于σ相，而M_6C的晶体结构类似于μ相，存在很大程度的晶格共格关系。因此σ相常常在$M_{23}C_6$上形核，而且往往发现，在含有并具有形成倾向的合金组织中，脱碳容易导致在$M_{23}C_6$位置上形成σ相；同样在以形成M_6C碳化物为特征的合金中，由于Mo和Cr过度集中，可以预期会导致μ相的形成而不是σ相，尽管这个过程较缓慢。如果不注意控制化学成分，许多形成$M_{23}C_6$的合金也将形成σ相（如N-115，U-700，IN-100），而形成M_6C的一些合金（如M-252，René41）倾向于形成μ相。

TCP相是高温合金中的主要微量相，对性能有重要影响。TCP相通常以三种方式影响力学性能。第一是形态，长针状或薄片状的TCP相，往往是裂纹的发源地和裂纹迅速扩展的通道。第二是分布，当TCP相大量析出于晶界，形成一种脆性薄片而包围晶粒时，裂纹将易于沿晶产生和扩展，使合金呈沿晶脆性断裂而且强度也明显降低。第三是数量，当TCP相数量超过某一数值时，不管它们的形态和分布如何，由于它们的存在，消耗了大量的固溶强化元素如铬、钨、钼、钴、镍等，从而削弱了基体强度。同时，它们大量存在,增大了裂纹形成与连接的几率,因而对塑性和韧性也极为不利。因此,TCP 相对高温合金力学性能的影响取决于它们的形态、分布与数量。当它们数量很少,而且呈颗粒状分布于晶内时,对力学性能并不发生明显影响,有一种奥氏体不锈钢甚至用 σ 相作为强化相。但是具有 TCP 相形成倾向的高温合金热端零部件,在高温和应力的同时作用下,TCP 相会加速形成并迅速长大,严重威胁着航空发动机和燃气轮机的安全。因此在高温合金中防止 TCP 相析出是改善高温合金塑性和韧性的重要方法和途径。

相成分计算是一种预测和控制合金出现 TCP 相的重要方法,可以合理调整合金成分,控制高温合金生产,评价合金长期组织稳定性和研制新合金。TCP 相计算的基础理论是电子空位理论,计算公式为:

$$\overline{N}_v = \sum_{i=1}^{n} m_i (N_v)_i$$

式中 $\overline{N}_v$——平均电子空位数;

m_i——各元素的摩尔分数;

N_v——各元素的电子空位数;

n——基体中元素数目。

基体成分为扣除合金中所有第二相成分后的剩余基体化学成分。根据 Pauling 理论,元素 Cr、Mn、Fe、Co 和 Ni 的电子空位数分别为 4.66、3.66、2.66、1.66 和 0.66。其他过渡元素要定量地给出电子空位数是很困难的。至今,人们的实践都假定同一组内电子空位数为一常数,例如 Mo、W 与 Cr 的电子空位数一样,均为 4.66。而ⅢB、ⅣA 和ⅤA 族中的合金元素,可以指定这些元素的 $N_v = 10.66 - GN$,GN 为该族元素的序数。如 V、Nb、Ta 的电子空位数为 5.66;Hf、Si 为 6.66 等。

当合金的平均电子空位数高于某一数值(临界值)时,合金倾向于形成 TCP 相。相反,平均电子空位数低于该值时,合金就不形成 TCP 相。例如 N-115,U-700 和 R-77 类型的合金,形成 σ 相的临界$\overline{N}_v$ 为 2.45~2.50。

8.5.2　过渡金属元素与碳、氮、硼形成的间隙相

这种间隙相的晶体结构特点是金属原子尽可能密排，而原子半径小的C、N、B原子位于金属原子的间隙之中，这类间隙相的共同特性是都具有高熔点、高硬度、高脆性、同时具有某些金属特性。

表8.3、表8.4列出各类氮化物、硼化物和碳化物的晶体结构和物理化学性能。由表可见，各个间隙相的晶体结构是不同的，按晶体结构可以分为三小类：

表8.3　各类氮化物和硼化物

化合物名称	晶体结构		形成热 $-\Delta H_{298}^{\circ}$ /kJ·mol^{-1}	熔点/℃	显微硬度（负荷）/kg·mm^{-2}
	类型	点阵常数/pm			
TiN	面心立方	423	336.6	2950	
ZrN	面心立方	456	344.2	2980	1520(50 g)
VN	面心立方	413	170.8	2030	1520(50 g)
NbN	面心立方	439	247.0	2030	1396(50 g)
TaN	密排六方	$a=305$ $c=495$	243.3	2980	
CrN	面心立方	414	123.5	1500(分解)	1093(50 g)
Cr_2N	六　方	$a=480$ $c=440$			1571(50 g)
BN	六　方	$a=250.4$ $c=666.1$	140.3	3000(升华)	
AlN	密排六方	$a=310.4$ $c=496.5$	268	2230	1205～1230
$CrMoN_2$	密排六方	$a=284$ $c=457$			
M_4B_3	四　方	$a=771$ $c=1016$			
M_3B_2	四　方	$a=572\sim585$ $c=311\sim320$			
Ti_2SC (Y)	六　方	$a=320$ $c=1120$			
π	面心立方	1075			
Z	四　方	$a=678$ $c=738.7$			

表 8.4 各类碳化物

碳化物	晶体结构		形成热 $-\Delta H^{\circ}_{298}$ /kJ·mol^{-1}	熔点/℃	显微硬度 (负荷) /kg·mm^{-2}	密度 /g·cm^{-3}
	类型	点阵常数/pm				
TiC	面心立方	431.3	183.6	3200	2850～3200	4.39
ZrC	面心立方	468.3	184.6±3.35	3175±50	2836	6.9
HfC	面心立方	464.1	−339.1	3890±150	2830(100 g)	11.8～12.6
VC	面心立方	418.2	117.2±41.9	2830	2094	5.36
NbC	面心立方	445.72	1406.8±3.35	3500±125	2055	7.56
TaC	面心立方	445.64	150.7	3880±50	1547	14.32
Ta_2C	密排六方	a=310.42 c=494.1	71.2	3400(分解)		14.86
Mo_2C	密排六方	a=300.2 c=472.4	17.6	2690±20(分解)	1479(100 g)	9.18
MoC	简单六方	a=289.8 c=280.9	8.4	2700(分解)	1500(100 g)	8.4
W_2C	密排六方	a=296 c=471	−54.4	2750	3200	17.2
WC	简单六方	a=290 c=283.1	37.5±12.6	2600(分解)	1730	15.5～15.7
Cr_3C_2	正交	a=282.1 b=552 c=1196	87.9	1895(分解)	1300	6.683
Cr_7C_3	斜方	a=452.3 b=699 c=1210.7	51.3	1680(分解)	1450	
$Cr_{23}C_6$	复杂面心立方	1063.8	434.6	1500(分解)	1300	6.75
$Mn_{23}C_6$	复杂面心立方	1056.4				
Mn_7C_3	斜方	a=453 b=693.5 c=1201.1	278～284.7	1728		
M_3C	正交		104.7±8.4	1520	1605(含 Fe)	6.89
Fe_3C	正交	a=451.44 b=507.87 c=672.97		1650	1340	7.67
M_6C	复杂面心立方	1080/1250		约 1400(分解)	1070(Fe_4Mo_2C) 1350(Fe_3Mo_3C)	

第一类是具有简单密排结构的碳化物和氮化物。包括各种面心立方和密排六方结构的碳化物和全部氮化物相。间隙原子 C 或 N 都处于八面体间隙位置,故称八面体间隙化合物。

第二类也是密排结构,但由于金属原子比较小,八面体间隙太小,容不下间隙原子,所以这种密排结构是具有较大的三棱形间隙的结构,间隙原子碳就在这种间隙位置,又称非八面体间隙化合物,如 M_3C、M_7C_3 等。

第三类是具有复杂结构的碳化物,如 $M_{23}C_6$、M_6C,亦称半碳化物。金属原子高度密排,碳原子处于间隙位置。全部硼化物都是复杂结构的,图 8.1、图 8.2 分别为 M_6C、$M_{23}C_6$ 的点阵结构。

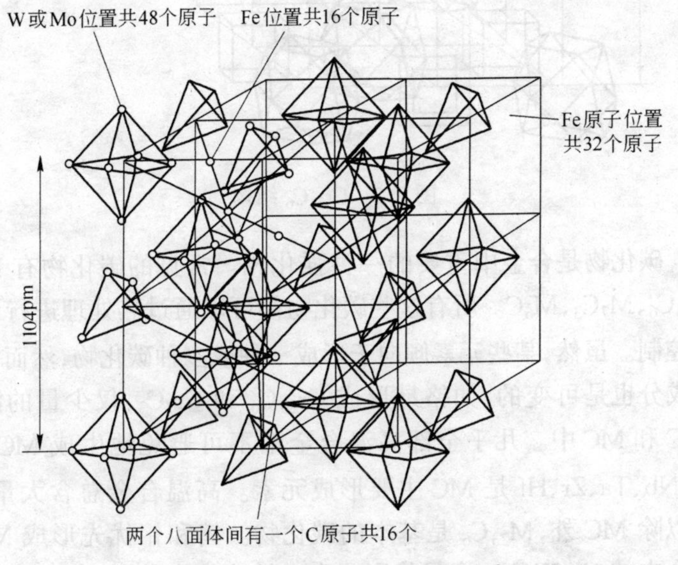

图 8.1　$Fe_3M_3C(M_6C)$型结构

高温合金中八面体间隙化合物、半碳化物和硼化物比较常见,而非八面体间隙化合物比较少见。这些相多半以固溶体形式存在,不但金属原子可以互相取代,碳、氮、硼原子也可以互相取代一部分,分子式可以是 MM_2X 或 MM_2XX_2 等,周期表中Ⅳ、Ⅴ族元素易生成 MC 及 MN,而Ⅵ族元素易生成复杂结构的 $M_{23}C_6$、

M_7C_3、M_6C，Ⅶ、Ⅷ族元素的碳化物在高温合金中是不存在的。

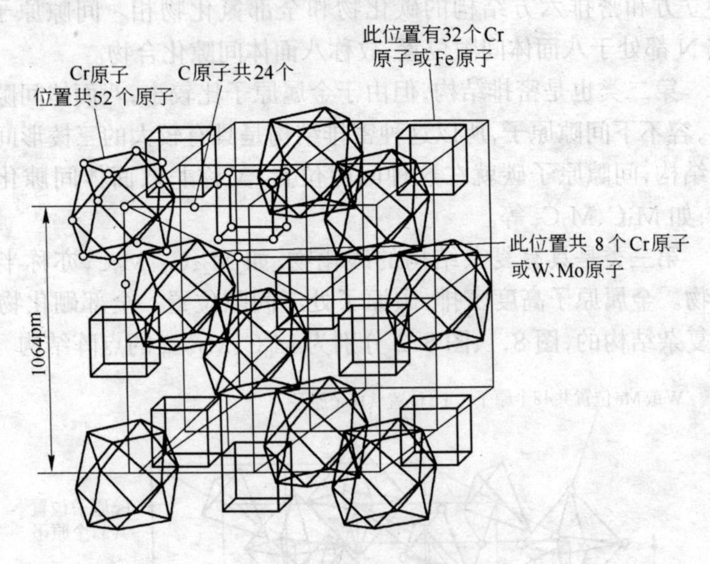

图 8.2　$Cr_{23}C_6$ 结构

碳化物是合金中重要的一种强化相。常见的碳化物有 MC，$M_{23}C_6$，M_7C_3，M_6C。所有这些碳化物都可以通过热处理进行调节和控制。虽然，某些元素倾向于形成一种或多种碳化物，然而它们的成分也是可变的，如铬易形成 $Cr_{23}C_6$ 和 Cr_7C_3，仅少量的溶于 M_6C 和 MC 中。几乎全部高温合金都不可避免地生成 MC 相，Ti、Nb、Ta、Zr、Hf 是 MC 主要形成元素。高温合金总含大量铬，所以除 MC 外，$M_{23}C_6$ 是基本的碳化物。钨和钼优先形成 M_6C。合金中的 Cr、W、Mo 含量将影响出现的碳化物类型，含 W、Mo 高的合金易生成 M_6C，含 Cr 高的合金易生成 $M_{23}C_6$。

在含硼的合金中有少量的硼化物析出，M_5B_4，M_4B_3，M_3B_2，在高硼低碳合金中还有可能形成 MB_{12}，M 中含有镍、铬、钨、钼等元素，并且铬、钼是主要组成元素。高温合金中常见的硼化物为 M_3B_2 型，固溶成分范围广，可以是 $M_2'M''B_2$ 或 $M'M_2''B_2$ 型，式中

M′系指大原子半径的 Mo、W、Ti、Al 等元素，而 M″指具有较小原子半径的 Fe、Ni、Co、Cr 等。在铸造合金中，硼化物呈骨架状，经变形破碎后沿加工流线方向分布。时效析出的硼化物主要分布于晶界。

在高温合金中，硼的含量一般在 50～600 μg/g 的范围内，它是一种不可缺少的成分。位于组织相交接的晶界处，可延缓在断裂负载下晶界撕裂的发生。例如在 U-700 中，B 含量超过120 μg/g，根据热历程的不同会反应形成两种类型的 M_3B_2 硼化物，一种近似为 $(Mo_{0.48}Ti_{0.07}Cr_{0.39}Ni_{0.03}Co_{0.03})_3B_2$，另一种为 $(Mo_{0.31}Ti_{0.07}Cr_{0.49}Ni_{0.06}Co_{0.07})_3B_2$。硼化物是只在晶界上才能看见的硬而难熔的颗粒。形状看上去为块状至半月形。往往是从晶界长入到一个晶粒中去这种方式出现的。硼化物的作用是为晶界提供 B。

合金中的氮化物，如 TiN，NbN、ZrN 等，其稳定性较高，一般不受热处理影响，作为夹杂物存在。

8.6 铁基高温合金

8.6.1 类型、特点及用途

铁基高温合金广义地讲是指那些用于 600～850℃（甚至950℃）的，以铁（铁镍）为基的 γ 奥氏体型耐热钢和高温合金。它们在 600～850℃条件下具有一定强度、抗氧化性和抗燃气腐蚀能力。其基本类型为：

(1) 奥氏体型耐热钢（使用温度 600℃以下）；

(2) 固溶强化的铁基板材高温合金（700～950℃）；

(3) 碳化物强化的铁基高温合金（650℃以下）；

(4) 金属间化合物强化的铁基高温合金（900℃以下）。

奥氏体型耐热钢是在 18/8 和 18/12Cr-Ni 不锈钢的基础上发展起来的，由碳化物作强化相。由于碳化物晶格复杂，晶格常数与基体差别大，属于非共格型沉淀析出强化。强化相的数量不多，颗粒比较大，稳定性也较差，容易在高温下碳原子容易扩散，聚集长大或向其他相转变，所以合金的强化效果较差，使用温度不高，一般使用在600～700℃，最高不超过750℃左右。

铁镍基高温合金是从奥氏体不锈耐热钢发展起来的。20世纪40年代以来，美、德、日等国迫于战争需要和镍资源紧缺，先后研制出了铁基高温合金。美国在18-8型不锈钢中加入铌、钼、钛等元素，提高了它在500～700℃温度下的持久强度，其代表钢种是16-25-6（Fe-25Ni-16Cr-6Mo）加工硬化型奥氏体耐热钢。随着航空工业的不断发展和对高温材料的需要，在50年代发现金属间化合物γ′[Ni_3(Al，Ti)]能使合金获得强化，其使用温度超过750℃。由此开发了一系列面心立方金属间化合物沉淀强化型Fe-Ni-Cr系，Fe-Ni-Co-Cr系高温合金，美普拉特—惠特勒公司一些燃气涡轮发动机做涡轮盘的A-286合金；制造燃气轮机部件的AF-71合金（Fe-Cr-Mn系）；用于制造汽车燃气涡轮的CRM-6D，CRM-15D和CRM-18D合金。前苏联先后开发了ЭИ703，ЭИ813，ЭИ835和ВЖ-100等铁镍基合金。我国根据资源条件研究高温合金以铁代镍，于20世纪60年代先后研制和生产出一系列Fe-Ni-Cr系固溶强化型，沉淀硬化型的铁基高温合金，如GH140，GH130，GH135，K13，K14等。我国不仅对铁基合金的发展做出成绩，而且在理论研究方面也有独特之处，为高温合金领域作出了卓越的贡献。

根据铁基合金的强化特点，适用温度为比镍基合金低的中温。由于碳化物强化受到一定的限制，因此碳化物强化的铁基高温合金使用温度一般不大于650℃。γ′相沉淀强化合金因其Ti/Al比值大于1，γ′相晶格常数与基体差别大，高温下不稳定，易于转变成稳定的η相和δ相而失去强化效应。Al、Ti含量稍高还会使合金中析出σ、μ和Laves等脆性相，因此铁基合金中γ′或γ″强化相量不超过20%，一般在约750℃下使用。固溶强化型铁基高温合金成分较简单，但强化效应较差，且固溶强化元素含量受限制，一般可在低应力、700～950℃下使用，可高达1100℃，在这样的温度下对抗氧化性能的要求特别重要。

作为燃气轮机热端部件中的涡轮盘,大部分是在750℃以下工作,因此第二相强化的铁基高温合金在作为涡轮盘材料的使用中占有重要地位。在燃气涡轮中,固溶强化型板材铁基合金主要用作燃烧室,最高使用温度可达950℃。碳化物强化型特别是γ'相或γ''相强化型铁基高温合金主要用作涡轮盘和压气机盘材料以及其他承力件、紧固件等。铸造铁基合金如K13,K14则可用于850℃以下的涡轮叶片、导向叶片及柴油机和烟气机的增压涡轮。此外铁基高温合金用于石油化工用高温管件、可作高温气冷反应堆及液体金属冷却的快中子反应堆的候选材料。在高温合金中,铁基合金的成本较低。

8.6.2 成分和组织

纯铁有同素异构转变。体心立方晶格的α-Fe,因其自扩散速度大,高温强度明显的低于面心立方的奥氏体γ-Fe。在900℃同一应力下,α-Fe的蠕变速度比γ-Fe大200倍。有些合金元素在γ-Fe中的溶解度比在α-Fe中大,并且在奥氏体中可以利用时效处理析出γ'及碳化物来强化合金。因此550～600℃左右要求足够强度的合金奥氏体比铁素体有利。

由于很多高温合金含有较低的碳(<0.10%)和较高量的铁素体稳定化元素,如铬和钼,所以在铁镍基高温合金中,为了维持奥氏体基体,镍的最低含量大约是25%(质量分数)。钴或其他奥氏体稳定化元素的加入可稍降低这个需要量。高的含铁量除了降低成本和改善可锻性外,有提高熔点的倾向。遗憾的是富铁合金的抗氧化性能比富镍合金差,一般来说,镍含量高使用温度也高,稳定性得到改善,然而成本也较高。

20世纪50年代研究成功了沉淀硬化型合金Discoloy,A286,V-57合金。这些合金中添加15%铬以获得耐蚀性;镍含量提高到25%,以获得稳定的奥氏体;添加2%～3%的钨和钼以得到固溶强化;加2%～3%的铝和钛以得到沉淀硬化。但进一步增加强化元素,合金就容易析出对高温强度有害的相,如σ相。若用镍代替铁则可以提高γ基体的稳定性，有效的提高强度和能够加入更多的合金元素。

铁镍基高温合金主要有三种类型强化相强化基体。即γ′、γ″、碳化物和氮化物。

γ′沉淀强化代表性合金是美国的A286（相当于我国的GH132合金）；V-57或Incoloy901（相当于我国研制的GH901）。这类合金的强化程度与一些因素有关：反相畴界能和γ′层错能，γ强度，γ′强度，共格畸变，γ′的体积百分数，γ′颗粒尺寸，γ和γ′的扩散性以及可能的γ-γ′模数失配度。但是，这些影响不一定都是叠加的。

合金的性能好坏与否，适当的热处理是很重要的。一般说来，如果需低温蠕变强度或高温瞬时力学性能，则在时效前采取低温固溶处理；对于高的蠕变和持久强度（同时降低塑性）来说，在时效以前采用较高的固溶度。

添加钛实现γ′相强化，同时添加铝产生增效效应，阻止不希望有的η（Ni_3Ti）相的形成。当铝和钛含量相等时，形成Ni_2AlTi。当铝含量更高时，则促进β相[Ni(Al, Ti)]，或[NiAl]的增加。这两种情况都能降低性能。随着沉淀体积百分数增加（过饱和度），过时效的速度和程度都有所增加。有人认为最佳的化学成分大约是Ti 2.5%和Al 1.0%。强度与Al/Ti比的范围（大约从1至8）有关。γ′的反相畴界能随Ti/Al比增加，所以确定Al和Ti的最佳值主要有两个因素：达到最大的反相畴界能和保持合金稳定性以及具有足够拉伸和蠕变塑性的γ′体积百分数。

γ″是体心四方结构，是Ni_3Nb（δ相）的过渡相。Inconel718为代表，靠富铌析出强化。这种合金的强化与体心四方相，即γ″相析出所产生的共格畸变有关。γ″为盘状，与面心立方基体的关系是：{001}γ″ ∥ {100}γ，[001]γ″ ∥ <100>γ。700℃以上，强度显著下降，这是由于γ″迅速粗化，一些γ″和γ′被溶解以及形成正菱形δ-Ni_3Nb相。

这类γ″强化合金的缺口塑性欠佳，这与晶界区存在γ″有关。通过适当的热处理可以消除这个问题，恢复合金的塑性。

以碳化物、氮化物和碳氮化物沉淀强化的代表性合金是美国的 CRM 合金系。

面心立方基体(通常属于奥氏体)的铁基合金具有形成异常短原子间距的所谓拓扑密排相,即 σ、μ、Laves 和 G 相的强烈倾向。这些相的析出,会损害合金的塑性,使之变脆。铁比镍更容易形成具有规则的短原子间距的相。

铁镍基合金元素的作用简述如下:

铬可提高铁基合金高温下的抗氧化腐蚀性能,它在合金中含量均在 12%以上,基本上为 15/25、15/35 和 15/45Cr-Ni 的类型。在低应力使用温度高的固溶强化铁基板材合金中,为突出抗高温氧化和腐蚀性能而将铬提高到 20%的水平。此外铬还是一个极有效的 γ 基体固溶强化元素,它也进入 γ'。

镍是形成和稳定奥氏体的主要元素,并形成 γ' 沉淀强化相,有利于合金的高温抗氧化腐蚀性能的提高。合金中一般含镍量为 25%~45%。极个别的节镍型合金,如 GH36 是以 Fe-12Cr-8Ni-8Mn 为基,即用部分锰取代镍来获得奥氏体基体。

钨和钼都是难熔金属,熔点很高(钼为 2620℃,钨为 3380℃),它们是铁基合金的主要固溶强化元素,有一部分钨和钼生成碳化物,通常合金中钨和钼的总量为 4%~8%,特别是在以固溶强化为主的板材合金中,为提高其使用温度,钨和钼的总量甚至可达 10%以上(如 GH14)。但 W、Mo 和 Cr 都是铁素体稳定化元素,故含量不能太高。加入铁镍基高温合金中的典型固溶强化元素包括:大约 Cr 10%~25%,Mo 0~9%,Ti 0~5%,Al 0~2%和 Nb 0~7%。钨可以代替钼,钽可以代替铌。但是这些较重元素对成本和比重带来不利的影响,所以几乎不要求使用。

在以上定为固溶强化的元素中,钼是在铁镍基合金中最有用的元素。钼也进入碳化物和 γ'。钴的晶格常数很接近镍和铁的晶格常数,所以钴不是一个有效的固溶强化元素。钼使 Ni-Fe γ 基体晶格膨胀,而钴缩小 Ni-Fe γ 基体晶格(如果以钴代铁的话)。因此,钼和钴都能参与 γ-γ'之间的错配效应,影响 γ'的沉淀和稳定性。例如，钼在 Fe-26Ni-16Cr-2Ti-0.25Al 合金中由于降低 γ-γ′的错配度，能够有效地制止对 η 相生成。事实上，钼最早是加入 Tinidur(A-286)合金，这是因为它改善了高温缺口塑性，很可能是由于钼制止胞状 η 相生成的缘故。

碳、铌、钛、铝、钒和锆也溶解在奥氏体中，因此也提供一些固溶强化作用，但这不是它们在铁基高温合金中的主要作用。

固溶元素对提高强化程度有限，这些元素能改变面心立方基体的晶格常数。

第二相强化元素主要为钛、铝、铌、钒等。合金中加入铝、钛、铌等元素能大大强化面心立方基体合金。通过适当的热处理，这些元素从基体中析出，形成金属间化合物相 γ′和 γ″。铝能形成 γ′[Ni_3(Al, Ti)]和阻止六角形 η(Ni_3Ti)的形成；钛能形成 γ′和碳化物(MC)；添加较多的碳(约 0.5%)能形成碳化物沉淀，例如 MC、M_7C_3、$M_{23}C_6$ 和 M_6C，使合金得到强化；有时加入氮和磷也能起到同样的效果。因为氮能形成碳氮化物，起到固溶强化的作用。磷能促进一般碳化物析出。

图 8.3 为 Ni-Al 二元相图的一部分。当铝含量大于其溶解度

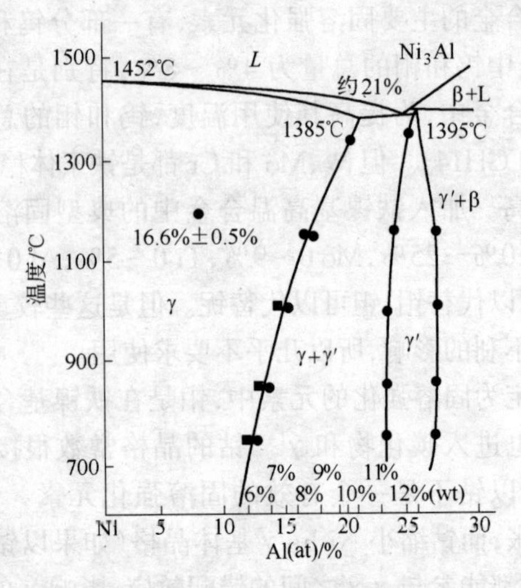

图 8.3　Ni-Al 二元相图(部分)

极限时，随温度下降可从 γ 中析出 γ′，称为二次 γ′。它经常呈球状或立方状，细小弥散地均匀分布在 γ 基体中。γ′晶体结构为面心立方，与 γ 相同，且点阵常数相近，因此倾向共格析出。当铝含量很高时（如百分摩尔比 *at*.＞21%），能从液体中以包晶反应方式生成大块 γ′，即 L+γ′→γ′，称一次 γ′。二次 γ′相是个很好的强化相，而一次 γ′的强化作用不大。图 8.3 还表明，γ′-Ni_3Al 不是一个严格的化学组成式，它同样有较大的固溶度，这对 γ′本身合金化相当重要。

图 8.4 为 Ni-Ti 二元相图的一部分，超过溶解度后，自高温冷却时从 γ 中沉淀出 η-Ni_3Ti，它呈大块片状或魏氏组织。Ni_3Ti 基本无溶解度（或极小），所以无法对它进行合金化。它不是一个强化相，它的析出导致性能降低，所以在合金设计上应设法避免。有铝存在时，生成 γ′，组成由 Ni_3Al 变成 $Ni_3(Al, Ti)$，即钛置换 Ni_3Al 中部分铝。当铝和钛同时存在时，钛起减小铝的溶解度促进 γ′相析出的作用，同时钛本身进入 γ′相，改变 γ′相本身的强化程度。

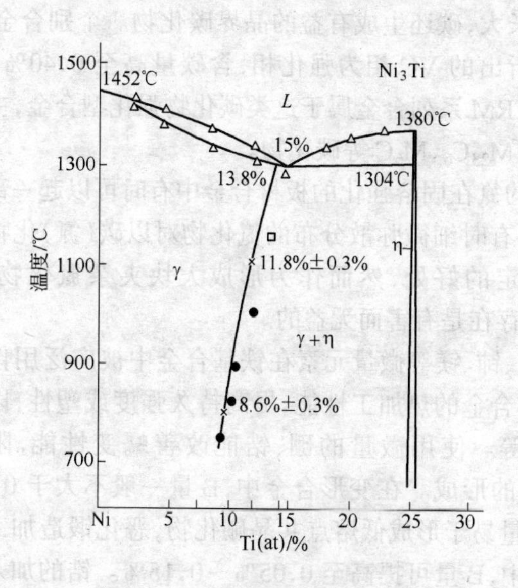

图 8.4 Ni-Ti 二元相图（部分）

对以碳化物强化的合金配合以高的含碳量(变形合金含碳0.4%以下,铸造合金中含碳可高达1%)。对以 γ' 和 γ'' 强化的合金采用低碳和高钛、铌、铝等元素相配合的强化途径。由于铁基合金组织稳定性的限制,其 Al + Ti + Nb 的总量在7%以下,以致 γ' 或 $\gamma' + \gamma''$ 强化相的总量也只有在20%以下,由此限制了铁基高温合金的强化程度和最高使用温度。

γ' 强化的铁基高温合金中钛是 γ' 的主要形成元素,而在 γ'' 强化的铁基高温合金中铌是 γ'' 的主要形成元素。相反,大多数镍基高温合金是用富铝的 γ' 硬化的。铝在铁基合金中对 γ' 和 γ'' 这些相贡献很少,但它能有效地提高抗氧化性能。铝、钛、铌,还有助于铁镍基高温合金熔炼时脱氧。在 γ' 或 γ'' 相中也还能发现碳、钴、铁、钼、钨、铬、钒和锆这些元素。

在铁基合金中有目的地加入了其他一些特定元素:

碳在合金中含量一般小于0.1%,其作用是脱氧,并形成 MC(NbC、TiC、ZrC 和 VC 等)碳化物,它在随后热加工变形过程中可阻碍晶粒长大,碳还生成有益的晶界碳化物。个别合金如 GH36,是以弥散析出的 VC 相为强化相,含碳量高至0.40%。英、美的 HK40 及 CRM 系列合金属于这类碳化物强化型合金,主要强化相为 NbC 及 $M_{23}C_6$、M_6C 等碳化物。

微量的氮在固溶强化的板材合金中有时可以起一部分固溶强化的作用,有时细微弥散分布的氮化物对以碳(氮)化物强化的合金也有一定的好处,然而作为形成大块夹杂氮化物如 MN 或 M(CN)的存在是有害而无益的。

硼、锆、铈、镁等微量元素在铁基合金中被广泛用作晶界强化元素,改善合金的热加工性能,提高持久强度或塑性,以及消除缺口敏感性等。使用微量的硼、锆能改善蠕变性能,阻止晶界 η(Ni_3Ti)相的形成。在变形合金中,B 量一般不大于0.01%,因为过高 B 含量易于形成低熔点共晶硼化物,恶化锻造加工性能。在铸造合金中,B 量可提高至0.05%~0.15%。锆的加入也是基于同样的原因,而且又是碳化物形成元素。

锰和硅有时也作为脱氧剂而被加入铁镍基高温合金,促进可加工性,还提供出一部分抗氧化作用。铁基合金中的硅,由于易生成脆性的硅化物相故应有所控制,同样有害气体和杂质的含量也应严格控制。

8.6.3 固溶强化铁基高温合金

对于几乎没有或根本没有沉淀强化效能的合金,如 HastelloyX、N-155、Inconel 625,主要在低应力情况下应用,使用温度高,要求优良的高温抗氧化性能。

图 8.5 为合金元素对铁基奥氏体的固溶强化作用。按强化率大小排列应为:间隙元素>铁素体形成元素>奥氏体形成元素。但如果考虑到溶解度极限的限制,间隙元素固溶强化作用小。铁素体形成元素的溶解度虽然有限,但仍可起一定固溶强化作用。而奥氏体形成元素的固溶度虽然较大,但其强化效果却也是有限的。因此,铁基奥氏体的固溶强化作用受到较大的限制。

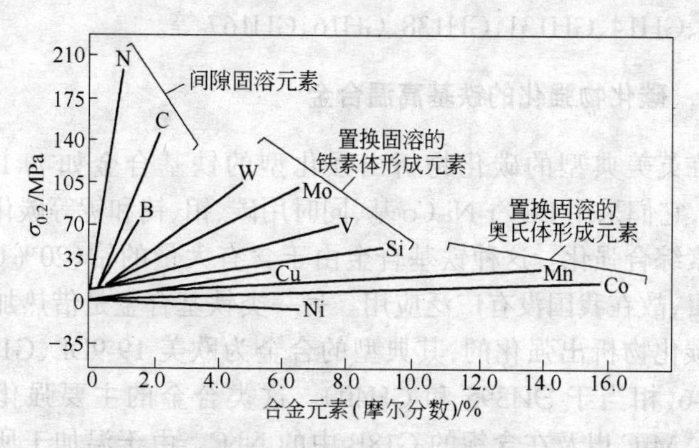

图 8.5 合金元素对铁基奥氏体的固溶强化作用

固溶强化作用随温度升高而下降。晶格畸变弹性应变能的作用及原子不均匀分布均会因温度升高,使原子扩散能力增大而减弱。同时,高温强度不同于室温强度,它更依赖于原子扩散能力,甚至有扩散型形变,只有那些能提高原子间结合力,降低扩散系数,提高再结晶温度及阻止扩散型形变的元素,才会有更佳的提高高温强度的作用。一般来说高熔点元素将更有利,因此铬、钼、钨对低温瞬时强度的影响及对高温瞬时强度和高温持久强度的影响是不同的。高熔点的钨、钼比铬具有更强烈的提高高温持久强度的作用。但铬的主要作用是提高抗氧化性能,同时加入几种固溶强化元素进行多元固溶强化是一种有效的固溶强化手段。

对我国生产的板材合金而言,可以提供能在 700～900℃ 工作的一系列铁基合金来替代相当的镍基板材合金,其中特别是能在 800℃ 左右工作的 GH140 合金应用最为广泛。GH140 化学成分(%)为:C≤0.06～0.12,Mn≤0.7,Si≤0.8,Cr 20～23,Ni 35.0～40.0,Ti 0.7～1.05,Al 0.2～0.5,Mo 2.0～2.5,W 1.4～1.8,余 Fe。GH139 合金也是以固溶强化为主的铁基高温合金,其化学成分(%)为:C≤0.12,Mn 5.0～7.0,Si≤1.0,Cr 23～26,Ni 15.0～18.0,B≤0.02,N 0.3～0.45,余 Fe。该合金广泛应用于 700～900℃,甚至 950℃ 而取代镍基高温合金。属于这类的合金还有 GH13、GH14、GH131、GH138、GH16、GH167 等。

8.6.4　碳化物强化的铁基高温合金

在英美典型的碳化物析出强化型的铁基合金如 N-155 和 S-590,它们采用 Fe-Cr-Ni-Co 基,同时用碳、钼、钨和铌等碳化物形成元素综合强化。这种铁基合金由于含有大量的钴(20% Co)而较昂贵,故在我国没有广泛应用。另一类铁基合金是借热加工来促进碳化物析出强化的,其典型的合金为欧美 19-9DL、G18B 和 16-25-6(相当于 ЭИ395 和 GH40)。这类合金的主要强化相为 $M_{23}C_6$,M_6C 以及在含铌的 G18B 中的 NbC。由于温加工所造成的组织不稳定性限制了这类合金到更高的温度(600℃)使用。

GH36 合金是一种节镍型的 Fe-12Cr-8Ni-8Mn 奥氏体铁基高温合金,其中加入钼、钒、铌等元素以固溶强化,并主要借时效析出 VC 和 $M_{23}C_6$ 碳化物来进行强化。主要用作涡轮盘材料。

合金中碳是影响碳化物强化的关键元素,钒量的增加使主要强化相 VC 数量增多而导致强度升高。钼除作为主要固溶强化元素外还进入 $M_{23}C_6$ 中而促进碳化物的强化效应。铌虽有固溶强化的作用,但过量后易生成大块的 NbC 或 Nb(CN)夹杂,而带来对强化的不利因素。在晶界上分布的 $M_{23}C_6$ 碳化物,其化学组成近似为$(Cr_{0.50}Fe_{0.30}V_{0.10}M_{0.08})_{23}C_6$。弥散分布的主要强化相 VC 只有在高倍电镜下才能显示,其颗粒大小仅有几个到 20 nm 的数量级。

GH36 合金的标准热处理制度为 1120~1140℃/80 min/水冷 +650~670℃/14~16 h,升温到 770~800℃/14~20 h/空冷。

用这种二次时效热处理制度,GH36 合金中的主要强化相为约 1%弥散 VC 和 3%左右的颗粒稍大的 $M_{23}C_6$,以及不可避免的一小部分(0.3%左右)没有溶解的 MC 或 M(CN)相。时效析出的 VC 和 $M_{23}C_6$ 碳化物在 650℃的长期时效过程中的数量基本上是稳定的,只是 $M_{23}C_6$ 碳化物略有增加。为使 GH36 合金中 VC 强化得到充分发挥,应控制 V/C 的比值在 4~4.2 左右;限 MC 或 M(CN)夹杂物相的大量出现,应控制低的含氮量和不够高的含碳量。随 GH36 合金中含氮量的增加,不仅强度性能大为降低,而且持久塑性亦显著下降。持久塑性的降低,将会导致持久缺口敏感性的出现,这对涡轮盘材料往往是至关重要的。为使合金具有高的强度和良好塑性的综合性能,必须使涡轮盘材料强韧化。采用微合金化的途径在 GH36 合金中加入少量铝(约 0.3%Al)使与合金液中过剩的氮结合来减少 M(CN)型夹杂以利于充分发挥钒和铌的作用来促进强韧化,同时加入微量镁(约 0.003%~0.005% Mg)来强化晶界而提高持久塑性,即从强韧化的方向发展了高强度无缺口敏感的新型 GH36 改进型合金。新型的 GH36 合金还具有高的屈服强度、低的疲劳性能以及优越的抗蠕变/疲劳交互作用的性能,因而是一种良好的铁基涡轮盘材料。

在铸造铁基碳化物强化型的高温合金中,0.4C-25Cr-20Ni 型的 HK40 合金广泛地用作石油、化工工业中的高温管材。高碳(0.7%~1.0%C)节镍型的是以 20Cr-5Ni-5Mn 为基,并加入钼、钨、铌等碳化物形成元素和硼综合强化的经济型 CRM 系列铁基铸造合金，因其有独特的经济性，故在民用工业的高温部件中曾得到广泛地使用。

由于碳化物颗粒硬和难于变形，并且晶格复杂以及与母相差异大，故而往往是非共格析出，属于不可能变形颗粒的第二相析出强化类型。这类合金中碳化物颗粒本身特性的影响不如颗粒的析出形貌、分布、间距以及体积百分数等因素的影响大。由于碳化物析出的非共格性以及碳原子的易扩散性，致使析出型碳化物在高温时极易聚集长大，失去强化效果，而限制了合金的使用温度（一般在 650℃以下）。

8.6.5 金属间化合物强化的铁基高温合金

应用金属间化合物（γ'或 γ''）的强化效应比碳化物强，因此其使用温度可以很容易地突破 650℃的界限，达到 750℃甚至 850℃或者更高，而且室温 $\sigma_{0.2}$可以达到 981 MPa，甚至更高的水平。这对燃气轮机的热端部件，特别是涡轮盘材料更是至关紧要的。因此，这类铁基合金在中温（750℃左右）得到广泛的应用。

铁基合金为保证必要的抗氧化和耐蚀性，铬的含量均在 12% 以上。由于合金中加入了钨、钢等固溶强化元素以及钛、铝、铌、钽等第二相强化元素，为保证组织稳定性，从 Ni-Fe-Cr 相图来看，必须相应地不断提高含镍量（见图 8.6），基本上组成 Fe-15Cr-25Ni、Fe-15Cr-35Ni 和 Fe-15Cr-45Ni 三种基体。对于那些高镍（45%～50%Ni）的合金，实际上的含铁量已经不高（如 GH169 只含 20% 左右的铁）。

这类合金中，大部分是以钛、铝第二相强化元素（并且是以钛为主）来强化的，它组成 $Ni_3(Ti,Al)$型并与母相共格但失调度较大的 γ'相。一般来说铝量少于钛，即 Al/Ti 比小于 1。过量的铝量，会形成 Ni_2AlTi、β 相[Ni(Al, Ti)，或 NiAl]。钛、铝总量过高也会使 γ 基体失去稳定性。Fe-15Cr-35Ni 型 GH135 中就有类似的规律性，且由于 GH135 中有大量易于形成 AB_2 型 Laves 相的元素钨和钼（W + Mo = 4%，在 GH130 和 GH302 中更是高达 6%），所以在高温长期时效时除了可能析出 σ 相外，亦有形成 Laves 相的倾向。这类合金几乎都是采用单独或同时加入钨、钼配合以固溶强化来提高使用温度。但是高钨、钼和铬除了有形成 σ 相、Laves 相的可能性外，亦有形成 μ 相的倾向，因而使合金失去组织稳定性，甚至造成脆化效应。GH132 合金在 650℃ 长期时效过程中即使在晶界上只析出 0.02%～1% 的颗粒状 σ 相，亦会造成显著的脆化。在Fe-15Cr-40Ni 的 GH302 合金中亦存在类似的由于 μ 相析出而造成的脆化。这种晶界脆化现象是 σ 与 μ 等脆性相在晶界的密集程度有关。因此，通过电子空位数的控制来调整成分或细化晶粒以减轻脆化相在晶界的密集程度是保证这类合金高温长期安全使用的重要措施。

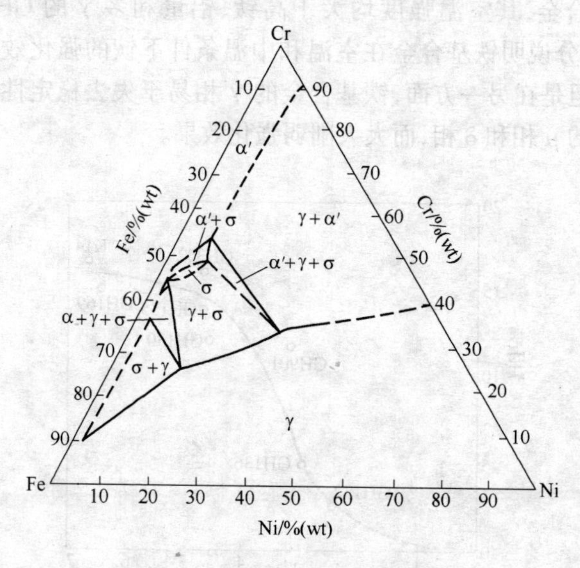

图 8.6 Ni-Cr-Fe 三元状态图（900℃）

有一部分合金除了采用钛、铝强化外，还引入铌、钽，它们进入 γ′相形成 Ni_3（Ti，Al，Nb，Ta）增加强化作用，甚至主要用 Nb 和 Ta

来形成以$Ni_3Nb(Ta)$型的γ″强化(例如国外的Inconel718和我国的GH169合金)。由于体心四方共格析出的γ″相与基体的失调度大,所以能造成强烈的共格应力场强化,导致合金的室温$\sigma_{0.2}$突破981 MPa以至更高的水平,使这类合金具有显著高屈服强度的特点。但是,由于共格应变强化的不稳定性,以γ″强化为主的铁基合金只适用于650℃左右的中温。

图8.7显示了合金中γ′(或γ″)相的数量是随Al+Ti+Nb总量的增加而上升,但是当其总量在5%以上时,强化相的数量就显得稳定了。一般来说,这类铁基高温合金中的γ′(或γ″)相量不超过20%,这与高级的镍基合金中γ′相量可以达到60%~70%相比是一个很大的差距,这也是限制了铁基合金进一步强化的原因之一。图8.8明显地说明,低钛、铝量少γ′的GH132、GH136和GH901合金,其室温强度均大于高钛、铝量和多γ′的GH135合金,这充分说明铁基合金在室温和中温条件下钛的强化效应远大于铝。但是在另一方面,铁基合金的γ′相易于失去稳定性而转变成稳定的μ相和δ相,而大大削弱强化效果。

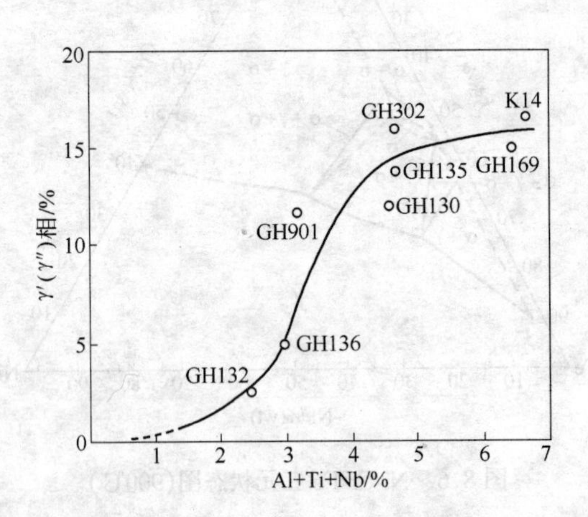

图8.7 铁基高温合金γ′(或γ″)相量与Al+Ti+Nb总量关系

与碳化物强化合金不同,为了尽可能减少TIC和NbC碳化物夹杂的数量,故合金趋向于低的含碳量(控制在0.05%以下或更低)。与其他高温合金类似,这类合金亦采用硼、锆、铈、镁等晶界强化和净化元素。微量相中只有硼化物(如 M_3B_2)在晶界以细小颗粒析出,因而对晶界强化有利。然而硼量不应过高,否则造成降低固相线温度以及低熔点共晶硼化物的生成,从而影响锻造工艺。铁基高温合金的锻造加热温度一般不希望超过1120℃。微量元素镁在GH169合金中的应用可有效地改善塑性,提高持久强度并消除持久缺口敏感性。过量的硅(如在GH132合金中Si≥0.65%;GH135合金中Si≥1.5%)易生成 $Ni_{13}Ti_8Si_6$ 型脆性的G相;含硫(如S>0.002%)又极易生成 $Ti_82(SC)$ 型的Y相夹杂。这些微量相不仅因其本身的脆性,而且还消除主要的强化元素钛,而造成弱化和脆化双重危害,故必需加以严格控制。

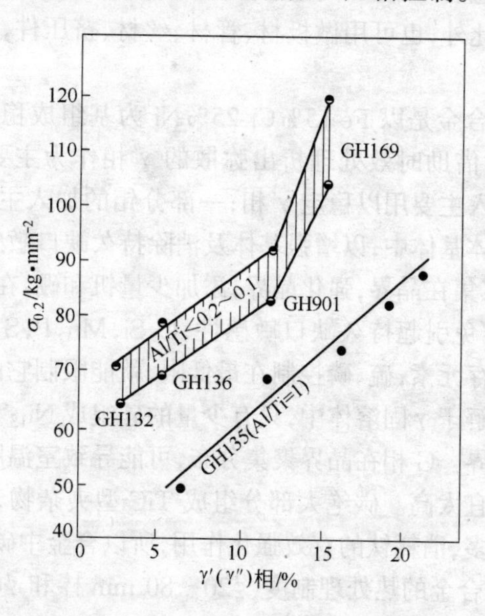

图8.8 铁基高温合金γ′(或γ″)相量与室温屈服强度的关系

我国在这类铁基合金中发展了一系列的牌号,例如GH135和GH761可以用作750℃以下的涡轮盘材料;GH302和GH130可以用作 800℃以下的涡轮动叶片；在此基础上发展的 K13(GH130B)和 K32 铁基铸造合金成功地用作 750℃下的涡轮铸造动叶片和柴油机整铸增压涡轮；K14(TL-1)可以代替镍基铸造合金用于制造 900℃以下工作的燃气涡轮导向叶片和涡轮叶片。国产类似的合金还有：GH132、GH136、GH78、GH137、GH901、GH915 等，这些都是变形合金。

我国研制的 GH132 高温合金相当于美国的 A-286 合金。它是一种以金属间化合物强化为主的铁基变形高温合金，其化学成分(%)为：C≤0.02，Mn1.5，Cr15，Ni26，Ti2.0，Al≤0.4，B0.005，Mo1.2，V0.1～0.5，余 Fe。该合金主要适用于 650～700℃的高温部件。由于它具有良好的综合性能，现已在航空工业上广泛用来制作涡轮盘、环形件和其他锻件，已有用热轧或冷拔的棒材来制作紧固件。此外，也可用做板材、管材、丝材、挤压件，甚至也可以作为铸件。

GH132 合金是以 Fe-15%Cr-25%Ni 为基组成稳定的奥氏体基体，加入钛借助时效处理析出弥散的 γ' 相作为主要强化手段。少量铝的加入主要用以稳定 γ' 相；一部分钼的加入主要溶解在奥氏体的固溶体基体中，以增强基体及消除持久缺口敏感性；微量硼加入，主要富集在晶界，强化晶界；添加少量钒和硼，在合金钛含量高时，可以避免引起持久缺口敏感性；C，Si，Mn，P，S 是合金中不可避免的常存元素；硫、磷控制在最低限，就能限制它的有害作用；硅大部分溶解于 γ 固溶体中，只有少量的硅组成 $Ni_{13}Ti_8Si_6$ 型的 G 相分布在晶界。G 相在晶界聚集分布，可能导致室温脆化，所以合金中硅量不宜太高。碳绝大部分组成 TiC 型夹杂物，过多的碳会使夹杂物变多，消耗钛的有效强化作用，所以合金中碳不宜太高。

GH132 合金的热处理制度(ϕ20～80 mm 棒和 ϕ80～300 mm 锻材)：980～1000℃，1～2 h，油冷；700～720℃，12～16 h，空冷。

GH132 合金的主要工艺参数：采用电弧炉或电弧炉冶炼后电渣重熔。锻造通常加热温度控制在 1100～1120℃，始锻温度不小于1000℃,终锻温度大于900℃。

8.7 镍基高温合金

8.7.1 类型、特点及用途

镍基高温合金是以镍为基体(一般含30%~75%的镍和30%以下的铬)在650~1100℃温度下具有一定强度和良好抗氧化抗热腐蚀性能的高温合金。

镍基高温合金的高温综合性能比低合金钢和不锈钢优异得多,在整个高温合金领域内占有特殊重要的地位,它广泛应用于制造航空喷气发动机、各种工业燃气轮机的最热端部件,如涡轮部分的工作叶片、导向叶片、涡轮盘,燃烧室等。它是高温合金中应用最广、牌号最多的一类合金,通常按制备工艺分为变形镍基高温合金、铸造镍基高温合金和粉末冶金高温合金三大类。变形高温合金又可分为固溶强化型合金和沉淀强化型合金、固溶强化型合金具有一定的高温强度,有良好的塑性、热加工性和焊接性,用于制造工作温度较高、承受应力不大(约几十 MPa)的部件,如燃气涡轮的燃烧室。沉淀强化型合金实际上综合采用固溶强化、沉淀强化和晶界强化三种强化方式,因而具有良好的高温蠕变强度和抗疲劳性能,用于制造高温下承受应力较高的部件,如燃气涡轮的叶片和涡轮盘等。铸造镍基高温合金又分为普通铸造合金、定向凝固合金、定向共晶合金和定向单晶合金。

若以150 MPa100 h持久强度为标准,则目前镍基合金所能承受的最高温度约1100℃,而钴基合金约950℃,铁基合金小于850℃,即镍基合金相应地高出150℃及250℃左右。所以人们称镍基合金是“发动机的心脏”。目前在先进的发动机上,镍基合金已占总质量的一半,不仅涡轮叶片及燃烧室,而且涡轮盘甚至后几级压气机叶片也开始使用镍基合金。

与铁基合金比较,镍基合金的优点为:工作温度高,组织稳定,有害相少,及抗氧化抗热腐蚀能力大。

与钴基合金比较,镍基合金能在较高温度与应力下工作,尤其在动叶片场合更为突出。

8.7.2 成分和组织

镍为面心立方结构,组织非常稳定,从室温到高温不发生同素异型转变,这对选作基体材料十分重要。镍在500℃以下几乎不氧化,常温下也不受湿气、水及某些盐类水溶液的浸蚀,在硫酸及盐酸中溶解缓慢。镍具有很大的合金化能力,甚至添加十余种合金元素也不出现有害相,这为改善镍的各种性能提供潜在的可能性。纯镍的机械性能虽不高,但塑性却极好,尤其在低温下塑性变化不大。镍自身的优良性能使镍成为一个出色的基体金属。

典型镍基高温合金的组织由 γ 奥氏体基体相、沉淀强化相 γ' 和碳化物(MC、$M_{23}C_6$、M_6C、M_7C_3)所组成。一些铸造合金有 $\gamma+\gamma'$ 共晶相,某些合金在高温使用过程有 σ、μ 和 Laves 相析出。此外合金中还有微量硫化物和 M_3B_2 硼化物,个别合金则有 η 相(Ni_3Ti)和G相。

γ 相是以镍为主的奥氏体固溶体,面心立方结构。它可溶入大量多种合金元素而不出现有害相。合金元素按其对固溶强化效应递增的顺序为:Co、Fe、Cr、Al、V、Ti、Mo、W、Nb、Ta等。各元素在镍中的溶解度见表8.5。

表8.5 合金元素在镍中的最大固溶度

合金元素	固溶度/%	固溶度(摩尔分数)	最大固溶度温度/℃
C	0.55	0.027	1318
Cr	47	0.5	1345
Co	全部	全部	
Mo	37.5	0.27	1315
W	40	0.175	1500
Nb	20.5	0.14	1270
Fe	全部	全部	>910
Ti	12.5	0.15	1287
Al	11	0.21	1385
Ta	36	0.154	1360
V	39.6	0.43	1200

合金元素大致分为以下几类：

(1) 钛、钴、镍形成 γ 面心立方奥氏体，作为高温合金的基体元素；

(2) 进入 γ 相基体的元素钒、铬、钼、钨，它们在 γ-Ni 中都有一定的溶解度；

(3) 形成 γ′相(Ni_3Al)元素有铝、钛、铌、钽；

(4) 晶界间隙元素硼、碳、镁、锆。

镍基高温合金中元素的作用有：形成沉淀硬化相 γ′的合金元素；固溶强化元素；晶界强化元素。

8.7.2.1 固溶强化的合金元素

在镍基高温合金中能进行固溶强化的元素是指能在 γ 相中有一定溶解度的元素，它们是钴、铁、铬、钼、钨、钒、铝、钛。这些固溶强化元素与镍的原子半径之差为 1%～13%，电子空位数具有 1%～7%的差别。

镍基合金中铬是固溶强化元素，同时又能形成抗氧化和抗腐蚀的 Cr_2O_3 保护层。Cr_2O_3 氧化物具有致密、低的阳离子空位，防止金属原子向表面扩散和氧、硫、氮等有害元素向金属内扩散，有效地防止合金的继续氧化。一般认为，要使合金具有良好抗腐蚀性，铬含量应在 15%以上。图 8.9 为镍—铬二元系状态图，室温时铬在镍中溶解度约 30%，700℃时上升到约 35%，因此溶解度是很大的。

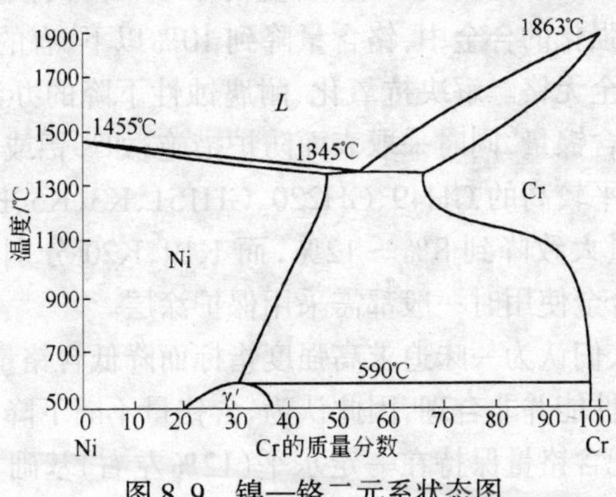

图 8.9 镍—铬二元系状态图

铬在镍基合金中主要以固溶态存在于基体中，少量生成碳化物，由于铬与碳量之比很高，一般多生成 $Cr_{23}C_6$ 型碳化物，只有铬量低或碳最高时才生成 Cr_7C_3 型碳化物。铬通过固溶强化基体和晶粒，$Cr_{23}C_6$ 析出而影响合金的强度。例如，纯镍的 800℃，100 小时持久强度为 39.2 MPa，而加铬以后可以提高到 49 MPa。对于许多镍基合金，晶界 $Cr_{23}C_6$ 的形态会对高温持久强度产生很大的影响。最佳的分布状态是有均匀断续分布于晶界的 $Cr_{23}C_6$ 颗粒。

镍基合金的含铬量波动于 10%～20%之间。对于板材，通常因其使用温度高和要承受燃气腐蚀作用，故含铬量较高；对于叶片材料，根据叶片使用条件，必须要兼顾抗蚀性和高温强度两方面的要求，而这两方面的要求往往会导致相互矛盾的结果。在早期发展的合金中，铬含量高达 8%～20%，至少 15%以上。但是，高温合金中铬又是形成 TCP 相（主要是 σ 相）元素，另一方面，为了提高镍基合金的高温强度，需要加入更多的强化元素 W、Mo、Nb、Ti、Al、Ta、Co 等，此时如果铬量仍维持在高水平上比（保持氧化腐蚀抗力），那么必然会导致 γ 基体镍大量下降而变得不稳定，造成有害相析出，从而严重损害合金强度及塑性，因此要提高高温强度则必须降低铬含量。这样，在提高高温强度和保持良好的抗氧耐蚀能力之间出现了尖锐的矛盾。

1965 年以前大多逐渐降低铬含量以避免合金中出 σ 相。随着镍基合金不断强化，合金中铬含量有不断下降的倾向。在近期发展的高度强化的合金中，铬含量降到 10%以下，有的低到 5%～6%；甚至完全无铬。解决抗氧化、耐腐蚀性下降的办法是不断降低铬量提高含镍量，同时采取表面防护措施；如渗铝或 MCrAlX 包覆。我国水平较高的 GH49、GH220、GH151、K3、K5、K17、K18 等合金，铬含量大致降到 8%～12%，而 K19、K20 分别降到 6%及 3%。这类合金使用时一般都需采用保护涂层。

后来，人们认为一味追求高强度指标而降低含铬量，严重损害抗氧化腐蚀性能并非合理，因此认为，含铬量不断下降的趋势应停止，而必须把含铬量保持在一定水平（12%左右）基础上来进一步强化。发展了铬含量较高的合金如美国的 IN738,Mar-M432,Udimet-710;英国的 IN-587,IN-597;日本东芝公司还研制成功一种 CND 新型燃气轮机叶片合金,含铬高达 36%,具有良好的抗热腐蚀性能,据称叶片寿命在 10000 小时以上,能耐低级燃料中所含大量硫、钒等元素的腐蚀。同时,发展了具有中高强化水平的高耐蚀性的高强度耐蚀合金。这类合金要求在保持中高强度水平的条件下,不断提高铬含量,以保证更好的耐蚀性。这类合金在海洋、地面燃气轮机中有着广泛的应用,如我国的 GH537、NS 系列,美国的 Inconel-738、Inconel-939 和前苏联的 ЭП539 等合金。

钴一般含量为 10%~20%,虽然是弱的固溶强化元素,但在镍基合金中确有良好的作用:

(1) 降低钛和铝在基体中的溶解度,增加 γ′强化相的数量。

(2) 强化 γ′相,钴进入 γ′中形成$(Ni、Co)_3(AlTi)$,提高 γ′的固溶温度,例如 Nimonic80 合金 γ′的固溶温度为 840~880℃,由于增加钴后的 Nimonic90 合金 γ′的固溶温度提高到 900~940℃。

(3) 通过减少碳化物在晶界上的析出,减少晶界贫铬区的宽度。

(4) 降低基体的堆垛层错能,以发挥固溶强化作用。

(5) 改善镍基变形合金的热加工性能和塑性、韧性。

鉴于钴的上述优点,镍基高温合金中总含有钴,但钴的价格很贵,并且钴资源缺乏,因此 20 世纪 70 年代后期各国都研究节钴的可能性。结果认为,对于中低级镍基合金而言,用别的强化元素代替钴的可能性存在。对于高强度镍基合金而言,节钴比较困难,不过各国发展合金的传统不同,美英的合金多含钴,而前苏联的合金中有相当一部分不含钴。

钨和钼在镍基高温合金中是强有力的固溶强化元素,其作用主要是进入固溶体,减慢铝、钛和铬的高温扩散,增加扩散激活能。一般认为,钼的强化效果优于钨,而钨的强化只有加入量不小于 7%~8%时才能显著改善合金的热强性。使用温度较高的合金(>1000℃),钨的强化作用较显著。高温强度较高的合金如 Mar-

M200, Mar-M246, TRW1800, TRW1900, M21, M22 等合金都含 8%~13%(质量分数)的钨。使用温度达 1093℃的 WA2-20 合金含 17%~20%(质量分数)的钨。

铁在镍基合金中受到严格限制,早期合金中允许含 4%~8%,近期被限制在 1%以下,因为铁促进有害的 σ 相形成,使 γ′量下降,导致合金强度、塑性及持久性能下降。

8.7.2.2 形成 γ′相的合金元素

除了铬以外,铝和钛就是镍基合金中最基本的元素,镍基合金之所以能成为不可取代的高温合金就是因为存在 γ′强化相,而铝和钛是 γ′(Ni_3Al)相主要形成元素,并通过 γ′在基体内弥散分布,从而强化合金。

γ′相为面心立方结构,且晶格常数与基体 γ 相近,一般相差小于1%。它与基体 γ 相共格 $(100)_{\gamma'} \parallel (100)_{\gamma}$,界面能低,高温稳定。γ′相强度随温度上升而提高,700~800℃达到峰值。

纯 γ′相 Ni_3Al 的熔点 1385℃, Ta、Nb、Ti、W 和 Mo 等元素固溶于 γ′相并使 γ′相强化和稳定,合金元素在 γ′相和 γ 相中的分配比值如表 8.6 所示。

表 8.6 镍基合金中合金元素在 γ′和 γ 基体中的分配

元 素	Al	Ti	Nb	Ta	V	Co	Cr	Mo	W
γ′:γ	1:0.33	1:0.17	1:0.12	1:0.06	1:0.60	0.61:1	0.19:1	0.34:1	1.16:1

图 8.10 为 Ni-Al-Ti 三元相图等温截面,图上表示 750~1150℃四条相界线的位置。自 1150℃降温到 750℃, γ+γ′两相区扩大, γ 区缩小,这意味着 $Ni_3(Ti,Al)$型 γ′可以不断从 γ 基体析出。η 相亦有类似的趋势。

若在 Ni-Al-Ti 中再加入别的合金元素(如铬、钨、钼、钴等),此时 γ′相仍可析出,但其溶解度曲线向浓度更低的方向移动,只要加入百分之几的铝和钛,就有 γ′相析出。同时, γ′自身有一定的溶解度,即它的镍和铝能被某些元素所置换,或 Ni_3Al 可以被合金化,通过合金化, γ′性能得到改善,从而进一步提高镍基合金的强度。镍基合金成分越来越复杂,合金化程度越来越高,意味着 γ′成分越来越复杂,合金化程度越来越高。

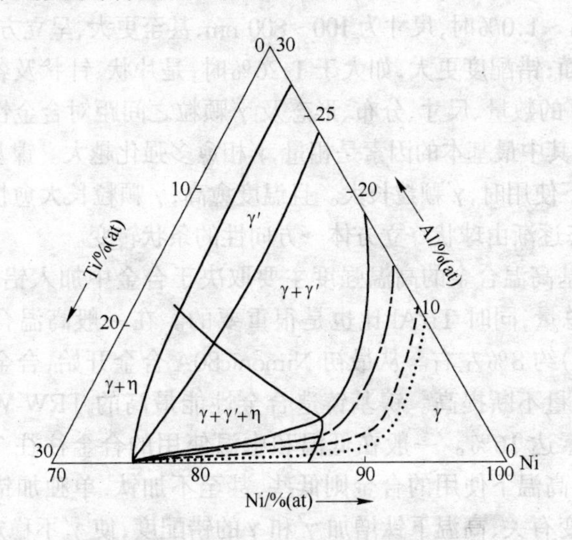

图 8.10 Ni-Al-Ti 三元相图(部分)

——1150℃;—·——1000℃;----—850℃;·····—750℃

不同高温合金中 γ′相的组成不同。γ′相量则取决于合金中 Al、Ti 和 Nb 的含量,如图 8.11 所示。γ′相形态与用晶格常数 a 的

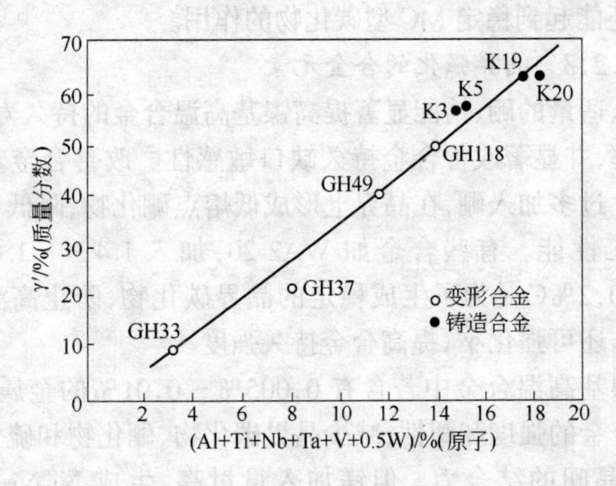

图 8.11 镍基高温合金 γ′(或 γ″)相量与形成元素总量关系

差异度量的 γ-γ' 晶格错配度$(a_{\gamma'}-a_{\gamma})/a_{\gamma}$ 大小有关。错配度 0～0.2%时,通常 γ'相呈球状,尺寸为 10～100 nm,共格界面;错配度大到 0.5%～1.0%时,尺寸为 100～800 nm,甚至更大,呈立方体,为半共格界面;错配度更大,如大于 1.26%时,是片状、针状及各种为规则状。γ'的数量、尺寸、分布、形态及 γ'颗粒之间距对合金性能有较大影响,其中最基本的因素是相量,γ'相愈多强化越大。镍基合金长期高温下使用时,γ'颗粒长大。且温度愈高,γ'颗粒长大愈快。同时 γ'相形态逐渐由球状→立方体→方向性的条状转变。

镍基高温合金的高温强度主要取决于合金中加入铝、钛形成 γ'相的总量,同时 Ti/Al 比也是很重要的。在一般高温合金中含(Al+Ti)约 8%左右。从最初 Nimonic80A 合金开始,合金中加入的铝、钛量不断提高。镍基铸造合金性能最高的 TRW-WA 含 γ'形成元素达 16%。一般在低温和中温使用的合金往往 Ti/Al 比高些,在高温下使用的合金则低些,甚至不加钛,单独加铝。这与晶格畸变有关,高温下钛增加 γ'和 γ 的错配度,使 γ'不稳定。

铝除在镍基合金中形成 γ'相外,还可以进入基体强化基体。同时,铝在合金表面形成 Al_2O_3 很致密的氧化物,对提高合金抗氧化性起良好作用。

铌、钽主要进入 γ',是强化和稳定 γ'的主要元素。钽除了强化 γ'外还能起到稳定 MC 型碳化物的作用。

8.7.2.3　晶界强化的合金元素

加入适量的硼、锆能显著提高镍基高温合金的持久寿命,降低蠕变速率,并显著改善合金持久缺口敏感性。改善合金塑性和加工性能。过多加入硼,在晶界上形成低熔点硼化物,降低合金塑性和热加工性能。有些合金如 WA2-20,加入 1.4%～1.6% Zr 和 0.1%～0.2%C 是为了生成稳定的晶界碳化物,防止高温下晶界滑移。锆还可强化 γ',提高合金持久强度。

在镍基高温合金中若含有 0.005%～0.01%的金属镁,可显著提高合金的强度和塑性,减少晶界碳化物、硼化物和硫化物的数量,提高晶间的结合力。但镁加入量过高,生成 Ni-Ni_2Mg 共晶

(熔点 1095℃),反而恶化热加工性能。对于高铬的镍合金如IN597,镁加入量为 0.01%~0.03%为适宜。

镍合金中加入铈、镧等稀土元素,可以净化晶界;改善氧化膜与基体合金的黏附性;减少氧化膜与合金基体界面处由于 Cr^{3+} 向外迁移而形成的空穴;适量稀土元素可改善合金热加工性;在冶炼中起脱氧、脱硫净化合金液作用。铈、镧等稀土元素的添加对热稳定性镍基高温合金尤为重要,它们对合金高温抗氧化性,耐硫腐蚀等均有重要作用。但是稀土元素往往偏聚合金晶界,添加量太多将引起晶界偏聚而引起脆性。一般认为,合金最大溶解度约不大于 0.1%,加入量应小于此数。

铪在镍合金中的作用引起人们重视。镍合金中加入适量铪对于提高强度和改善塑性起很大作用,如 B1900 + Hf 含 1.5%Hf。

8.7.3 固溶强化的镍基变形高温合金

英国的 Nimonic75(相当于我国的 GH30)是最早的镍基高温合金,它由电阻丝材料 Ni-20Cr 发展而来,加入少量铝、钛使其强度性能显著提高。

GH30 属于固溶强化型镍基高温合金,主要成分为 Ni-20Cr-Al-Ti 系列合金,它具有良好的抗氧化性能,是单相组织,具有良好的工艺性能和足够好的焊接性能。此外,合金的组织稳定,时效倾向性小。可制造成冷轧薄板,制造发动机燃烧室。其热处理制度为 980~1020℃空冷,保温时间视要求而定。经 1000℃固溶处理后合金为单相奥氏体组织。

镍基变形合金中碳含量是较低的,一般碳含量控制不大于 0.1%。碳与合金组元钛、铬形成碳化物,从而降低了合金化程度;铬的碳化物在长期使用中有时效倾向,合金组织从而不稳定;由于铬的碳化物形成而降低了合金抗氧化和抗腐蚀能力;过多的 TiC 或 Ti(CN)的存在可造成冶金缺陷。碳在高温下可还原金属氧化物生成 CO 从金属表面逸出,破坏金属表面氧化膜的致密性,如有人试验 Ni80Cr20 合金中碳从 0.05%增加到 0.3%时,在 1050℃

下因增加碳含量,合金使用寿命缩短两倍。同时,过高的碳会恶化合金塑性和焊接性能。

类似 GH30 这样简单合金通常采用一次固溶处理。其目的,一方面是消除加工过程中的应力,另一方面是为了获得合适的晶粒度,使合金获得综合性能。这种处理是在 980～1020℃ 保温后空冷,这个温度即固溶温度(或叫应力退火温度)。

对于成分与 GH30 相似的 Nimonic75 合金在制造无孔零件时,在较高温度下淬火和随后时效,使合金获得沉淀强化效果。如该合金在 1200℃ 缓冷至 1000℃ 保温 16 小时析出 Cr_7C_3,并在随后低温时效转为 $Cr_{23}C_6$,提高了合金的持久强度和蠕变强度。

为了提高固溶强化镍基高温变形合金的耐热性,在 GH 30 合金基础上添加钨、钼、铌和提高铝、钛而获得一些使用温度更高的合金,例如,加钼、铌和提高铝、钛而发展了 GH39 合金(相应于前苏联:ЭИ602),用于 800℃ 板材;以钨进行固溶强化发展了 GH44 合金,使用温度达 900℃;在 GH44 基础上提高钨、钼的总量并添加晶界强化元素,又发展了 GH128 合金,使用温度达 950℃。

后来,又发展了合金化水平相当高的 GH170 合金,使用温度 900～1000℃。实际上 GH170 合金是以钴和钨为主要合金元素的 Ni-Cr-Co-W 合金,其性能水平与钴基板材合金 Hayness-188 相近。由于合金化程度较高,组织中除奥氏体为基体外,还有细小均匀分布的 M_6C 及 μ 相。

8.7.4 金属间化合物强化的镍基变形高温合金

面心立方的金属间化合物相强化的镍基变形合金,可用于飞机燃气涡轮发动机叶片、盘、环、轴和各种压缩机,其他用途如核反应堆中的螺栓和弹簧。此类合金成分的共同点就是控制铝、钛。Nimonic80 和 ЭИ437 合金是由 Nimonic75(GH30)合金加入铝、钛而发展起来的最早的沉淀硬化合金。镍基合金自发现了以 γ' 相与基体(γ 奥氏体)共格的强化相后,合金则得到迅速发展。

GH33 合金是一种 γ' 相时效强化的简单的合金,但却反映了这类合金的特征。GH33 合金主要成分为 Ni-20Cr-0.75Al-2.5Ti-B,其成分与 Nimonic80A,ЭИ437,ЭИ437A,ЭИ437Б 相类似,它们都是在 Nimonic80 合金基础上发展起来的,主要用作制造 700℃以下的涡轮盘材料。

GH33 合金成分处于 $\gamma+\gamma'$ 相区。在正常情况下,不出现 η 相,但在 800℃长时间保温 1000 小时以上时则会有 γ' 相和 η 相转变,使合金的强度和塑性下降。

研究表明:低 Al/Ti 比的镍基合金要防止 γ' 向 η 相转变。铝的提高有利于防止 $\gamma'\rightarrow\eta$ 相的转变,增加 γ' 析出量,合金强度增加,但同时使合金加工困难。从合金综合性能考虑,铝含量不应超过 1%。ЭИ437Б 合金只有铝含量小于 0.3%~0.4%时才存在 η 相。含钛量增加促使形成 η-Ni_3Ti,为避免 Ni_3Ti 相和 γ'、γ 相共存,钛为 3.5%时,铝应为 1.2%。一般 Al/Ti 比达到 1:3,还不会改变 γ' 的有序面心立方晶体结构。GH33 合金为 2.7% Ti 和 0.9%Al,合金接近 $\gamma+\gamma'+\eta$ 相区的边缘。

为了提高合金的使用温度,发展了一系列复杂合金化的镍基变形合金。如我国生产了 GH33、GH37、GH49、GH151 四个典型镍基变形合金。

由 GH33 合金发展到 GH49 合金,不但 Al + Ti 总量增加,Al/Ti比也由 GH33 的 1:3 提高到 2:1,这对于高温下使用的合金是必要的。GH33、GH37、GH49、GH151 四个典型合金含铝、钛总量分别为 3.6%、4.2%、5.7%、6%的铝,其中 GH151 完全用铌代替了钛。铝、钛含量增加,γ'数量也增加。GH49 合金中 γ'相高温强度也随之提高,但塑性下降,加工困难。

随着 γ'数量增加。γ'相的溶解温度也随之提高。GH49 合金 γ'相溶解温度大约 1120~1140℃,GH151 合金则为 1200℃。γ'相溶解温度的提高,可使 γ'相在更高的温度下保持稳定,使合金在高温下保持强化状态。

复杂合金化的镍基合金除了增加沉淀强化相 γ'数量外,还加入固溶强化元素。如:GH37 是在 GH33 基础上除稍增加(Al + Ti)

总量和 Al/Ti 比外，还添加 9%～10%的钨和钼，使用温度提高到 800℃；GH49 除此外，还加入 15% Co，使用温度提高到 800～900℃。钨、钼在这类合金中溶解度是有限的，超过溶解度就会出现不稳定的 α 相（富钨或钼的第二相），使合金强度急剧下降。当 800℃，含铬为 20%的镍合金中，钨在 Ni-Cr 固溶体中溶解度为 17%～18%，钼的溶解度为 13%～14%。考虑其他元素对溶解度的影响，钨、钼一般在镍基变形合金中加入量在 5%～10%范围之内。

8.7.5 镍基铸造高温合金

为了满足材料发展要求，进一步合金化，需提高铝、钛和难熔金属含量。但是，合金的加工性能变差，难以成形。后来采取相应冷却技术如空心叶片，这对于变形合金加工很困难。20 世纪 50 年代末期发展了铸造高温合金。

采用精密铸造方法生产高温合金涡轮盘、叶片等部件，从工艺上看有如下特点：

(1) 同样成分的合金采用铸造，比变形合金持久性能高；

(2) 使用温度比变形镍基合金高出 100～150℃，即达到 1050～1100℃，对于同一牌号合金，铸造状态比变形状态要高出 30℃左右；

(3) 采用铸造，零件变形小，可以在较大范围内增加合金元素含量；

(4) 形状可更复杂；

(5) 生产工序简单，返回料可重熔使用，成本较低；

(6) 可用定向凝固工艺，制成定向结晶、单晶、共晶合金叶片。

由于采用真空下精密铸造方法生产镍合金零件，可以充分合金化，不受合金锻造变形的限制。因此，镍基铸造合金的高温强度比变形合金高。例如，IN100（铸）合金（Al + Ti）＞10.5%，γ′超过 65%；Mar-M246 合金（W + Mo）总量大于 14%，合金的工作温度达到 1090℃左右。

镍基铸造合金中往往钨、钼含量高。钨、钼进入 γ 基体,增加了 γ 基体的点阵常数,从而降低了 γ′和 γ′相的共格应变。这对于高温下工作(如工作温度 $T>0.6$ Tm)的零件,降低了 γ-γ′的应变,使 γ′更稳定,是有利的。

镍基铸造合金中加入钽、铌,主要是形成 γ′相,起强化作用。

美国的 IN100 合金在奥林普斯 593 发动机上做一级导叶、工作叶片及其他发动机上得到广泛的使用。K17 合金是我国研制的镍基铸造合金,与 IN100 基本相似,其化学成分(%)为:≤0.13~0.22C,8.5~9.5Cr,14~16Co,2.5~3.5Mo,4.8~5.7Al,4.7~5.3Ti,≤1.0Fe,0.6~0.9V,0.01~0.022B,0.05~0.09Zr,余 Ni。

从 K17 成分可见,铝、钛含量高,合金中 γ′相达 64%以上。还有钴、铬、钼进行固溶强化。需注意的是,高铝、钛合金由于 γ′相析出,γ′中的含铬、钴、钼又低,这势必增加 γ 固溶体中钴、铬、钼的含量,以致使合金有形成 σ 相的可能,所以镍合金中铝、钛的加入量要限制。

铬在合金中的加入量与其他元素尤其是(Al + Ti)的含量有关。(Al + Ti)越高,铬的加入就越低。否则合金组织不稳定就会出现 σ 相。

镍基铸造合金含碳量较高,如 IN100 含碳可在 0.15%~0.2%,这有利于提高合金的流动性。同时,形成碳化物起强化作用,但碳含量不能太高,否则形成过多的 TiC,变成夹杂物降低合金性能。

K17(或 IN100)合金铸态组织中,主要有 γ′,γ + γ′共晶,TiC 和 M_3B_2 相。图 8.12 是以 K17 合金为基础的假想平衡图。

K17 合金在液相线 1295℃到固相线 1245℃之间进行 L→γ + γ′共晶反应。合金中初生的 γ′相即 γ + γ′共晶是通过共晶或包晶反应从液相中析出的。当合金中∑Al + Ti 超过 9%~10%即可出现这反应,但在较快凝固条件下(Al + Ti)含量在 9%以下也可能出现共晶,不过这种共晶组织在高温长期退火中会被溶解。

在结晶完了后,随着温度的降低 γ 成为过饱和,并将析出相

γ′,这就是二次 γ′相,即弥散分布的 γ′强化相。

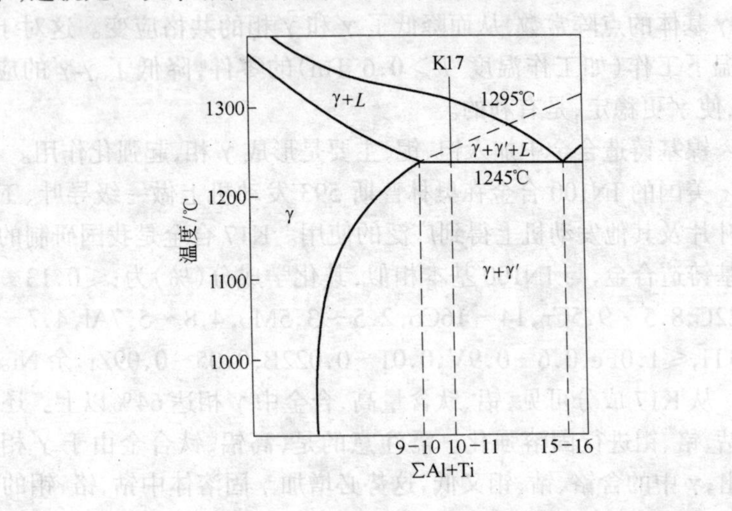

图 8.12　K17 合金伪平衡图

实际生产过程中,凝固过程不可能是平衡状态的。当液态合金结晶开始后,液相成分沿着液相线变化,γ 的成分沿固相线变化,这样先后结晶的 γ 成分不同。先结晶的 γ 基体(即晶轴)含铝、钛低一些,后结晶出的 γ 基体即枝晶间铝、钛多些,这些元素的偏析不能通过扩散来消除。因此,在随后冷却过程中 γ 析出 γ′,在枝晶间富铝、钛区析出多些,晶轴少些,这种 γ′相的不均匀析出即树枝状偏析。

在凝固后期,剩余的合金液中铝、钛含量不断的提高。同时从液相中析出的 γ 固溶体低铝、钛,而 γ 固溶体长大的前沿液态合金便富集了较多的铝、钛。并且首先达到了共晶反应成分即进行共晶反应。由于共晶反应结果,在 γ + γ′外沿贫铝、钛,这种元素偏析叫共晶反应偏析。

镍基铸造合金在热处理过程中,γ + γ′共晶也是不能溶解的,合金仍然保持铸造树枝状组织,所以,同样成分的合金铸造状态要比变形状态合金持久性能要高,这主要是铸造组织偏析作用和晶界减少的缘故。

镍基铸造合金钨多偏析在晶轴，而铬、钼、钛在晶间偏析多些。由于钛的偏析作用，在γ前沿富集较多钛，促进了TiC的形成。如果TiC过多集中成了杂质，降低合金性能。同时钛多，合金$\gamma+\gamma'$共晶成大块的团状析出会损害合金性能。所以高温下使用的镍基合金钛远小于铝或不加钛。

铬、钼、钛又是形成σ相元素，它们偏析在枝晶间或$\gamma+\gamma'$外沿。因此，局部地区可能析出σ相。细晶铸造合金比粗大的铸造合金容易生成TCP相。变形合金成分是比较均匀的，只是在晶界局部地区有些差别，相比之下还是小的，所以铸造合金比变形合金容易产生TCP相。

8.8 钴基高温合金

8.8.1 类型、特点及用途

以Co-Cr-Ni为基体、含钴量达40%～70%的、用于700℃的奥氏体合金称之为钴基高温合金。

钴是一种优良的高温合金基体。与镍基合金比较，钴基高温合金具有以下优点：固溶体的高温强度高于镍基合金；耐热腐蚀的性能优于镍基合金；使用温度比镍基合金约可提高55℃。钴基合金的不足是：价格较高；低温（200～700℃）的屈服强度较低；比重比镍基合金的高10%。这些都在不同程度上影响了钴基高温合金的广泛应用。

钴基高温合金最早的应用可能是在20世纪20年代，当时称之为Stellite的钴基合金用做活塞型发动机排气阀底部涂层材料。这类Co-Cr-W合金后来作为耐磨耐蚀合金做了深入的研究，至今还是常用的硬面材料，不过已经研制出一类更便宜的高碳镍铬合金来取代它。后来钴基高温合金逐渐发展出两个分支。作为高温下使用的合金，必须能满足高温强度及高温抗氧化腐蚀两方面的要求，有一类合金具有突出的高温强度性能，是为真正的高温合金，另一合金分支具有更突出的抗高温氧化腐蚀性能，但强度不是很高，可以称为是热阻合金(Heat Resistant Alloys)。

钴基高温合金是从一个20世纪30年代发展出来的假牙合金Vitallium(Co-27Cr-5Mo-0.5Ti)发展而来的；它是一个工业用的蜡模铸造合金。在第二次世界大战期间，美国飞机发动机上使用了排气推动的涡轮增压器，而英国用齿动的增加器，所以需要把为数众多的叶片焊到钢质转子上去，该叶片在700～800℃间使用，当时用高温短时拉伸性能来估算其高温性能。开始是选用镍基锻造合金来做，后来由于军事上要求供应更多这样的发动机，变形合金由于锻造能力不足而供应不上，被迫转向用蜡模铸造合金。由于Vitallium合金是当时已成熟的合金，就在它基础上发展出低碳Vitallium合金来铸造叶片。美国将该合金含碳量降至0.3%，同时添加2.6%镍制成第一个钴基高温合金HS21并成功地用于制作活塞式航空发动机的涡轮增压器叶片。1943年在HS21基础上，以W代Mo，提高Ni和C的含量，即叶片用合金X-40(HS31)合金，与此同时出现了用作锻造涡轮叶片的S-816变形钴基合金，除W、Mo外还加入了Nb和Fe作固溶强化元素。从20世纪50年代中到60年代末，美国曾广泛使用过4种铸造钴基合金：WI-52、X-45、FSX414和Mar-M509。变形钴基合金有L-605和HS188，后者由于含镧而改善了高温抗氧化性能。

钴的价格昂贵，资源又稀缺，故中国钴基高温合金牌号极少，只有K40和K44等几种，它们的国外相应牌号为X-40和FSX 414。

钴基合金持久性能和抗氧化性能比镍基合金低，但抗热腐蚀性能优于镍基合金，此外，钴基合金还易于焊接补修，故钴基合金主要用作高温低应力长寿命的静止部件，导向叶片、燃烧室、喷嘴、高温加热炉构件。铸造钴基合金X-40、Mar-M509、Mar-M302及WI-52是燃气涡轮导向叶片材料。变形钴基合金HS25大量用于燃气涡轮热端部件、核反应堆零件，人工关节紧固件和抗磨衬垫等。HS188是板材合金，用于燃烧室和导向叶片的制作。

8.8.2 成分和组织

钴基合金通常由 γ 奥氏体基体相和碳化物相所组成，某些钴基合金中也有 σ、μ 和 Laves 等拓扑密排相析出，使合金变脆。

面心立方(FCC)连续基体，也称为奥氏体，或 γ 相，钴基合金中也称之为 α 相。钴在 400℃ 以下具有稳定的密排六方结构(ε 相)，高温下稳定的晶体结构为面心立方(α 相)。

钴有极高的居里点，纯 α-Co 的居里点为 1121 ± 3℃，ε-Co 在所有稳定温度范围内均为铁磁性，用外推法测其居里点约为800～900℃；ε-Co 比 α-Co 有更高的耐磨性，当发生 $\varepsilon \rightarrow \alpha$ 相变时，会导致摩擦系数增加；钴抵抗若干稀溶液的腐蚀能力大体上与镍相同，但其抗氧化性能却比镍差一个数量级。

钴基高温合金的合金化也分为固溶强化、第二相强化及晶界强化。基本的固溶强化元素为 Cr、Ni、W。碳化物形成元素为 Nb、Ta、Ti、Zr 等，它们也可在固溶体里溶解一部分。钴基合金主要依靠碳化物强化，随碳化物形成元素之间比例不同，以及碳化物形成元素与含碳量比例不同，出现各类碳化物，一般由于总含有大量的铬和钨，所以 M_7C_3、$M_{23}C_6$、M_6C 是基本的。而 Ti、Zr、Nb 等强碳化物形成元素易生成 MC，偶尔也有 M_2C_3。

铬、镍均是钴基合金的基本合金元素，图 8.13、图 8.14 分别为 Co-Cr 二元相图、Co-Cr-Ni 三元相图。

由图 8.13 可见，钴与铬形成一系列不同组织结构的相，其中也包括金属间化合物。高温下铬在 α-Co 中有较大的溶解度并明显地稳定 ε-Co，在 960℃ 就通过 α-Co + σ 相包析反应，形成 ε-Co，700℃下铬在 ε-Co 中的溶解度仍为 20%左右。由于铬在 α-Co 中有较大的溶解度，从而也是保证钴基合金抗高温腐蚀性能必不可少的元素。为此，钴基合金中铬含量一般不少于 20%。另一方面，含铬量过高会促进生成 ε-Co 和 σ 相，因此也就限制了钴合金的铬含量。一般钴基合金中都含 Cr_7C_3，$Cr_{23}C_6$ 等碳化物。

铬能显著提高钴的室温和高温力学性能。当铬含量为 24%

时，钴基合金的高温持久强度最大；再进一步提高钴合金中的铬含量，由于出现双相区，因而使高温强度反而有所下降，在 Ni-Co 二元合金中加铬也能提高钴基合金的强度，当含铬量达 27% 时，硬度和热强性最高。

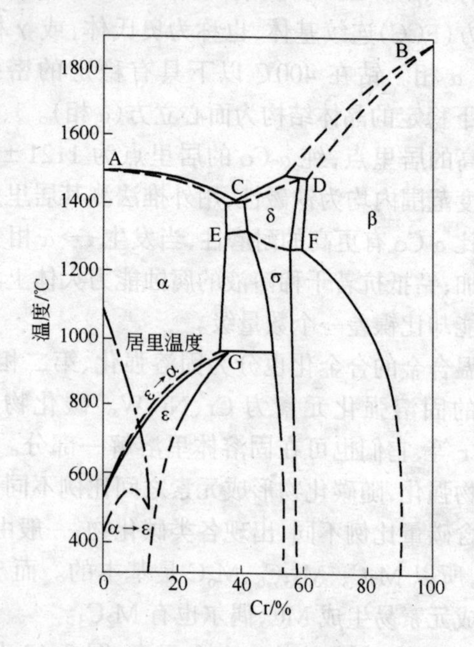

图 8.13 Co-Cr 二元相图

镍是稳定 α-Co 的元素。钴基合金中含镍超过 20%～30% 就可以完全抑制 ε-Co 的形成。因此，镍在钴基合金中是作为控制 α-Co及层错数量的主要元素。一般钴基合金中镍含量为 5%～25%。另外，在钴镍合金中有可能形成 Co_3Ni 和 $CoNi_3$ 有序相。

钴镍合金的热强性并不高，与纯镍和纯钴的性能近似。一般在富钴一侧热强性高些。因此，镍不能提高钴基合金的强度，无强化作用。

由图 8.14 可见，α-Co-Ni 无限固溶体中可以溶解大量的铬，因此铬仍可发挥抗蚀性作用，并可发挥镍抑制 ε-Co、σ 相形成的作用。

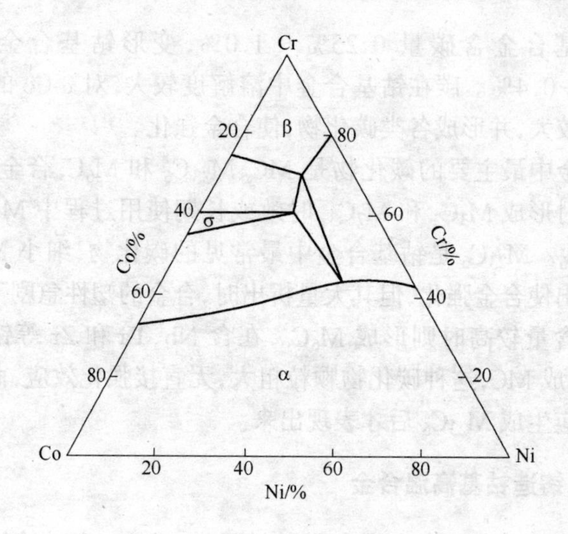

图 8.14 1200℃下 Co-Cr-Ni 三元相图

铁也是强烈稳定 α-Co 的元素，且 γ-Fe 与 α-Co 可无限固溶。当钴中含 10%Fe 时 ε-Co 就完全消失。730℃以下存在有序 FeCo 相。但是从 Co-Cr-Fe 三元系的研究来看，如果缓冷下来却具有广阔的稳定 ε-Co 区。另外，铁和铬也有强烈形成 σ 相的倾向。低温下甚至存在 CoCr 和 FeCrσ 相连续的相区，所以铁起促进 σ 相析出的作用。因此，铁在钴基合金的应用受到了限制。但是，如果加入镍形成 Co-Ni-Fe-Cr 四元系，则情况又有所不同，成分控制适当的话，可以得到稳定的基体。

钨、钼都是钴基合金中的基本强化元素，既能固溶于基体，又能形成碳化物。钨总量一般为 7%～15%。钴和钨可以形成 WCo_3、W_6Co_7 两种中间相。α-Co 和 WCo_3 的共晶温度为 1480℃，此时 α-Co 中可溶解高达 40%W，随着温度的降低，钨的溶解度下降。钼在钴基合金中的作用与钨类似。但钼对钴基合金的耐高温腐蚀有害。因此，目前在钴基合金中含钨较多，含钼较少。

此外，一些钴基合金含有百分之几硼及碳化物形成元素，如 Nb、Ta、Zr、V、Ti 等。碳在钴基合金中含量高于铁基和镍基合金，铸造钴基合金含碳量0.25%～1.0%，变形钴基合金含碳量0.05%～0.4%。碳在钴基合金中溶解度较大，对α-Co的结构稳定能力较大，并形成各类碳化物，使合金强化。

合金中最主要的碳化物是MC、$M_{23}C_6$和M_6C，合金中Cr/C比较低时形成M_3C_2和M_7C_3，时效或长期使用过程中M_7C_3转变成$M_{23}C_6$。$M_{23}C_6$是钴基合金中最常见的碳化物，细小$M_{23}C_6$颗粒的析出使合金强化，但其大量析出时，合金的塑性急剧下降。当W、Mo含量较高时则形成M_6C。在含Nb、Ta和Zr等钴基合金中，则形成MC，这种碳化物颗粒粗大，无直接强化效应，而是通过分解反应生成$M_{23}C_6$后才表现出来。

8.8.3 铸造钴基高温合金

铸造钴基高温合金是在牙科材料Vitallium和钴铬镍合金基础上发展起来的。合金中除含铬、镍外，含碳量较高(约0.4%)及含有较大量的钨(6%～15%)、铌、钼等合金元素，如HS-27，X-40，X-41，X-50等。有的合金中也含有少量的铁。

钴基铸造高温合金的组织一般是面心立方的固溶体和网状初次碳化物。为得到最佳强化效果，要同时具有晶内及晶界碳化物，铸造合金中形成碳化物骨架，强化效果较大，其碳化物形态的控制主要靠控制浇铸温度及冷却速度，一般不再进行热处理(去除应力处理除外)，但在长期使用过程中碳化物会进一步析出，以致使合金塑性降低。由HS-31合金过渡到FSX414，就是通过降碳改善塑性及增加铬以提高抗蚀性(另外还有一点B晶界强化)。

室温下钴基铸造高温合金就具有相当好的强度和中等的塑性，在高于650℃下也有很高的热强性。由于合金中含有碳、铬、钼、钨和钒等合金元素，而且它们在固溶体中的溶解度都可随温度的变化而变化，因此，它们都有时效强化效应。试验表明，X-40，X-50等钴基铸造合金在温度为815～982℃之间具有最佳的热强性。

65-27-6Mo钴铬合金(HS-21)在铸造态下有两种晶体结构的

组织:面心立方和六边形。固溶处理后,六边形组织完全转变为面心立方组织,但时效后又有大量的六边形组织析出。HS-23 合金无论在铸态还是在固溶态都含有少量的六边体组织,而 HS-27 合金在所有的状态下都呈现多面体的 γ-固溶体。在 HS-21 合金中形成两种类型的碳化物:共晶组织和类似珠光体的共析组织。主要的组织是富钴的固溶体并含有小岛形的碳化物及沿晶分布的暗色的共析。

钴基合金有机加工硬化的倾向,机加工后(如车、磨、抛光等)都可能产生硬化层。为了消除该硬化层可采用 1150℃下退火。应该指出,加热温度不应超过 1170℃。因为高于此温度退火将导致碳化物的大量溶解,从而影响性能。

8.8.4 钴基变形高温合金

对变形合金来说,一般在固溶处理条件下使用,由于含碳量较低,碳化物又很稳定,固溶时不能全溶解,而时效析出的强化相易在使用中过时效,所以固溶强化作用是基本的,一般也不进行时效处理,使其在使用时自然析出(多在晶界析出)。由于变形合金一般塑性高得多,特别适合做板材使用(热轧或冷轧板材)。冷加工可大大提高板材的室温强度及硬度,例如 L605 合金一般固溶处理后硬度为 HRC24,经 50%冷加工及 600℃时效后硬度可高达 HRC57。

S-816 钴基高温合金是早期研制的,它属于沉淀强化的变形合金,可以轧成棒材、线材、板材、锻件及精密铸造成叶片。

固溶与时效后,S-816 合金具有高的热强性,鉴于当温度超过 1200℃时晶粒尺寸显著长大,虽然在 1260℃固溶后能获得最高的持久强度,但却显著地降低了塑性,因此,一般该合金的热处理制度为:1180℃固溶,760~815℃时效 10~16 小时。铸造铬 816 合金叶片一般不需要进行热处理。该合金可进行电弧焊、接触焊等法焊接,但是焊前需预热,焊后需进行消除应力的退火。S-816 合金在 815℃下具有良好的长期抗氧化性能,在 1000℃下,短时期内具有良好的抗氧化性能。

ЭИ416 合金是前苏联研制的变形钴基合金,热变形后该合金的组织是固溶体和碳化物。当加热至1225℃时,碳化物都溶解到固溶体中去,同时晶粒也有所长大。该合金的热处理制度是:1225℃保温1小时,水冷;800℃时效20小时,空冷。此时该合金的力学性能:$\sigma_b = 1180$ MPa, $\sigma_s = 784$ MPa, $\delta > 13\%$, $\psi > 10\%$, $\alpha_k = 5$ J/cm^2。

ЭИ416 合金在1100℃的大气中和不含硫燃烧的产物中具有良好的抗氧化性能。但当温度高于1100℃时,则会引起严重的氧化。

8.9　先进高温合金

8.9.1　定向凝固高温合金

定向凝固高温合金包括定向柱晶合金、单晶合金和定向共晶合金三种。定向柱晶合金是在定向凝固炉内铸件的所有晶粒以<100>取向沿凝固方向长大成柱状排列的合金,如图8.15所示为定向凝固柱晶成长示意图;在定向凝固过程中采用选晶装置或籽晶诱导,即可制得单晶高温合金零件;当定向凝固时合金内的强化相以纤维状或层片状与基体相同时从合金熔体中生成并保持成行规则的排列,则制得定向共晶高温合金(或称原生复合材料 in Situ Composite)。

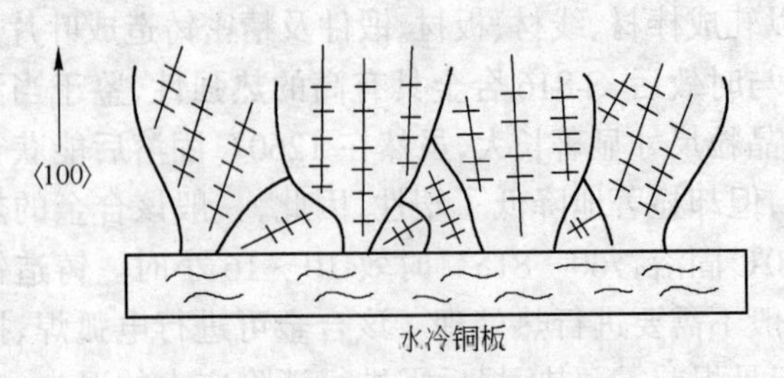

图8.15　定向凝固柱晶成长示意图

高温合金涡轮叶片的运行经验表明,大多数裂纹都是沿着垂直于叶片主应力方向的晶粒间界即横向晶界上产生和发展的,这表明与主应力相垂直的晶界是叶片内部薄弱环节之一。为解决此问题,可对叶片铸件的凝固过程进行控制,以获得平行于叶片轴向的柱状晶粒组织,从组织中消除横向晶界,从而大大提高叶片抗裂纹生长能力,这就是定向凝固(DS)柱晶叶片,或完全消除晶界,这就是单晶叶片(SC)。基于这种思想认识,20 世纪 60 年代初,美国 PWLA 航空公司对高温合金的定向凝固技术进行了研究开发。在 1965 年首先研制成功用精密铸造定向凝固技术生产高温合金工作叶片及导向叶片。70 年代初,Mar-M200 + Hf 定向柱晶合金被制成涡轮叶片率先在 JT9D-7 航空发动机上使用,开创了定向柱晶高温合金涡轮叶片的时代。我国已形成 DZ 系列定向柱晶合金。单晶合金的研究与定向柱晶合金同时起步,但单晶叶片实际使用是在 80 年代初,首先使用的是美国 PWA1480(Alloy 454)合金。目前,各国都已研制出各种单晶合金,形成了系列,如美国 PWA 和 CMSX 系列,英国的 RR 系列,法国的 MXON 系列,日本的 TMS 系列,还有我国的 DD 系列。美国已开发出以 PWA 1484 合金为代表的第二代单晶合金。按 100 h,且 140 MPa 的持久强度极限计算,该合金的承温能力已达到 1100C。70 年代是定向共晶合金的发展高峰期,出现了 Ni_3Al/Ni_3Nb, Ni-TaC, CoTaC 和 γ/γ'-αMo 等高性能共晶高温合金。但 20 世纪 80 年代以来,定向共晶合金并无更多发展,原因是生产效率太低,成本太高,像其他复合材料一样,横向机械性能太差。

由于定向凝固技术用于真空熔铸高温合金涡轮叶片,航空发动机的材料和性能有了极大的提高。定向结晶涡轮叶片与普通精铸(CC)同类叶片相比,性能上有很大提高,如疲劳强度提高 8 倍,持久寿命提高 2 倍,持久塑性提高 4 倍。单晶叶片提高得更多,一级涡轮单晶叶片比铸造叶片持久寿命提高 4 倍,二级提高 5 倍。因此自 20 世纪 70 年代初期,定向凝固高温大金涡轮叶片开始应用以来,世界各先进的军用及民用航空发动机都普遍采用定向凝固或单晶铸造叶片。

为了达到定向凝固的目的，有两个重要条件必须同时得到满足：

(1) 铸件在整个凝固过程中固—液相界面上的热流应保证从一个方向扩散，即定向散热；

(2) 结晶前沿区域内必须维持正向温度梯度，以阻止新晶核形成。立方晶系的金属及合金在结晶过程中<100>是择优方向，长大速度最快。

定向凝固时金属液注入壳型，首先同水冷铜板相遇，由于板面温度很低，靠近板面那一层金属液迅速冷至结晶温度以下并开始结晶，此时形成的晶粒位向是混乱的，各个方向均有。随后的凝固过程中由于热流通过已结晶的固体金属有方向性地向冷却板散热，且结晶前沿存在着正向温度梯度，那些具有<100>方向的晶粒择优长大，排挤掉其他方向的晶粒。这样，只要凝固条件维持不变，柱状晶可以继续生长，直到整个叶片。

定向凝固的结晶组织与凝固的参数即温度梯度 G 和凝固成长速率 R 有密切关系。凝固界面结晶形式与值的关系如图 8.16 所示。

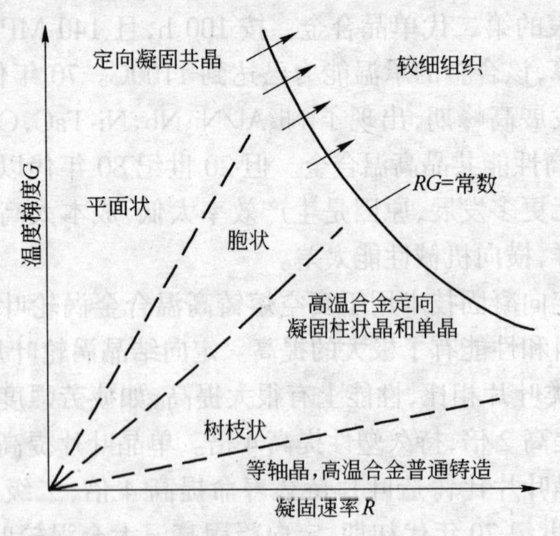

图 8.16　温度梯度 G 和凝固速率 R 对凝固界面结晶形式的影响

凝固区附近的温度梯度 G 值的大小是控制定向凝固的关键时刻参数。定向凝固工艺的改进曾着眼于此，如最初的功率降低法，G 值小于 10℃/cm，而现在的液体金属冷却法可达到 200℃/cm以上。G 值越大，合金的凝固区愈窄，铸件的补缩愈好，疏松愈少愈致密。

凝固速率 R 值愈大，则凝固过程愈短，生产效率愈高。

G/R 比值是合金凝固区成长形态的特征参数，目前工业生产中 R 值较大，G/R 比值小，所以通常是树枝状凝固界面。但是只要 G/R 值控制适当，可以生产出平面状或胞状凝固叶片。

8.9.2 粉末高温合金

粉末高温合金是采用粉末冶金工艺制取的高温合金。通常，粉末高温合金按强化方式分为沉淀强化型高温合金和氧化物弥散强化(ODS)高温合金两类。粉末高温合金除氧化物弥散强化合金个别牌号为铁基外，其余都为镍基合金，故粉末高温合金一般不以合金基体材料来分类。

8.9.2.1 沉淀强化型粉末高温合金

随着现代航空、航天事业的迅速发展，对高温合金的工作温度和性能提出了更高的要求，为了满足这些新的要求，高温合金中强化元素含量不断增加，成分也越来越复杂，使热加工性变得很差，以致很难进行热加工变形，只能在铸态下使用。由于铸造合金存在严重的偏析，导致了显微组织的不均匀和性能的不稳定。采用粉末合金工艺生产高温合金可以克服上述缺点，得到几乎无偏析、组织均匀、热加工性能良好的高温合金。

20 世纪 60 年代初，美国就开始用普通粉末冶金工艺制取高温合金，但未能成功。60 年代末，改用惰性气体(或真空)下雾化制粉和粉末处理，并在热成形工艺上采用了热等静压、热挤压和超塑性等温锻造等，制成了粉末高温合金。1972 年，美国 Pratt Whitney 公司首次将 IN100 粉末高温合金用于制作 F100 发动机的压气机盘和涡轮盘等部件，该发动机装在 F15 和 F16 战斗机上,现已大批生产。该公司又于1976年完成了JT8D-17R发动机用粉末Astroloy高温合金涡轮盘的研制,以取代原来的Waspaloy合金。80年代初,该公司又将粉末MERL76涡轮盘,用于JT9D和JT10D发动机,提高轮缘温度20℃。另外,美国GE公司则于1972年开始研制粉末René95合金盘件,首先成功用于军用直升机的T-700发动机上,1978年之后又用于F404发动机,CF-6-80和CFM56等发动机上。1983年,该公司开始研制René88DT合金,用于GE-80E、CFM56-5C2和GE90发动机上。前苏联于70年代中期研制成功粉末ЭП741НП涡轮盘,大量用于МИГ29、МИГ31和СУ27改型飞机上,年生产能力达6万件。此外,英国的Roll Royce公司,德国MTU公司和法国等也先后研制了粉末高温合金涡轮盘并应用在各种先进发动机上。

我国在20世纪70年代末开始研究粉末高温合金。1977年从德国Heraeus公司引进了65 kg容量的氮气雾化制粉装置及粉末筛分、去除夹杂、脱气装套等粉末处理装置,国内自行设计制造了一台ϕ690 mm的热等静压机和一台500 t的等混锻造机。80年代又从前苏联引进了世界先进的等离子旋转电极制粉设备及与其配套的粉末筛分、静电去除夹杂、脱气、装套、焊封、气体净化、包套真空退火、粉末检测等设备,建成了一条较完整的粉末生产线,可年产粉末250 t。与粉末生产线相匹配的还有ϕ1250 mm大型热等静压机,超声探伤仪等设备。所研制的FGH95粉末盘、涡轮挡板等取得了突破性进展。1984年底采用12000 t水压机模锻出ϕ420 mm涡轮盘,盘件晶粒度达到12~13级,组织均匀,无缺陷,各项性能指标基本达到了美国同类合金René95技术条件的要求。1995年于30000 t水压机上包套锻压出ϕ630 mm的FGH95粉末盘,盘面光洁,无裂纹,并经超声探伤检验合格。

目前,粉末高温合金的生产工艺已相当成熟,质量控制也在不断完善和严格。已有多个牌号的粉末高温合金得到了实际应用,主要用于生产高性能航空发动机的压气机盘、涡轮盘、涡轮轴、涡轮挡板等高温部件。

沉淀强化型粉末高温合金基本上有三种类型:(1)与铸锻高温合金成分相同,仅含碳量降低的原型合金,降低含碳量可以避免粉末颗粒边界析出碳化物膜,影响粉末颗粒的结合;(2)成分改变了的改型合金,如 MERL76 合金是在 IN100 合金成分基础上降低含碳量,并加入了强碳化物形成元素铌和铪,从而消除了粉末颗粒表面碳化物膜等不良问题,提高了合金强度,改善了合金成型性能;(3)完全新的成分的合金,这一类主要是 RSP(Rapid Solidification Processes,快速凝固法,或快速冷凝技术 RST)高温合金。表 8.7 列出了一些粉末高温合金的成分,并与铸造或铸/锻高温合金相比较。

表 8.7 部分粉末高温合金、铸造或铸/锻高温合金的成分 [%(质量分数)]

合金牌号	C	Cr	Co	Mo	W	Ta	Nb	Ti	Al	B	Zr	Hf	Fe	Ni
Astroloy														
铸/锻	0.06	15	15	5.25				3.5	4.4	0.03				余
粉末冶金(改型)	0.03	15	17	5.0				3.5	4.4	0.03	0.05			余
In-100														
铸造	0.18	10	15	3.0				4.7	5.5	0.01	0.06			余
粉末冶金(原型)	0.06	10	15	3.0				4.7	5.4	0.01	0.06			余
粉末冶金(改型)	0.07	12.4	18.5	3.2				4.3	5.0	0.8	0.02		0.06	余
MERL76(改型)	0.015	11.9	18	2.8			1.2	4.2	4.9		0.016	0.3	0.04	余
In-792														
铸造	0.21	12.7	9	2	3.9	3.9		4.2	3.2	0.02	0.1			余
粉末冶金(改型)	0.04	12.5	10	2	3.9	3.5		4.3	3.2	0.02	0.1			余
René95														
铸/锻	0.15	14	8	3.5	3.5		3.5	2.5	3.5	0.01	0.03			余
粉末冶金(改型)	0.05	12.7	8	3.5	3.5		3.5	2.5	3.5	0.01	0.03			余
RSP103				15				8.4						余
RSP104				18				8.0						余
RSP143				14		6.0		6.0						余
RSP185	0.04			14.4	6.1			6.8						余

粉末高温合金归纳起来有如下优点:

(1) 粉末颗粒细小,其凝固速度较快,消除了合金元素的偏析,改善了合金的热加工性;

(2) 合金的组织均匀,性能稳定。使材料的使用可靠性大大提高;

(3) 粉末高温合金具有细小的晶粒组织,显著提高了中低温强度和抗疲劳性能;

(4) 粉末高温合金可以进行超塑性加工,提高了材料的利用率,节约原材料。

8.9.2.2　氧化物弥散强化型粉末高温合金

氧化物弥散强化高温合金是以热稳定性高的超细氧化物质点弥散分布于合金基体内的粉末高温合金,简称ODS(Oxide Dispersion Strengthening)高温合金。其突出特点是高温(1000～1350℃)下具有较高的强度。

对于传统高温合金及沉淀强化型粉末高温合金来说,γ′析出相及碳(氮)化物强化是其主要的强化手段之一。但在高温下,γ′析出相和碳(氮)化物发生粗化和溶解于基体而失去强化作用。氧化物弥散强化(ODS)高温合金,是将细小的氧化物颗粒(一般选用Y_2O_3)均匀地分散于高温合金基体中,通过阻碍位错的运动而产生强化效果的一类合金。Y_2O_3具有很高的熔点(2417℃),且不与基体发生反应,所以具有非常好的热稳定性和化学稳定性,其强化作用可以维持到接近合金的熔点温度,因此,ODS高温合金的使用温度可以达到或超过0.9 Tm。

20世纪初,人们就开始研究ODS合金,比普通粉末高温合金早。当时采用的是传统粉末冶金工艺,即用机械混合法将W粉与氧化物颗粒混合,但很难分散均匀,在随后的拔丝过程中仍难以使氧化物颗粒的分散均匀性得到满意的改善。在此后的几十年中,如何将超细的氧化物颗粒均匀地分散于合金基体中一直是该合金研究的焦点。20世纪60年代初美国采用化学共沉淀法研制出以ThO_2为弥散强化相的TD-Ni合金,为提高其抗氧化性和中温强度,随后又相继研制出TD-NiCr、TD-NiW、TD-NiMo和TD-NiCrMo等合金,由于这类材料无γ′相沉淀析出强化,故中高温强度未获得根本改善。

20 世纪 20 年代初美国采用高能机械合金化新工艺。直到 70 年代初，美国人 J.S.Benjamin 等人发明了机械合金化(MA)新工艺，制成的 ODS 合金既有 γ' 相沉淀强化，又有 Y_2O_3 弥散强化，合金性能显著提高，才使 ODS 合金快速发展起来。并相继研究成十几个牌号的 ODS 高温合金，其中有些合金已在航空发动机中得到应用，如 MA754 用于导向叶片、导向器后算齿环、层板等，MA6000 用于工作叶片，MA956 用于燃烧室等。

表 8.8 是 ODS 合金制备工艺发展过程的几个主要阶段。

表 8.8 ODS 高温合金制备工艺的发展阶段

年 代	合 金	制备工艺
1910	W-ThO_2	传统粉末冶金(压型＋烧结＋拔丝)
1930	Cu，Ag，Be-Al_2O_3	内氧化法
1946	Al-Al_2O_3	Al 粉球磨过程表面氧化法
1958	TD-Ni	化学共沉淀法
1970	In853	机械合金化法

我国弥散强化高温合金研究开始于 1965 年，采用 ThO_2 水溶胶的共同沉淀法，于 1967 年制成 TD-Ni(2% ThO_2)，由于 ThO_2 的放射性危害，以后停止研究。1976 年及 1978 年我国制成容积 9 L 和 55 L 高能球磨机，后者可装球 100～150 kg，装粉 10～12 kg，马达功率 7.5 kW，垂直搅拌棒转速为 78～100 r/min，从此，开始了弥散强化高温合金新阶段，1985 年以来，先后研制成 MA956、MA754 和 MA6000 等十余种牌号的弥散强化高温合金，合金的力学性能达到美国同类合金水平。

氧化物弥散强化高温合金的氧化物弥散质点目前都采用 Y_2O_3，合金中 Y_2O_3 的含量一般为 0.5%～2.0%之内。过高的 Y_2O_3 含量，虽然强度提高但塑性显著降低。合金基体则按合金性能和使用要求有 Ni-Cr 简单固溶体型如 MA754 合金，Ni-Cr-Al-Ti 低级 γ' 相沉淀强化型如 MA753 合金，Ni-Cr-Al-Ti-W-Mo-Ta 高级 γ' 相沉淀强化型如 MA 6000 合金，γ' 相量达到约 55%(体积分数)。还有一种 Fe-Cr-Al 型的铁基材料如 MA956。

表 8.9 是几种典型 ODS 高温合金的化学成分。

表 8.9　几种典型 ODS 高温合金的成分　[%(质量分数)]

合金牌号	C	Cr	Al	Ti	W	Ta	B	Zr	Y_2O_3	Fe	Ni
MA753	0.05	20	1.5	2.5			0.007	0.07	1.3		余
MA754	0.05	20	0.3	0.5					0.6	1.0	余
MA757	0.05	16	3.9	0.6					0.7	0.5	余
MA6000	0.05	15	4.5	2.5	4		0.01	0.15	1.1		余
WAZ-D	0.05		7.3		16.6			0.60	2.0	4.5	余
MA956	0.03	20	4.5	0.5		6.0			0.5	余	
MA957		13.5		1.0					0.4	余	

8.9.3　金属间化合物

金属间化合物是指以金属元素或类金属元素为主要组成的二元系或多元系中出现的中间相。金属间化合物种类很多,数以万计,其中有一类长程有序结构的化合物具有优良的高温性能可作为高温材料,如 Ni_3Al、NiAl、Fe_3Al、FeAl、$(Fe、Co、Ni)_3V$、Ti_3Al 等,有几百种。

这些金属间化合物作为高温结构材料具有如下优点:(1)它们都是长程有序结构,即使在高温下,弹性模量高、刚度大,扩散激活能和蠕变强度值也较高;(2)在一定温度范围内(0.5～0.8 $T_{熔点}$),随着温度升高,屈服强度 $\sigma_{0.2}$ 急剧增加,变形硬化速率值高,因此可通过冷加工变形或热机械处理使其达到较高强度;(3)密度低;(4)由于其含铝量高而具有良好的抗氧化腐蚀特性。

Ni_3Al 是镍基高温合金的主要强化相,因此 Ni_3Al 等金属间化合物作为高温结构材料在 20 世纪 50 年代就受到关注并开始研究。但是它作为结构材料长期未获发展和应用的主要原因是室温下脆性很高。不同的合金,脆性的原因也有所不同:有的是由于晶界的脆性引起的;也有的是由于晶体结构造成的;还有由于其他因素造成的。20 世纪 70 年代以来,发现了无塑性的六方结构的 Co_3V

中用镍、铁代替部分钴可使其转变成面心立方 LI_2 结构,因而使脆性材料变成具有塑性良好的材料。1978 年日本首先发现微量(0.02%～0.1%)硼可改善 Ni_3Al 多晶材料的晶界脆性,可使材料韧化,室温下的拉伸延伸率由 0 提高到 40%～50%。随后美国等进行了深入广泛的研究,通过 B、Hf、Zr 等合金元素的加入,开发出一系列 Ni_3Al 基合金,如 IC-50,IC-218 等牌号。Lipsitt 等用粉末冶金方法结合合金化技术使 Ti_3Al、TiAl 等金属间化合物的强度和塑性得到了改善。此后,高温结构材料用金属间化合物的研究开发进入新时期。一方面采用合金化手段,控制化学计量配比和形成两相组织,来提高金属间化合物的蠕变性能和室温塑性,如 NiAl 中加入 Fe、Co 元素,以形成 FeAl 或 CoAl 相,Ti_3Al 中加入 Nb、Mo、V 等 β 稳定性元素,使材料具有 β 和 α_2 双相组织。另一方面采用合适的热机械处理和热处理工艺,改善金属间化合物的力学性能。研究工作获得了许多有益的研究成果,特别是在 Ni_3Al、Ti_3Al、TiAl 等金属间化合物的研究取得了实际性的成果,使其已接近于应用阶段,已制成各种零件进行试车考核。它们潜在应用领域为燃气涡轮部件、航天航空用紧固件、加热元件、汽车交换器零件等。

金属间化合物的室温脆性与其有序化排列及复杂的晶体结构有关。对称性低的晶体结构导致滑移系统少,不同晶粒间协调变形所必需的滑移系统数目不多,故而易产生裂纹。为了解决金属间化合物的室温脆性,已进行了许多研究并取得了突破性的进展,由于产生脆性原因的不同,应采用不同的措施。

(1) 加入置换元素,改变原子间键合状态和电荷分布以改善塑性。如在 Ni_3Al 有序化合物中加入铁和锰,此二元素可置换镍和铝。但优先进入亚点阵中铝的位置,通过 Ni-Mn 和 Ni-Fe 稀释 Ni-Al 间共价键,使电荷分布均匀化,改变晶界性能,提高塑性。

(2) 通过合金化改变有序结构的类型,如 Co_3V 有序合金为六方结构,呈脆性,而通过用铁、镍取代部分钴后,六方结构转变成面心立方结构,因而材料的室温塑性获得很大的改善,有的室温拉伸的延伸率由0提高到35%。

(3) 微合金化强化晶界,如Ni_3Al合金中加入微量硼而消除了晶界脆性,断裂的形式由原来的晶间断裂变为穿晶断裂,合金的塑性显著地提高。

(4) 材料的纯化是降低流变应力的基本方法之一。试验结果表明,使用高纯原材料后,室温时很脆的TiAl合金的延伸率可达2.7%。

(5) 细化晶粒,细化第二相组织以及加入弥散第二相质点,从而提高合金的塑性。

金属间化合物Ni_3Al、Ti_3Al的发展比较成熟,研究最多并具有使用前景。

(1) Ni_3Al金属间化合物合金熔点以下呈面心立方长程有序结构(LI_2)。目前已研究出IC-50、IC-218、IC-221、IC-375等合金。合金的室温塑性高达20%~10%。早期影响Ni_3Al合金应用的关键问题是该合金多晶态具有很高的脆性。研究发现,在Ni_3Al合金中加入微量硼0.02%~0.1%可使之韧化,室温拉伸延伸率可达40%~50%,加硼后断裂特征由无硼时的晶间断裂转变为穿晶断裂。此时硼偏聚在晶界上,而且只在晶界区的几个原子层内。

由于Ni_3Al合金可以固溶许多元素而不失其长程有序结构,因而固溶强化是提高其强度的有效途径。固溶元素可分为三类:能置换铝位置的硅、锗、钛、钒、铪;能置换镍位置的铜、钴、铂;能同时置换镍和铝位置的铁、锰、铬等。研究结果表明,只有进入亚晶格铝位置的原子才有较大的强化效果,如锆和铪的强化效果最为显著。此时,它与镍原子尺寸错配最大。铪在高温时的强化效果尤为明显。

实验发现,Ni_3Al合金中铝含量对Ni_3Al-B的塑性有很大影响,只有合金中铝原子含量小于24.5%时,硼对Ni_3Al才有韧化作用。大于此含量时,合金的塑性又下降,断裂形式也随之发生了变化,由穿晶变为沿晶断裂。这一现象可能与此时在晶界上硼偏聚量下降,而铝含量的增加有关。

(2) Ti_3Al 金属间化合物合金具有密排六方(DO_{19})超点阵结构,密度为 4.29 g/cm^3,到 800~850℃具有良好的抗氧化性和耐热性能。

Ti_3Al 室温时只有一个滑移系{0001}<1120>,同时产生平面滑移,因而塑性很差,600℃以下产生解理断裂,600℃以上塑性增加。研究表明,Ti_3Al 增塑最有效的方法是加入 β 稳定元素铌、钒、钼,其中铌的作用最为显著,其作用是:降低马氏作转变温度 Ms,使 α_2 组织变细,减小滑移长度;添加足够量 β 稳定元素时,形成两相组织 $\alpha_2+\beta$,由于体心立方有序相 β 塑性较好,提高了材料的塑性;加入铌能促进非基面滑移。通过加入铌等 β 相稳定元素可使 Ti_3Al 合金的室温拉伸延伸率提高至 2%~5%,达到使用要求。

加入稀土氧化物弥散第二相也可以使 Ti_3Al 合金增加塑性,还可以分散滑移以采用快速凝固工艺细化组织等。

8.9.4 铬基高温合金

8.9.4.1 特点、存在的问题及发展

气体涡轮机工作温度愈高,其工作效率也愈高,这促使设计人员去寻求新的材料和技术,以便能够应用在比现有高温合金工作极限还高的温度上。在新型高温合金中,铬基合金占有重要的地位。

铬有着宽阔的体心立方(BCC,β 相)结构,因此可以预计,跟镍相比(密排面心立方结构 FCC,γ 相)在同一对等温度时铬有较高的自扩散速率,较低的蠕变强度。不过,铬的熔点较高(1863℃)、弹性模量较高、有良好的抗氧化能力、有高的热导率(比多数镍基超高温合金高 1/2)、较低的密度(比大多数镍基超高温合金低 20%)以及铬的价格还略低于镍等综合优点,使其产生比镍优越的强度—密度比,可较多地补偿铬的宽阔晶体结构带来的不利,有望成为一种优良的轻质高温材料。铬有着比镍低的热膨胀系数,这就使得在循环加热期间比镍更抗热疲劳。尤其是在含硫热腐蚀环境中,表面氧化铬层已被证明比氧化铝层有更好的防

护性能，使铬基合金相对于其他发展中的各种基于金属间化合物轻质高温材料仍有其独特地位，目前几种候选的金属间化合物如 Ni_3Al、Ti_3Al 等表面都形成氧化铝或以其为主。

从 20 世纪 40 年代，一直把金属铬作为合金基体进行研究。从 1940～1970 年初曾对开发铬基高温合金（如用于喷气发动机）做出巨大努力。但对铬的热情并未持续下去。有两个缺点妨碍了商业开发。首先，铬的韧－脆转变温度高（DBTT），在拉伸时通常高于室温，与同族金属元素钼、钨非常相似。其次，当高温下暴露于空气中时，由于氮污染而使其更加变脆。由于铬基合金塑性差，冲击韧性也达不到使用要求，使其在喷气发动机的涡轮叶片和导向叶片等方面未能得到应用。

不久前，铬基合金再次被重视。新的研究发现，铬的一些缺点有可能消除或弱化，有可能成为合金体系的基质。对常温韧性加以控制和高温弥散强化是这些手段之一。

20 世纪 40 年代中期已有帕克（Parke）和本斯（Bens）的铬基合金研究工作。这些早期研究曾因缺乏使用相当纯的金属铬而受到妨碍，那时供使用的仅有一种质量可疑的电解铬。

1946 年，澳大利亚首先开始对铬进行了广泛的研究，并在 50 年代初期研制成功生产高纯度铬的碘化法，为铬基合金的发展提供了重要条件。这一期间，氮作为铬中主要脆变杂质元素而被鉴定了出来。1955 年，关于“延性铬及其合金”的讨论会报告了纯度对延性的影响以及早期合金元素强化的结果。

1955～1959 年间，在一些相互独立的大型研究计划中对铬的研究继续进行着。在这段时间内，澳大利亚军需部研究与发展分部所属航空研究实验所和防卫标准实验所联合进行了卓有成效的努力。

1959 年，柯林司（Collins）及其合作者发表了关于钇对铬基合金抗氧化—脆变有着有益影响的报告。20 世纪 60 年代初，美国斯克拉格斯（D.V.Scruggs）等研制出有延性的弥散强化型Cr-MgO合金（Chrome-30），它有较好的室温塑性，在 1000～1200℃ 温度，

材料表面形成 $MgO \cdot Cr_2O_3$ 尖晶石结构，因此合金具有抗高温氧化和抗熔蚀性。这种合金已用作制造燃气机的火焰稳定器、高温热电偶套管等零件。1966 年，据克拉克(Clark)和张(Chang)报道，在他们各自独立的研究中研制出 C-207 合金。

20 世纪 60 年代初，澳大利亚人的努力得到了 E 合金，其改进型合金定名为合金 H 和合金 J，它在到 1965 年为止的广泛而重要的发展规划中占据着重要的地位。

铬合金的固溶强化元素有铌、钽、钨、钼等，ⅣA 族和ⅣA 族元素的硼化物、碳化物和氧化物可作为合金沉淀强化相，有的合金采用固溶强化和沉淀强化相结合的方法来提高它们的强度，如C-207 和 CI-41[Cr-7.1Mo-2Ta-0.09C-0.1(Y + La)]是用钨或钼固溶强化的，同时也有用碳化物沉淀强化，并用钇和镧作净化剂，以提高抗氧化性能。这两种合金在 1093～1149℃范围内，都有较高的抗拉强度 100～150MPa。

8.9.4.2 生产工艺

生产铬基合金锭，主要采用自耗炉熔炼，也可用感应炉熔炼，熔炼时用惰性气体保护。铬基合金锭约在 1200℃下挤压开坯，然后在 800～900℃下锻造和轧制成材，丝材生产是将开坯的棒材在旋锻机上继续变形加工，加工过程中的中间退火温度随加工变形量的增大而递减，在 200～250℃下拉拔成直径 0.1～0.5 mm 的丝材。生产弥散型 Cr-MgO 型合金是将电解铝粉末、MgO 粉末和其他元素粉末混合，压制成形，用粉末冶金工艺制作。

几种典型铬合金的成分和塑性－脆性转变温度见表 8.10。

表 8.10 典型铬基合金成分和塑性－脆性转变温度(DBTT)

合金牌号	化学成分/%	DBTT/℃	生产工艺
Chrome-30	Cr-6MgO-0.5Ti	-12	粉末冶金
C-207	Cr-7.5W-0.8Zr-0.2Ti-0.1C-0.15Y	121	熔炼—变形加工
Alloy E	Cr-2Ta-0.5Si-0.1Ti	24	熔炼—变形加工
BX-4	Cr-32Ni-1.5W-0.3V-0.2Ti-0.08C	差	铸造

8.9.4.3 DBTT的影响因素

铬的主要缺点是在DBTT以下几乎完全失去韧性：对商业用纯的、未经合金化和再结晶的铬，其DBTT大约为150℃。有些研究者认为这种脆性是铬的本身属性。但是，高纯电解铬的延伸率相当好，在室温下的曲折韧性也不错，因此，铬在室温下的脆性不一定是本质性的，或许是一些外因影响了DBTT和铬的室温韧性。

铬的DBTT与杂质有关，随着纯度的提高DBTT可呈下降趋势。在铸造及缓慢冷却热处理时，含氮$(0.005\sim0.03)\times10^{-6}$对铬的DBTT没有明显影响。因而也不会影响它的韧性。但是，当氮含量增大时，铬（铸造件、冷加工件或重结晶件）的DBTT猛升。因此，热处理（包括退火温度和冷却速度）对DBTT有很大影响。在正常情况下，DBTT随冷却速度增大而升高，其原因为在过饱和固溶体中，适量氮停留时间过短造成。

但是，并非所有研究人员同意上述观点，他们不同意氮对铬的韧性起决定作用，并认为淬火对脆性有重要影响，淬火会提高沉淀与铬基质间的凝聚应变，从而使氮化物沉淀尺寸变小。进一步研究表明，通过淬火使固溶体中保有大量氮非常困难；在以40℃/s速度冷却时室温下固溶体中存留的氮只有6×10^{-6}，而以900℃/s速度冷却时，可保有氮25×10^{-6}。

总之，氮对脆性的影响是成分、热经历、机械加工、样品制备及测试方法的一个复杂函数。氮对脆性的机理仍不十分清楚。

铸造铬的DBTT随碳含量增大而升高，同时合金的断裂性质越来越呈晶粒间性。碳的不良作用是由于在晶界生成脆性碳化物。

氧是高纯铬中的常见杂质，但氧对脆性的影响并不明显。高达0.34%的氧对铸造铬的DBTT并无明显影响。当氧含量从0.05%增至0.18%时，重结晶铬的弯折转变温度略有升高，但对轧制铬板的同一参数却无可见升高。少量硫（0.02%）使铬无法进行温轧。含4.5%硫的一块合金，在500℃时变脆，断裂发生于晶界处的硫化物相。

在电解铬中含有大量氢,但加热至400℃以上时,可以释放。通常在700～900℃间真空中脱气。氢气对DBTT的影响尚无数据。

铬对刻痕非常敏感。锤锻铬棒在制造过程非常脆,但除去表面层后在室温下可反复弯曲而不致断裂,其延伸率达26%。如果材料纯度相当高,经表面机械处理过的铬样品是柔韧的。但是仍不明了的是:究竟是表面的小划痕还是深度冷加工层对铬的韧性影响更大。

众所周知,再结晶可使锻造高纯铬的DBTT升高,即铬在冷加工态下对杂质(如氮)的容许度比再结晶态更高。

未合金化的铬的晶粒尺寸对DBTT有影响:细微晶粒样品的DBTT为90℃,而粗粒和混合结构样品的DBTT为30℃,单晶样品的DBTT在-78～-196℃之间。这意味着结构,尤其是晶界结构对铬的脆性起重要作用。

8.9.4.4 提高韧性的方法及今后研究领域

提纯是降低DBTT的有力方法,它还可以在低温下提高铬的韧性。理论和实验表明,将氮及其他类似杂质降至很低时,即在小于1×10^{-6}时,在一切条件下均显示有可观的韧性。在原则上,提纯是可行的,但如何实现尚不清楚。此外,一些研究也证明,不太纯的铬和铬合金也拥有相当的韧性。

另外一个提高低温韧性的办法是通过添加清除剂元素以稳定或除去氮、碳、氧、硫之类的间隙杂质。

铬的塑性甚差,加入较高含量(约40%)的镍是改善其塑性和热加工性能的有效方法之一,甚至有出现超塑性的可能。铬-镍系平衡相图可参见8.7节图8.9,含40%镍的合金将由接近等量的富铬相和富镍相两相组成,类似于一种由软硬两相组成的复合材料,两相的粗细和形态对材料的塑性与抗蠕变强度将有很关键的影响。从相图中可以看到两种相,尤其是富铬相的固溶度都随温度的下降而显著下降。这为通过高温时效,在两相中相互析出而控制两相尺度和形态提供了很大空间。从一般物理冶金原理出发,细化组织对材料的强度和塑性都是有益的。

一种含40%Ni的铬基合金在真空感应炉内熔铸而成,铸锭在1180℃退火20 h,继而进行热锻,加热温度为1160℃,始锻温度为约1100℃,终锻温度约980℃。合金成分为Cr-40Ni-2W-0.2Ti-0.25V-0.02C-0.1Y。合金进行了固溶处理和高温时效处理。固溶处理制度为1300℃保温4 h水冷;其后进行1000℃4 h时效处理。获得了富镍相和富铬相互析出细化至亚微米到微米级的复相组织,这可能是这类合金能够出现超塑性的原因。

铬基合金研制中,需要解决的问题是:(1)改善铬基合金固有的低温冲击韧性;(2)铬的保护,避免氧化/氮化脆性;(3)进一步提高铬基合金的高温强度。

改变合金化方法和利用最佳工艺参数,铬基合金固有低温冲击塑性有可能得到改善。固溶强化能显著提高合金DBTT(与未合金化铬相比,如C-207和CI-41)。利用沉淀强化会大大降低DBTT,特别是加工技术的改进,使沉淀物形态最佳化。

在高温空气中暴露期间,保护铬免遭氮脆虽然仍是一个严重的问题,但还不至于看作是限制可使用铬基合金发展的因素。

8.10 冶金工艺

在高温合金发展过程中,工艺对合金的发展起着极大的推进作用。20世纪40年代到50年代中期,主要是通过合金成分的调整来提高合金的性能。在50年代中期以后,由于真空熔炼和精密铸造技术的采用,使得镍基高温合金的性能产生了飞跃,超过钴基合金而居于超合金的首位。从60年代起,为超越传统合金性能的极限而进行了重大的技术革新,即由合金的开发转向了以工艺开发为主的时代。其中,除真空和电渣冶金技术、氧化物弥散强化、定向凝固以及复合材料的研究成果外,粉末冶金、微晶处理、快速凝固、机械热处理、超塑性成型以及合金表面防护涂层等新工艺的开发,都保证着材料的性能不断达到新的高度。高温合金发展的历史表明,合金材料要获得不断的发展和广泛的应用,必须不断开发新型工艺。

8.10.1 熔炼

8.10.1.1 高温合金的熔炼工艺路线及选择

高温合金材料可通过多种方法进行熔炼。既可在大气下用电弧炉、感应炉以及真空感应炉中进行一次熔炼;还可以根据种类和使用上的要求,选择多种方法的联合,以吸收各自的优点而组成多次熔炼工艺。如采用真空自耗炉或电渣炉对合金母材进行重熔的工艺。

选择合适的工艺路线,首先应考虑具体合金的成分特点,如铝、钛元素较活泼,在熔炼中易氧(氮)化而被烧爆,并生成化合物夹杂而影响合金的纯净程度;当成分中同时存在铝、钛、钨、钼、铌等密度相差较大的元素时,会引起偏析和组织不均匀;微量元素硼、锆、铈等都与氧亲和力大,它们易氧化而难以保证适宜的含量,等等。此外,合金对气体及夹杂的含量要求非常严格,以及材料热加工性、生产上的经济性、材料的强度与塑性等各种因素,也都是正确选择工艺路线的重要依据。

通常中等合金化程度以下的合金,多采用大气下电弧炉或感应炉熔炼,或经大气下一次熔炼后再经电渣炉或真空自耗炉重熔。对合金化程度高的合金,主要采用真空感应炉熔炼,或真空感应炉熔炼后再经真空自耗炉或电渣炉重熔。生产高温合金有多种熔炼工艺,即使同一种合金也可采用不同的工艺路线,但总的是以满足合金材料的技术条件为原则。除上述的熔炼方法外,还有以电子束和低压等离子体作为高能热源进行合金的一次熔炼及母合金的重熔。

我国在生产实践中,熔炼技术不断开拓和革新,从最初的大气下电弧炉熔炼发展到多次组合熔炼工艺,并对这些熔炼技术进行了大量研究工作。国产的一些典型高温合金的熔炼工艺见表8.11。

表 8.11 典型高温合金的熔炼工艺

熔炼工艺	镍基合金	铁基合金
电弧炉	GH3030、GH4033、GH4033A、GH3039	GH1035、GH2036、GH1140
感应炉	GH3030、GH3044	GH1035、GH2036、GH1140
电弧炉 + 电渣炉	GH3030、GH3039、GH4033、GH3128、GH3333	GH1035、GH2036、GH1140、GH1015、GH2132、GH2135
感应炉 + 电渣炉	GH4033、GH3044、GH3128、GH4037、GH3333、GH4043	GH2135、GH2132、GH1131、GH1138、GH2136
真空感应炉	K403、K406、K417、K419、K423、K438	K213、K214、GH2901、GH2169
真空感应炉 + 电渣炉	GH3170、GH4037、GH4049、GH4146、GH4738、GH4141、GH4118、GH4698、GH4080A、GH4761、GH4099	GH2135、GH2130、GH2169、GH2302
真空感应炉 + 真空自耗炉	GH4037、GH4118、GH4146、GH4738、GH4141、GH4698、GH4220、GH4761、GH4049、GH4080A、GH4033A	GH2901、GH2130、GH2169、GH2302
电弧炉 + 真空自耗炉	GH3039、GH3044、GH4033	GH2132、GH2135

8.10.1.2　一次熔炼

高温合金的冶炼方法有一次熔炼和二次重熔的双联工艺之分。一次熔炼有电弧炉、感应炉的非真空熔炼和真空感应炉熔炼。非真空熔炼的优点是设备经济，浇注的锭型和产量大。其缺点是成分中铝、钛等活泼元素因易烧损而较难控制，非金属夹杂物多，气体含量高，有害微量元素去除困难。因此非真空熔炼的合金性能差，合格率及成材率低。采用非真空熔炼的合金牌号多为合金化程度低的固溶强化为主的板材合金，钛、铝较低的棒材盘材合金，或者二次重熔用的母合金，如铁基合金 GH2036、GH1140 等，镍基合金的 GH3039、GH4033、GH4033A 等。为保证控制合金成分，往往采用加入中间合金来稳定元素烧损量，此外为提高合金质量，可采用真空精炼或真空除气，以降低气体和夹杂物含量。

真空感应炉不仅是特殊钢厂冶炼特殊钢和高温合金的主要设

备，而且更是航空厂用于铸造航空发动机用高温合金的唯一设备。钢厂用于冶炼变形高温合金，其炉子容量较大，一般为 0.5～6 t 甚至几十吨。航空厂等铸造高温合金的熔炼与铸造的真空感应炉，一般容量较小为 10 kg～0.5 t，且 0.2～0.5 t 炉冶炼高温合金母合金，10～50 kg 炉用于重熔和浇铸熔模精密铸件。

真空感应炉小至 10 kg 炉容量，大至几十吨炉容量，其设备组成大致相同(见图 8.17)。

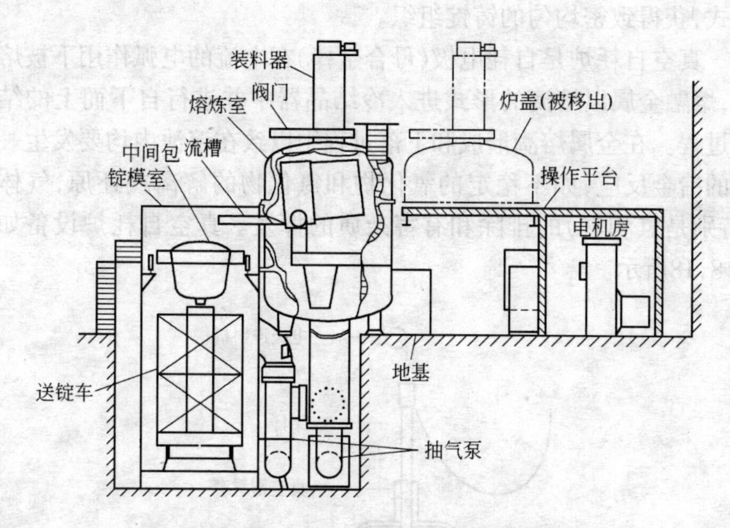

图 8.17 真空感应炉设备简图

真空感应炉熔炼的优点有：气体含量低，低熔点有害元素 Pb、Bi、Te 等在真空下可以挥发去除，合金中 Al、Ti、Mg 等活泼元素的含量范围可严格控制。因此真空熔炼的合金强度与塑性指标高，缺口敏感性低，热加工性能好，合金成材率高。铸造高温合金一般都采用真空感应熔炼。真空感应炉熔炼不足之处是设备费用高，熔体与坩埚耐火材料有反应，使合金有一定沾污，浇注时存在普通浇铸工艺所具有的一些缺点。此外，对高硫的原材料的使用应加以限制，因为在真空下熔炼不能像非真空熔炼那样易于用熔渣除硫。个别合金也不宜采用真空熔炼，如含锰(7.5%～9.5%)高的

GH2036合金，在真空下熔炼会因锰的挥发严重而影响合金的性能。

8.10.1.3 二次重熔

目前高温合金的熔炼大多采用双联工艺，即合金先经上述真空或非真空一次熔炼成母材后，再经真空自耗炉或电渣炉二次重熔。一次熔炼目的是获得所要求的化学成分并进行精炼，二次重熔目的是进一步精炼以降低气体和杂质的含量，并通过特殊凝固方式，获得致密均匀的铸锭组织。

真空自耗炉是自耗电极（母合金棒）在电流的电弧作用下被熔化，熔融金属以熔滴的形式进入冷结晶器中并进行自下而上的结晶过程。在金属熔滴形成和下落过程中以致在熔池内均要发生一定的冶金反应，如不稳定的氧化物和氮化物的解离或还原，气体（特别是氢和氧）的排除和有害杂质的挥发。真空自耗炉设备如图8.18所示。

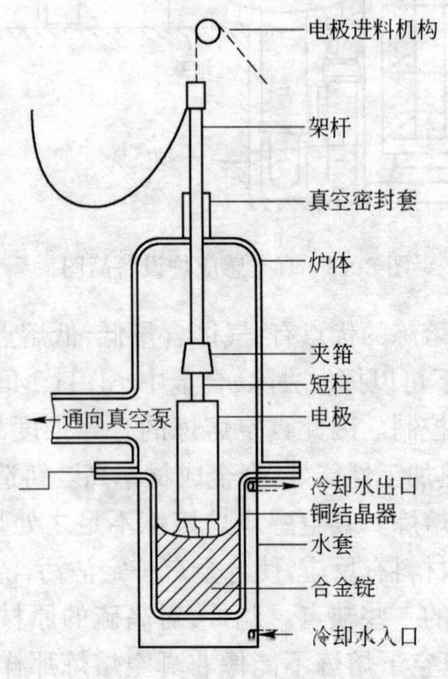

图8.18 真空自耗炉简图

电渣重熔是利用电流通过渣层产生的电阻热来熔化作为自耗电极的母合金材料。被加热熔化的金属以熔滴的形式经过渣层下落到水冷结晶器中的金属熔池内,由下至上结晶成合金锭。重熔时可采用不同的锭型,铸成扁、方、空心等形式的锭材。

熔渣可保护金属熔液免受周围气体的污染,同时金属熔滴经过渣洗可有效地脱除硫等夹杂物。合金锭表面因有熔渣覆盖而易得到光滑表面,柱状晶接近于垂直,热加工塑性好,热加工时无需扒皮。铸锭的头部补缩良好无缩孔,加工成材率高。

总的来说,真空自耗炉重熔的去气效果更好些,铝、钛含量的控制容易些。电渣炉重熔设备简单、成本低、铸锭的脱硫效果好,夹杂物细小且分布均匀,而且铸锭表面光滑。可不剥皮而直接热加工成材。

二次重熔还可以采用电子束炉重熔以获得超纯高温合金,且直接得到无柱状晶的细晶锭坯。其去气和降低夹杂物及有害元素含量的效果比真空自耗炉和电渣重熔更佳。

8.10.1.4 熔炼特点

高温合金熔炼特点如下:(1)原材料要求严格,杂质、有害元素、纯洁度有一定要求,真空熔炼的原材料或重熔用的母材棒都需经滚筒或砂轮打磨、喷砂、酸洗或碱洗以清洁表面。(2)熔炼炉都采用碱性炉衬,以利于脱硫去磷,防止金属熔体与坩埚耐火材料反应。(3)炉料装入有一定顺序。Ni、Cr、Co、W 等熔点高,与气体元素亲和力小且难挥发的原料先加,Al、Ti、B、Zr 等活性元素在熔化过程中加入。(4)在渣重熔时,为降低氧量,渣料要经过提纯处理,或用优质萤石,以尽量减少 SiO_2,FeO 等不稳定氧化物,熔渣中加入较多的 TiO_2 和铝粉,可减少合金中铝、钛等元素的烧损。

8.10.2 热加工工艺

8.10.2.1 高温合金热加工特性

高温合金含有大量固溶强化元素和固溶温度较高的 γ'相,故合金的热加工塑性低,变形抗力大,比普通结构钢高 4～7 倍。高温合金熔点低而再结晶温度较高,故合金的热加工温度范围窄,一般加工温度范围只有80~200℃,合金化程度愈高,热加工温度范围愈窄,高温合金热加工温度范围的选择如图8.19所示。合金导热性差,一般钢的热导率λ约为62.8 W/(m·K)左右,高温合金在800~900℃时λ约为20.93 W/(m·K),故合金锭不能在高温下直接装炉,在700~800℃前升温加热要缓慢进行。

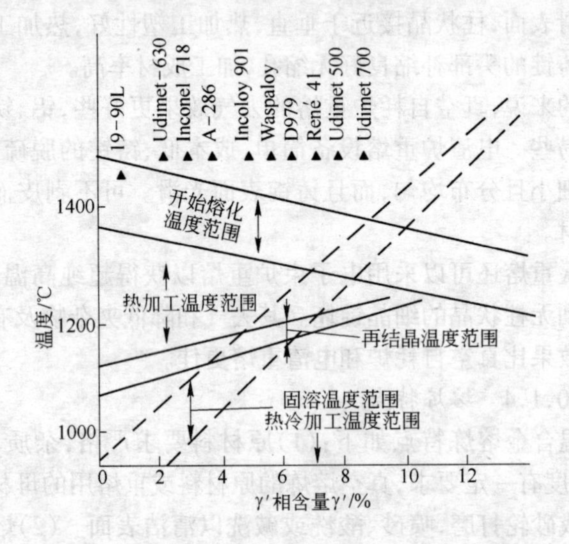

图8.19 γ′相形成元素含量与热加工温度范围

8.10.2.2 锻造、轧制与挤压

锻造用来开坯和制作盘件材料,有自由锻和模锻之分。高温合金的锻造加热温度一般为1120~1200℃,过高则晶粒粗大,降低合全塑性,过低易导致角裂和组织不均匀。

轧制用来制取一定尺寸和形状的板材或棒材,对合金化程度高的难变形合金,也可用轧制来开坯直至最后成材。根据轧制后合金晶粒度大小及其均匀性的要求,选择合适的轧制工艺,一般轧制加热温度1100~1180℃,终轧温度不低于800℃。

挤压主要用于开坯及棒材加工。挤压坯料是在三向压应力状态下变形,因此十分适合于难变形高温合金的塑性加工。为提高加工性能,可采用玻璃润滑剂及包套挤压,高温合金的挤压温度为1060～1170℃,合金的最佳挤压速度为60～150 mm/s,视合金而异。

8.10.2.3 机械热处理、细晶化及超塑性加工

机械热处理是一种热加工变形和热处理同时进行的热加工工艺,其目的是提高合金的中、低温强度和改善综合性能。通常机械热处理合金的变形是在再结晶温度以下而能发生均匀分散滑移的温度范围内(通常高于927℃),使合金内出现多边形网状位错亚结构,并通过γ′相的补充析出,使该位错亚结构组织稳定而强化。机械热处理工艺过程如图8.20所示。以U700合金为例:(1)在1177℃,4 h固溶处理;(2)在1066℃,4 h γ′相沉淀析出处理;(3)在1066℃加工变形,应变速率1.5ε,总变形量78%,每次变形量为6%,反复变形和退火;(4)在844℃,4 h+760℃,16 h正常时效处理。材料经机械热处理后,其使用温度一般为650～700℃以下,温度更高,合金的持久性能急剧下降。

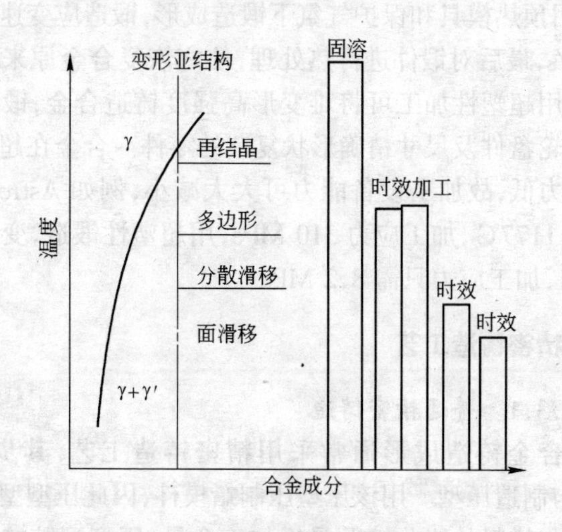

图8.20 机械热处理工艺示意图

细晶化热加工工艺是控制加热温度,使合金在第二相(γ′、η、

δ、μ 和 Laves 相等)细小均匀弥散析出的条件下进行热加工,接着进行再结晶处理,利用析出相阻碍晶粒长大,而获得细晶粒组织(ASTM10-13)。细晶组织使合金的瞬时强度 σ_b、屈服强度 $\sigma_{0.2}$ 以及疲劳极限 σ-1 显著提高。Inconel 718 合金的细晶化热加工工艺如下:900℃,8 h 加热,使 δ 相(Ni_3Nb)呈魏氏体在基体内析出;在略低于再结晶温度下(982℃左右)热加工塑性变形,变形量大于30%~40%,使 δ 相破碎成 1~3 μm 的颗粒均匀分布,而基体仍为变形组织;在 δ 相溶解温度以下约 968℃左右再结晶处理,以形成细晶,晶粒平均直径相当于 δ 相颗粒间距 1~5 μm;最后作正常时效处理。

超塑性加工是一种使高温合金在超塑性状态下进行热加工成形的工艺,所谓超塑性是指在一定温度($>0.5T_{熔点}$)、一定应变速率下,细晶粒(1~10 μm)组织的高温合金拉伸变形时均匀伸长几倍到几十倍而不断裂的现象。为此应在接近正常再结晶温度下先对合金锭进行压缩变形,得到细晶粒组织,其后在正常再结晶温度以下,应用预热模具和保护气氛下锻造成形,锻造应变速率 ε 一般小于 0.5/s,最后对锻件进行热处理,使之恢复合金原来的高强度性能。利用超塑性加工可将难变形高强度铸造合金,锻造变形成大尺寸涡轮盘件及尺寸精确形状复杂的零件。合金在超塑性加工时变形抗力低,故加工设备能力可大大减小,例如 Astroloy 盘件,正常模锻 1177℃,加工应力 310 MPa,用超塑性锻造,变形温度降到 1038℃,加工应力只需 8.2 MPa。

8.10.3 精密铸造工艺

8.10.3.1 普通精密铸造

高温合金铸造成形通常采用精密铸造工艺,其步骤如下:

(1)设计与制造压型。用该压型压制蜡模件,因此压型型腔尺寸应考虑合金与蜡料的线收缩及最后加工余量,压型型腔的光洁程度应高于精密铸件成品约 3 级。压型用中碳钢、铝合金或锡铅锌低熔点合金等金属材料,根据零件的生产批量和表面光洁程度的要求来选择。(2)制作蜡模。将一定配比成分的蜡料熔化,并在一定温度和压力下注入压型型腔内。(3)蜡模组合。将单个蜡模零件与浇注系统组合并构成整体,以便浇入金属液体并对铸件起补缩作用,浇注系统可分为顶浇、底浇、侧浇及混合浇注四种方式。(4)制作型壳及型芯。在蜡模组合体外面多次浸涂和撒砂,形成坚固的耐火材料壳层,然后用过热蒸汽将蜡模熔化去除,所得壳型经高温(约900℃,1~2 h)熔烧即可进行浇注。高温合金用的壳型材料采用硅溶胶或硅酸乙酯水解液作黏结剂。电熔氧化铝、铝矾土、锆英石等耐火材料作挂砂。空心零件如燃气涡轮的空心冷却叶片,还要在型壳内放置陶瓷型芯,浇铸后将铸件放入熔融碱液内以脱除型芯。(5)重熔浇注。将母合金料在真空感应炉内熔化并浇注,为了保证铸件质量,应严格控制浇注温度、浇注速度及型壳的加热温度。

精密铸件的尺寸精度高,表面质量好,表面光洁度为1.6~3.2。

为了纯净高温合金铸件,20世纪80年代以来,高温合金精密铸件和母合金锭浇铸时使用了陶瓷泡沫过滤器。陶瓷泡沫过滤器由 ZrO_2 和 Al_2O_3 粉末制成,开孔体积为75%~90%,孔隙度为2~5孔/cm^2,陶瓷泡沫过滤器作成圆柱体,放在烧杯内,金属熔体经过滤后,可去除夹杂物75%~99%。

8.10.3.2 定向和单晶合金铸造

定向合金铸造叶片和单晶合金铸造叶片采用定向凝固工艺制得,维持定向凝固的条件是:铸件的固液相界面上的热流,在整个凝固过程中定向散热;结晶前沿保持正温度梯度,以阻止一切新晶核形成。为此要严格控制定向凝固速度 R 和结晶前沿的温度梯度 G,并保持如下关系:

$$R<\frac{KG}{\Delta H}$$

式中 K——传热系数;

ΔH——熔化潜热。

目前高温合金定向叶片和单晶叶片大多采用快速凝固法

(HRS法),如图8.21所示即在真空室内有两个加热用感应圈,一个用来熔化合金料,另一感应圈内放置型壳。型壳底部坐落在上下可移动的水冷铜盘上,当型壳被加热到高于合金熔体温度50～150℃时,即可浇入合金熔体,随后型壳随同冷却铜盘按设定的冷却凝固速度 R 恒速稳定下移,直至型壳全部移出感应圈底部的辐射挡板,型壳内合金熔体全部凝固,定向凝固过程结束。如果在型壳内下部插入籽晶或附加一选晶装置,即可制得单晶合金叶片。所谓选晶装置,实际上就是一弯曲的小直径凝固通道,合金熔体在定向凝固过程中,结晶前沿经过曲折通道后,不同取向的晶粒被堵塞,只允许一个择优取向生长最快的晶粒通过,镍基高温合金的生长择优取向是<001>。图8.21是HRS法定向凝固过程示意图。

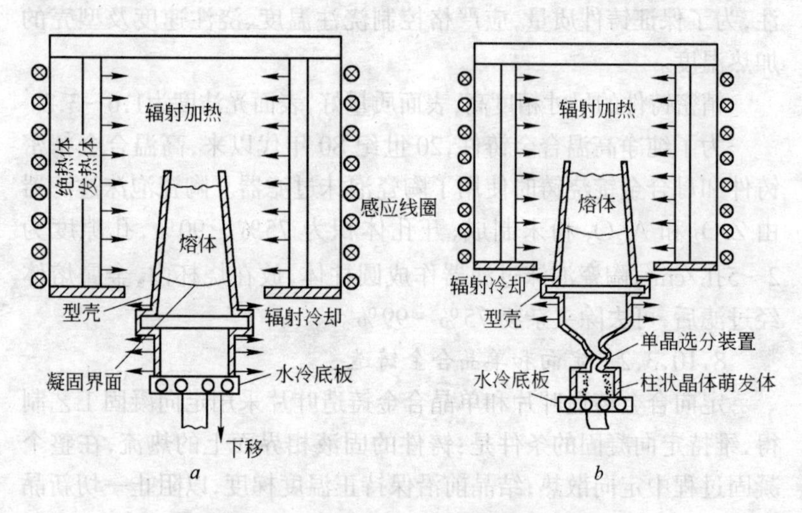

图8.21 HRS法定向凝固过程示意图

a—定向结晶铸造;*b*—单晶铸造

8.10.3.3 细晶铸造

要获得细晶粒高温合金铸件有三种方法:(1)机械振动(搅拌)法是在凝固时枝晶受振动(或搅拌)破碎而成晶核,最后凝固获得细晶粒组织。(2)化学孕育剂法是往合金中加入高熔点的生核剂,如碳化物、硼化物或难熔元素等，合金凝固时成为结晶核心，得到细晶铸件。(3)热流控制法是降低合金熔化精炼温度和浇注温度，对 In738，In100，Mar-M247 等合金试验结果表明浇注温度控制在合金凝固温度 20～30℃为宜。采用细晶铸造的整铸涡轮转子的轮毂获得细晶粒组织，而叶片部分仍保持原来粗晶或定向柱晶组织，此外还可以直接铸成涡轮盘坯进行热锻。

细晶铸造与传统精密铸造铸件晶粒度对比如表 8.12 所示。

表 8.12 细晶铸造与传统精铸件晶粒度对比

铸造工艺	晶粒直径/mm	晶粒数目/mm^3
传统铸造	约 6	1
振动法或搅拌法	约 0.5	7
热流控制法	约 0.18	170

8.10.4 粉末冶金工艺

粉末高温合金制件的工艺过程如下：制粉→压实→热加工变形→热处理。

8.10.4.1 制粉

粉末高温合金的预合金粉末为 -60 目以下的球形细颗粒，气体含量低，一般 O_2 小于 100 mg/kg，N_2 小于 50 mg/kg，H_2 小于 mg/kg，Ar 小于 2 mg/kg。制粉工艺有三种：Ar 气雾化法、旋转电极法和真空雾化法，如图 8.22 所示。

Ar 气雾化法是在真空中熔化的合金料经过注出口流出时，受高压 Ar 气流的喷吹而雾化成粉末。缺点是粉末粒度分布宽，还有空心颗粒及非球状粉末存在。

旋转电极法是将原料合金制成棒作为自耗电极（直径 ϕ50～75 mm，转速 1000～20000 r/min），在真空（或 Ar、He 气）下通过等离子电弧或钨电极产生的电弧，将自耗电极连续熔化，熔化的电极端部形成熔滴，在高速旋转离心力作用下甩出而成粉末。此法制得的粉末颗粒较粗，粒度分布较窄。由于无坩埚耐火材料的沾污，粉末含气量较低。

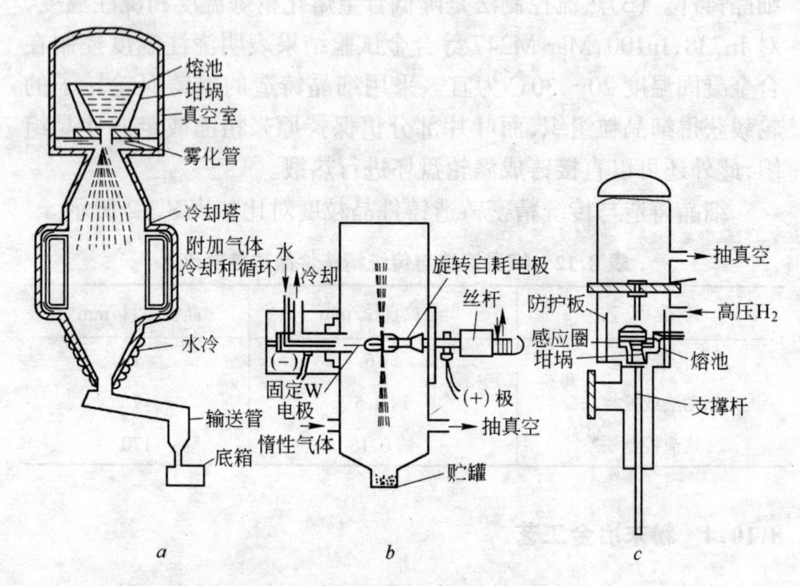

图 8.22　高温合金制粉工艺示意图

a—惰性气体雾化法；*b*—旋转电极法；*c*—溶入气体雾化法

真空雾化法是在真空熔化过热的合金熔体内，通入高压氢气，使其溶入并达到过饱和状态，然后通过导管将金属液吸入其上的真空室（真空度小于 1.33 Pa 即 10Torr），使溶入的氢气急剧逸出并将金属液体雾化成粉末。此法粉末粒度大，生产批量小。

近年来快速凝固制粉工艺（RSP）发展迅速，凝固速度由一般制粉工艺的约 10^3℃/s，提高到 10^5～10^6℃/s，粉末颗粒度可细小到 10～100 μm，从而进一步提高合金化程度而不产生偏析，并提高合金的初熔温度约 60～100℃。图 8.23 是一种快速凝固离心雾化法示意图，即在密闭容器内的合金熔体注入到高速（15000～35000 r/min）转盘上，受离心力作用被甩出，并经高速 He 气流喷吹而高速冷却。

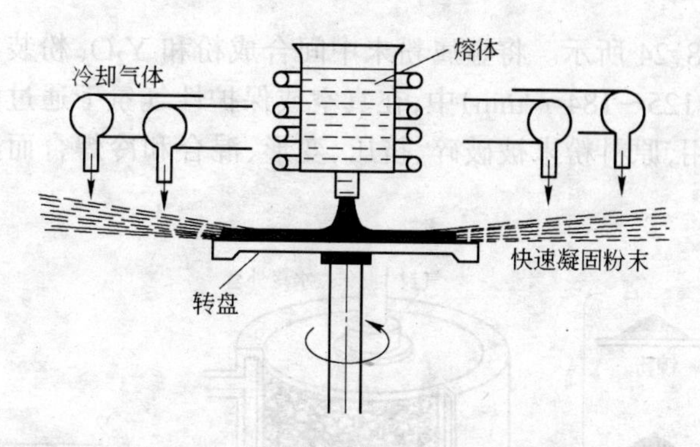

图 8.23 快速凝固离心雾化法示意图

8.10.4.2 压实

粉末经压实获得一定形状和致密化，压实后制件密度可达到理论密度，压实还使粉末颗粒连接并产生组织变化。由于粉末高温合金颗粒坚硬。不能采用常规的冷压实后烧结成型的粉末冶金工艺，必须采用热压实工艺。热压实主要采用热挤压或热等静压。热压实前，粉末在 Ar 气保护下进行筛分、混料、去除氧化物夹杂等处理，然后在真空中将粉末装入软钢、不锈钢或玻璃－陶瓷型包套中，在约 500℃温度下抽真空和密封。高温合金热挤压一般分两步，如 IN100 合金粉末装套先在 1010℃热压，再在 1080℃挤压，挤压比为 4∶1 至 10.6∶1。由于热挤压时粉末颗粒受剪切和压缩形变，破碎了原来颗粒边界，增强了颗粒间的结合。热等静压则是通过气体介质在高温时对包套粉末施加等静压，一般温度为 1000～1250℃，Ar 气压力为 70～100 MPa。由于热等静压压实过程中，材料流动比挤压或锻造时小，有部分颗粒变形很小或没有变形，故晶粒组织不太均匀。经热压实后的坯料，通常还需经模锻或轧制等热塑性变形加工成材，并经热处理后使用。不同的热压实工艺及其后的热处理，将获得不同晶粒度和机械性能的粉末高温合金。

8.10.4.3 机械合金化

Y_2O_3 弥散强化高温合金需经机械合金化工艺制造，其工艺流程如图 8.24 所示。将金属粉末中间合成粉和 Y_2O_3 粉装在干式球磨机(125~184 r/min)中,在真空或保护性气氛下通过钢球的碾压作用,原料粉末被破碎、挤压、变形、混合和冷焊合而达到合金化。

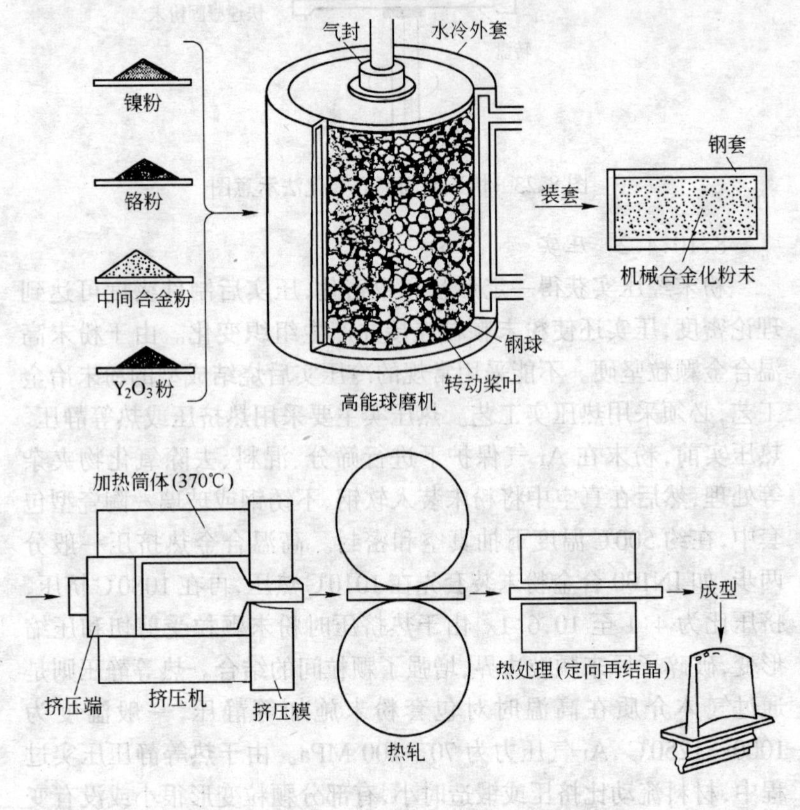

图 8.24　机械合金化生产工艺流程图

8.10.5　热处理

铁基、镍基和钴基高温合金经热塑性加工、铸造和粉末冶金成形后一般都需经热处理后使用。由于高温合金的基体晶格结构在加热过程中不发生变化,因此高温合金热处理目的是改变 γ' 相和碳化物第二相的大小、形态、数量和分布以及控制晶粒度。热处理的基本制度为固溶处理和时效处理两种。

8.10.5.1 固溶热处理

固溶热处理是将合金加热到第二相(γ′相和碳化物等)溶解温度下,使合金处于过饱和固溶体状态,以便时效处理时均匀地析出γ′相和碳化物相,其次还为了获得相宜的晶粒度。固溶强化的板材高温合金固溶处理后即可使用,保温时间短,加热温度低于1200℃,冷却多为空冷。沉淀强化的高温合金则需在固溶处理后接着进行时效处理。为此有一次固溶,二次固溶甚之更多次的固溶处理,第二次低温固溶处理目的是控制晶界碳化物析出或是调整γ′相尺寸等。

铁基高温合金固溶处理温度一般为1080~1180℃,镍基高温合金为1040~1230℃。固溶温度和保温时间的选择与所要求的合金晶粒度大小有关。因为温度高,保温时间长,则第二相溶解得多,故晶粒长大也快。叶片材料要求持久和蠕变强度高,希望晶粒粗些,故选择固溶温度高,保温时间长。盘件材料要求屈服强度、塑性和疲劳性能好,希望晶粒细些,则选择固溶温度低,保温时间长。用作燃烧室材料的W、Mo、Nb等固溶强化的高温合金,经冷冲压成形,要求塑性和冷热疲劳性能高,因此固溶温度较低,保温时间只有几分钟到十分钟。合金晶粒大小与固溶温度下的保温时间长短有关,但其影响不如温度来得明显。

固溶处理加热保温后一般要求空冷速度冷却甚至更快,以得到过饱和固溶体,但高合金化的镍基合金,即使采用水冷淬火,也抑制不住γ′相的大量析出。

8.10.5.2 时效热处理

时效处理在合金固溶处理后接着进行,目的是使第二相γ′相和碳化物按要求的大小、数量、形态分布析出。镍基合金时效温度一般为700~1000℃,铁基合金为650~850℃,视合金成分而定。为保证材料在使用过程中组织稳定,最终时效温度应略高于使用温度,时效时间则应在保证获得足够数量的强化相析出而又不发生严重的过时效。合金在不同时效温度下可以获得大小不同形状各异的时效 γ′相。低温下时效析出的 γ′相颗粒细小,多呈球状,且与基体 γ 相界面共格。高温下时效析出的 γ′相颗粒粗大,多呈方形甚至针状析出,并与基体 γ 相部分界面共格。因此镍基高温合金采用多次时效处理可以得到二次碳化物沿晶界呈链状析出或有着两种大小和分散度不同的 γ′强化相,而使合金的使用性能提高。变形钴基合金时效温度通常选用 870～980℃,目的是控制碳化物的析出,铸造钴基合金一般不进行固溶和时效处理。对于碳化物强化的钴基高温合金,固溶和时效处理目的是控制碳化物的沉淀析出。

8.10.5.3 特殊弯曲晶界处理

为了获得锯齿形状的弯曲晶界而进行的特殊热处理。有三种方法:(1)控冷处理是在合金经固溶保温结束后缓慢冷却使之晶界上析出粗大的第二相(γ′相或各种碳化物)而获得弯曲晶界。这种处理的合金塑性有显著提高,但蠕变、持久、疲劳等热强性能往往降低。(2)回溶处理是在控冷处理后接着进行一次固溶处理,使基体内粗大的第二相大部分溶解后空冷或低温下时效,使第二相弥散析出。从而使合金的强度与塑性都有提高。(3)等温处理是合金在固溶温度下保温一定时间后空冷到某一温度保温再冷却到室温。由于弯晶的形成温度较低,因而组织细化,使合金强度和塑性都较高。

无论何种弯曲晶界处理,其原理都是首先使晶界析出第二相颗粒,然后在高温下使晶界迁移。由于第二相颗粒的钉扎作用,只有颗粒间无析出物的晶界发生迁移而造成晶界弯曲。Nimonic118,Nimonic115,GH 220,ЭП122-ВД 等镍基合金叶片都采用了弯曲晶界处理以提高合金的抗蠕变和持久性能。

9 安全技术及劳动保护

铬冶金生产工作人员经常接触有毒有害的含铬物料,只有深入研究,彻底认识铬的毒性,才能有效防止铬的毒害作用。铬冶金生产应特别强调安全防护及工业卫生工作的重要性。要防止铬的毒害作用,必须贯彻落实预防为主的方针,且应在工艺、设备、管理及环保等方面进行综合治理。

9.1 铬冶金工业环境污染及其控制标准

当土壤的含铬浓度超过一定限度时,铬对植物起毒害作用。例如,土壤中以铬酸盐及重铬酸盐形态存在的铬,当浓度高至0.005%时,对小麦呈现毒性,并指出以铬酸形态存在于土壤中的铬当浓度0.005%时对农作物是不安全的。

铬、铜、锌、钴、锰、钼、硒等是人体必需的微量元素。人体正常生理活动需要一定量铬离子,机体缺铬要危害健康,影响发育,人体需要量大约为700 μg/d。铬在人体代谢中的半衰期约为80 d。

当环境含铬浓度超过一定限度,铬化合物对人体产生一定危害性,它对人体的皮肤、黏膜、呼吸系统、消化系统等具有严重损伤作用。

铬的毒性与其形态有关,铬化合物中六价铬具有强氧化作用,在酸性介质中容易被有机物还原成三价铬,铬的毒性就是这种氧化作用。六价铬尚具有能透过生体膜的作用。在六价铬盐中毒性最大的为铬酸酐、铬酸盐及重铬酸盐,其中重铬酸盐的毒性大于铬酸盐,尤以钠盐的毒性最大。三价铬盐在浓度较低的情况下毒性较小,它附着皮肤时只与表皮蛋白结合,而不致发生溃疡;有些三价铬,例如氧化铬及其水合物可以考虑是无毒的。金属铬及不锈钢含有的铬,由于他们溶入食物及饮水中时是惰性的,所以对人体无害。

食物中的含铬最高允许浓度未定，据国外研究报告建议，食物中含铬最高允许浓度为 0.1 mg/kg。食物中含铬浓度见表 9.1。

表 9.1 食物中含铬浓度　(mg/kg)

食物	浓度范围	平均浓度
谷物	0.017～0.16	0.07
豆、树籽、水果	0.078～0.66	0.38
叶菜	0.065～0.182	0.12
根菜	0.098～0.277	0.16
海菜	1.1～3.4	2.0
鱼、贝	0.202～0.393	0.31
肉、卵、乳制品	0.058～0.208	0.14

对人体一次口服铬酸盐的最高安全量尚无报道，口服致死量为铬酸酐 6 g 或 1～2 g；重铬酸钾 6～8 g。

鉴于铬可能对环境造成的污染，各国制定了相应的限制标准。

9.1.1 大气质量标准

日本对大气飘尘的规定：

1 小时平均值　　0.1 mg/m^3 以下

1 小时值　　0.2 mg/m^3 以下

美国对大气飘尘的规定：

工业区　　0.1 mg/m^3 以下

郊　区　　0.05 mg/m^3 以下

从防止鼻穿孔及鼻隔膜溃疡的角度出发，对铬酸盐、重铬酸盐及铬酸酐的粉尘及铬雾，8 小时工作制的车间空气中含铬最高允许浓度为 0.1 mg/m^3(以 Cr_2O_3 计)。

中国环境空气质量标准应按 GB3095—1996 执行，且根据《工业企业设计卫生标准》GBJ1—1972 规定，空气中含铬最高允许浓度为：

居住区大气中(以 Cr^{6+} 计)0.015 mg/m^3;车间空气中(六价铬以 Cr_2O_3 计)0.05 mg/m^3。

9.1.2 大气污染物排放标准

我国制定的大气污染物排放标准 GB—16297—1996 规定,大气铬最高允许排放浓度为:现有污染源:0.08 mg/m^3;新污染源:0.07 mg/m^3。同时制定了工业炉窑大气污染物排放标准 GB9078—1996,规定了各种工业炉窑烟尘及生产性粉尘最高允许排放浓度、烟气黑度限值。

美国对还原电炉烟尘限量为:生产高硅合金时 0.45 kg/1000 kW·h;生产铬合金时 0.23 kg/1000 kW·h。

日本铁合金烟尘排放标准:一般排放标准/g·m^{-3}(标态)大型炉 0.2,小型炉 0.4;特殊排放标准/g·m^{-3}(标态)大型炉 0.1,小型炉 0.2。

德国冶金工业电炉排放标准:150 mg/m^3。

西班牙 1977 年对铁合金烟尘排放标准/kg·t^{-1}:

	现有厂	新建厂	1980 年以后
硅铁	23	15	10
硅铬合金	30	20	15
铬铁精炼	8	5	5
硅锰合金	0.5	0.5	0.3
钼铁	5	3	3

9.1.3 水质量标准

英国向内陆河道排放污水的规定:污染物铬酸排放的允许浓度为低于 1 mg/L。

我国陆续颁布实施了水污染防治标准,如生活饮用水水质标准 GB5749—1985 规定含铬最高允许浓度为:六价铬 0.05 mg/L,农田灌溉水质标准 GB5084—1985,后来颁布实施的地面水环境质量标准 GB3838—1988 规定了各类地面水的六价铬浓度限值,而海水水质标准 GB3097—1982 则规定了各类海水总铬浓度限值。

我国制定的重有色金属工业污染物排放标准 GB4913—1985 要求六价铬 0.5 mg/L。我国后来又制定了污水综合排放标准 GB8978—1988,其中工业废水中污染物分为两类。第一类污染物能在环境或在动植物体内积蓄,对人类健康产生长远的不良影响。含此类污染物的污水一律在车间或车间处理设施排放口处取样分析。第二类污染物的长远影响小于第一类,规定的取样地点为排污单位的排出口,其最高允许排放浓度要按面水使用功能的要求和污水排放去向,分别执行。铬属于第一类污染物,要求总铬 1.5 mg/L,六价铬 0.5 mg/L。

9.1.4 土壤及废渣标准

据日本有害工业废渣处理的评价标准,铬渣中六价铬含量为:掩埋 1.5 mg/kg,投海(集中型)0.5 mg/kg,投海(扩散型)25 mg/kg。

我国制定了农用污泥中污染物控制标准 GB4284—84 规定铬及其化合物(以 Cr 计):在酸性土壤中(pH<6.5)600 mg/kg 干污泥;在中性或碱性土壤中(pH>6.5)1000 mg/kg 干污泥。我国颁布实施的土壤环境质量标准 GB15618—1995 规定了各类土壤中铬的含量限值。

我国于 1995 年 10 月颁布了《中华人民共和国固体废物污染环境防治法》,给予固体废弃物管理高度重视。铬盐工业污染物排放标准 GB4280—1984 规定废渣中水溶性六价铬的最高允许浓度为:现有企业:8 mg/kg 废渣;新建企业:5 mg/kg 废渣。

新建企业与居民区间的卫生防护距离不小于 500 m。

9.1.5 噪声控制标准

噪声被公认为一种严重的污染,是环境的四大公害之一。我国制定了工业企业噪声控制设计标准 GBJ87—1985,城市区域环境噪声标准 GB3096—1993,噪声测量方法可按 GB2875—1983 执行。

9.2 铬对人体的毒害作用

动物实验证实某些铬化合物可被消化道大量吸收;另有些化合物,如乳酸铬、羟基碳酸铬、磷酸铬及铬酸锌等,在消化道中的吸收率仅为0.1%~0.2%,基本不被吸收,铬主要形成不溶性复合物从粪便中排出。进入呼吸道的铬其吸收率与溶解度有关,大致与镉和铝的吸收率相同,约为30%~50%。某些报告指出:被体内吸收的铬,极大部分经过肾脏从尿中排出,有限量从肠道排出,在尿中结合为有机化合物形态。也有报告假定,铬能通过皮肤及肠黏液排出体外。某些铬化合物能贯穿皮肤或通过破损表皮造成肌体上的伤害。

铬化合物对人体的毒害作用,主要是对皮肤及呼吸器官的损伤。现将对人体的毒害作用分别叙述于下:

9.2.1 对皮肤的毒害作用

皮肤直接接触铬酸盐或铬酸而造成对皮肤的伤害,可分为两种类型:

(1) 铬性皮肤溃疡:铬性皮肤溃疡俗称铬疮。铬化合物并不损伤完整的皮肤,但当皮肤擦伤而接触铬化合物时即可发生伤害作用。铬性皮肤溃疡的发病率的偶然性是较高的,主要由接触时间长短、皮肤的过敏性以及个人卫生习惯有关。铬疮主要发生于手、臂及足部。事实上只要皮肤发生破损,不管任何部位,均可发生铬疮。指关节及指甲根部是暴露处,此处最易积留外来脏物,皮肤也最易破损,因此这些部位最易形成铬疮。

形成铬疮前皮肤最初出现红肿,具瘙痒感,随后变成丘疹。若不作适当处理可侵入深部,形成中央坏死的丘疹,溃疡上盖有无分泌物的硬痂,四周隆起,中央深而充满腐肉,边缘明显,呈灰红色,局部疼痛。溃疡呈倒锥形,溃疡面积较小,一般不超过3 mm,有时也可大至12~20 mm或小至针尖般大小。若忽视或进一步发展可深入至骨部,感到剧烈疼痛,愈合甚慢。

(2) 铬性皮炎及湿疹：接触六价铬也可发生铬性皮炎及湿疹。患处皮肤瘙痒并形成丘疹或水泡。皮肤过敏者接触毒物数天即可发生皮炎。某些研究者指出，铬的过敏期可长达3～6个月。湿疹常发生于手及前臂等裸露部位，偶尔也发生在足及踝甚至脸及背部等处。据某厂1977年统计，浸取及铬渣干燥岗位40名操作工中，铬性皮炎的发病率为30人·次/a。

接触铬盐尚未见导致皮肤癌的报告。

9.2.2　对呼吸道的毒害作用

(1) 鼻中隔溃疡及穿孔：接触铬盐常见的职业病是鼻中隔溃疡及穿孔。发病率决定于接触程度，接触机会愈多发病率愈高。引起鼻中隔穿孔的时间是不一定的，一般接触1～6个月后即能形成，有时甚至1～2个月或更短时间就可发现。

早期常发生鼻黏膜充血、肿胀、反复轻度出血、干燥、瘙痒、嗅觉衰退、黏液分泌增多以及常打喷嚏等症状。溃疡一般位于鼻中隔软骨部离前下端1.5 cm处，此部位神经分布较少，无明显疼痛感。溃疡可进一步发展为软骨穿孔，穿孔过程可进一步向鼻中隔软骨的后上端发展，直至软骨边缘为止。在溃疡部形成黏液黄痂，穿孔完毕后痂盖脱除。穿孔后鼻黏膜萎缩，鼻腔干燥，但不影响正常呼吸，鼻外形也不致改变。铬盐工人有时对穿孔是无自我感觉的。当穿孔完成后，即便溃疡愈合，孔洞仍一直留存。孔洞的面积一般甚小，小的仅为针头般大，但也有直径在1 cm以上的。据鼻中铬溃疡及穿孔程度，可分为四期：

第一期单纯性鼻炎：鼻黏膜充血、浮肿、嗅觉衰退；

第二期糜烂性鼻炎：鼻中隔黏膜糜烂，呈灰白色斑点；

第三期溃疡性鼻炎：鼻黏膜呈凹陷性缺损，表面有脓性痂盖，鼻中隔变薄，透明度增大，鼻甲黏膜苍白，嗅觉显著衰退；

第四期鼻中隔穿孔：鼻中隔软骨可见圆形或三角形孔洞，穿孔处有黄色痂盖，鼻黏膜萎缩，鼻腔干燥。

溃疡偶尔也发生在上呼吸道及喉头等部位，但这些病例并不常见。

(2)呼吸系统癌症:有些报告指出,铬盐工人呼吸系统癌症发病率比一般人高。致癌过程一般认为15～17年。亦有记载铬化合物导致支气管痉挛及喘性气管炎的。

9.2.3 对眼及耳的毒害作用

眼皮及角膜接触铬化合物可引起刺激及溃疡,症状为眼球结膜充血,有异物感,流泪刺痛,视力减退,严重时可导致角膜上皮剥落。

铬化合物侵蚀鼓膜及外耳道溃疡仅偶然发生。

9.2.4 对胃肠道的毒害作用

食入六价铬化合物可引起口黏膜增厚,水肿或黄色痂皮,反胃呕吐,有时带血,剧烈腹痛,肝肿大,严重时使循环衰竭,失去知觉,甚至死亡。

有关铬化合物的全身中毒问题,有不同看法,不少研究者认为,铬盐对铬盐工人不致产生全身中毒现象。但也有报告指出,铬化合物不仅有局部作用,且会引起全身中毒,症状是:头痛、消瘦、肠胃失调,肝功能衰退、肾脏损伤、单核血球增多。血钙增多及血磷增多等。

9.3 铬中毒的预防

铬冶金工厂为防止铬化合物对皮肤及呼吸系统的毒害作用,必须采取综合措施:环境管理、个人防护及药物预防。

9.3.1 环境管理

环境管理的目的是防止铬化合物进入空气,不使毒物从呼吸道进入人体或沾染在皮肤上。环境管理工作应根据国家的有关法规、标准对企业生产的各个环节进行有效管理,包括下列各项内容。

9.3.1.1 防铬尘

铬铁矿本身是无害的,但矿中往往含有游离二氧化硅。原料中的硅不仅对人的呼吸系统产生损害作用,且是铬盐生产的有害杂质。采用低硅矿石或精选矿石,对劳动保护及生产过程均有益。车间中空气中铬铁矿的最高允许含量未定,可参照环境空气质量标准应按 GB3095—1996 规定执行。铬盐工人患矽肺虽未见报道,但矿石粉碎车间常规防尘措施是必需的。矿石粉碎系统必须保持负压或闭路循环,磨机排出的尾气应经旋风分离器及脉冲袋式除尘两级除尘。操作点必要时应装设局部排风。远距离集中控制也是防尘的有效措施。

混料及焙烧各操作点能形成大量粉尘。混料装置应保持负压,或采用管道输送,尽可能避免采用开启式设备。喂料点应装置局部排风。回转窑窑尾密封圈损坏时,将引起大量粉尘外逸,除设计选用可靠结构外,应经常保持密封圈处于正常状态。保持窑气流畅,避免窑内局部正压,也是防止灰尘飞扬的措施。回转窑窑气带有大量粉尘,粉尘含量决定于物料细度、密度、含水率以及收尘装置形式、处理能力及烟囱抽力等因素。烟囱高度只要能保证抽力,克服窑气阻力、保持窑内良好通风即可。一般在自然通风时烟囱高度为 30 m 已足够,烟囱抽力过大将引起大量粉尘飞逸而造成损失。采用沉降室除尘装置时,窑气含尘量约为 10 g/(标)m^3,排尘量为 50 kg/h。回收及净化窑气对环境保护及降低矿耗均有效益。重力沉降室是最简单的收尘装置,但占地面积大,除尘效率低,一般不超过 50%。装设废热锅炉,或利用窑气余热炉料,先使窑气降温后,进一步采用玻璃纤维袋除尘器或静电除尘器,能达到彻底净化窑气的目的。

9.3.1.2 防铬雾

在生产电解金属铬的铬酸钠生产中,高温熟料直接水浸,容易生成大量含铬蒸汽。熟料经冷却后再行浸取是消除含铬蒸气的有效措施。浸取过程的局部通风及远距离集中控制实属必要。

中和及酸化反应必须保证设备具有良好的通风能力,使含铬蒸气及时排出，避免气体从操作孔外逸。含铬气体排入大气前若需净化成有必要采用强制排风。铬酸反应锅逸出的含氯气体必须先经冷凝器将蒸汽冷凝，再用碱液吸收净化。车间空气中含氯浓度应低于 1 mg/m^3(以 Cl 计)。

蒸发过程一般采用负压，对环境不致造成污染。但二次蒸气带沫往往难以完全避免，采用直接高位喷淋冷凝器时，冷却水易被含铬二次蒸气污染，当循环冷却水经过开启式淋水塔时，将造成厂区空气的污染。从改善环境保护角度出发，铬盐厂的蒸发器应具有足够的蒸发空间，并装置多台除沫器。另有必要采用间接式冷凝器，以回收含铬冷凝液，淋水塔中的循环冷却水因不接触含铬蒸气，不致污染环境。

9.3.1.3 防泄漏

保证设备密封点的严密性是十分重要的，此外管道法兰及阀门若有泄漏处应及时修复。设备及管道泄漏率应控制低于0.25%。

车间各操作点应铺设花岗石或辉绿岩地坪。除做好防漏、防渗工作外并需装有足够的地下回收池，以充分回收含铬废水，杜绝外流。

铬盐厂若采用常规离心泵输送料液，因填料箱的经常泄漏容易造成污染。此外维修更换填料往往擦伤手部皮肤，是铬盐工人手部患铬疮的主要原因。采用真空及压缩空气输送料液可以防止泄漏，但真空泵的排气及扬液器的余压排放，均是含铬物料进入空气的途径。真空及压缩空气输送料液应将排放尾气进行净化。从环境保护角度出发，采用液下泵输送料液具有一定作用。贮槽液面不宜过高，贮槽应装置溢流管防止有毒料液外溢，若料液外溢时应及时清理冲洗。排气管应装在室外，以保持室内空气清洁。

9.3.1.4 建立水循环闭路系统

铬冶金工厂需建造完善的水循环回路，必须尽量减少新鲜水用量，提高工业水循环利用率。我国制定的重有色金属工业污染物排放标准 GB4913—1985 要求冶炼厂及加工厂工业水循环利用率为:新建厂80%,现有厂70%。

车间操作点应严格控制地坪及设备的冲洗水量。全厂应设置集中的废水回收系统,在生产上充分加以回收利用。这是最经济有效的简便方法。为减少含铬污水量,下水应清浊分流,生产废水与生活污水必须严格分开。对少量浓度过低无回收价值的过剩废水必须经处理后才可排放。经处理后的含铬废水应保证六价铬含量低于0.5mg/L。为考虑建立水循环闭路系统,必须采用适宜的废水净化方法。含铬废水经净化处理后,最好作为企业用水的补充水源。

9.3.1.5 加强铬渣管理

铬冶金企业会产生各种含铬炉渣,电解金属铬时,由氧化焙烧、浸取铬酸钠也产生大量废渣。除应在工艺上采取缩减渣量及降低渣中六价铬含量的措施外,尚应加强对铬渣的管理工作。任意堆置铬渣是造成厂区环境污染的主要原因。

含铬废渣不宜露天堆放,应采用专用运输线送至渣库贮存。渣库应铺设防渗地坪及防风矮墙。铬渣解毒车间或利用车间最好与浸取车间组成连续的生产流水线,以减少造成污染的可能。铬渣必须经解毒处理,使六价铬含量降至5 mg/kg以下才可外排。

9.3.1.6 改革工艺及设备

改革工艺及设备是加强环境管理的积极措施。例如,在工艺上以湿法代替干法;以低温代替高温;以负压代替正压;以连续代替间歇等。在设备上革除手工操作,采用自动化、连续化、机械化等高效设备是改善操作条件的必要措施。例如,用连续浸取设备代替人工卸料的槽式浸取器;用自动板框压滤机代替人工操作压滤机;用自动离心机代替手工操作的三足式离心机等。

9.3.1.7 加强空气及环境的清洁工作

强制通风可以稀释车间空气中的含铬浓度,但往往容易搅动空气,反而造成粉尘飞扬。车间应特别注意自然通风,并要求有一个宽敞的操作环境。布置设备时应避免与邻近操作点相互干扰的影响。

车间内部的清洁工作是十分重要的,地面上散落的物料应及时清理,清洁打扫地面应先洒水,防止粉尘飞扬。车间各操作点应装设方便的冲洗处,以备日常清洁及应急使用。

保持良好的环境卫生与及时作好清洁工作,是防止空气被铬污染的必要措施。但它不能代替机械措施,环境卫生与良好的防尘设备是分不开的。

9.3.1.8 *加强环境监测*

环境监测是环境管理的重要手段。各操作点及厂区的空气含铬量以及各废水排放点的含铬浓度必须定期测定,并建立报告制度,以保证安全的工作环境。加强环境监测既能及时掌握环境质量情况,又能积累资料,及时采取必要措施。环境监测工作已被日益重视,目前国内不少厂家均设置了环境保护监测机构,加强了环境管理工作。

9.3.2 个人防护

由于六价铬化合物对皮肤具有侵害作用,操作人员必须避免与毒物直接接触。有必要接触毒物时,应穿戴防护服、防护靴、防护手套及围身。防护手套及防护靴内应保持干燥清洁。有溶液飞溅处及疏通管道时应戴防护眼镜。

当铬化合物进入眼内应立即用大量流动水冲洗,再用氯霉素眼药水(溅入碱性液时);或用磺胺醋酰钠眼药水(溅入酸性液时)滴眼,并用抗生素眼膏,每日三次。严重时应立即就医。各操作点应在就近处装设方便的冲洗池。当皮肤擦伤时必须用水彻底冲洗,并贴上防护胶带,以防止伤口接触毒物。

操作时不宜抽烟及进食。应养成不挖鼻孔的习惯,这样不仅可防止毒物直接沾污鼻膜,并可避免鼻膜刺激或损伤时引起铬的损害作用。上班前鼻孔及部分皮肤应涂防护油膏。工作结束必须淋浴并用水擦洗鼻孔,以及清洗工作服。良好的个人卫生习惯是十分重要的防护方法。

9.3.3 药物防护

为预防铬化合物的损害作用,应定期进行皮肤、鼻腔及胸部检查。并采用一些必要的药物措施。兹将常用的防护药物摘录于下:

(1) 鼻孔防护膏:

EDTA	15 g	樟脑	20 g
薄荷	20 g	羊毛脂	100 g
清鱼肝油	400 mL	凡士林	2000 g

制法:EDTA 溶于少量水后加羊毛脂,并用水浴加热搅拌脱水;薄荷脑溶于鱼肝油,温水浴微温溶解;凡士林熔融后与上述药物混合。

(2) 洗液:1) 10%硫代硫酸钠溶液;2) 0.5%EDTA 溶液。

(3) 皮肤止痒水:

水杨酸	50 g	薄荷	50 g
樟脑	250 g	95%乙醇	3000 mL

蒸馏水加至 5000 mL

(4) 溶菌酶:剂型:冻干品及粉针剂、口服肠溶片、口含片、甘油涂剂及喷雾剂。

给药途径:

1) 滴鼻剂。

配方:溶菌酶(冻干品或粉针剂)40 mL;生理盐水加至 3~4 mL。

用法:每小时滴鼻一次,每次 2~3 滴,于 24~48 h 内滴完。应新鲜配制,藏于 20℃下,避光,混浊时不宜使用。

2) 局部喷粉。直接将粉剂喷于鼻膜溃疡处,每日 2~3 次。

3) 溶菌酶鼻膏。

配方:溶菌酶(粉针剂)0.5 g;维生素 C 5 g;凡士林加至 100 g。

(5) 链霉素滴鼻液:0.5%链霉素溶液,用于萎缩性鼻炎,每日 3 次滴鼻。

(6) 复方碘甘油:用于慢性萎缩性喉炎,涂咽喉。

碘	1.3 g	碘化钾	2.5 g
薄荷脑	0.4 mL	乙醇	0.4 mL
蒸馏水	2.5 mL	甘油加至 100 mL	

制法:碘溶于碘化钾溶液,然后与其他药物混合。

有关铬中毒的治疗问题,国内外均作了不少研究工作,积累了不少经验,但至今尚无彻底治疗的办法,应贯彻以预防为主的方针。对工人进行定期体检是非常重要的,有些国家规定,工龄在5年以上者,每隔半年应进行一次胸部透视,可疑时应施行器官观察器的检查与细胞研究。一般说来每年检查一次是必需的。对于新工人在就业前也应该进行预防性体检,凡有禁忌症者,如严重的上呼吸道炎症、鼻中隔弯曲、经常性鼻出血,支气管哮喘、结核病、湿疹以及严重皮肤病患者,均不宜参加这类工作。

了解铬的毒性,掌握预防措施,从思想上加以重视,是十分重要的。铬中毒并不是不可避免的,只要加强对铬盐工人的安全卫生教育,采取一些必要的防护措施,严格执行技术操作规程及安全技术制度,特别是通过治理"三废",彻底改革工艺及设备,均是积极有效的措施,因此铬中毒是完全可以预防的。

9.4 噪声的治理

工厂的噪声治理可以分为三个方面:一是控制声源;二是从传播的途径上控制噪声;三是接收者的保护。

(1) 控制声源。控制声源的主要措施有:研制和选择低噪声设备,提高机械加工及装配精度;设备安装时采用减振措施;精心检修,保持设备运转正常;改进生产工艺和操作方法等。

(2) 噪声在传播途径上的控制。目前主要采取的措施有:噪声设备的布局要合理,强噪声设备安装在人员活动少或偏僻的地方;利用屏障阻止噪声传播,如隔声罩、隔声间等;利用吸声材料吸收噪声,如将风机出口朝上或朝向偏僻区。

(3) 接收者的防护。接收者防护的主要措施是人体戴防噪声耳罩和防噪声耳塞等。

10 环境保护及综合利用

10.1 概述

铬及其合金在冶炼生产过程中,埋弧还原电炉、电硅热法的精炼电炉、金属热法(炉外法)的熔炼炉和铬湿法(化学浸取)生产工序等会排出大量废气、污水和炉渣,对环境造成的污染是不容忽视的,必须进行治理。

废气主要产生源是各种炉窑,包括还原(矿热)电炉、精炼电炉、焙烧回转窑、多层焙烧炉和金属热法熔炼炉等。还原电炉是冶炼绝大部分铬铁产品品种的设备,其主要原料为矿石与还原剂。原料入炉后,在熔池高温下呈还原反应,生成 CO、CH_4 和 H_2 的高温含尘可燃气体,称为炉气。它透过料层逸散于料层表面,当接触空气时 CO 燃烧形成高温高含尘的烟气。依产品不同每吨成品合金的炉气发生量波动在 700～2000 m^3(标态)。炉气温度约为 600℃左右。精炼电炉用来生产中低碳或微碳合金,采用明弧电炉操作。原料在熔池中降碳过程和加入粉料(石灰)造渣过程都产生大量高温烟气,烟气量一般按排烟罩罩口流速计算得出。回转窑用煤气或残渣油作燃料。产生的烟气量可根据焙烧原料量及燃料消耗量计算决定。如一座 ϕ2300 mm×32000 mm 回转窑下料量 3 t/h左右,烟气量约 12000 m^3(标态),烟气温度 500～600℃。金属热法是冶炼金属铬使用的熔炼炉为一带黏土砖衬的直形炉筒,熔炼炉安放在砂基上。以铝粒作还原剂,把配好的料批加入熔炉里,在料堆上部点火后发生快速反应,熔炼过程可在 25～40 min 内完成。瞬间内爆发出高温废气和烟尘,产生的烟尘持续约 10 min左右。废气由熔炼炉上部的烟罩收集。进入烟罩后废气温度约200～350℃,气体含尘量(标态)为 28～30 g/m^3。每吨炉料产生废气量为 3000～4000 m^3/h(标态)。

全封闭电炉煤气采用湿法洗涤流程时,废水来自洗涤塔、文氏管、旋流脱水器等设备。每 1 千立方米煤气的废水排放量(标态)一般为 15～25 m^3。废水悬浮物含量 1960～5465 mg/L,色度黑灰色。酚含量 0.1～0.2 mg/L,氰化物含量 1.29～5.96 mg/L。

生产金属铬过程,可溶性的铬酸钠用水浸出时排出含六价铬的废水,设备的渗漏及沉淀排出少量含六价铬废水。以上废水含六价铬高达 30～144 mg/L,废水排放量约 76 m^3/d。每 2.5 h 排放一次,平均排放 8 m^3/次。

铬铁冶炼大部分采用火法,其中大多数用电炉冶炼,少数用转炉冶炼,个别的产品采用炉外法熔炼。炉料加热熔融后经还原反应,其中氧化物杂质与铁合金分离形成炉渣。采用湿法冶金生产的金属铬产品经湿法浸出产生铬浸出渣。此外,从火法冶炼过程发生的烟气中净化回收的烟尘也属于固体废物。

20 世纪五六十年代的还原炉一般为敞口冶炼,高悬式烟罩,炉内产生的高温烟气混入大量冷空气后通过烟囱排空。进入 20 世纪 70 年代,电炉改造和建造为半封闭和全封闭式操作,混入冷空气减少后烟气量也相应减少,排烟温度很高,要求除尘器前配置降温冷却设备,袋式除尘器的滤料也有较大改进,烟尘净化效率提高,满足了日趋严格的环保排放标准。实行电炉全封闭操作以后,炉口处操作条件大大改善,而炉内压力控制及安全操作要求更加严格。冶炼过程产生的炉气含 CO 高达 70%以上(称荒煤气),从炉内引出后采用洗涤降温冷却净化,净煤气予以回收利用,含酚、氰等有害物的煤气洗涤水循环使用,为稳定水质,少量污水经处理达标后外排,同时补充部分新水。国外铬铁工业污染在 70 年代得到全面治理,治理技术全面发展,到 80 年代污染治理技术水平更加提高。我国的高碳铬铁大型电炉实现了全封闭炉操作,产生的煤气净化后有的作燃料使用,有的点燃排空。煤气洗涤污水循环处理应用,少量稀释排放。生产铬铁的前部工序为湿法处理焙烧铬矿时,产生含六价铬的有毒污水。经过试验研究,采用硫酸亚铁法治理含铬废水已在生产中应用。

我国铬冶金工业迅速发展,环境管理日趋严格。《中华人民共和国环境保护法》明确要求对工矿企业的废气、废水、废渣、粉尘等有害物质要积极防治,一切排烟装置、工业窑炉都要采取有效的消烟除尘措施,散发有害气体、粉尘、排放污水必须符合国家规定的标准。

10.2 废气治理

10.2.1 全封闭还原电炉煤气净化

全封闭还原电炉主要用来冶炼不需要做炉口料面操作的铬铁产品。还原冶炼过程产生含 CO70%以上的炉气(煤气),经净化回收后综合利用,目前主要用作燃料。

全封闭电炉在工艺操作顺行的条件下,应严格控制炉盖内为微正压状态,以防止空气渗漏炉内。炉气净化后应设气体自动分析仪,监测 O_2 和 H_2 含量。煤气净化流程有干法和湿法两种。

20 世纪 60 年代以来,还原电炉煤气净化工艺流程一直沿用湿法。它的主要特点是快速洗涤易于熄火,很短时间使高温煤气降到饱和温度,消除爆炸因素之一,可实现安全操作。常用的洗涤净化设备有高能洗涤器、蒂森布发罗洗涤机、文丘里洗涤器等。净化后的煤气含尘量(标态)低于 20 mg/m^3,符合工业煤气应用要求。有代表性的湿法净化工艺流程为“双塔一文”流程、“双文一塔”流程、洗涤机流程等。我国 20 世纪 60 年代试验成功“双塔一文”流程并用于 12500 kV·A 高碳铬铁全封闭还原炉上。先后在一些工厂推广应用。流程如图 10.1 所示。

10.2.2 半封闭还原电炉烟气净化

半封闭还原电炉主要用于冶炼需要作炉口料面操作的硅铬合金。冶炼过程产生的烟气其主要参数有烟气量、温度、含尘量、化学成分等。参数值的波动主要受冶炼炉况和半封闭烟罩操作门开闭状况的影响。当出现刺火、翻渣和塌料瞬间,烟气量将增大30%以上,烟气温度可上升到900℃。

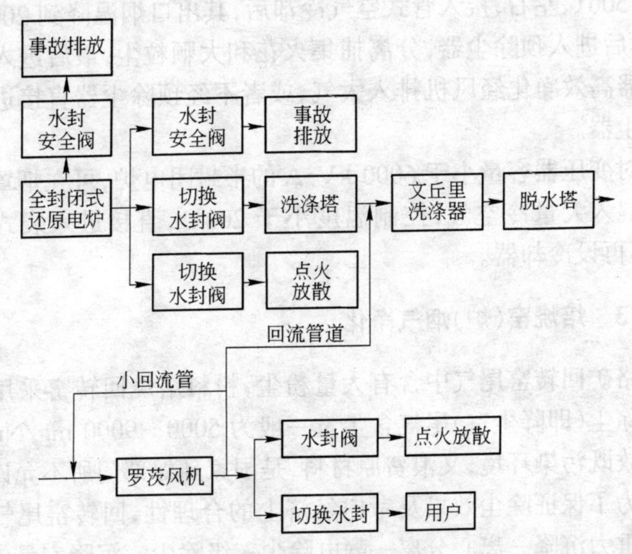

图 10.1 全封闭还原电炉洗涤机、文丘里湿法流程图

半封闭还原电炉烟气干法净化流程如图 10.2 所示。

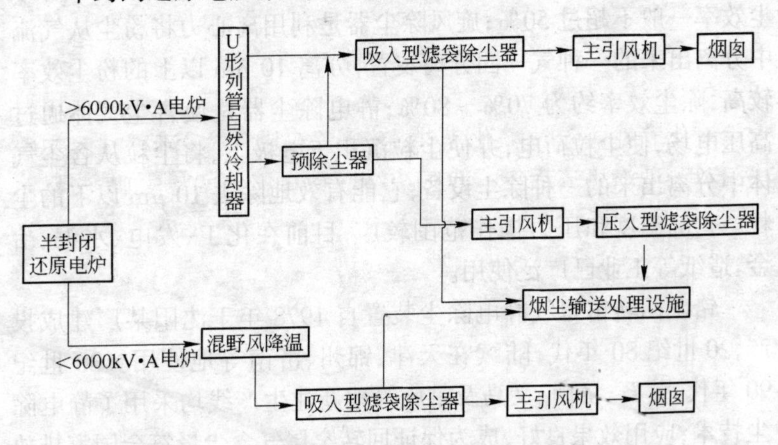

图 10.2 半封闭还原电炉烟气干法净化工艺流程图

该干法净化流程对烟气温度控制范围较宽,变压器容量大于6000 kV·A的大中型电炉,半封闭烟罩出口烟气温度可控制在450~500℃左右,接入管式空气冷却后,其出口烟温降到200℃左右,然后进入预除尘器,分离捕集火花和大颗粒尘,最后进入袋式除尘器高效净化经风机排入大气,或者不经预除尘器直接进入袋式除尘器。

对变压器容量小于6000 kV·A的半封闭电炉,可在烟罩操作门处混入大量冷空气,控制温度小于200℃,直接进入袋式除尘器,不再设冷却器。

10.2.3 焙烧窑(炉)烟气净化

铬矿回转窑尾气中含有大量粉尘,粉料焙烧回转窑采用一级重力除尘(即降尘室)尾气含尘量一般为5000~9000 mg/Nm^3,直接排放既污染环境,又浪费原材料,是国家环保部门所不允许的。

为了保证除尘效果及考虑经济上的合理性,回转窑尾气一般采用重力沉降—离心分离—静电除尘三级除尘。沉降室是借助重力作用自然沉降来达到除尘的装置,阻力小,但体积大,除尘效率低,一般只用于一级粗净化,仅能除去直径大于30 μm的尘粒,除尘效率一般不超过50%;旋风除尘器是利用离心力将粉尘从气流中分离出来的一种气—固分离装置,分离10 μm以上的粉尘效率较高,除尘效率约为70%~80%;静电除尘器是使含尘气体通过高压电场,使尘粒荷电,并使尘粒沉积于电极上,将尘粒从含尘气体中分离出来的一种除尘设备,它能有效地除去10 μm以下的尘粒。它的温度和压力操作范围较广,目前在化工、发电、水泥、冶金、造纸等工业已广泛使用。

铬矿回转窑尾气静电除尘装置自1978年于沈阳某厂建成投产,20世纪80年代,陆续在天津、锦州、济南等地使用。20世纪90年代,黄石、济南、义马及重庆等地新建生产线均采用了静电除尘技术,应用效果良好,成为保证回转窑尾气含尘量符合国家排放要求的必不可少的技术措施。静电除尘装置虽然投资额较高,耗

电量较大,但能回收物料,降低产品原料消耗,可部分弥补经济指标方面的不足。三级除尘的工艺流程如图 10.3 所示:

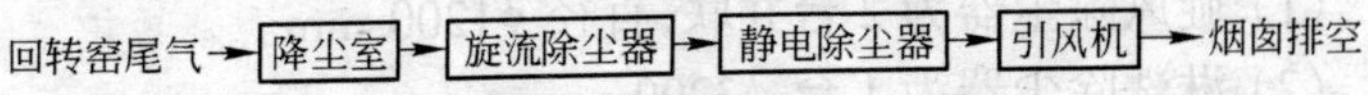

回转窑尾气 → 降尘室 → 旋流除尘器 → 静电除尘器 → 引风机 → 烟囱排空

图 10.3 三级除尘工艺流程图

ϕ2.3 m×36 m 回转窑采用静电除尘器的运转情况为:从回转窑尾部排出含尘尾气量 20000 ~ 25000 m^3/h,尾气温度 450 ~ 550℃,含尘量 4000~6000 mg/m^3,尾气经降尘室除去部分粉尘,再进入旋流除尘器进一步除尘,并降温至 200 ~ 250℃,静电除尘器入口尾气含尘量为 1600~2000 mg/m^3,经电除尘后出口尾气含尘量为 60 ~ 80 mg/m^3,出口尾气温度为 110~130℃。电除尘器规格为 10 m^2,运行电压为 33~40 kV,运行电流为 80~100 mA。

10.2.4 金属铬熔炼炉废气净化

金属铬熔炼炉废气治理着重于净化回收 Cr_2O_3 干尘和 $Na_2Cr_2O_4$ 溶液,所以采用干湿结合的流程。系统工艺流程如图 10.4 所示。第一级净化设备采用高效旋风除尘器组。以收集粗颗粒 Cr_2O_3 干尘,废气夹带细颗粒烟尘,再经淋洗除尘器净化,淋洗液反复淋洗循环使用,富集 $Na_2Cr_2O_4$,符合要求后进行综合利用。

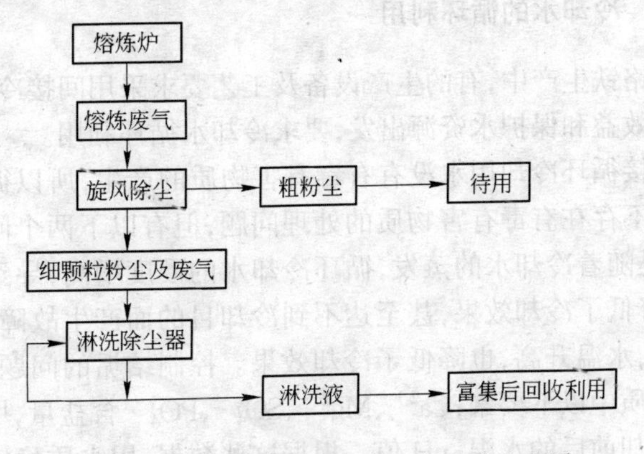

图 10.4 金属铬熔炼炉废气净化工艺流程图

废气中主要成分为 NO_x、N_2 和 O_2，烟尘成分为 Cr_2O_3、Na_2NO_3、Al 等，废气量约 8000 m^3/h。净化系统主要设备有：

(1) 旋风除尘器为 2 台并联，直径 ϕ1200 mm。

(2) 淋洗除尘器为 1 台 ϕ3200 mm。

(3) 引风机型号，Y5-47 No.12.4D，风量 8000 m^3/h，风压 3500 Pa，配电动机 $N = 110$ kW。

废气经上述设备净化后，排气目测无色，烟尘捕集效率达 98%左右。每年可回收 Cr_2O_3 干粉 24 t，含 $Na_2Cr_2O_4$100 g/L 溶液 430 m^3，经济效果显著。

10.3 废水治理

对生产中的废水治理，总的原则要实行水的封闭循环利用，尽量减少排污量。据此原则，对废水，温度高的要降温；悬浮物多的要澄清；存在有毒有害物质的要除去有毒有害的物质。对废水的治理，应根据废水的数量和废水中有毒有害物质的性质，采取相应的治理方法。如中和法、氧化法、还原法、吸附法、沉淀法、过滤法及生物法等。生产中的废水经处理后可以再被利用，毒物也不会富集，有的还可以从废水中回收有用的物质，采用循环冷却水还可以节省水源供水等。

10.3.1 冷却水的循环利用

在铬铁生产中，有的生产设备及工艺要求采用间接冷却降温，从企业效益和保护水资源出发，要求冷却水循环利用。

间接循环冷却用水没有有毒有害物质的产生，所以循环利用冷却水不存在有毒有害物质的处理问题，但有以下两个问题要解决：一是随着冷却水的蒸发，循环冷却水的硬度增高，导致冷却壁结垢，降低了冷却效果，甚至达不到冷却目的而产生故障；二是经冷却后，水温升高，也降低了冷却效果。控制结垢的问题，首先应测定水质中以下要素：Ca^{2+}、Mg^{2+}、SO_4^{2-}、PO_4^{3-} 含盐量，甲基橙碱度和冷却前后的水温、pH 值。根据这些数据，用水质稳定指数或饱和指数判定是否结垢。在循环水中加入控制结垢药剂,如磷酸盐、聚磷酸盐、聚丙烯酸胺等,也可扩大循环水不结垢指标的范围,即提高循环水浓缩倍数,提高循环水重复利用率高达95%以上。如果Ca^{2+}、Mg^{2+}等离子富集到一定程度,加控制结垢药都达不到控制结垢的目的,即应将循环水进行软化处理,使其达不到结垢的条件。

对于冷却水水温升高问题,一般都要考虑蒸发降温,如建喷水冷却池、冷却塔等。

对于水资源缺乏且水质硬度高的企业,还原电炉的冷却用水,可全部使用软水冷却,实现闭路循环。

10.3.2 煤气洗涤水的治理

全封闭式还原电炉生产的回收净化煤气,目前国内多采用湿法除尘,由此而产生的废水需要处理才能循环利用或者排放。

对于含氰酚煤气洗涤废水,一是要治理水中的悬浮物;二是要治理水中的氰化物。

悬浮物采用沉淀法或粒状介质过滤法治理。

氰化物的处理方法有多种,如投加漂白粉、液氯、次氯酸钠等氧化剂处理;加硫酸亚铁生成铁氰络合物沉淀;利用微生物分解等。

例如,某厂煤气洗涤水循环量每天有35000 m³左右。处理含氰废水的方法是投加硫酸亚铁和充分利用氰化物的自净能力。煤气洗涤水进入沉淀池之前,加入硫酸亚铁,一是起絮凝作用,二是使CN^-生成铁氰络合物沉淀,而去除水中的CN^-。反应原理是:

$$Fe^{2+} + 6(CN^-) \rightarrow [Fe(CN)_6]^{4-}$$

煤气洗涤水中氰化物去除量的大小,随着硫酸亚铁的加入量大小而波动。某厂每立方米煤气洗涤水加入0.13～0.2 kg硫酸亚铁,一般可去除CN^- 20 mg/L左右。使循环使用的煤气洗涤水含CN^-在40 mg/L左右而不再富集。

某厂采用塔式生物滤池法处理含氰废水,效果很好,其原理是:采用嗜氧菌,借助于塔滤本身良好的自然通风条件,供给细菌氧气,使嗜氧菌繁殖生产,嗜氧菌通过它的生命活动分解氰,分解过程如下:

$$CN^- + O_2 + H_2O \rightarrow CONH \rightarrow NH_4^+ + HCOOH$$

$$HCOOH \rightarrow H_2O + CO_2 \uparrow$$

经自然淘汰法培养驯化的除氰细菌,挂满滤池填料上,形成乳白色生物膜以后,即可开始逐步加大含氰废水的流量和含氰浓度,使之达到正常运转条件。经分离鉴定,除氰细菌有5种革兰氏阴性杆菌,一种革兰氏阳性杆菌和一种毒菌,以革兰氏阴性杆菌为主。

经过几年运行,提出了控制指标如下:水温20~35℃,pH值7~9,水力负荷$6m^3/(m^3 \cdot d)$左右,溶解氧7 kg/L。营养物控制:COD50 mg/L,氨氮进水20 mg/L左右,出水30 mg/L,降低了加粪便水。磷进水3 mg/L,出水0.5 mg/L,降低了加磷酸或磷酸氢二钠。

含酚废水广泛采用生物法处理,包括氧化塘、氧化沟、滴滤池和活性污泥。另外还有活性炭法、臭氧法、氯化加石灰法等。通常处理稀的含酚废水用化学法或物理—化学法,臭氧和二氧化氯用作除酚氧化剂效果很好。

10.3.3 金属铬生产中含铬废水(液)的治理

金属铬生产中含铬废水主要来自洗涤氢氧化铬时产生的含微量六价铬和硫代硫酸钠的碱性废水,为此,对它加酸中和至酸性,硫代硫酸钠可以将六价铬还原成三价,此反应非常完全、彻底,可以达到完全解毒的目的。

生产中应控制以下条件:

(1) 含六价铬的浓度应控制在或小于1g/L。

(2) 废液中$Na_2S_2O_3$浓度应经常化验分析,使其比值$Na_2S_2O_3:Na_2CrO_4$为1:(0.2~0.3),其理论计算按下列反应进行:

$$8Na_2CrO_4 + 3Na_2S_2O_3 + 17H_2SO_4 \rightarrow 8Cr(SO_4)_3 + 11Na_2SO_4 + 17H_2O$$

(3) 加硫酸时应充分搅拌,终点控制在 pH = 3 左右反应完全。

(4) 让反应完全后,再用碱水调整 pH = 7 ~ 8.5,让其中 $Cr(OH)_3$沉淀析出。

此法已建成日处理废水上万立方米的工业装置,十多年来,运转情况非常理想,经检测证明:六价铬不大于 0.005 mg/L,浑浊度达到国家标准,此法只需要消耗少量的工业硫酸,不消耗其他化学药剂,处理量大、彻底,是一项以废治废水含微量六价铬的有效方法。

此外,离子交换法治理含铬废水也是种很成熟的技术,其工艺设备简单,去除效率较高,能够较好地治理六价铬废水污染问题。

10.4 废渣治理

含铬废渣包括含铬炉渣和铬浸出渣。它们不仅占用场地,而且污染环境,对人体危害极大,合理利用和处理这些废渣,不仅保护环境,而且还可能回收一些有用的矿产资源。

残留金属较多的硅铬合金炉渣、高熔点的高碳铬铁炉渣等,一般使其自然冷却成为干渣。加工处理一般采用手工破碎与拣选;渣盘凝固、机械破碎;渣盘凝固、自然粉化和渣盘凝固、堆放等方法。

无渣法冶炼的硅铬合金渣,含有大量的金属和碳化硅,其数量约达 30%。在高碳铬铁电炉上,返回使用这些炉渣,可显著降低冶炼电耗和提高元素回收率。氧气转炉吹炼的中低碳铬铁,其渣中含 Cr_2O_3 达 70% ~80%,并且含磷量低,可用于熔炼高碳铬铁或一些要求含磷低的铬合金。高碳铬铁生产的干渣可作为铺路用的石块,用于制作矿渣棉原料,制成膨珠作轻质混凝土骨料及作特殊用途的水磨石砖等。

由氧化焙烧、浸取铬酸钠产生的废渣是生产金属铬的主要污染物,这是因为铬渣中含有水溶性六价铬,它是有毒有害物质。铬渣的排放将会污染环境、影响人体健康,每生产 1 t 金属铬,将排放 7~8 t 含铬废渣。铬渣治理方法大致可分为抛弃法、控制堆放法和有效利用法等。

(1) 控制堆放:浸取后的废渣将堆放于专用堆场,采取封闭堆存,地面做防渗处理,上加防雨棚。

(2) 作炼铁熔剂:将铬渣作为熔剂配入铁矿粉中,经烧结制成自熔性烧结矿用于炼铁,这样渣中六价铬得到彻底还原,并做到无害治理。但所得生铁含有少量的铬(1%~2%),可作特种生铁利用。

(3) 附烧铬渣:旋风炉热电联厂附烧铬渣的方法是 20 世纪 80 年代后期发展起来的新型铬渣还原解毒的治理新技术,鉴于旋风炉附烧铬渣法具有热强度大、炉温高的特点,它能在较小的空气过剩系数下,形成一定的还原区和还原动力,有利于六价铬的还原解毒,使六价铬还原成三价铬。燃渣又以液态排渣方式排放出来,再经水淬固化为玻璃体,在沉渣池内沉降,这种铬渣可用做建筑材料。水淬水循环利用,不排水。尾灰经电除尘器除尘,消除二次污染,保护了环境。

旋风炉附烧铬渣技术的主要优点:

(1) 利用电站旋风炉附烧铬渣,治理渣量大、解毒比较彻底;

(2) 此法可以实现发电、供热、铬渣解毒一炉三得的综合效益;

(3) 尾灰经电除尘后捕集的尾灰全回炉,消除了二次污染,保护了大气环境;

(4) 冲渣水循环利用,不排放,防止了周围水体环境及土壤环境的污染。

参 考 文 献

1 柳国启.铬和铬合金.《化工百科全书》编委会.化工百科全书.第 5 卷.北京:化学工业出版社,1993
2 丁翼,纪柱.铬化合物.《化工百科全书》编委会.化工百科全书.第 5 卷.北京:化学工业出版社,1993
3 赵乃成,张启轩.铁合金生产实用技术手册.北京:冶金工业出版社,2003
4 福尔克特 G,弗兰克主编 K D.铁合金冶金学.俞辉,顾镜清译.上海:上海科学技术出版社
5 刘子祥.铬铁.《中国冶金百科全书》总编辑委员会.中国冶金百科全书(钢铁冶金).北京:冶金工业出版社,2001
6 陈国翠.我国铁合金生产与发展.铁合金.2000,(5):40~42
7 白文吉等.中国铬铁矿矿床.《中国矿床》编委会编著.中国矿床(中册).北京:化学工业出版社,1994
8 鲍佩生.中国铬铁矿床.北京:科学出版社,1999
9 顾翼东等.铬分族.《无机化学》丛书编委会.无机化学丛书.第八卷.北京:科学出版社,1998
10 丁翼.铬化合物生产与应用.北京:化学工业出版社,2003
11 Paol Tomkinson.铬化学品综述.李连成译.无机盐化工信息.2002,(2):1~5
12 孙福来.中国铬矿资源概况.冶金地质动态.1997,(12):6~7
13 杜春林.中国铬矿资源 2010 年保证程度与前景.地质与勘探.1997,33(2):8~11
14 比留切夫 С И 等.铬矿石储量及利用前景.地质科技动态.1998,(5):14~18
15 方实.国外铬矿概况与顿斯克铬矿山.地质与勘探.1998,34(2):16~18
16 纪柱.世界铬矿产量、价格及美国需求状况.铬盐工业.1998,(1):33~40
17 《黑色金属矿石选矿试验》编写组.黑色金属矿石选矿试验.北京:冶金工业出版社,1978
18 沈建民,童国光.黑色金属及辅助材料.《选矿手册》编委会.选矿手册.第八卷.第四分册.北京:冶金工业出版社,1990
19 张文韬.我国耐火材料铬矿石选矿提纯工艺.王泽田,储岩等编.耐火材料技术与发展(第一集).北京:中国轻工业出版社,1993
20 梁经冬.浮选理论与选冶实践.北京:冶金工业出版社,1995
21 加西克 М И,拉基舍夫 Н П,叶姆林著 Б И.铁合金生产的理论与工艺.张烽,于忠等译.北京:冶金工业出版社,1994
22 周进华.铁合金生产技术.北京:科学出版社,1991
23 《铁合金设计参考资料》编写组编.铁合金设计参考资料.北京:冶金工业出版社,

1980

24 戴维,舒莉.铁合金冶金工程.北京:冶金工业出版社,1999

25 李春德.铁合金冶金学.北京:冶金工业出版社,2004

26 毕传泰.国外铬矿预还原工艺(SRC)及其冶炼铬铁的情况介绍.铁合金.1992,(2):38~43

27 陈国翠.硅铬合金生产方法的选择.铁合金.2002,(6):42~45

28 匡新荣.特种硅铬合金冶炼工艺浅析.铁合金.2001,(4):18~20

29 Sully A H. Metallurgy of the Rarer Metals, Chromium. Butterworths Scientific Publication. London, 1954

30 Udy MJ. Chromium, Volume Ⅱ, Metallurgy of Chromium and Its Alloys. Reinhold Publishing Corporation. New York, 1956

31 吴慎初.金属铬生产工艺和铬浸出渣治理探讨.铁合金.1992,(6):35~37

32 王铁汉.我国金属铬生产的新进展和今后努力的方向.铁合金.1996,(6):30~33

33 王铁汉.再论我国金属铬生产与采用新工艺.铁合金.2000,(2):40~43

34 黄亚东.铝粉粒度与“双九”金属铬.铁合金.1996,(5):17~16

35 蒋仁全.铬系合金生产工艺新进展概述.铁合金.2005,(4):44~49

36 李玉锁,王志义,王雪辉.提高炉外法金属铬一级品率途径的探讨.铁合金.1999,(2):10~13

37 明宪权,葛军,黎明.铝热法冶炼低气金属铬提高产品质量的探讨.铁合金.2000,(2):5~9

38 陈英华.降低铝热法金属铬硅含量的探讨.铁合金.2002,(5):10~12

39 王志义,王刚.金属铬生产中元素硅的控制.铁合金.2003,(3):15~18

40 杜荣斌.电沉积金属铬中电解体系和阻氢剂的研究.鞍山:鞍山科技大学,2003

41 覃其贤等.铬酸溶液中金属铬电沉积的机理.物理化学学报,1992,8(4):571~574

42 陈国良.高温合金学.北京:冶金工业出版社,1988

43 黄乾尧.高温合金.见:《化工百科全书》编委会.化工百科全书.第5卷.北京:化学工业出版社,1993

44 朱日彰,卢亚轩.耐热钢和高温合金.北京:化学工业出版社,1996

45 黄乾尧,李汉康.高温合金.北京:冶金工业出版社,2000